Nationalatlas Bundesrepublik Deutschland – Freizeit und Tourismus

Nationalatlas Bundesrepublik Deutschland

Diese Reihenfolge entspricht nicht der Erscheinungsreihenfolge. Das Gesamtwerk soll bis zum Jahre 2004 abgeschlossen sein; Informationen über die geplanten Erscheinungstermine der einzelnen Bände erhalten Sie beim Verlag. Markierte Titel sind lieferbar.

Dieser Band wurde ermöglicht durch Projektförderung des Staatsministeriums für Wissenschaft und Kunst des Freistaates Sachsen.

Institut für Länderkunde, Leipzig (Hrsg.)

Nationalatlas
Bundesrepublik Deutschland

Freizeit und Tourismus
Mitherausgegeben von Christoph Becker und Hubert Job

Spektrum Akademischer Verlag Heidelberg · Berlin

Die Deutsche Bibliothek – CIP-Einheitsaufnahme

Nationalatlas Bundesrepublik Deutschland / Institut für
Länderkunde, Leipzig (Hrsg.). [Projektleitung: A. Mayr ; S.
Tzschaschel. Trägerges.: Deutsche Gesellschaft für Geographie ...
Kartographie: K. Großer ; B. Hantzsch]. – Heidelberg ; Berlin :
Spektrum, Akad. Verl.

      Bd.10. Freizeit und Tourismus / mithrsg. von Christoph Becker
      und Hubert Job. – 2000
      ISBN 3-8274-0938-1

Nationalatlas Bundesrepublik Deutschland
Herausgeber: Institut für Länderkunde, Leipzig
Schongauerstr. 9
D-04329 Leipzig
Mitglied der Wissenschaftsgemeinschaft Gottfried Wilhelm Leibniz

Freizeit und Tourismus
Mitherausgegeben von
Christoph Becker und Hubert Job

© 2000 Spektrum Akademischer Verlag GmbH Heidelberg · Berlin

Nationalatlas Bundesrepublik Deutschland
Projektleitung: Prof. Dr. A. Mayr, Dr. S. Tzschaschel
Lektorat: S. Tzschaschel
Redaktion: V. Bode, K. Großer, D. Hänsgen, C. Lambrecht, A. Mayr, S. Tzschaschel
Kartographie: K. Großer, B. Hantzsch
Umschlag- und Layoutgestaltung: WSP Design, Heidelberg
Satz und Gesamtgestaltung: J. Rohland
Druck und Verarbeitung: Editoriale Bortolazzi-Stei, Verona

Umschlagfotos: Sittig/Bavaria Bildagentur (Köln), Willi Rolfes/Bavaria Bildagentur
(Leuchtturm), Flecks/Bavaria Bildagentur (Mountainbiker), Messerschmidt/Bavaria
Bildagentur (Zugspitze), elektraVision (Münchener Olympiastadion).

Geleitwort

Früher sagte man den Deutschen nach, sie hätten die Arbeit erfunden. Heute spricht man dagegen von der Freizeitgesellschaft, und die Statistik zeigt, dass kaum ein Volk auf der Welt so viel und so oft reist wie die Deutschen. Mit den veränderten Lebensbedingungen der postmodernen Gesellschaft spielt die Freizeit eine zunehmend wichtige Rolle für die Bürger und auch für die Wirtschaft. Wenn Freizeit als Komplementärbegriff zur Arbeits- oder Lernzeit als Teil des Tages, einer Woche oder auch eines Jahres verstanden wird, ist dieser Begriff überwiegend positiv besetzt und wird assoziativ mit angenehmen Freizeitaktivitäten verbunden. Eine durchaus problematische Dimension erhält der Begriff Freizeit, wenn er als Lebensfreizeit verstanden wird und damit alle Zeiten des Lebens umfasst, in denen nicht gelernt oder gearbeitet wird bzw. nicht mehr gearbeitet werden kann aus Gründen der Arbeitslosigkeit, der Gesundheit oder des Alters.

Entsprechend vielschichtig sind auch die Themen im vorliegenden Atlasband „Freizeit und Tourismus". So werden die Angebotspotenziale im Freizeitbereich der verschiedenen Regionen der Bundesrepublik dargestellt, Nachfragestrukturen und ihre regionalwirtschaftliche Bedeutung transparent gemacht und auch Probleme, die durch Tourismus und Fremdenverkehr verursacht sind, diskutiert.

Im umfangreichsten Themenbereich des Bandes werden die Angebotspotenziale für unterschiedlichste Freizeitangebote aller Regionen Deutschlands dargestellt. So entsteht ein reizvolles Gesamtbild von Deutschland, in das jedes Land und jeder Landstrich seine regionalen Besonderheiten einbringt und damit beim Leser Interesse und ggf. Neugier weckt. Und hier verweise ich als Sächsischer Staatsminister für Wissenschaft und Kunst mit besonderer Freude auf die zahlreichen Darstellungen zum Kulturtourismus aus zwei Gründen.

Zum einen meine ich, dass in diesem Bereich die neuen Bundesländer, und natürlich auch Sachsen, für alle Bürger unseres Landes und auch unserer Nachbarländer Interessantes zu bieten haben. Zum anderen haben wir in den neuen Bundesländern im Prozess der Wiedereinrichtung der Länder Brandenburg, Mecklenburg-Vorpommern, Sachsen, Sachsen-Anhalt und Thüringen hautnah erleben können, wie die kulturgeschichtliche Entwicklung und besonders die Entwicklungsgeschichte von Wissenschaft und Kunst regionale Identität prägen und stiften können. Doch diese regionalen Identitäten sollen nicht trennen, sondern sollen sich, dem föderalen Konzept der Bundesrepublik Deutschland folgend, durch Bündelung und Verknüpfung zu einem einheitlichen Deutschlandbild überlagern.

Wenn man heute, zehn Jahre nach der Wiederherstellung der deutschen Einheit, noch häufig die vorhandene Mauer in den Köpfen beklagt, bin ich sicher, dass dieser Zustand nur durch den eben genannten Prozess einer Herstellung der Einheit in der Vielfalt überwunden werden kann. Doch dazu ist es notwendig, sich gegenseitig kennen zu lernen. Und hierfür leistet der vorliegende Atlasband einen wichtigen Beitrag.

Ich hoffe, dass die Atlasbeiträge Interesse und Neugier wecken und so letztendlich Anreize für Reisen in die verschiedenen Regionen Deutschlands bieten. Vielleicht lassen sich so nicht nur die noch vorhandenen Mauern in den Köpfen abbauen, sondern auch die von Alltagssorgen verschüttete Freude und Dankbarkeit über das Geschenk der Wiedervereinigung wieder entdecken.

Das Institut für Länderkunde setzt mit seiner Neugründung 1992 die über 100-jährige Tradition geographischer Forschung in Leipzig fort – wie die erst kürzlich vom Wissenschaftsrat verabschiedete Stellungnahme zeigt, mit großem Erfolg. Ich freue mich, dass der Wissenschaftsrat bei der Begutachtung

des Instituts für Länderkunde e.V. das Atlasprojekt besonders hervorgehoben hat. Insbesondere wurde das hervorragende Konzept des Nationalatlasses Bundesrepublik gewürdigt, weil es die Mitwirkung breiter Kreise an der Erarbeitung des ersten gesamtdeutschen Nationalatlasses ermöglicht und eine deutliche Lücke in der geographischen Forschung Deutschlands schließt.

Ich wünsche dem Institut für Länderkunde als federführendem Koordinator des Projektes und Herausgeber des Nationalatlas Bundesrepublik Deutschland und allen am Vorhaben Beteiligten viel Erfolg.

Dresden, im April 2000

Prof. Dr. Hans Joachim Meyer
Sächsischer Staatsminister für Wissenschaft und Kunst

Abkürzungsverzeichnis

Zeichenerläuterung

❶   Verweis auf Abbildung/Karte
▶▶   Verweis auf anderen Beitrag
→   Hinweis auf Folgeseiten
▶   Verweis auf blauen Erläuterungsblock

Allgemeine Abkürzungen

Abb. – Abbildung
BBR – Bundesamt für Bauwesen und Raumordnung
BIP – Bruttoinlandsprodukt
BRD – Bundesrepublik Deutschland
bspw. – beispielsweise
bzw. – beziehungsweise
ca. – cirka, ungefähr
DDR – Deutsche Demokratische Republik
etc. – etcetera, und so weiter
EU – Europäische Union
Ew. – Einwohner
ggf. – gegebenenfalls
GIS – Geographisches Informationssystem
Hrsg. – Herausgeber
i.e.S. – im eigentlichen Sinn
IfL – Institut für Länderkunde
inkl. – inklusive
J. – Jahr/e
Jh./Jhs. – Jahrhundert/s
Kfz – Kraftfahrzeug
km – Kilometer
k.A. – Keine Angabe (bei Daten)
m – Meter
Max./max. – Maximum/maximal
Med./med. – Medizin/medizinisch
Min./min. – Minimum/minimal
mind. – mindestens
Mio. – Millionen
MJ – Mega-Joule
MOE – Mittel- und Osteuropa
Mrd. – Milliarden
N – Norden
O – Osten
o.g. – oben genannt/e/r
ÖPNV – Öffentlicher Personennahverkehr
Pkw – Personenkraftwagen
Pol. – Politik
rd. – rund
S – Süden
sog. – sogenannte/r/s
Tsd. – Tausend
u.s.w. – und so weiter
u.a. – und andere
u.U. – unter Umständen
v.a. – vor allem
vs. – versus
W – Westen
Wirt. – Wirtschaft
z.B. – zum Beispiel
z.T. – zum Teil

Abkürzungen in diesem Band

ADFC – Allgemeiner Deutscher Fahrrad-Club e.V.
BNatSchG – Bundesnaturschutzgesetz
DCC – Deutscher Camping-Club
DEHOGA – Deutscher Hotel- und Gaststättenverband
DGF – Deutsche Gesellschaft für Freizeit
DTV – Deutscher Tourismusverband
DWIF – Deutsches Wirtschaftswissenschaftliches Institut für Fremdenverkehr
DZT – Deutsche Zentrale für Tourismusforschung
EWA – European Waterparc Association
FDGB – Freier Deutscher Gewerkschaftsbund (DDR)
FFA – Filmförderungsanstalt
F.U.R. – Forschungsgemeinschaft Urlaub und Reisen e.V.
GRW – Gemeinschaftsaufgabe zur Verbesserung der Regionalen Wirtschaftsstruktur
IATA – International Air Transport Association
ITB – Internationale Tourismus-Börse
IUCN – The World Conservation Union/Weltnaturschutzunion
UNESCO – United Nations Educational, Scientific, and Cultural Organization
UZR – unzerschnittener Freiraum
VDGW – Verband Deutscher Gebirgs- und Wandervereine
VNP – Verein Naturschutzpark

Für Abkürzungen von geographischen Namen – Kreis- und Länderbezeichnungen, die in den Karten verwendet werden – siehe Verzeichnis im Anhang.

Inhaltsverzeichnis

In der hinteren Umschlagklappe finden Sie Folienkarten zum Auflegen auf die Atlaskarten zur administrativen Gliederung der Bundesrepublik Deutschland (Gebietsstand 1997) mit Grenzen und Namen der Kreise in den Maßstäben 1:2,75 Mio., 1:3,75 Mio., 1:5 Mio. und 1:6 Mio. sowie zur Gliederung nach Reisegebieten, ebenfalls im Maßstab 1:2,75 Mio.

Vorwort des Herausgebers

Mit „Freizeit und Tourismus" wird der zweite Band des Nationalatlas vorgelegt. Das Projekt hat sich damit nach dem einführenden Band „Gesellschaft und Staat" einem der zehn thematischen Bände zugewandt. Die Koordinatoren des Bandes „Freizeit und Tourismus" – renommierte Forscher aus dem Bereich der Fremdenverkehrs- und Sozialgeographie – haben ein Konzept realisiert, das nicht nur Freizeit- und Reiseverhalten dokumentiert sowie die Einrichtungen dafür in ihrer räumlichen Verteilung darstellt, sie haben darüber hinaus die Aufmerksamkeit auf wichtige Verknüpfungen mit der Wirtschaft, der Ökologie, dem Verkehr und der Kultur gelenkt. Zur Erstellung der 44 Beiträge konnten sie rund 60 Autoren aus Wissenschaft, Planung und Praxis verpflichten, die unter verschiedensten Blickwinkeln und mit unterschiedlichen Ansätzen das Gesamtthema in informativer und anschaulicher Weise ausgefüllt haben. Ihnen allen sei hiermit für ihr Engagement gedankt.

Ein besonderer Dank gilt auch den Institutionen, die das Institut für Länderkunde im Laufe der Atlasarbeiten tatkräftig mit Daten unterstützen, allen voran das Bundesamt für Bauwesen und Raumordnung, das Bundesamt für Kartographie und Geodäsie sowie die Statistischen Ämter des Bundes und der Länder. Bei den vorbereitenden Arbeiten zu den Atlasbänden hat sich die Zusammenarbeit mit diesen und anderen bundesweiten Institutionen und Ämtern weit über den formalen, durch den Atlas-Beirat institutionalisierten Rahmen hinaus etabliert. Es hat sich ein reger Kontakt mit den Stellen ergeben, die in Deutschland zentral über Daten verfügen, sie erheben, sammeln, ordnen

und aufbereiten. In Ländern wie den USA gilt amtliche Statistik als *public domain*, d.h. öffentliches Gut, das – da letztlich durch den Steuerzahler finanziert – auch jedem zugänglich ist. Dieser Sachverhalt wird durch den Gesetzgeber in Deutschland anders geregelt. Die Rechte für Statistik und Daten, wie z.B. auch die der Übersichtskarte 1 : 1 Million (DLM 1000), liegen bei den Ämtern, und ihre Nutzung muss jeweils individuell beantragt und bezahlt werden. Zunehmend sind die Ämter zudem gehalten, Einnahmen vorzuweisen, so dass es gar nicht in ihrem individuellen Ermessen liegt, Daten kostenlos zur Verfügung zu stellen, da ihr eigener Haushalt eng an das Vorweisen von Einnahmen gekoppelt ist. Umso mehr wissen wir die unkomplizierte Kooperationsfreudigkeit der entsprechenden Stellen zu schätzen.

Zu danken ist den Sponsoren, die das Projekt Nationalatlas finanziell ermöglichen. Der vorliegende Band wurde wiederum vom Sächsischen Staatsministerium für Wissenschaft und Kunst gefördert, das als einer seiner beiden Zuwendungsgeber das Institut für Länderkunde auch in anderen Situationen und Bereichen immer tatkräftig unterstützt hat.

Dieser Atlasband wird ebenfalls in einer CD-ROM-Version vorgelegt, da das gesamte Werk neben der gedruckten auch in einer elektronischen Ausgabe erscheint. Neben der vollständigen Übernahme aller Karten, Grafiken, Fotos und Texte bietet diese Ausgabe – den Möglichkeiten des elektronischen Mediums entsprechend – weitere Funktionen an. So können kartographische Analysen durchgeführt und Karten gestaltet werden. Des Weiteren gibt es

ein Glossar, und das Stichwortverzeichnis ist unmittelbar mit den thematischen Beiträgen verknüpft. Auch das „Blättern" zu anderen Beiträgen und die kumulative Vernetzung des Gesamtwerkes ist in der elektronischen Ausgabe erleichtert.

Lassen Sie uns an dieser Stelle auf einige Konstanten in den Bänden des Nationalatlas hinweisen. Diejenigen, die nicht alle Bände abonniert haben, finden in jedem Band einführend eine Kurzinformation über „Deutschland auf einen Blick" mit den Übersichtskarten zu den wichtigsten geographischen Grundzügen des Landes und zur Bevölkerungsdichte. Im Anhang werden jeweils das Gesamtkonzept aller zwölf Bände (▶▶ Beitrag Konzeptkommission) und die Prinzipien der thematischen Kartographie, die in dem Atlaswerk zur Anwendung kommen (▶▶ Beitrag Großer/ Hantzsch), erläutert.

Das Institut für Länderkunde hat sich über die positive Aufnahme des Nationalatlas in Öffentlichkeit und Presse sowie bei Fachleuten und Politikern gefreut. Wir hoffen, dass auch der Band „Freizeit und Tourismus" auf Interesse und Anklang stößt.

Leipzig, im April 2000

Für das Institut für Länderkunde

Alois Mayr
  (Projektleitung)
Sabine Tzschaschel
  *(Projektleitung und
  Gesamtredaktion)*
Konrad Großer
  (Kartenredaktion)
Christian Lambrecht
  (elektronische Ausgabe)

Deutschland auf einen Blick

Dirk Hänsgen, Birgit Hantzsch, Uwe Hein

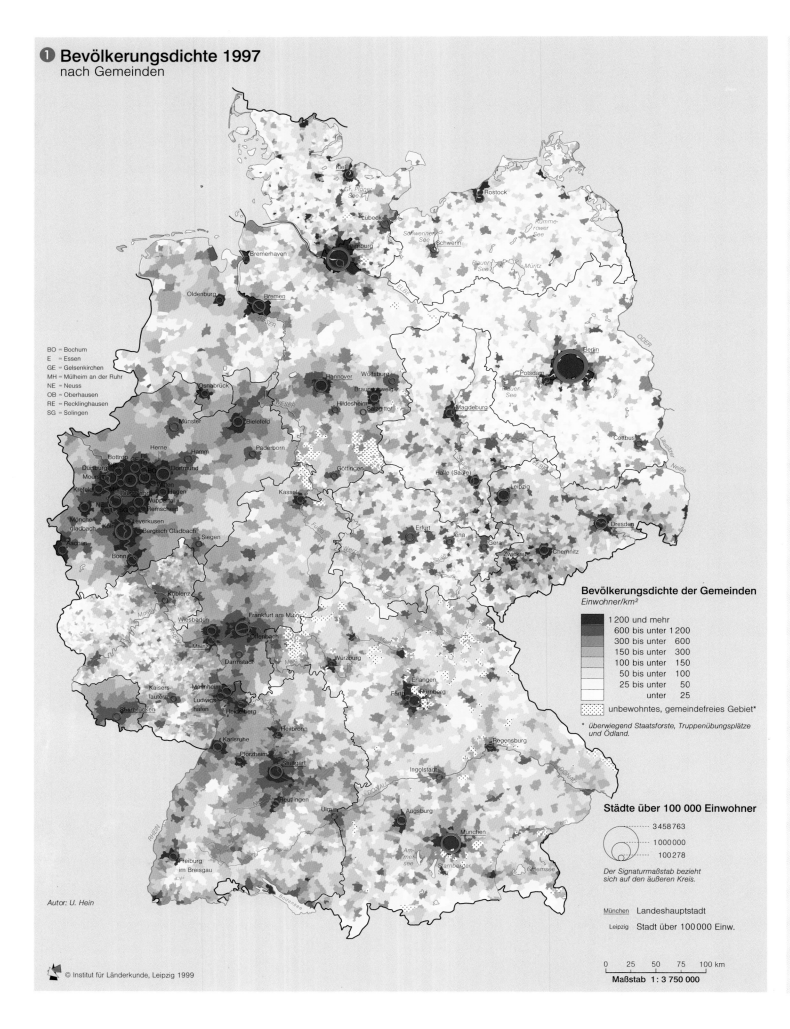

❶ Bevölkerungsdichte 1997
nach Gemeinden

BO = Bochum
E = Essen
GE = Gelsenkirchen
MH = Mülheim an der Ruhr
NE = Neuss
OB = Oberhausen
RE = Recklinghausen
SG = Solingen

Bevölkerungsdichte der Gemeinden
Einwohner/km²

1 200 und mehr
600 bis unter 1 200
300 bis unter 600
150 bis unter 300
100 bis unter 150
50 bis unter 100
25 bis unter 50
unter 25

unbewohntes, gemeindefreies Gebiet*

* überwiegend Staatsforste, Truppenübungsplätze
und Ödland.

Städte über 100 000 Einwohner

3458763
1000000
100278

*Der Signaturmaßstab bezieht
sich auf den äußeren Kreis.*

München Landeshauptstadt

Leipzig Stadt über 100 000 Einw.

0 25 50 75 100 km

Maßstab 1 : 3 750 000

Autor: U. Hein

© Institut für Länderkunde, Leipzig 1999

Deutschland liegt in Mitteleuropa, hat
ein kompakt geformtes Territorium mit
einer Fläche von 357.022 km² und
grenzt an neun andere Staaten.
- **Gemeinsame Grenzen mit anderen
  Ländern:** Dänemark (67 km), Niederlande (567 km), Belgien (156 km), Luxemburg (135 km), Frankreich
  (448 km), Schweiz (316 km), Österreich (816 km), Tschechische Republik
  (811 km), Polen (442 km),
- **Äußerste Grenzpunkte (Gemeinden):** List (SH) 55°03′33″N /
  8°24′44″E, Oberstdorf (BY) 47°
  16′15″N / 10°10′46″E, Selfkant (NW)
  51° 03′09″N / 5°52′01″E, Deschka
  (SN)51°16′22″N / 15°02′37″E,
- **N-S-Linie der Grenzpunkte:** 876 km,
- **W-O-Linie der Grenzpunkte:** 640 km.

Gliederung des Staatsgebiets
Das Bundesgebiet gliedert sich in verschiedene Gebietskörperschaften. Die
föderative Struktur der 16 Bundesländer
trägt den regionalen Besonderheiten
Deutschlands Rechnung. Die 323 Land-
kreise/Kreise, 117 kreisfreien Städte/
Stadtkreise und 14.197 Gemeinden bilden die Basis der verwaltungsräumlichen
Gliederung (Stand 1997).

Landesnatur
Die landschaftliche Großgliederung ❷
Deutschlands ordnet sich in die für Mitteleuropa typischen Großlandschaften:
Tiefland, Mittel- und Hochgebirge. Im
Norden befindet sich das *Norddeutsche
Tiefland*. Eine besondere Differenzierung
erfährt die Mittelgebirgslandschaft durch
das *Südwestdeutsche Schichtstufenland*
und den *Oberrheingraben*. Im Süden
stellt das *Süddeutsche Alpenvorland* den
Übergang zu der Hochgebirgsregion der
deutschen Alpen dar.
- **Höchste Erhebungen:** Zugspitze
  (2.962 m), Hochwanner (2.746 m),
  Höllentalspitze (2.745m), Watzmann
  (2.713 m)
- **Längste Flussabschnitte:** Rhein
  (865 km), Elbe (700 km), Donau (647
  km), Main (524 km), Weser (440 km),
  Saale (427 km)
- **Größte Seen:** Bodensee (571,5 km²),
  Müritz (110,3 km²), Chiemsee
  (79,9 km²), Schweriner See (60,6 km²)
- **Größte Inseln:** Rügen (930 km²), Use-
  dom (373 km²), Fehmarn (185,4 km²),
  Sylt (99,2 km²)

**Bevölkerung, Siedlung,
Flächennutzung**
Auf der Fläche Deutschlands leben im
Jahr 2000 rund 82 Mio. Menschen, bei
einer mittleren Bevölkerungsdichte von
230 Ew./km². Die reale Verteilung ❶
weist ein ausgeprägtes West-Ost-Gefälle
auf. Die Siedlungs- und Verkehrsfläche
beansprucht 12% des Territoriums. Die
größten Flächenanteile entfallen auf die
Landwirtschaftsfläche (54%) und die
Waldfläche (29%).
- **Höchste und niedrigste Bevölke-
  rungsdichte (Kreise):** kreisfreie Stadt
  München (3917 Ew./km²) , Landkreis
  Müritz (41 Ew./km²),
- **Größte Städte:** Berlin (3,4 Mio. Ew.),
  Hamburg (1,7 Mio. Ew.), München
  (1,2 Mio. Ew.), Köln (1 Mio. Ew.).

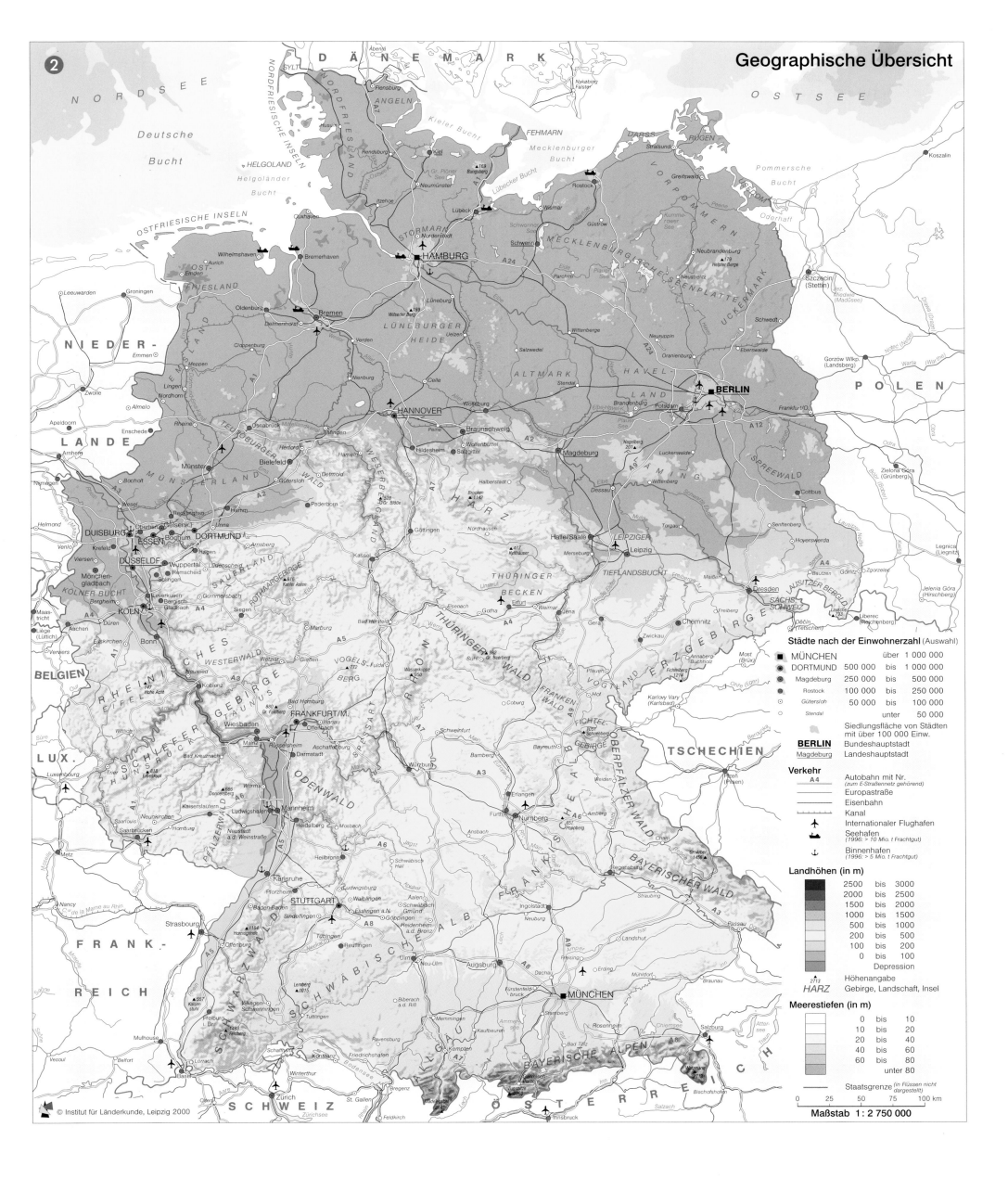

Freizeit und Tourismus in Deutschland – eine Einführung

Christoph Becker

❶ Arbeitszeit und Freizeit 1840 - 2000

© Institut für Länderkunde, Leipzig 2000

Entwicklung von Arbeitszeit, Freizeit und Urlaub – ein dynamischer Prozess

Zwischen der Freizeit und der Arbeitszeit besteht ein sehr enger Zusammenhang. Als in der Frühphase der Industrialisierung eine 70-Stunden-Woche herrschte, gewährte nur der Sonntag ein Minimum an Freizeit ❶. Bereits die 48-Stunden-Woche in den 1950er Jahren war ein gewisser Fortschritt, doch liegt es auf der Hand, dass die heutige Arbeitswoche mit 37,5 Stunden in den alten Ländern ungleich mehr Freizeit bietet. Inzwischen steht der deutschen Bevölkerung, ohne den Urlaub zu zählen,

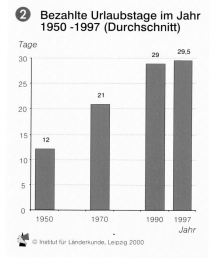

❷ Bezahlte Urlaubstage im Jahr 1950 -1997 (Durchschnitt)

© Institut für Länderkunde, Leipzig 2000

"Urlaubsgeld erschließt die Welt", Plakat des DGB 1956

im Durchschnitt bereits deutlich mehr Freizeit zur Verfügung, als Zeit auf die Erwerbstätigkeit verwendet werden muss ❸. Allerdings kommt der Rückgang der Arbeitszeit nicht voll der Freizeit zugute, da für Bildung, Kontakte und handwerkliche Tätigkeiten heute mehr Zeit als früher aufzuwenden ist.

Neben der Arbeitszeitverkürzung trägt auch die Anzahl der bezahlten Urlaubstage nicht unerheblich zur Jahres-Freizeit bei ❷. Diese hat sich von 12 Urlaubstagen im Jahr 1950 beständig erhöht. 1997 waren es im Durchschnitt 29,5 Tage. Begünstigt durch bedeutende Steigerungen der Realeinkommen, wurden verstärkt Urlaubsreisen unternommen. Während im Jahr 1954 erst knapp ein Viertel der Bevölkerung den Urlaub für eine Erholungsreise nutzte, stieg die ▶ Reiseintensität in den 1990er Jahren auf über 75% ❹. Über 18% der Bevölkerung führten neben der Hauptur-

laubsreise noch weitere Urlaubsreisen durch. Darüber hinaus unternahmen 23% der Bevölkerung eine zusätzliche Kurzurlaubsreise und weitere 21% mehrere Kurzurlaubsreisen mit einer Dauer von 2 bis 4 Tagen. Mit dieser hohen Reiseintensität liegt Deutschland nahe an der Sättigungsgrenze bei Urlaubsreisen.

Wertewandel

Mit dem Rückgang der Arbeitszeit und dem Ansteigen des Einkommens in den

❸ Zeitverwendung je Tag
Personen ab 12 Jahren

© Institut für Länderkunde, Leipzig 2000

❹ Bevölkerungsanteil, der den Urlaub zum Reisen nutzt 1954-1998

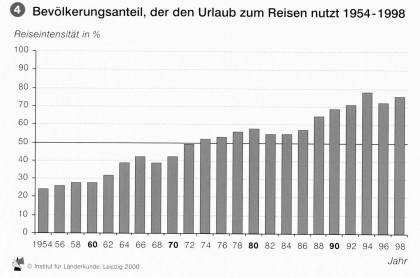

© Institut für Länderkunde, Leipzig 2000

❺ Wandel gesellschaftlicher Werte

Traditionelle Arbeitstugenden
ZIELSETZUNGEN:
* Leistung, Erfolg, Anerkennung
* Besitz, Eigentum, Vermögen

FÄHIGKEITEN:
* Fleiß, Ergeiz
* Disziplin, Gehorsam
* Pflichterfüllung, Ordnung

Neue Freizeitwerte
ZIELSETZUNGEN:
* Spaß, Freude, Lebensgenuss
* Sozialkontakte, mit anderen zusammen sein, Gemeinsamkeit

FÄHIGKEITEN:
* selbst machen, selbst aktiv sein
* Spontaneität, Selbstentfaltung
* sich entspannen, wohlfühlen

© Institut für Länderkunde, Leipzig 2000

1970er Jahren konnten Freizeit und Urlaub in Westdeutschland einen immer größeren Raum im Leben der Gesellschaft einnehmen (OPASCHOWSKI 1997, S. 29 ff.). Es kann von einem Wandel der gesellschaftlichen Werte gesprochen werden, der die traditionellen Arbeitstugenden wie auch das Entstehen von neuen Freizeitwerten betraf ❺. Während der Urlaub bis in die 1970er Jahre vor allem als Gegenpol zum Arbeitsleben und als Regeneration für die Arbeit diente, rückte er in den 1990er Jahren in den Mittelpunkt des Freizeitlebens. Die „neuen" Urlauber zeigen mit mehr Zeit, Bildung und Wohlstand vielseitige

Interessen; es wird immer häufiger, weiter und kürzer verreist, wobei der „hybride", d.h. mehrfach orientierte Urlauber bei seinen verschiedenen Reisen die unterschiedlichsten Angebote wahrnimmt; der Urlaub soll vor allem erlebnisreich sein.

Im Freizeitsektor der 1990er Jahre lassen sich insbesondere die folgenden Wandlungen beobachten:
• ein wachsendes Interesse am individuell betriebenen Freizeitsport,
• ein Trend zu ganzjährig nutzbaren Freizeitangeboten in Hallen und zu Aktivitäten mit moderner, hochtech-

Freizeit ist das durch gesellschaftliche Übereinkunft ermöglichte Zeitquantum außerhalb der Arbeitszeit, über das der Einzelne selbst (frei) entscheiden kann, um es für sein Wohlbefinden zu verwenden (DGF 1993, S. 9).
Unter **Tourismus** verstehen wir die Gesamtheit der Beziehungen und Erscheinungen, die sich aus der Ortsveränderung und dem Aufenthalt von Personen ergeben, für die der Aufenthaltsort weder hauptsächlicher und dauernder Wohn- noch Arbeitsort ist (KASPAR 1996, S. 16).
Fremdenverkehr im geographischen Sinn ist die lokale oder gebietliche Häufung von Fremden mit einem jeweils vorübergehenden Aufenthalt, der die Summe von Wechselwirkungen zwischen den Fremden einerseits und der ortsansässigen Bevölkerung, dem Orte und der Landschaft andererseits zum Inhalt hat (POSER 1939, S. 170).
Mit **Reiseintensität** bezeichnet man den Prozentsatz der Bevölkerung über 14 Jahre, der in einem Jahr eine Urlaubsreise von mindestens 5 Tagen Dauer unternommen hat.
Mit **Incoming-Tourismus** wird der Bereich des Fremdenverkehrs bezeichnet, der auf Gästen aus dem Ausland beruht, die das Land zu überwiegend touristischen Zielen und für die Dauer von nicht mehr als einem Jahr besuchen.

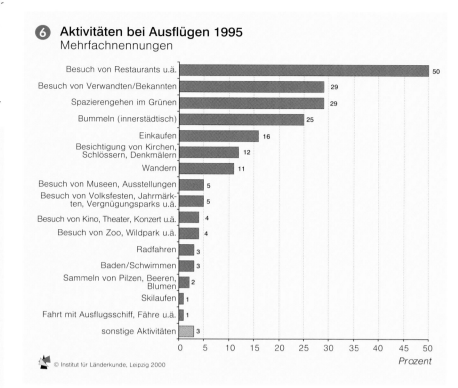

6 Aktivitäten bei Ausflügen 1995
Mehrfachnennungen

Aktivität	Prozent
Besuch von Restaurants u.ä.	50
Besuch von Verwandten/Bekannten	29
Spazierengehen im Grünen	29
Bummeln (innerstädtisch)	25
Einkaufen	16
Besichtigung von Kirchen, Schlössern, Denkmälern	12
Wandern	11
Besuch von Museen, Ausstellungen	5
Besuch von Volksfesten, Jahrmärkten, Vergnügungsparks u.ä.	5
Besuch von Kino, Theater, Konzert u.ä.	4
Besuch von Zoo, Wildpark u.ä.	4
Radfahren	3
Baden/Schwimmen	3
Sammeln von Pilzen, Beeren, Blumen	2
Skilaufen	1
Fahrt mit Ausflugsschiff, Fähre u.ä.	1
sonstige Aktivitäten	3

© Institut für Länderkunde, Leipzig 2000

Wandern in den Weinbergen am Rhein

nisierter Ausrüstung in der freien Natur;
• aufwendige Freizeitanlagen werden zunehmend von privaten Unternehmen angeboten.

Freizeit- und Urlaubsaktivitäten
Bei den Freizeitaktivitäten der Bevölkerung zeigt sich über die Jahre hin ein recht stabiles Bild ❼. Das Fernsehen hat sich an die Spitze aller Freizeitakti-

vitäten gesetzt. Die Beschäftigung mit dem Computer hat noch einen geringen Umfang, zeigt aber eine Aufwärtstendenz. Was sich vor allem verändert hat, ist die Vielfalt der Tätigkeiten und die Vielzahl von verschiedenartigen äußeren Bedingungen für Freizeittätigkeiten von der Infrastruktur bis zu High-Tech-Geräten.

Die Übersicht über die häufiger ausgeübten Freizeitaktivitäten gibt bereits einen Eindruck davon, dass nach wie vor rd. 70% zu Hause ausgeübt werden,

nur 30% außerhalb des Hauses. Das große Gewicht der Mediennutzung ist allerdings zu relativieren, da insbesondere das Radio Hören, aber zunehmend auch das Fernsehen nur einen Hintergrund für die Ausübung anderer Aktivitäten bilden.

Unter den außerhäuslichen Aktivitäten ragen aus räumlicher Perspektive die Ausflüge besonders heraus. Nach Angaben des DWIF unternimmt jeder Bundesbürger im Durchschnitt 26,2 Ausflüge pro Jahr – also praktisch alle 14 Tage einen Ausflug (DWIF 1995, S. 24). Die Ausflugsziele sind durchschnittlich 70 km entfernt; sie werden meistens mit dem Pkw angesteuert (78%) (▶▶ Beitrag Demhardt). Während der Ausflüge dominieren – neben Restaurantbesuchen – bewegungsorientierte Aktivitäten ❻.

Im Grenzbereich zwischen Freizeitverkehr und Fremdenverkehr stehen die Kurzreisen mit 1–4 Übernachtungen ❽. Im Hinblick auf die ausgeübten →

7 Freizeitaktivitätenspektrum 1992 und 1996

von 100 Befragten üben mindestens einmal in der Woche aus:

Aktivität	Befragte in %
fernsehen	90
Zeitung, Illustrierte lesen	71
Radio hören	69
telefonieren	60
ausschlafen	50
sich mit der Familie beschäftigen	46
faulenzen	39
Buch lesen	34
spazieren gehen	33
Fahrrad fahren	32
seinen Gedanken nachgehen	31
Einkaufsbummel	31
essen gehen	27
einladen / eingeladen werden	27
sich in Ruhe pflegen	26
mit dem Auto herumfahren	22
in die Kneipe gehen	21

□ 1992 ■ 1996

© Institut für Länderkunde, Leipzig 2000

Das Begriffsfeld "Freizeit"
Zahlreiche Autoren haben sich bemüht, den Begriff der Freizeit zu definieren - doch keine Definition kann befriedigen. Wir wollen den Gedanken von LARRABEE und MEYERSOHN (1960) folgen: „Freizeit ist die Zeit, in der man machen kann, was einem gefällt." Die Stärke dieser Definition ist, dass sie auf die psychologische Einstellung des Einzelnen Bezug nimmt und einfach formuliert ist. Allerdings ist sie massenstatistisch schwer umzusetzen, und es bleibt die Frage offen, wie z.B. Arbeit zu bewerten ist, die dem Einzelnen Freude macht.

Umfang und Art der Freizeit waren in den vergangenen Jahrhunderten starken Wandlungen unterworfen. Im Mittelalter hatte die Freizeit einen ähnlichen Umfang wie heute, geprägt durch kirchliche Feiertage, Zunftregeln und das ländliche Jahr. Mit dem Beginn der Industrialisierung litt insbesondere die Masse der Industriearbeiter unter unmenschlichen Arbeitsbedingungen: Außer am Sonntag blieb keine freie Zeit übrig.

Seit 150 Jahren ist die Arbeitszeit ständig zurückgegangen, doch ist damit die Freizeit im oben definierten Sinne nicht ebenso mitgewachsen. Die Obligationszeit, die zur Lebensführung notwendig ist, hat nämlich ebenfalls deutlich zugenommen. Wenn heute bei vielen Menschen der subjektive

Eindruck besteht, immer weniger Zeit zu haben, ist das auf die gestiegenen Erwartungen an das Freizeitleben und individuell empfundene innere Verpflichtungen zurückzuführen.

Während sich die Freizeit am Feierabend und am Wochenende seit 1850 ständig erhöht hat, stellt der bezahlte Urlaub mit durchschnittlich 29,5 Arbeitstagen pro Jahr eine echte Neuerung dar – die entscheidende Basis für den Tourismus. Daneben hat sich die Lebens-Freizeit im letzten Jahrhundert durch die längere Ausbildungszeit und vor allem durch den längeren Ruhestand bedeutend erhöht. Dazu hat nicht nur der häufiger gewährte Vorruhestand geführt, sondern vor allem die deutlich gewachsene Lebenserwartung.

Theoretisch können Arbeitslose über besonders viel Freizeit verfügen. Doch fehlen ihnen nicht nur weitgehend die finanziellen Möglichkeiten zur Freizeitgestaltung, so wie sie sich das wünschen, sondern es fehlt ihnen auch häufig in dieser Zwangsfreizeit die Einstellung, die Freizeit – im Gegensatz zur Arbeit – zu genießen. Hier zeigt sich die gesellschaftliche Bedeutung der Teilzeit-Arbeit, indem sie mehr Personen in den Arbeitsprozess einbezieht und den zuvor Arbeitslosen neben einem gewissen Einkommen das richtige Gefühl für den Genuss der – reichlich vorhandenen – Freizeit gewährt.

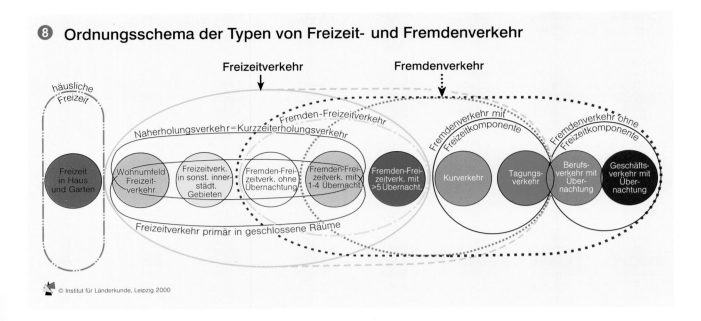

⑧ Ordnungsschema der Typen von Freizeit- und Fremdenverkehr

© Institut für Länderkunde, Leipzig 2000

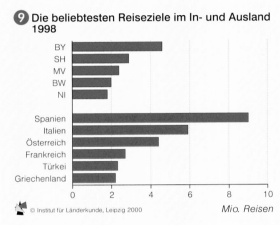

⑨ Die beliebtesten Reiseziele im In- und Ausland 1998

© Institut für Länderkunde, Leipzig 2000

Mio. Reisen

⑩ Aktivitäten während der Urlaubsreisen 1998
ausgeübte Aktivitäten während aller Urlaubsreisen (ab 5 Tage) 1998

© Institut für Länderkunde, Leipzig 2000

Prozent

**⑪ In- und Auslandsreiseanteile der Haupt-
urlaubsreisen der Deutschen 1954-1998**

© Institut für Länderkunde, Leipzig 2000

Freizeitaktivitäten ähneln sie den Urlaubsreisen, erfolgen allerdings mit großer Intensität und unter relativ hohem Aufwand.

Bei den Urlaubsreisen interessiert neben dem distanziellen Aspekt (s.u.) vor allem, welche Arten von Aktivitäten während des Urlaubs ausgeübt werden. Besonders bei Reisen innerhalb Deutschlands, aber auch im Ausland dominieren bei den deutschen Urlaubern das Spazierengehen und Wandern. Es folgen Besichtigungen und Ausflüge. Zum Baden und Sonnen zieht es die Urlauber vor allem ins Ausland, doch immerhin mehr als ein Drittel der Urlauber in Deutschland nutzt auch die hiesigen Angebote am Meer, an Seen oder in Schwimmbädern. Auch Urlauber, die Attraktionen besuchen, feiern oder Sport treiben wollen, also erlebnisreiche Aktivitäten bevorzugen, fahren eher ins Ausland, als dass sie diese während eines Inlandurlaubs ausüben.

Die Ostdeutschen sind während ihres Urlaubs deutlich aktiver als die Westdeutschen. Sie unternehmen mehr Besichtigungen und Ausflüge und wandern mehr; auch besuchen sie häufiger Attraktionen, treiben jedoch weniger häufig Sport im Urlaub.

Aktuelle Trends in Freizeit und Tourismus

In der Freizeit und im Tourismus können verschiedene aktuelle Trends beobachtet werden, von denen die wichtigsten und raumbedeutsamen kurz skizziert werden. Diese Trends beziehen sich meistens sowohl auf den Freizeit- als auch auf den Tourismussektor, teilweise aber auch auf einen der beiden Bereiche allein. Oft stehen sie im Widerspruch zueinander – nicht nur weil der Einzelne jeweils einem bestimmten Trend folgt, sondern weil die Bundesbürger zunehmend eine Mehrfachorientierung zeigen.

Trend: Vielfalt

Der Trend zur Vielfalt in Freizeit und Tourismus lässt sich in den verschiedensten Bereichen beobachten. Hier einige Beispiele:
- Während sich die Sportvereine in den 1950er und 1960er Jahren noch auf Fußball und Turnen konzentrierten, bieten sie heute in der Regel eine Fülle an sportlichen Aktivitäten; zudem haben sich zahlreiche Vereinigungen gebildet, die spezifische Sportarten fördern (Tennis-, Golf-, Aero-Clubs) (▶▶ Beiträge Lambrecht

und Mursch) (OPASCHOWSKI 1997, S. 104ff.).
- Das Spektrum an Sportarten wird ständig erweitert, wobei neben den Trendsportarten vor allem Extremsport populär geworden ist. Zu den Trendsportarten gehören u.a. Inline-Skating, Streetball oder -soccer sowie Beach-Volleyball, auch in Hallen. Zu den Extremsportarten zählen Bungee-Jumping, Freeclimbing (▶▶ Beitrag Job/Metzler), River-Rafting, Eisklettern und Canyoning (OPASCHOWSKI 1997, S. 113ff.).
- In den 1970er Jahren und bis in die 1980er Jahre war das Kinoprogramm in den Städten durch die Anzahl der vorhandenen Kinos eng begrenzt. Der Boom der Multiplex-Kinos, die über bis zu 19 Leinwände (Cinemax Berlin-Potsdamer Platz) verfügen, sorgt für ein wesentlich breiteres Programm mit mehr Komfort (▶▶ Beitrag Ulbert).
- Gedruckte Reise- und Wanderführer, die sich zunehmend auf spezifische Interessengruppen konzentrieren, erleben einen wahren Boom.
- Die Feriendörfer der 1950er und 1960er Jahre sowie die Ferienzentren vom Beginn der 1970er Jahre werden

Im Spreewald

heute abgelöst bzw. ergänzt durch Clubanlagen, Luxusresidenzen, exklusive Sporthotels, Ferienparks mit „subtropischem Badeparadies" und einer Fülle an Freizeitangeboten oder von Großhotels, die in Freizeitparks integriert sind (▶▶ Beitrag C. Bekker).

• Die Reiseveranstalter bieten inzwischen über ihre „Warmwasserangebote" hinaus eine Fülle an Natur-, Kultur-, Sport-, Abenteuer- und Unterhaltungsangeboten, die einen erlebnisreichen Urlaub versprechen (▶▶ Beitrag Kaiser).

• Neben vielfältigen Reiseformen hält auch der Trend zum Zweitwohnsitz an. Dabei kann es sich um Häuser oder Wohnungen bzw. die ostdeutsche Variante der „Datsche" handeln wie auch um Campingwagen auf Dauerstellplätzen (▶▶ Beitrag Newig).

Der Trend in die Ferne

Im Jahre 1955 lässt sich Walter Christaller von den damals gerade erst möglichen Urlaubsreisen nach Sizilien zu seiner „Theorie der wachsenden Erschließung der Ferne" inspirieren – eine gewisse Analogie zu seiner „Theorie der zentralen Orte". Inzwischen ist kein Land zu fern, um nicht von deutschen Urlaubern aufgesucht zu werden. Nur noch knapp 30% der Urlauber bleiben bei ihrer Haupturlaubsreise im Inland ⑪. Hauptziel ist nach wie vor das Mittelmeer ⑨; die Fernreisen haben allerdings von 1985 bis 1998 von 4,8% auf 13,4% zugenommen. Insofern ist Christallers Theorie noch heute gültig. Neben den zwar sinkenden, aber immer noch erheblichen Flugkosten bilden die Flugdauer und die damit verbundenen körperlichen Belastungen eine gewisse Barriere gegenüber einem allzu starken Ansteigen der Zahl von Flugreisen. Angesichts des exzessiven Energieverbrauchs bei Fernreisen ⑫ und der damit verbundenen Umweltbelastung ist die Wirkung dieser Begrenzungsfaktoren zu begrüßen.

Trend: Heimat und regionale Identität

In einem gewissen Widerspruch zum Trend in die Ferne steht das neuere Heimat- und Regionalbewusstsein. Es äußert sich in einem starken Interesse an Regionalgeschichte sowie an der Entwicklung des Natur- und Kulturraumes, an alten Handwerks-, Wirtschafts- und Lebensweisen. Die Einheimischen sind offen für Informationen aller Art

über ihren eigenen Lebensraum; Feste und Jubiläumsfeiern werden zu größeren kommunikativen Ereignissen; Produkte aus der eigenen Region werden beim Einkauf bevorzugt.

Dieses Interesse wird häufig auch auf andere Gebiete übertragen, vor allem wenn diese eine sehr spezifische natürliche oder kulturelle Prägung erfahren haben. So suchen Ausflügler und Urlauber gerne herausragende Naturdenkmäler wie z.B. die Bastei in der Sächsischen Schweiz oder besondere Kulturlandschaften wie z.B. den Naturschutzpark Lüneburger Heide (▶▶ Beitrag Job) auf. Durch besondere kulturelle Entwicklungen geprägte Gebiete sind bevorzugte Ziele des Kulturtourismus ⑬. Freilichtmuseen, die die regionale ländliche Baukultur bewahren und komprimiert präsentieren, sind vielbesuchte Ausflugsziele (▶▶ Beitrag Schenk). Schließlich ist der Weintourismus ein Beispiel dafür, wie eine agrarische Sonderkultur und die von ihr geprägte Landschaft ein spezifisches Ausflugs- und Urlaubserlebnis bieten, das durch Weinkonsum noch gesteigert wird und zum Weinkauf verleitet (▶▶ Beitrag Horn u.a.).

Trend: Aktivität

Hinter dem Trend zu mehr Aktivität steht das Streben nach Bewegung, Abwechslung und Erlebnis – nicht zuletzt als ein Ausgleich gegenüber monotonen Schreibtischtätigkeiten ⑩. Die Freude an der eigenen körperlichen Bewegung drückt sich am deutlichsten beim Boom des Fahrradfahrens in der Freizeit aus. Nachdem das Fahrrad in den 1960er und 1970er Jahren zu einem wenig beachteten Verkehrsmittel geworden war, erlebte es danach eine neue Blüte. Die Industrie produzierte anstelle der früheren Touren- und Rennräder nun City-Bikes, Mountain-Bikes, Snow-Bikes (▶▶ Beitrag Bader-Nia), Trekking- und Liegeräder sowie Rennmaschinen. Das Land wurde mit einem dichten Netz von Fahrradwegen überzogen (▶▶ Beitrag P. Becker); Fahrradkarten und -führer erfreuen sich großer Popularität. Vielleicht bedeutet der Fahrradboom auch eine gewisse Emanzipation vom Auto, wofür ebenfalls die Renaissance des Wanderns spricht. Aber auch die Ausübung zahlreicher neuer Sportarten und die Beteiligung an den vielen lokalen und regionalen Festen (▶▶ Beitrag Agricola) spricht für ein größeres Bedürfnis nach Aktivität während der Freizeit. Schließlich zeigt sich bei den

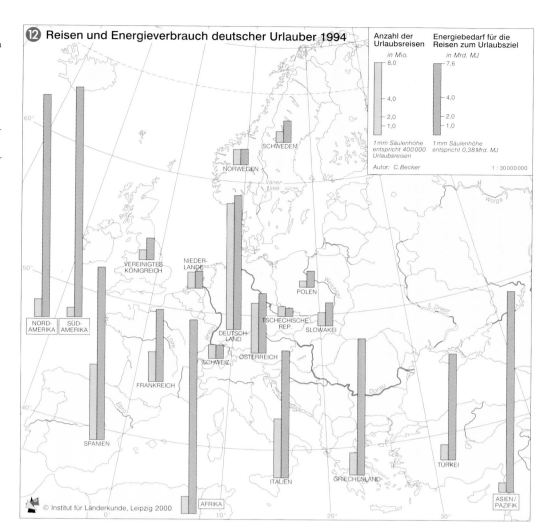

⑫ Reisen und Energieverbrauch deutscher Urlauber 1994

Badeurlaubern immer stärker der Wunsch nach mehr als Sonne, Strand und Meer.

Trend: Künstliche Welten

Gerade im Kulturtourismus ist die Suche nach dem Echten und Authentischen weit verbreitet. Rekonstruktionen und Duplikate – erst recht wenn sie in einem anderen Kulturraum errichtet werden – sind bei Kennern verpönt. Dennoch haben die Schäden durch die Besucher schon häufiger zum Bau →

Im Wattenmeer an der Nordseeküste

⓭ Gliederung des Kulturtourismus

Reise- bzw. Ausflugsmotiv	Art des Kulturtourismus	Untergruppe der Motive (normalerweise kombiniert)	Unterarten des Kulturtourismus
Einzel-Kulturobjekte im weitesten Sinne	Objekt-Kulturtourismus	Kirchen	Kunst-Tourismus
		Schlösser	Kunst-Tourismus
		Galerien	Kunst-Tourismus
		Museen	Kunst-oder Museums-Tourismus
		Ausstellungen	
		Burgen und Festungen	Burgen-Tourismus
		historische Stätten	Geschichts-Tourismus
		Literaturstätten	Literatur-Tourismus
		archäologische Stätten	Vorgeschichts-Tourismus
		technische Sehenswürdigkeiten und Industrie	Industrie-Tourismus
Kulturobjekt-Häufung	Gebiets-Kulturtourismus	kulturlandschaftliche Sehenswürdigkeiten (Weinbau- Landschaften)	Kulturlandschafts-Tourismus
		Schlosshäufungen "Straßen", kulturelle Objekte	Kulturgebiets-Tourismus
Kultur-Ensembles	Ensemble-Kulturtourismus	Dorf-Ensembles	Dorf-Tourimus
		städtische Ensembles	Stadt-Tourismus
Kulturelle Ereignisse im weitesten Sinne	Ereignis-Kulturtourismus	Festspiele, folkloristische Veranstaltungen von Musik u.a.	Festspiel-Tourismus Veranstaltungs-tourismus
		Kurse in Kunst, Musik, Volksmusik, Volkstanz, Volkskunst (Töpfern, Weben, Schnitzen u.a.), Sprachen	Kurs-Tourismus
Gastronomische Kultur Wein, Spezialitäten	Gastronomischer Kulturtourismus	Weinleseteilnahme u.a. Weinproben und -einkauf gut essen	Erlebnis-Kulturtourismus Wein-Tourismus Schlemmer-Tourismus
andere Kulturen	Fern-Kulturtourismus	naturnahe Kulturen, spezifisch ländliche und spezifisch städtische Kulturen	Ethno-Kulturtourismus Sozio-Kulturtourismus

© Institut für Länderkunde, Leipzig 2000

⓯ Besuch von Großveranstaltungen 1997
Mehrfachnennungen

57% der Befragten haben in den letzten 12 Monaten keine Großveranstaltung besucht.

Prozent

© Institut für Länderkunde, Leipzig 2000

von Duplikaten geführt, z.B. bei den Höhlen von Lascaux, Goethes Gartenhaus oder ägyptischen Grabkammern. Alle vom Menschen errichteten Bauten sind künstliche Gebilde, die echt werden, wenn sie alt genug sind! Was spricht gegen Inszenierungen? Ist nicht das museale Erhalten von Umwelten ebenso künstlich? Kann nicht eine künstliche Umwelt zu einer neuen Realität werden? (STEINECKE/TREINEN 1997).

Ein Blick auf die virtuellen Freizeitmöglichkeiten ⓮ zeigt, dass uns verschiedene Angebote altvertraut sind – sie wurden lediglich durch neue Techniken oder spezifisches Design deutlich erweitert. Dabei taucht immer wieder

die Frage auf, ob die virtuellen Erlebnisse nicht das Reisen – wenigstens zum Teil – ersetzen können, aber dies wird wohl die Ausnahme bleiben. Es wird eher durch die geschönte Darstellung der Realität in anderen Regionen Lust zum Reisen erzeugt – und praktische Informationen werden gleich mitgeliefert.

Der Trend zur Größe
Bereits zu Beginn der 1970er Jahre gab es einen ersten Trend zur Größe, als Ferienzentren bis dahin ungeahnte Dimensionen erreichten. Seit den 1990er Jahren hat der Trend zur Größe einen neuen Schub erhalten (FRANCK/PETZOLD/ WENZEL 1997, S. 174ff.):
- Bei den Ferienzentren häufen sich mit den Ferienparks der zweiten Generation ausgesprochene Großprojekte, da nur sie eine vielfältige, attraktive Ausstattung mit „subtropischem Badeparadies", Shopping-Mall und überdachten Freizeiteinrichtungen ermöglichen (▶▶ Beitrag C. Becker).
- Die Durchschnittsgröße der Hotels in Deutschland hat sich von 1987 bis 1998 von 46 auf 67 Betten erhöht, vor allem durch zahlreiche neue, große Stadthotels. Diese gehören in der Regel zu Hotelketten, die durch ihre Größe den Markt maßgeblich beeinflussen (▶▶ Beitrag Becker/Fontanari).
- Mega-Events wie z.B. die Love-Parade in Berlin mit ca. 1,2 Mio. Teilnehmern ziehen kurzfristig ungeahnte Besuchermassen an.
- Die Multiplex-Kinos erobern den städtischen Kinomarkt (▶▶ Beitrag Ulbert).
- In den Großstädten werden Urban Entertainment Center und Großarenen als Veranstaltungszentren errichtet.

Trend: Events
Was früher Veranstaltung genannt wurde, wird heute zum Event hochstilisiert (▶▶ Beitrag Jagnow/Wachowiak) und zielgerichtet vermarktet (FREYER 1997, S. 604ff.). Das Event ist ein schillernder Begriff: Events im engeren Sinne sind Veranstaltungen, die einmalig sind wie die Reichstagsverhüllung oder die 1000-Jahr-Feier einer Stadt. Doch gibt es auch *Annual*-Events, die sich jedes Jahr wiederholen, wie die Volksfeste (▶▶ Beitrag Agricola), der Karneval (▶▶ Beitrag Widmann) oder Fußball-Endspiele. Auch kommerzielle Musicalveranstaltungen werden als Events eingestuft, obwohl sie täglich – teilweise über Jahre hin – gespielt werden; aber sie werden so vermarktet, dass sie sich für den Besucher als ein Event darstellen.

Im Einzelnen werden die folgenden Arten von Events unterschieden:
- kulturelle Events wie religiöse, wissenschaftliche, Musik-, Kunst-, Traditions- und Medienveranstaltungen (▶▶ Beiträge Rinschede, Albers/ Quack und Brittner),
- natürliche Events wie Flora- und Fauna-Events, Gartenschauen und vor allem Naturkatastrophen-Events,

- Sport-Events von den Olympiaden bis zu den regelmäßigen Sportveranstaltungen und Volksläufen (▶▶ Beitrag Lambrecht),
- wirtschaftliche Events in Gestalt von Messen und Kongressen,
- gesellschaftliche Events wie Weltausstellungen, Opernbälle, Prominentenhochzeiten oder die Love-Parade,

⓮ Virtuelle Freizeitmöglichkeiten

Virtual Reality

Fernsehen
Computerspiele
Internetsurfen
Mind Machines
Light- und Akkustik-Shows
Groß-Video
Rund-um-Kino (MAX)
Multimedia-Shows
Simulationen, Cyberspace

Anlagen

Museen, Großmuseen
Technik-/Medienausstellungen; Messen
Themenparks und -welten, Technikparks
Medienkombi- und -großanlagen, Mediaparks, Filmparks
Themengastronomie, Cybercafé
Family Entertainment Parcs, Laserdroms

© Institut für Länderkunde, Leipzig 2000

- politische Events wie Gipfeltreffen, Parteitage, Besuche von Staatsmännern und Paraden.
Hinsichtlich der Größe werden Mega-, Medium- und Mini-Events unterschieden, je nach Besucherzahl und Reichweite. Das schließt nicht aus, dass mancher Landbewohner das jährliche Volksfest als Mega-Event empfindet. Die Gesellschaft für Freizeitforschung hat 1998 ermittelt, dass 43% der von ihr Befragten im Laufe des letzten Jahres mindestens eine Großveranstaltung besucht hatten ⓯.

Die Angebotselemente in Tourismus und Freizeit
Der Tourismus und insbesondere der Urlaubsreiseverkehr haben sich traditionell vor allem dort entwickelt, wo attraktive Landschaften vorhanden waren. Zur Attraktivität einer Landschaft tragen insbesondere die folgenden Elemente bei, die einen Kontrast zu den städtischen Wohngebieten bilden (▶▶ Beitrag Chen):
- reizstarkes Bioklima an Nord- und Ostsee sowie in den Höhenlagen der Mittelgebirge und Alpen (▶▶ Beitrag Fuchs),
- Gewässerränder, die dem Landschaftsbild einen besonderen Reiz verleihen und verschiedene Freizeitaktivitäten ermöglichen,
- Wälder und speziell Waldränder, die zum Wandern und Spazierengehen einladen,
- hohe Reliefenergie, die das Landschaftsbild abwechslungsreich gestaltet,
- eine kleinstrukturierte landwirtschaftliche Nutzfläche,
- Besiedlung und ihre Einbindung in die Landschaft.
Diese Elemente bilden die Ausgangsbasis für die touristische Entwicklung in

Appartementbauten auf Sylt

Deutschland. Verschiedene Landschaftsbewertungsverfahren, die Ende der 1960er Jahre und in den 1970er Jahren entwickelt wurden, beziehen sich insbesondere auf diese Elemente und demonstrieren im Modell, wo noch günstige Bedingungen zur weiteren Entwicklung von Fremdenverkehrsgebieten bestehen (BONERTZ 1981).

Neben diesen Basiselementen spielen auch örtlich gebundene natürliche Bedingungen eine Rolle. Mineral- und Moorbäder stützen sich auf Mineralund/oder Thermalquellen, natürliche Heilgase und Peloide (Torf, Schlämme, Heilerden) (▶▶ Beitrag Brittner). Des Weiteren üben Baudenkmäler eine bedeutende Anziehungskraft auf den Tourismus aus. Zahlreiche Städte ziehen mehr Kulturtouristen als Geschäftsreisende an (▶▶ Beitrag Brenner).

Die Gunstfaktoren werden allerdings häufig stark beeinträchtigt von Störungen des Landschaftsbildes durch Gewerbebetriebe, verdichtete Wohnsiedlungen, Hochspannungsleitungen, militärische Übungsgelände, Verkehrs- und Industrielärm oder durch Gerüche von Industrie- und Landwirtschaftsbetrieben. Einzelne Störfaktoren können eine touristische Entwicklung verhindern, doch ist es durch gute Planung möglich, den Tourismus von den Störquellen zu trennen.

Dem ursprünglichen Angebot steht das abgeleitete Angebot gegenüber (GEIGANT 1962). Es umfasst:
• das Beherbergungsangebot mit über 54.000 Betrieben (mit mehr als acht Betten) in Deutschland, die 2,4 Mio. Gästebetten anbieten, (▶▶ Beitrag Spörel),
• das gastronomische Angebot, das freilich auch von der einheimischen Bevölkerung mitgenutzt wird 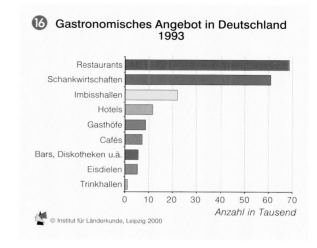,
• eine Vielzahl unterschiedlicher Freizeiteinrichtungen und Unterhaltungsangebote, die ebenfalls teilweise, z.T. sogar ausschließlich von den Einheimischen genutzt werden ⑰,
• die allgemeine Infrastruktur, die u.a. auch die Verkehrsanbindung sicherstellt.

In der historischen Entwicklung hat das ursprüngliche Angebot das abgeleitete Angebot nach sich gezogen. Im Grundsatz gilt, dass dort, wo das ursprüngliche Angebot wenig bietet, besonders viel in das abgeleitete Angebot investiert werden muss. Dennoch waren die Ferienparks der zweiten Generation in Deutschland bemüht, ihre Anlagen in oder am Rande von existenten Fremdenverkehrsgebieten zu errichten, um bei der Vermarktung zusätzlich von diesen zu profitieren.

Für Ausflüge gelten im Grundsatz dieselben Elemente wie für den Tourismus – mit Ausnahme des Beherbergungsangebotes. Allerdings verliert das ursprüngliche Angebot an Gewicht gegenüber dem abgeleiteten Angebot. Die Distanz vom Wohnort zu den Ausflugszielen spielt eine nicht unerhebliche Rolle: Weitere Fahrten werden nur dann unternommen, wenn dadurch besonders attraktive Ziele erreicht werden können. Je nach Größe der einzelnen Städte und der Attraktivität ihres nahen und fernen Umlandes ergeben sich unterschiedliche Durchschnittsdistanzen (▶▶ Beitrag Potthoff/Schnell).

Bei der täglichen Erholung im Wohnumfeld tritt dagegen das ursprüngliche Angebot meist stark zurück und wird z.T. ersetzt durch gestaltetes Grün und den eigenen Garten (▶▶ Beitrag Wollkopf). Stattdessen werden die vorhandenen Freizeiteinrichtungen stärker genutzt.

Wirtschaftliche Bedeutung und staatlicher Einfluss

Freizeit und Tourismus in der Bundesrepublik Deutschland sind ein vielfach unterschätzter Wirtschaftszweig, der rd. 8% zum Bruttoinlandsprodukt beiträgt. Bei dieser Berechnung spielen Ausflüge und Reisen eine dominierende Rolle, wobei Tagesausflüge und Tagesgeschäftsreisen gegenüber dem Übernachtungsverkehr in einer Relation von 57:43 zueinander stehen. Vom Umsatz her rangiert der Tourismus an zweiter Stelle hinter der Automobilindustrie ⑲; mit der Zahl der Beschäftigten liegt er weitaus höher, da im Tourismus der Anteil an Teilzeit- und Saisonarbeitern →

⑯ Gastronomisches Angebot in Deutschland 1993

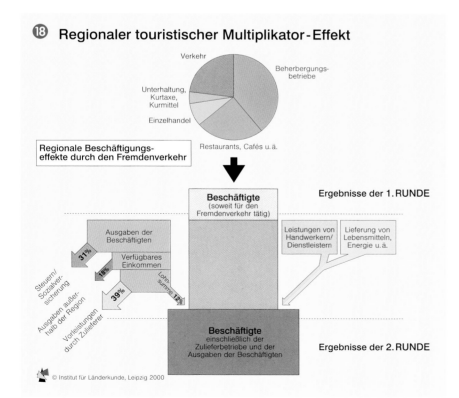

⑰ Touristische Infrastruktur in Deutschland

Wanderwege	170000 km
Radwege	38000 km
Wasserstraßen	6000 km
Naturparke	78
Nationalparke	13
Biosphärenreservate	13
Hütten (bewirtschaftet)	804
Museen	4113
öffentliche/private Theater	345
Tennisplätze	50000 auf 18000 Anlagen
öffentliche Sauna-Anlagen	6000
öffentliche Bäder	6075
Freizeit- und Spaßbäder	175
Freizeit-Erlebnisbäder	220
Reitsportanlagen	8000
Golfplätze	550

© Institut für Länderkunde, Leipzig 2000

⑱ Regionaler touristischer Multiplikator-Effekt

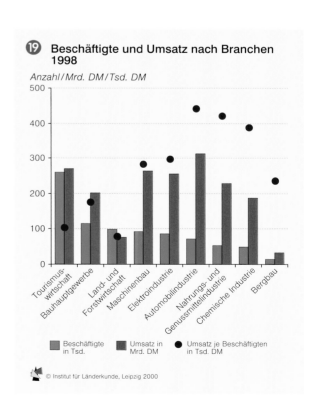

© Institut für Länderkunde, Leipzig 2000

⑲ Beschäftigte und Umsatz nach Branchen 1998

© Institut für Länderkunde, Leipzig 2000

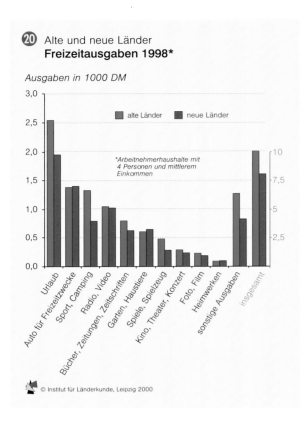

⑳ Alte und neue Länder
Freizeitausgaben 1998*

Ausgaben in 1000 DM

*Arbeitnehmerhaushalte mit 4 Personen und mittlerem Einkommen

© Institut für Länderkunde, Leipzig 2000

Die statistische Datenbasis

Die Statistik der Beherbergung im Reiseverkehr ist derzeit die wichtigste amtliche Datenquelle, die Aussagen über die Entwicklung des Tourismus in Deutschland liefert. Monatlich werden in allen Beherbergungsstätten ab neun Betten die Gäste- und Übernachtungszahlen – gegliedert nach In- und Ausländern – erhoben und in der Regel sogar gemeindeweise veröffentlicht. Damit bietet die Statistik eine objektive Erfolgskontrolle für die Verkehrsämter der Gemeinden und die regionalen Fremdenverkehrsverbände, auch wenn manche Verbesserungswünsche bestehen (STBA 1991). Zusätzlich zur gemeindeweisen Statistik weisen die Länder in Abstimmung mit den Kommunen und den Verbänden Reisegebiete aus **㉑**, die landschaftlich und touristisch einheitliche Räume zusammenfassen, in den Ländern allerdings unterschiedliche Größenordnungen haben. Zudem bleiben in einigen Regionen Restkategorien, die von keinem Reisegebiet abgedeckt sind.

Die Anzahl der Beherbergungsstätten mit ihrem Bettenangebot wird alle sechs Jahre – zuletzt am 1.1.1999 – erhoben; dabei werden diese nach Art und Ausstattung differenziert. Auch zum Urlaubscamping wird die Anzahl der Stellplätze und Übernachtungen ermittelt.

Diese Daten werden seit Ende der 1940er Jahre erfasst, allerdings mit gelegentlichen Änderungen in der Systematik. Daneben sammelt die amtliche Statistik auch Daten u.a. über die Nutzung der Verkehrsmittel, die Umsätze im Gastgewerbe und die Ausgabenstruktur von bestimmten Haushaltstypen, die jedoch in der Tourismusforschung allenfalls randlich verwendet werden (STBA 1999).

Aus der DDR liegen keine vergleichbaren Daten vor, nicht einmal Gesamtdaten der Gäste- und Übernachtungszahlen oder für die Beherbergungskapazität.

Um Informationen über das allgemeine Urlaubs-Reiseverhalten der deutschen Bevölkerung zu gewinnen, führen mehrere Institute jährlich oder mit noch kürzeren Intervallen Repräsentativbefragungen durch. Am häufigsten werden die Ergebnisse der ,Reiseanalyse' verwendet (FUR 1999).

Zum Freizeitsektor werden von amtlicher wie von privater Seite keine regelmäßigen statistischen Erhebungen durchgeführt. Immerhin hat das DWIF im Jahr 1993 Basisdaten zum Ausflugsverhalten der deutschen Bevölkerung im Auftrag des Bundeswirtschaftsministeriums erhoben (DWIF 1995).

hoch ist, wobei die Entlohnung eher unterdurchschnittlich ist.

In diese Berechnungen ist auch der Multiplikatoreffekt miteingeflossen, der im Tourismus einen Wert von 1,3 erreicht. Damit werden vorgelagerte (z.B. Einzelhandel, Verkehrsmittel) und nachgelagerte Bereiche mit ihren durch den Tourismus induzierten Ausgaben mit berücksichtigt **⑱**.

Die wirtschaftliche Bedeutung des Tourismus in Deutschland wäre noch größer, wenn nicht 70% der Urlaubsreisen ins Ausland führten **⑪**. So stehen in der nationalen Reiseverkehrsbilanz Ausgaben von 76 Mrd. DM Einnahmen von lediglich 25 Mrd. DM (1997) gegenüber (▶▶ Beitrag Vorlaufer).

Neben dem gesamtwirtschaftlichen Stellenwert besitzt der Tourismus eine besondere regionalwirtschaftliche Bedeutung, weil er in landschaftlich attraktiven Gebieten teilweise mit hoher Konzentration auftritt (▶▶ Beitrag Feige u.a.); da diese in der Regel wirtschaftsschwache Gebiete sind, bildet er oft eine der wenigen möglichen Erwerbsgrundlagen für die Bevölkerung.

Die Ausgaben der Deutschen für Bildung, Unterhaltung und Freizeit werden für 1996 mit 191 Mrd. DM beziffert (DGF 1998). Legt man auch diesem Wert einen Multiplikatoreffekt von 1,3 zugrunde, ergeben sich für Freizeit und für Tourismus jeweils etwa gleich hohe Ausgaben. Diese Relation bestätigt sich auch, wenn die Ausgabenstruktur eines Vier-Personen-Haushaltes mit mittlerem Einkommen analysiert wird, der rd. 14% seines verfügbaren Einkommens für Freizeit und Urlaub ausgibt **⑳**. Wird berücksichtigt, dass ein Teil dieser Ausgaben für Urlaub ins Ausland abfließt, aber Teile der Ausgaben für das Auto, für Sport und Camping, für Foto und Film sowie für „sonstige Ausgaben" dem Tourismus zuzurechnen sind, entfallen auf Freizeit und Tourismus in Deutschland jeweils etwa die Hälfte der Ausgaben. Im Gegensatz zum Tourismus konzentrieren sich die Freizeitumsätze aber auf die Städte, da dort vor allem die kostenintensiven Anlagen ihren Standort haben.

Tourismuspolitik

Der Tourismus bildet eine Querschnittsaufgabe, für die das Bundesministerium für Wirtschaft die Federführung übernommen hat. Auch zahlreiche weitere Ministerien befassen sich damit. Das Referat für Tourismus innerhalb der Abteilung Mittelstandsförderung im Wirtschaftsministerium ist mit rd. einem Dutzend Mitarbeitern besetzt, was der Bedeutung dieses Wirtschaftszweiges in keiner Weise entspricht. Ein erst spät gegründeter Bundestagsausschuss vertritt den Tourismus auf der parlamentarischen Ebene. Insgesamt hat der Tourismus auf der Bundesebene nur einen geringen Stellenwert – er ist ein Selbstläufer, was nicht unbedingt als Nachteil einzuschätzen ist (EGGERT 2000).

Dennoch ist der Tourismus nicht unabhängig von der Politik, wie die Krise

Auf dem Großen Zernsee (Havel)

des Kurverkehrs von 1997/98 gezeigt hat. Hier hat die Gesundheitsreform zu starken Einbrüchen bei der Verordnung von Kuren geführt. Auch kommen dem Tourismus gewisse, eng begrenzte Fördermittel aus dem Bundeshaushalt zugu-

---

Die wichtigsten **Verbände der Interessenvertretung** von einzelnen Tourismussektoren:

- Der Deutsche Tourismusverband (DTV) vertritt die Interessen der regionalen Fremdenverkehrsverbände und der Fremdenverkehrsgemeinden.
- Der Deutsche Heilbäderverband (DHV) tritt für die Interessen der Kurorte ein.
- Der Deutsche Hotel- und Gaststättenverband (DEHOGA) vertritt das Gastgewerbe.
- Der Deutsche Reisebüroverband (DRV) ist für die Reisebüros und Reiseveranstalter zuständig.
- Der Bundesverband der Tourismuswirtschaft (BTW) vertritt Unternehmen der Tourismuswirtschaft.

---

te. Zum einen wird die „Deutsche Zentrale für Tourismus" – insbesondere für die Auslandswerbung – maßgeblich mit Bundesmitteln unterstützt; zum anderen fließen etwa 10% der Fördermittel im Rahmen der Gemeinschaftsaufgabe "Verbesserung der regionalen Wirtschaftsstruktur" in Tourismusprojekte in den wirtschaftsschwachen Gebieten (▶▶ Beitrag Hopfinger).

Auch auf der Länderebene bleibt der politische Stellenwert des Tourismus gering. Landesmittel zur Förderung des Tourismus fließen in die Gemeinschaftsaufgabe „Verbesserung der regionalen Wirtschaftsstruktur", in Programme zur Mittelstandsförderung und an die Fremdenverkehrsverbände der Län-

der, die die Werbung für das jeweilige Land und seine Fremdenverkehrsregionen betreuen. Die Landesplanung erarbeitet räumliche Entwicklungskonzeptionen für den Tourismus.

Tourismuspolitik wird vor allem auf kommunaler Ebene betrieben. Allein 4200 der rd. 14.600 deutschen Gemeinden sind in Fremdenverkehrsverbänden organisiert. Bei den Gemeinden (oder ihren privatisierten Tourismusorganisationen) muss teilweise viel Personal in den Verkehrsämtern wie auch bei Fremdenverkehrseinrichtungen und Unterhaltungsangeboten eingesetzt werden. Für die Errichtung und Unterhaltung dieser Einrichtungen müssen die Gemeinden erhebliche Mittel aufwenden, die nur zum kleinen Teil durch Kurtaxe und Fremdenverkehrsbeiträge abgedeckt werden.

Freizeitpolitik

Auch die Freizeitpolitik ist eine breit gestreute Querschnittsaufgabe, die aber meist wenig koordiniert von den einzelnen Ressorts durchgeführt wird. Lediglich dort, wo in den Ballungsgebieten Umland- und Zweckverbände bestehen, findet eine Koordinierung der Freizeitprojekte in der Landschaft statt. Beispiele für solche Verbände sind der Zweckverband Großraum Hannover, der Kommunalverband Ruhrgebiet, der Umlandverband Frankfurt oder der Verein zur Sicherstellung überörtlicher Erholungsgebiete in den Landkreisen um München e.V. Trotz der starken Zunahme der Freizeit haben Freizeitpolitik und Freizeitplanung einen äußerst geringen politischen Stellenwert. Angesichts der Mittelknappheit bei den öffentlichen Kassen werden attraktive neue Freizeitanlagen wie →

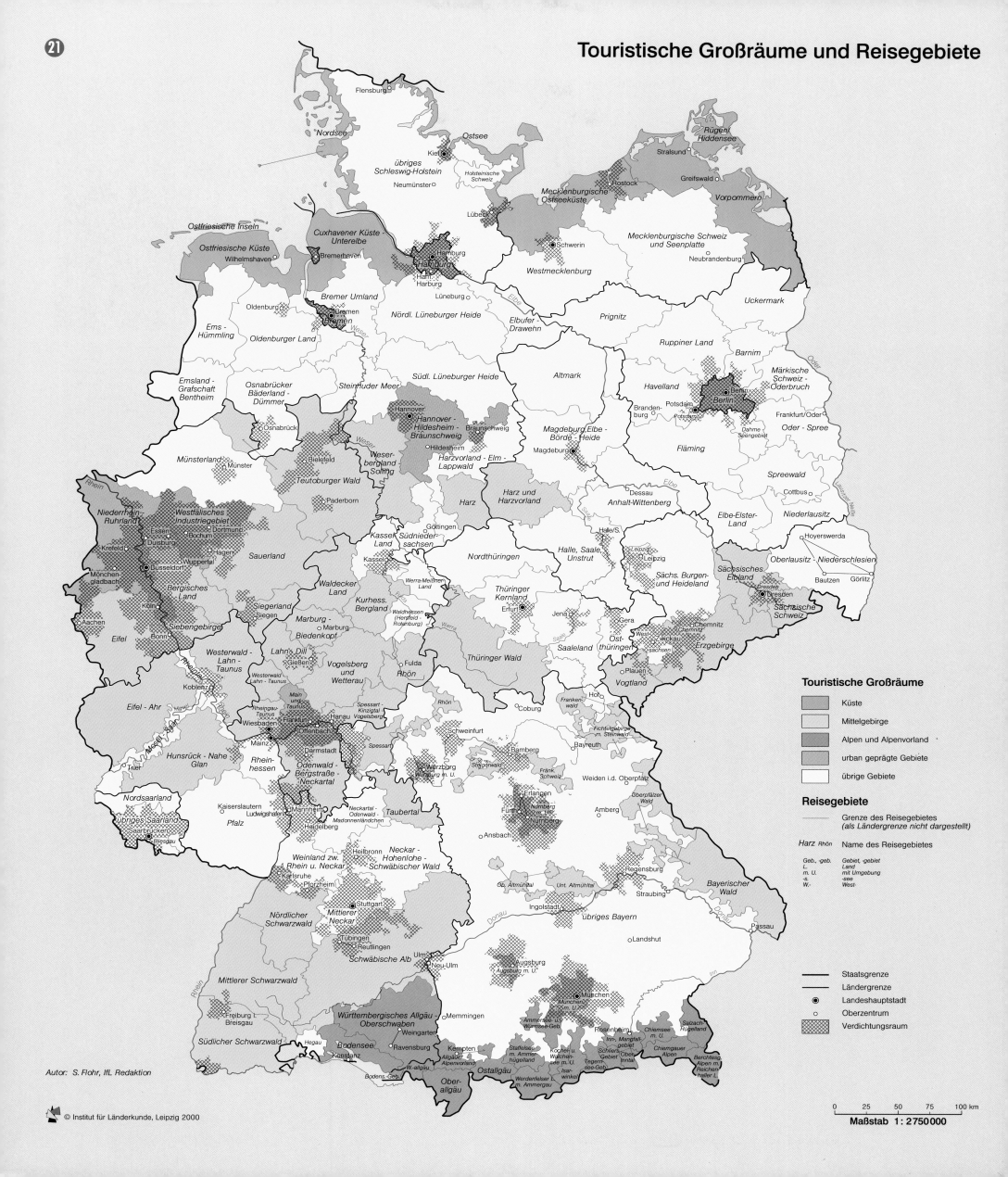

Touristische Großräume und Reisegebiete

Nordsee

Ostfriesische Inseln

Ostsee

Rügen/Hiddensee

Flensburg

Kiel

übriges Schleswig-Holstein

Neumünster

Holsteinische Schweiz

Stralsund

Greifswald

Vorpommern

Rostock

Mecklenburgische Ostseeküste

Schwerin

Mecklenburgische Schweiz und Seenplatte

Neubrandenburg

Lübeck

Ostfriesische Küste

Wilhelmshaven

Cuxhavener Küste - Unterelbe

Bremerhaven

Hamburg

Hamburg

Harburg

Lüneburg

Westmecklenburg

Uckermark

Bremer Umland

Bremen

Bremen

Oldenburg

Ems - Hümmling

Oldenburger Land

Weser

Nördl. Lüneburger Heide

Elbufer-Drawehn

Elbe

Prignitz

Ruppiner Land

Barnim

Märkische Schweiz - Oderbruch

Berlin

Berlin

Emsland - Grafschaft Bentheim

Osnabrücker Bäderland - Dümmer

Steinhuder Meer

Südl. Lüneburger Heide

Altmark

Magdeburg.Elbe - Börde - Heide

Havelland

Potsdam

Potsdam

Brandenburg

Frankfurt/Oder

Oder - Spree

Osnabrück

Hannover

Hannover - Hildesheim - Bräunschweig

Braunschweig

Magdeburg

Fläming

Spreewald

Münsterland

Münster

Bielefeld

Weserbergland Solling

Hildesheim

Harzvorland - Elm - Lappwald

Dessau

Anhalt-Wittenberg

Elbe-Elster-Land

Niederlausitz

Cottbus

Teutoburger Wald

Paderborn

Harz

Harz und Harzvorland

Elbe

Hoyerswerda

Niederrhein - Ruhrland

Westfälisches Industriegebiet

Dortmund

Essen Bochum

Duisburg Hagen

Krefeld Wuppertal

Düsseldorf

Kassel Land

Göttingen

Südniedersachsen

Halle/S.

Leipzig

Leipzig

Halle, Saale, Unstrut

Sächs. Burgen- und Heideland

Sächsisches Elbland

Oberlausitz - Niederschlesien

Görlitz

Bautzen

Sauerland

Waldecker Land

Kassel

Nordthüringen

Mönchengladbach

Köln

Bergisches Land

Aachen

Siebengebirge

Bonn

Eifel

Siegerland Siegen

Kurhess. Bergland

Marburg - Biedenkopf

Marburg

Werra-Meißner-Land

Waldhessen (Hersfeld-Rotenburg)

Werra

Thüringer Kernland

Erfurt

Jena

Gera

Östthüringen

Saaleland

Saale

Chemnitz

West-sachsen

Zwickau

Erzgebirge

Dresden

Dresden

Sächsische Schweiz

Westerwald - Lahn - Taunus

Koblenz

Westerwald - Lahn - Taunus

Lahn - Dill

Gießen

Vogelsberg und Wetterau

Fulda

Rhön

Thüringer Wald

Plauen

Vogtland

Frankenwald

Hof

Eifel - Ahr

Rhein

Mosel

Rheingau-Taunus

Wiesbaden

Main und Taunus

Frankfurt

Offenbach

Mainz

Hanau

Spessart - Kinzigtal Vogelsberg

Rhön

Schweinfurt

Coburg

Fichtelgebirge m. Steinwald

Bayreuth

Trier

Hunsrück - Nahe Glan

Rheinhessen

Darmstadt

Odenwald - Bergstraße - Neckartal

Spessart

Würzburg

Würzburg m. U.

Steigerwald

Fränk. Schweiz

Weiden i.d. Oberpfalz

Nordsaarland

Kaiserslautern Ludwigshafen

Mannheim

Pfalz

Neckartal - Odenwald - Madonnenländchen

Taubertal

Erlangen

Nürnberg m. U.

Fürth

Nürnberg

Amberg

Oberpfälzer Wald

übriges Saarland

Saarbrücken

Bliesgau

Heidelberg

Weinland zw. Rhein u. Neckar

Heilbronn

Neckar - Hohenlohe - Schwäbischer Wald

Ansbach

Karlsruhe

Pforzheim

Ob. Altmühltal

Unt. Altmühltal

Regensburg

Straubing

Bayerischer Wald

Passau

Nördlicher Schwarzwald

Mittlerer Neckar

Stuttgart

Tübingen

Reutlingen

Schwäbische Alb

Ulm

Neu-Ulm

Ingolstadt

Donau

übriges Bayern

Landshut

Augsburg

Augsburg m. U.

Mittlerer Schwarzwald

Memmingen

München

München m. U.

Freiburg i. Breisgau

Südlicher Schwarzwald

Hegau

Württembergisches Allgäu - Oberschwaben

Weingarten

Ravensburg

Kempten

Ammersee - Wörmsee-Geb.

Rosenheim

Inn-, Mangfall-gebiet

Chiemsee m. U.

Salzach-Hügelland

Bodensee

Konstanz

Bodens - Geb.

W. allgäu

Allgäuer Alpenvorland

Ostallgäu

Staffelsee m. Ammergebiet

Kochel u. Walchensee m. U.

Tegernsee Gebiet

Chiemgauer Alpen

Berchtesgadener Alpen m. Reichenhaller L.

Oberallgäu

Werdenfelser L. m. Ammergau

Isarwinkel

Schliersee Gebiet

Ob. Inntal

Rhein

Donau

Inn

Autor: S. Flohr, IfL Redaktion

© Institut für Länderkunde, Leipzig 2000

Touristische Großräume

Küste

Mittelgebirge

Alpen und Alpenvorland

urban geprägte Gebiete

übrige Gebiete

Reisegebiete

Grenze des Reisegebietes (als Ländergrenze nicht dargestellt)

Harz *Rhön* Name des Reisegebietes

Geb., -geb. Gebiet, -gebiet
L. Land
m. U. mit Umgebung
-s. -see
W. West-

Staatsgrenze

Ländergrenze

Landeshauptstadt

Oberzentrum

Verdichtungsraum

0 25 50 75 100 km

Maßstab 1 : 2750000

Golfplätze, Tennishallen oder Freizeitbäder zunehmend von privaten Unternehmen errichtet.

Die herausragende Verbandsvertretung im Freizeitbereich ist der Deutsche Sportbund. Auch die meisten öffentlichen Fördermittel für Freizeiteinrichtungen werden für Sportanlagen aufgebracht (▶▶ Beitrag Schnitzler).

Räumliche Entwicklungstrends

Angesichts des starken Trends der Deutschen zu Auslandsreisen ist es überraschend, dass das deutsche Beherbergungsgewerbe immer noch – mit gelegentlichen Unterbrechungen – kleine Wachstumsraten verzeichnen kann ㉓. Dazu tragen einerseits der Wiederaufbau des Beherbergungsangebotes in Ostdeutschland sowie der ▶ Incoming-Tourismus aus dem Ausland (▶▶ Beitrag Horn/Lukhaup) bei. Andererseits konnten in Westdeutschland der Küstenraum und der Städtetourismus in den beiden letzten Jahrzehnten beachtliche Wachstumsraten verzeichnen. Demgegenüber haben vor allem das Mittelgebirge, aber auch der Alpenraum deutlich Marktanteile verloren ㉒ ㉕ (▶▶ Beitrag Flohr).

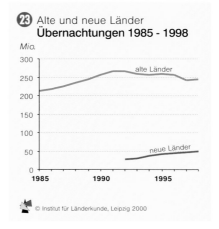

㉔ **Verkehrsmittel bei Ausflügen und für den Urlaub 1995**

Prozent

© Institut für Länderkunde, Leipzig 2000

Der Küstenraum als größter Gewinner profitiert offensichtlich von einem wachsenden Gesundheitsbewusstsein. Das Reizklima an der See und die pollenfreie, salzhaltige Luft haben zu einer starken Aufwertung der Vor- und Nachsaison geführt, so dass die einstige starke saisonale Konzentration der Gäste auf wenige Sommermonate deutlich abgebaut und die Bettenauslastung verbessert werden konnte.

Der Tourismus in den (Groß-)Städten (▶▶ Beitrag Jagnow/Wachowiak) profitiert von einer allgemeinen Zunahme des Geschäftsreiseverkehrs, vor allem aber von einem starken Wachstum des Kulturtourismus (▶▶ Beitrag Brenner). Museen, Ausstellungen, Musicals (▶▶ Beitrag Brittner) und die verschiedensten Events, aber auch die restaurierten Innenstädte ziehen privat motivierte Reisende an.

In den Mittelgebirgen ist der Besucheranteil der traditionellen Stammgäste stark zurückgegangen; sie werden überwiegend für Kurzreisen aufgesucht. Daneben haben der Kurverkehr, einzelne Feriengroßprojekte, Urlaub auf dem Bauernhof und regional der Weintourismus (▶▶ Beitrag Horn u.a.) zu einer gewissen Stabilisierung beigetragen.

Der Alpenraum wird nach wie vor intensiv durch den Tourismus genutzt, doch ist das Angebot – ähnlich wie in den Mittelgebirgen – teilweise veraltet.

Innovationen im Tourismusbereich

Innovationen im Bereich von Freizeit und Tourismus sind eher rar. Im Freizeitsektor stechen vor allem privatwirtschaftliche Großanlagen wie Urban Entertainment Center, Mehrzweckhallen, Multiplex-Kinos (▶▶ Beitrag Ulbert), Freizeitbäder (▶▶ Beitrag Schramm) und Freizeitparks (▶▶ Beitrag Fichtner) ins Auge. Daneben ist auch die Anlage eines beachtlichen Radwegenetzes (▶▶ Beitrag P. Becker) sowie neuerdings die Errichtung von Regionalparks (wie im Rhein-Main-Gebiet) in Gang ge-

kommen (▶▶ Beitrag Siebert/Steingrube). Im Tourismusbereich treten – neben manchen modernen Elementen bei den Hotels – vor allem die vielfältigen Feriengroßprojekte der letzten Jahre hervor (▶▶ Beitrag C. Becker), auch wenn sie immer noch ein Stück davon entfernt sind, mit qualitätsvoller Architektur eine perfekte Urlaubssituation zu bieten (ROMEISS-STRACKE 1998).

Nicht zuletzt aufgrund dieser gewissen Innovationsschwäche gilt Urlaub in Deutschland in breiten Kreisen als langweilig, als in der Qualität ungesichert, schwer buchbar und teuer. Zudem werden mit ihm schlechtes Wetter und ein schlechter Service assoziiert. Auch wenn diese Kritik übertrieben ist, steckt hinter jedem Punkt ein wahrer Kern, der Anlass zu Verbesserungen bietet. Ein wesentlicher Grund für das eher schlechte Image von Deutschland als Reiseland bei den Deutschen beruht darauf, dass bis 1997 zwar die einzelnen Bundesländer für einen Urlaub im jeweiligen Land warben, eine Image-Werbung für das Reiseziel Deutschland je-

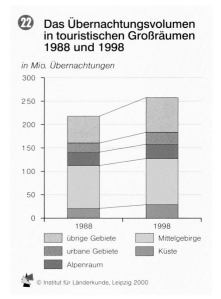

㉓ Alte und neue Länder
Übernachtungen 1985 - 1998

Mio.

© Institut für Länderkunde, Leipzig 2000

doch fehlte. Inzwischen hat die Deutsche Zentrale für Tourismus diese Aufgabe übernommen, und es ist zu hoffen, dass mit den begrenzten Mitteln eine Imageverbesserung erzielt werden kann. Gleichzeitig wird auch an zentralen Informations- und Reservierungssystemen, verstärkten lokalen und regionalen Kooperationen, der Entwicklung von gemeinsamen Markenzeichen (Dachmarken) und erlebnisreichen Pauschalreisen gearbeitet.

Belastungen der Umwelt und Lösungsansätze

Dass der Tourismus, aber auch viele außer Haus betriebene Freizeitaktivitäten auf eine attraktive, möglichst störungsfreie Umwelt angewiesen sind, wurde bereits herausgestellt. Auf der anderen Seite haben aber Freizeit und Tourismus zu teilweise gravierenden Beeinträchtigungen der Umwelt geführt. Damit haben sie vielfach die eigenen Grundlagen mehr oder weniger stark zerstört.

Inzwischen herrscht Übereinstimmung darüber, dass die stärksten Umweltbelastungen durch Freizeit und Tourismus von dem induzierten Verkehr ausgehen. 54% der zurückgelegten Wegstrecken im Personenverkehr gehen auf Freizeit und Tourismus zurück (DIW 1997). Da-

㉒ **Das Übernachtungsvolumen in touristischen Großräumen 1988 und 1998**

in Mio. Übernachtungen

übrige Gebiete	Mittelgebirge
urbane Gebiete	Küste
Alpenraum	

© Institut für Länderkunde, Leipzig 2000

bei wird vor allem der Pkw, im Tourismus auch zunehmend das Flugzeug genutzt ㉔. Für diesen Verkehr werden erhebliche Mengen an nicht erneuerbarer Energie verbraucht und das Klima durch Schadstoffe beeinträchtigt, was Ausflügler und Urlauber kaum wahrnehmen (▶▶ Beitrag Littmann). Sehr wohl bemerken sie aber die Luftverschmutzung, den Lärm, die Landschaftszerschneidung (▶▶ Beitrag Schumacher/Walz) und die Parkplätze, die vom Verkehr ausgehen bzw. ihm dienen, und fühlen sich mehr oder weniger belästigt.

Auch in den folgenden, hier nur summarisch genannten Feldern treten teil-

㉕ **Verteilung des Übernachtungsvolumens auf touristische Großräume 1998**

übrige Gebiete **29%**
Mittelgebirge **38%**
urban geprägte Gebiete **11%**
Küste **12%**
Alpen **10%**

© Institut für Länderkunde, Leipzig 2000

weise einschneidende Umweltschäden durch Freizeitaktivitäten und Tourismus auf (BECKER/JOB/WITZEL 1996, S. 22ff.):
• Die Landschaft wird durch Fremdenverkehrsbetriebe und Freizeiteinrich-

㉖ Hartes und sanftes Reisen nach R. Jungk

Hartes Reisen	Sanftes Reisen
Massentourismus	Einzel-, Familien- und Freundesreisen
wenig Zeit	viel Zeit
schnelle Verkehrsmittel	angemessene (auch langsame) Verkehrsmittel
festes Programm	spontane Entscheidung
außengelenkt	innengelenkt
importierter Lebensstil	landesüblicher Lebensstil
"Sehenswürdigkeiten"	Erlebnisse
bequem und passiv	anstrengend und aktiv
wenig oder keine geistige Vorbereitung	vorhergehende Beschäftigung mit dem Besuchsland
keine Fremdsprache	Sprachen lernen
Überlegenheitsgefühl	Lernfreude
Einkaufen ("Shopping")	Geschenke bringen
Souvenirs	Erinnerungen, Aufzeichnungen, neue Erkenntnisse
Knipsen und Ansichtskarten	Fotografieren, Zeichnen, Malen
Neugier	Takt
laut	leise

© Institut für Länderkunde, Leipzig 2000

tungen in ihrer Attraktivität beeinträchtigt.
- In sensiblen Landschaften werden Pflanzen und Tiere durch die verschiedenen Freizeitaktivitäten gestört (▶▶ Beitrag Losang).
- Durch Gebäude, Straßen, Parkplätze und Wege wird Boden versiegelt.
- Bauwerke und darin enthaltene Kunstwerke leiden unter starkem Besuch.
- Die einheimische Bevölkerung wird durch Besuchermassen oder laute Gruppen gestört (▶▶ Beitrag Faust/ Kreisel).

Zu diesen möglichen Umweltbelastungen kommen in den Erholungsgebieten noch allgemeine Belastungen durch den Energie- und Wasserverbrauch sowie durch die Abwasser- und Abfallentsorgung hinzu, die jedoch größtenteils nur eine Verlagerung von den Wohn- in die Erholungsgebiete darstellen.

Die Ausflügler und Urlauber reagieren auf störende Belastungen, indem sie irgendwann auf andere, weniger belastete Ziele ausweichen. Diesen drohen dann ähnliche Probleme. Belastete Ziele werden mit der Zeit immer kürzer besucht, wodurch der Belastungsgrad weiter steigt.

Ansätze zur Reduktion von Umweltbelastungen

Um diese negativ rückgekoppelte Spirale zu beenden und die Umweltbelastungen auf das unvermeidbare Maß zu beschränken – denn die Freizeit- und Erholungsbedürfnisse werden nicht infrage gestellt –, wurden verschiedene Konzeptionen und Ansätze entwickelt.

KRIPPENDORF (1975) hat mit seinem Buch „Die Landschaftsfresser" erstmals nachdrücklich auf die vom Tourismus verursachten Umweltbelastungen hingewiesen. Als Vater der Konzeption des „Sanften Tourismus" gilt ROBERT JUNGK, der 1980 dem leider auch missverständlichen Begriff zum Durchbruch verhalf ㉖, denn jedes Reisen ist mit bestimmten Umweltbelastungen verbunden. Im Rahmen der Konzeption des sanften Tourismus wurden an verschiedenen Orten zielgerichtet Maßnahmen realisiert, um die Umweltbelastungen zu reduzieren. Vielzitiertes Beispielort ist Hindelang im Allgäu, wo vor allem Landwirtschaft und Tourismus vorbildlich zusammenarbeiten. Geradezu berühmt ist das Öko-Hotel Ucliva in Waltensburg in Graubünden. Insgesamt ist die Freizeit- und Tourismusplanung – wie auch die allgemeine Raumplanung – in den beiden letzten Jahrzehnten deutlich umweltbewusster und -schonender geworden.

In den 1990er Jahren wurde auch im Tourismus die Konzeption der Nachhaltigkeit aufgegriffen, die im Brundtland-Bericht 1987 präsentiert worden war. Ihre Stärke ist, dass die drei Dimensionen der Ökologie, der Ökonomie und des Sozialen gleichrangig berücksichtigt werden ㉗, und die ausgesprochen langfristige Perspektive. Damit wird die im Zusammenhang mit der Diskussion um sanften Tourismus auftretende Dominanz der Ökologie zugunsten einer angemessenen Berücksichtigung auch ökonomischer Aspekte verschoben. Die Thematik wird zunehmend auch in der Ausbildung für tourismusbezogene Be-

rufsfelder berücksichtigt (▶▶ Beitrag Klemm).

In Deutschland hat sich vor allem der „Arbeitskreis Freizeit- und Fremdenverkehrsgeographie" mit dem Konzept der Nachhaltigkeit befasst und nicht nur einen Strategierahmen entwickelt, sondern auch eine Reihe von Grundlagenuntersuchungen durchgeführt (BECKER 1995, 1997, 1999). Spektakuläre Beispiele für die Umsetzung dieses Konzepts fehlen jedoch. Einerseits wird häufig an Projekte des sanften Tourismus angeknüpft, andererseits kann das Konzept der Nachhaltigkeit, das als Prozess zu sehen ist, nur längerfristig durchgesetzt werden (▶▶ Beitrag Losang).

Es bestehen verschiedene Ansätze, die Freizeit und den Tourismus umweltschonender zu gestalten (BECKER/JOB/ WITZEL 1996, S. 84ff.):
- die Ausweisung von Schutzgebieten
- die Verbesserung des ÖPNV mit abgestimmten Angeboten
- Verkehrsberuhigung
- Festlegen von Kapazitätsgrenzen
- Anbieten und Nutzen regionaler Produkte
- verbesserte Informations- und Öffentlichkeitsarbeit

Gerade letztere nimmt eine Schlüsselposition ein, da wirkliche Verbesserungen der Umweltsituation nur durch die Forderungen der Nutzer und ein verändertes Verhalten der Einwohner, Ausflügler und Urlauber erreicht werden

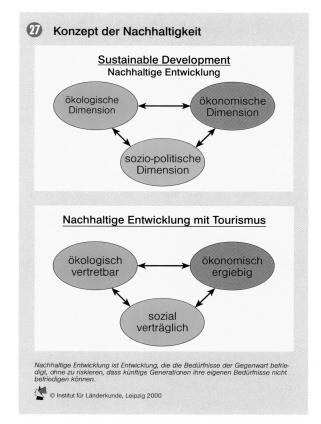

㉗ Konzept der Nachhaltigkeit

Sustainable Development
Nachhaltige Entwicklung

ökologische Dimension — ökonomische Dimension — sozio-politische Dimension

Nachhaltige Entwicklung mit Tourismus

ökologisch vertretbar — ökonomisch ergiebig — sozial verträglich

Nachhaltige Entwicklung ist Entwicklung, die die Bedürfnisse der Gegenwart befriedigt, ohne zu riskieren, dass künftige Generationen ihre eigenen Bedürfnisse nicht befriedigen können.

© Institut für Länderkunde, Leipzig 2000

㉘ Daseinsgrundfunktionen

BILDUNG — VERKEHR — VERSORGUNG
WOHNUNG
ARBEIT — KOMMUNIKATION — ERHOLUNG

© Institut für Länderkunde, Leipzig 2000

können. Zwar ist in Deutschland schon ein hohes Umweltbewusstsein erreicht, doch besteht – auch gerade bei der Freizeit- und Urlaubsgestaltung – noch eine gravierende Diskrepanz zwischen Wissen und Handeln, die es abzubauen gilt.

Im Rahmen der Informations- und Öffentlichkeitsarbeit spielen Umweltgütesiegel als Scharnier zwischen Betrieben und Gemeinden einerseits und den Nutzern andererseits eine wichtige Rolle. Bei den Beherbergungsbetrieben hat sich das Gütesiegel des DEHOGA durchgesetzt, zumal es teils zu Einsparungen, teils zu nur geringen zusätzlichen Kosten führt. Auf kommunaler Ebene gibt es mehrere regionale Gütesiegel, wie die Blaue Europaflagge, die Silberdistel oder die Schwalbe. Die Einführung eines bundesweiten Gütesiegels, das politisch sehr erwünscht wäre,

wird dadurch behindert, dass allzu viele, oft schwer messbare Kriterien in dieses Modell einfließen müssten.

Einen besonderen Rang unter den Gütesiegeln nimmt der „Reisestern" ein (JOB 1996, S. 112 ff.) (▶▶ Beitrag Losang). Er soll in den Prospekten der Reiseveranstalter dargestellt werden und die einzelnen Reiseziele bewerten. Dabei zeichnet er sich durch seinen beachtlichen Informationsgehalt aus, indem er u.a. auch die An- und Abreise berücksichtigt.

Gliederung der Atlasbeiträge

Die folgenden Beiträge sind thematisch geordnet. Nach einem kurzen historischen Rückblick (▶▶ Beiträge Bode und Spode) wird relativ ausführlich das **Angebotspotenzial** für Freizeit und Tourismus dargestellt. Es folgen verschiedene Analysen zu den **Nachfrage- und Organisationsstrukturen**. Dabei sind einzelne Aspekte von Freizeit und Tourismus exemplarisch herausgegriffen, andere dagegen mussten unberücksichtigt bleiben. Zum Abschluss werden einige ausgesprochene **Problemfelder** behandelt.

Nicht nur bei den Problemfeldern, sondern auch in zahlreichen anderen Beiträgen wird die enge Verknüpfung von Freizeit und Tourismus mit anderen Lebensbereichen deutlich, wie es auch die Stellung der Funktion „Erholung" in der klassischen Darstellung der Daseinsgrundfunktionen zum Ausdruck bringt ㉘. Freizeit und Tourismus sind Lebensbereiche, die in engem Zusammenhang mit anderen Lebensbereichen zu sehen sind – sie bedeuten Querschnittsaufgaben, die interdisziplinär zu bearbeiten sind.◆

Fremdenverkehr vor dem Zweiten Weltkrieg

Oliver Kersten und Hasso Spode

Familienurlaub auf Rügen 1911

Tourismus – die scheinbar zweckfreie Vergnügungsreise – ist ein historisch recht junges Phänomen. In ihn flossen sowohl ältere Reiseformen, wie die Pilger- oder Bäderreise, als auch der universelle Kontrast von Fest und Alltag ein. Doch bildet er eine Struktur eigenen Rechts. Seine Ursprünge sind in der Verzeitlichung des Denkens und Fühlens im 18. Jh. zu suchen, in grundlegenden Veränderungen und Ambivalenzen der Auffassung von Natur und Geschichte, die mit der Herausbildung der Moderne im Zusammenhang stehen: Während die Aufklärung den Fortschritt als das Ende der Unmündigkeit feierte, sahen andere, wie Rousseau, hierin im Gegenteil einen Verlust an Natur und Freiheit. Die frühromantische Zivilisationskritik entwickelte einen „touristischen Blick" auf vermeintlich authentische Landschaften und Kulturen, der bis heute Motivation und Verhalten der Touristen mit prägt. Zunächst auf kleine, adelig-bildungsbürgerliche Eliten beschränkt, wurde die

touristische Reise schließlich zu einem festen Bestandteil der Lebensgestaltung in den Industrieländern.

Phasen des Reisens

In dem sozialen und räumlichen Ausbreitungs- und zugleich Wandlungsprozess von Reisegewohnheiten lassen sich grob folgende Phasen unterscheiden:

In der ins 19. Jh. reichenden *Entstehungsphase* stellt die touristische Reise eine durch Vermögen finanzierte, im Lebenslauf seltene und entsprechend herausgehobene Unternehmung dar. Die Quote der Auslandsreisen war hoch, ihre absolute Zahl, wie die aller touristischer Reisen, gering. In der langen, noch weiter unterteilbaren *Ausbreitungs- und Formierungsphase* bis zur Mitte des 20. Jhs. wird Reisen zu einem in den Jahresturnus eingebetteten Freizeitverhalten. Die soziale Exklusivität lockert sich schrittweise, touristische Institutionen und Infrastrukturen wie Verkehrsvereine, Reisebüros, Hotellerie, Verkehrswege etc. werden auf- und ausgebaut, und ein Set touristischer Praktiken verfestigt sich. Der Urlaubsreise werden dabei nun zweckrationale Begründungen zugewiesen: so diene sie der Erholung, auch der Bildung und Völkerverständigung. Die jährliche Reise wird im Bürgertum zur Selbstverständlichkeit. Überwiegend, zumal nach dem Ersten Weltkrieg, liegen die Destinationen im Inland: im Alpenraum, in den Mittelgebirgen, an Nord- und Ostsee sowie in Städten.

In die zweite Hälfte des 20. Jhs. fällt schließlich die *Durchsetzungs- und Konsolidierungsphase*: Die bereits zuvor wirtschaftlich, technisch und dann auch politisch eingeleitete Entprivilegisierung des Reisens wird mit dem Durchbruch des Massentourismus in den 1960er Jahren weitgehend Wirklichkeit. Zugleich hat sich die Quote der Auslandsreisen stark erhöht.

Fremdenverkehr vor dem Zweiten Weltkrieg

Die Karte ❷ zeigt die wichtigsten Fremdenverkehrsorte in Deutschland kurz vor dem Zweiten Weltkrieg. Erfasst sind alle Orte, die mindestens 100.000 Übernachtungen gemeldet hatten. Die Masse des touristischen Reiseverkehrs entfiel dabei auf die See- und Kurbäder (durchschnittliche Aufenthaltsdauer 13 bzw. 9 Tage), wobei die ersteren überwiegend Touristen i.e.S. beherbergten, während letztere häufig aus medizinischen Gründen aufgesucht wurden. Die oft fließenden Grenzen zwischen Vergnügungs- und Heilaufenthalt sind statistisch nicht erfassbar. In der Gruppe der Klein- und Mittelstädte sowie der Großstädte (durchschnittliche Aufenthaltsdauer jeweils 3 Tage) überwog der Geschäftsreiseverkehr, doch waren etliche dieser Städte, wie Heidelberg, ganz auf Besichtigungstourismus eingestellt. Dieser spielte auch in einigen Großstädten eine wichtige Rolle, wie in Berlin – mit 2,1 Mio. Gästen und 4,9 Mio. Übernachtungen der Spitzenreiter.

Die Reichsstatistik, auf der die Karte basiert, registrierte für 1938/39 insgesamt 29 Mio. Anmeldungen und 118 Mio. Übernachtungen, darunter 2,2 bzw. 7,5 Mio. Auslandsgäste (einschl. Ostmark und Sudetengau). Von den Übernachtungen entfielen auf die 125 erfassten Seebäder 14%, auf die 768

Heilbäder und Kurorte 51%, auf die 356 Klein- und Mittelstädte 12% und auf die 57 Großstädte 23%. Auf der Karte nicht enthalten sind die kleineren Fremdenverkehrsorte und Sommerfrischen. Mit Ausnahme einiger Seebäder fehlen somit auch jene Orte, die zu diesem Zeitpunkt zumeist von der NS-Freizeitorganisation „Kraft durch Freude" (KdF) beschickt wurden. Zum einen bevorzugte KdF touristisch unerschlossene Gebiete, zum anderen das gerade „heim ins Reich" geholte Österreich. KdF war der größte Reiseveranstalter der Welt; zwischen 1934 und 1939 wurden 7,4 Mio. Urlaubs- und 38 Mio. Kurzreisen verkauft. Hauptmotiv des NS-Regimes war hierbei die Gewinnung der Loyalität der Arbeiterschaft. Die verkündete „Brechung des bürgerlichen Reiseprivilegs" blieb zwar im Ansatz stecken, doch immerhin erreichte KdF eine Quote von einem Zehntel am Gesamttourismus und machte in breiten, vom Tourismus sonst weithin ausgeschlossenen Schichten die Idee des Reisens nachhaltig populär. Generell förderte das NS-Regime den Tourismus stärker als seine Vorgänger.

60 Jahre später liegt der Reiseverkehr zahlenmäßig auf einem deutlich höheren Niveau, obwohl auffällt, dass die meisten 1938/39 populären Ferienorte auch heute noch viel frequentiert werden. In Südwestfalen, Rheinland-Pfalz oder Ostbayern sowie im Umkreis von Ballungsgebieten sind zahlreiche Orte hinzugekommen, die den Wert von 100.000 Übernachtungen übersteigen. Dabei ist zu berücksichtigen, dass heute etwa zwei Drittel aller Urlaubsreisen ins Ausland führen.◆

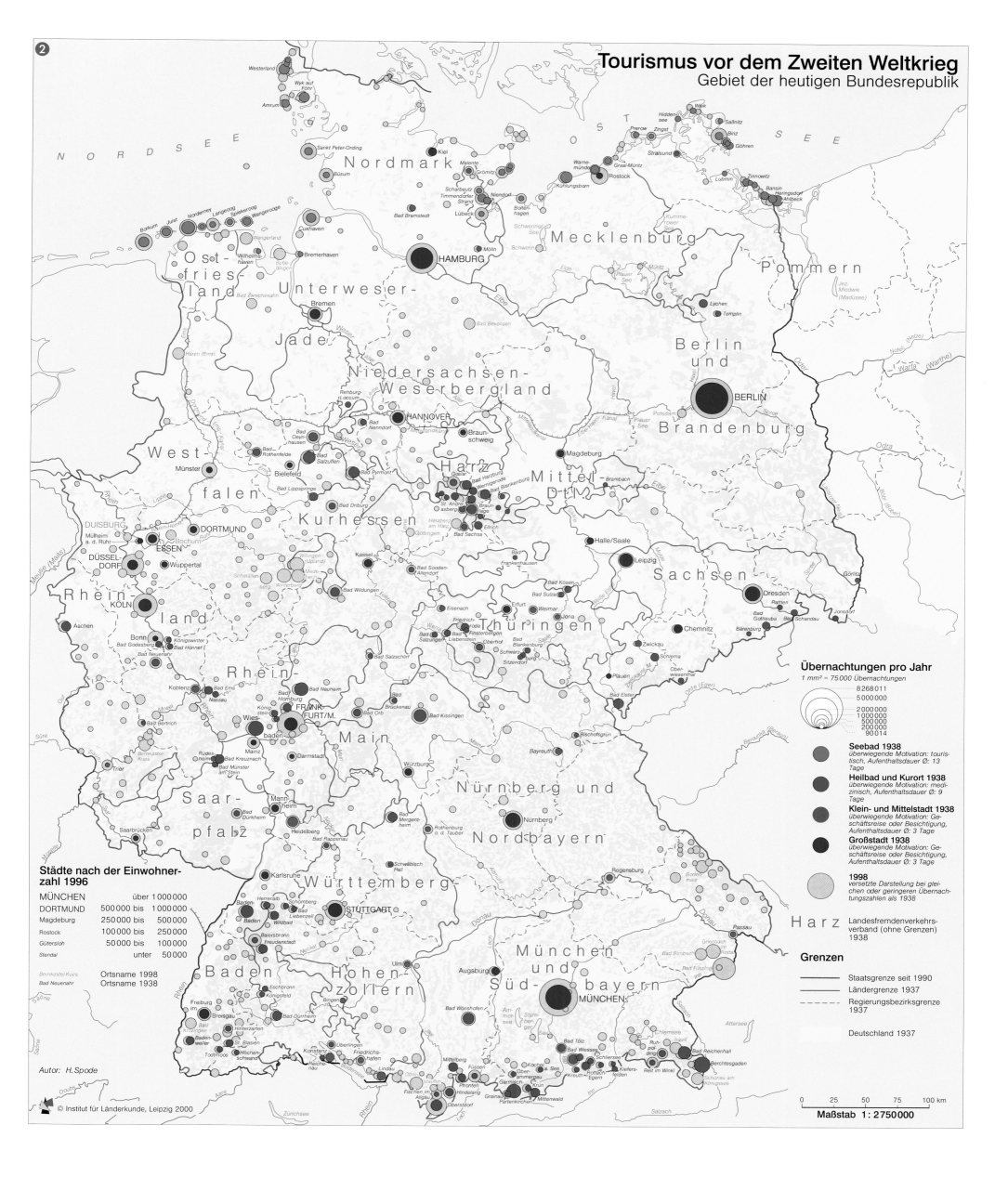

Tourismus vor dem Zweiten Weltkrieg
Gebiet der heutigen Bundesrepublik

Übernachtungen pro Jahr
1 mm² = 75 000 Übernachtungen
- 8268011
- 5000000
- 2000000
- 1000000
- 500000
- 200000
- 90014

Seebad 1938
überwiegende Motivation: touristisch, Aufenthaltsdauer Ø: 13 Tage

Heilbad und Kurort 1938
überwiegende Motivation: medizinisch, Aufenthaltsdauer Ø: 9 Tage

Klein- und Mittelstadt 1938
überwiegende Motivation: Geschäftsreise oder Besichtigung, Aufenthaltsdauer Ø: 3 Tage

Großstadt 1938
überwiegende Motivation: Geschäftsreise oder Besichtigung, Aufenthaltsdauer Ø: 3 Tage

1998
versetzte Darstellung bei gleichen oder geringeren Übernachtungszahlen als 1938

Harz — Landesfremdenverkehrsverband (ohne Grenzen) 1938

Grenzen
- Staatsgrenze seit 1990
- Ländergrenze 1937
- Regierungsbezirksgrenze 1937
- Deutschland 1937

Städte nach der Einwohnerzahl 1996

MÜNCHEN	über 1 000 000
DORTMUND	500 000 bis 1 000 000
Magdeburg	250 000 bis 500 000
Rostock	100 000 bis 250 000
Gütersloh	50 000 bis 100 000
Stendal	unter 50 000

Bernkastel-Kues — Ortsname 1998
Bad Neuenahr — Ortsname 1938

0 25 50 75 100 km

Maßstab 1 : 2 750 000

Autor: H. Spode

© Institut für Länderkunde, Leipzig 2000

Urlaub in der DDR

Volker Bode

Eine der obersten Prämissen der DDR war es, allen Werktätigen – unabhängig vom Einkommen – preiswerte Urlaubsreisen zu ermöglichen. In der Verfassung hieß es u.a. dazu: „Das Recht auf Freizeit und Erholung wird gewährleistet ... durch einen vollbezahlten Jahresurlaub und durch den planmäßigen Ausbau des Netzes volkseigener und anderer gesellschaftlicher Erholungs- und Urlaubszentren" (Art. 34 Abs. 2 Verf. d. DDR). Dementsprechend flossen hohe staatliche Subventionen sowie umfangreiche Mittel des Feriendienstes des Freien Deutschen Gewerkschaftsbundes (FDGB) in diesen Bereich.

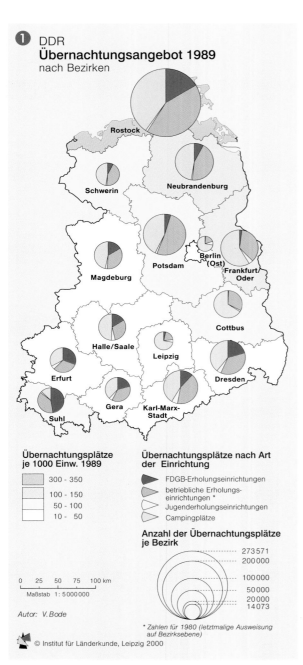

❶ DDR
Übernachtungsangebot 1989
nach Bezirken

Übernachtungsplätze
je 1000 Einw. 1989

300 - 350
100 - 150
50 - 100
10 - 50

Übernachtungsplätze nach Art
der Einrichtung

FDGB-Erholungseinrichtungen
betriebliche Erholungs-
einrichtungen *
Jugenderholungseinrichtungen
Campingplätze

Anzahl der Übernachtungsplätze
je Bezirk

273571
200000
100000
50000
20000
14073

0 25 50 75 100 km
Maßstab 1 : 5 000 000

Autor: V. Bode

* Zahlen für 1980 (letztmalige Ausweisung
auf Bezirksebene)

© Institut für Länderkunde, Leipzig 2000

Urlaub innerhalb der DDR

Die Vermittlung von Urlaubsreisen innerhalb der DDR war vor allem die Aufgabe des Staates, des FDGB-Feriendienstes, der bereits 1947 gegründet wurde, sowie der Betriebe. Der kommerzielle Fremdenverkehr war von untergeordneter Bedeutung.

Für eine gewünschte Reise beantragten die Werktätigen für sich und ihre Familienangehörigen beim FDGB oder beim Betrieb einen Feriencheck. Dieser Anrechtsschein, der nach bestimmten Auswahlkriterien vergeben wurde, fixierte den Urlaubsort, die Unterbringung und den Zeitpunkt der Reise. Üblicherweise waren diese Urlaubsreisen 13-tägig. Da der Organisationsgrad der Bevölkerung im FDGB sehr hoch war (1988: 9,6 Mio. Mitglieder), konnten viele Personen eine entsprechende Reise beantragen. 1989 vergab der FDGB rd. 1,8 Mio. Urlaubsreisen. Aufgrund der Kostenbeteiligung von Seiten des FDGB und zusätzlicher staatlicher Subventionen mussten die Urlauber lediglich etwa ein Drittel der tatsächlichen Kosten zahlen (SELBACH 1996).

Da der FDGB der steigenden Nachfrage bereits in den 1960er Jahren nicht mehr gerecht werden konnte, wurde das betriebliche Erholungswesen stark ausgebaut. Waren es 1965 noch ca. 650 Tsd. Personen, die in die Erholungseinrichtungen der Betriebe reisten, so waren es 1989 ca. 3,3 Mio. Urlauber. Besonders privilegiert waren die Beschäftigten, deren Betriebe eigene Erholungsheime, Schulungsheime, Bungalows oder Wohnwagen besaßen. Damit den Beschäftigten verschiedene Ziele angeboten werden konnten, tauschten die Betriebe ihre Plätze untereinander. Besonders nachgefragte Reisegebiete waren im Sommer die Ostseeküste und der Thüringer Wald, der Harz und das Erzgebirge während des Winters ❹.

Neben dem Betriebserholungswesen und dem Urlaub in FDGB-Ferieneinrichtungen spielten Campingreisen eine erhebliche Rolle. So stieg die Zahl der Campingreisenden von rd. 1,5 Mio. zu Anfang der 1970er Jahre auf rd. 3 Mio. im Jahre 1989. Besonders beliebt waren die Ostseeküste und die Mecklenburgische Seenplatte. Die Ursachen für den Anstieg lagen einerseits darin, dass es aufgrund der hohen Nachfrage schwierig war, einen Ferienplatz über den FDGB oder den Betrieb zu erhalten, und dass es keine freien Hotelkapazitäten gab. Andererseits belegen die steigenden Zahlen im Campingtourismus

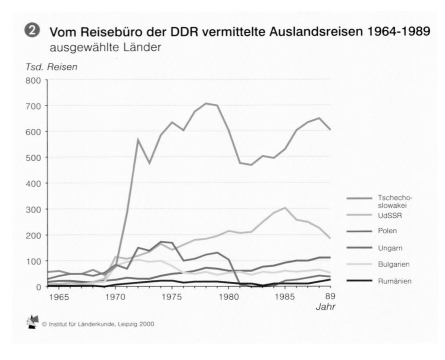

❷ Vom Reisebüro der DDR vermittelte Auslandsreisen 1964-1989
ausgewählte Länder

Tsd. Reisen

Tschechoslowakei
UdSSR
Polen
Ungarn
Bulgarien
Rumänien

Jahr

© Institut für Länderkunde, Leipzig 2000

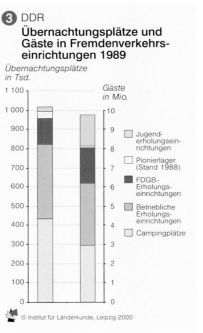

❸ DDR
Übernachtungsplätze und Gäste in Fremdenverkehrseinrichtungen 1989

Übernachtungsplätze
in Tsd.

Gäste
in Mio.

Jugenderholungseinrichtungen
Pionierlager (Stand 1988)
FDGB-Erholungseinrichtungen
Betriebliche Erholungseinrichtungen
Campingplätze

© Institut für Länderkunde, Leipzig 2000

und die große Anzahl von Wochenendhäuschen (Datschen), dass viele Bürger und Bürgerinnen der DDR ihren Urlaub lieber individuell gestalten wollten.

Von besonderer Bedeutung war auch die organisierte Ferienplanung für Kinder und Jugendliche. Der Staat proklamierte in diesem Zusammenhang: „Die sozialistische Gesellschaft ermöglicht der Jugend die erlebnisreiche und sinnvolle Gestaltung der Ferien, des Urlaubs und der Touristik. Anliegen der Jugend ist es, sich bei vielfältiger kultureller, sportlicher und touristischer Betätigung zu erholen und zu bilden, ihrer Lebensfreude Ausdruck zu geben und ihre Leistungsfähigkeit zu erhöhen" (3. Jugendgesetz der DDR; GBl. I, 1974, S. 45).

Montagsdemonstration am 23. Oktober 1989
in Leipzig

Dementsprechend fuhren die meisten Kinder und Jugendlichen während der Schulferien rd. 3 Wochen in die Betriebsferienlager (SELBACH 1996). Darüber hinaus wurden rd. 110 Tsd. Kinder während der Sommerferien in zentralen Pionierlagern betreut ❸.

Urlaub im Ausland

Für die Bevölkerung der DDR waren Auslandsurlaubsreisen grundsätzlich nur ins sozialistische Ausland möglich. Urlaubsreisen ins westliche Ausland wurden von Seiten des Staates unterbunden – die innerdeutsche Grenze und die Mauer in Berlin waren unübersehbare Zeugnisse dieser Politik. In den Genuss von Reisen ins westliche Ausland kamen – außer Rentnern und Rentnerinnen – nur sehr wenige (Reisen von Einzelpersonen in dringenden Familienangelegenheiten, Kongress- und Tagungsreisen von Reisekadern).

Hauptreiseveranstalter für Auslandsreisen waren das Reisebüro der DDR mit jährlich etwa 500.000 Reisen sowie das Jugendreisebüro der DDR „Jugendtourist". Auf der Basis bilateraler Verträge der DDR mit den Zielländern wurden die jährlichen Devisenbudgets und Reisezahlen festgelegt. Die Devisenknappheit der DDR wirkte sich besonders bei kurzfristigen Preiserhöhungen in den Zielländern negativ aus. Eine 14-tägige Pauschalreise des Reisebüros kostete etwa 2 bis 3 durchschnittliche Monatsgehälter. Aufgrund der hohen Preise, des durchorganisierten Gemeinschaftsprogramms und der Verpflegung reisten die meisten DDR-Bürger und Bürgerinnen lieber individuell mit der Bahn oder dem PKW in die RGW-Länder. In der zweiten Hälfte der 1980er Jahre waren dies jährlich über 8 Mio. Reisen, einschließlich der Kurzreisen und Fahrten im Rahmen des kleinen Grenzverkehrs (GROSSMANN 1996). Besonders attraktive Reiseziele waren die tschechoslowakische Tatra als Hochgebirgslandschaft, die Krim in der sowjetischen Republik Ukraine, die bulgarische Schwarzmeerküste und der Balaton (Plattensee) in Ungarn, wo das Klima und ein westliches Flair lockten (GROSSMANN 1996). Die mit Abstand meisten Urlaubsreisen wurden in die Tschechoslowakei gemacht ❷.

Mit dem Beginn des Abbaus der Grenzbefestigungen von Seiten Ungarns an der Grenze zu Österreich am 2. Mai 1989 wurde der Prozess der Öffnung Osteuropas eingeleitet. Ein halbes Jahr später demonstrierten am 4. September nach dem Friedensgebet vor der Nikolaikirche in Leipzig Hunderte von Menschen für mehr Reisefreiheit. Mit der anschließenden friedlichen Revolution erstritten sich die DDR-Bürger und Bürgerinnen am 9. November 1989 die Öffnung der Grenzen zur Bundesrepublik und zu West-Berlin und damit auch die Freiheit, überall hinzufahren.♦

❹ **Fremdenverkehrsgebiete in der DDR 1989**

Fremdenverkehrsgebiete

Fremdenverkehrsgebiet

Anzahl der Campingplätze innerhalb eines Fremdenverkehrsgebietes

20
10
5
1

Kur- und Erholungsorte

Bad Kösen Kurort

Oberhof bedeutender Erholungsort

Erholungsort

Landschaften

H A R Z Landschaftsname

Wald

Staatsgrenze
Bezirksgrenze
Bezirksstadt
sonstige Stadt (über 45 Tsd. Einwohner)

Autor: V. Bode

© Institut für Länderkunde, Leipzig 2000

0   25   50   75   100 km

Maßstab 1 : 2 000 000

Fremdenverkehrsgebiete und naturräumliche Ausstattung

Yin-Lin Chen, Jörg Maier, Nadine Menchen, Thomas Sieker, Michael Stoiber

Trotz der zunehmenden Bedeutung von virtuellen Räumen und künstlichen Welten für die Freizeitbeschäftigung, ist nach wie vor die Landschaft ein wichtiger Bestandteil von Freizeit, Naherholung und Tourismus. Sie wird von den Besuchern zum einen als Kulisse geschätzt, d.h. ihre ästhetischen Qualitäten werden zum Hintergrund einer Be-

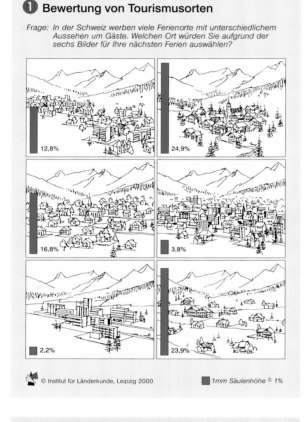

① Bewertung von Tourismusorten

Frage: In der Schweiz werben viele Ferienorte mit unterschiedlichem Aussehen um Gäste. Welchen Ort würden Sie aufgrund der sechs Bilder für Ihre nächsten Ferien auswählen?

12,8% 24,9%
16,8% 3,8%
2,2% 23,9%

© Institut für Länderkunde, Leipzig 2000   ■ *1mm Säulenhöhe ≙ 1%*

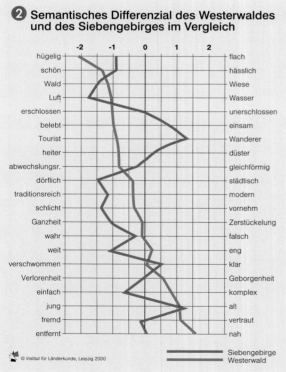

② Semantisches Differenzial des Westerwaldes und des Siebengebirges im Vergleich

	-2	-1	0	1	2	
hügelig						flach
schön						hässlich
Wald						Wiese
Luft						Wasser
erschlossen						unerschlossen
belebt						einsam
Tourist						Wanderer
heiter						düster
abwechslungsr.						gleichförmig
dörflich						städtisch
traditionsreich						modern
schlicht						vornehm
Ganzheit						Zerstückelung
wahr						falsch
weit						eng
verschwommen						klar
Verlorenheit						Geborgenheit
einfach						komplex
jung						alt
fremd						vertraut
entfernt						nah

— Siebengebirge
— Westerwald

© Institut für Länderkunde, Leipzig 2000

schäftigung. Darüber hinaus sind viele Formen der Freizeitbeschäftigung eng mit dem Landschaftspotenzial bzw. mit der Ausstattung einer Landschaft verknüpft, z.B. das Ski- oder Kanufahren, das Bergwandern oder das Angeln.

Wissenschaft und Fremdenverkehrsplanung beschäftigen sich seit längerem damit, die Eignung von Landschaften für die Freizeitnutzung erfassbar zu machen und Faktoren herauszuarbeiten, die entscheidend dafür sind, ob eine Landschaft von den Besuchern als attraktiv empfunden und als für ihre Ansprüche geeignet eingestuft wird.

Faktoren des landschaftlichen Freizeitpotenzials

Grundsätzlich lassen sich zwei Gruppen von Einflüssen auf das Freizeitpotenzial von Landschaften unterscheiden, die natürlichen und die kulturellen Faktorengruppen. Die Faktoren werden entsprechend den Wünschen und Vorstellungen der nachfragenden Personen subjektiv verschiedenartig bewertet. Während die naturbezogenen Faktoren und ihre jeweilige Eignung für eine mögliche Freizeitnutzung besonders in neu zu erschließenden Freizeitgebieten eine große Rolle spielen, sind es in bereits entwickelten Freizeiträumen vor allem die kulturellen Faktoren. Dazu zählen neben der ▶ freizeitrelevanten Infrastruktur auch ▶ freizeitrelevante soziale Faktoren sowie regional- und kommunalpolitische Vorstellungen. Ebenso spielen das Image eines Ortes oder Gebietes und sein Prestigewert eine Rolle.

Für eine Differenzierung der Methoden zur Bewertung der landschaftlichen Attraktivität ist es wichtig, wer die Beurteilung vornimmt, so dass zwischen
• Bewertungen von Planern oder empirischen Analytikern (Eignungsanalysen eines Raumes für Freizeit) und
• Bewertungen von Gästen (Nutzungs- und Wahrnehmungsanalysen)
zu trennen ist.

Landschaftliche Attraktivität und Fremdenverkehr

Ausgehend von der These, dass ein enger Zusammenhang zwischen landschaftlicher Attraktivität und touristischer Nachfrage vorhanden sein müsste, zeigt Karte ❹ eine bundesweite Beurteilung der landschaftlichen Qualitäten auf Landkreisebene nach den folgenden gleichgewichteten Faktoren:
• ▶ Zerschneidungsgrad,
• Beurteilung des Bewaldungsgrades,
• ▶ Reliefenergie und
• Wasserflächen sowie Küsten.
Zudem werden Gemeinden mit mehr als 200.000 Gästeübernachtungen und Kurorte nach ihrer ▶ Prädikatisierung dar-

Zerschneidungsgrad
Das Ausmaß, in dem eine Landschaft von linienhaften Strukturen wie Verkehrstrassen oder Energieleitungen zerschnitten wird.

Reliefenergie
Maß des relativen Höhenunterschieds zwischen dem höchsten und niedrigsten Punkt innerhalb eines gegebenen Gebietes; dient zur geomorphologischen Charakterisierung eines Raumes.

Prädikatisierung
Produkte, wozu im weitesten Sinne auch Fremdenverkehrsorte gezählt werden können, werden von zentralen staatlichen oder privaten Stellen nach einem definierten Kriterienkatalog überprüft und eingestuft, d.h. **prädikatisiert** (▶▶ Beitrag Losang).

Semantisches Differenzial
Probates Verfahren der empirischen Sozialforschung, nach der komplexe Gegenstände durch die Probanden auf einer 5-7-stufigen Skala zwischen einem Gegensatzpaar zu verorten sind.

Infrastruktur
bezeichnet ganz allgemein die Vorleistungen, die nötig sind, um den norma-

len Ablauf von Leben und Wirtschaft zu gewährleisten. Man unterscheidet:
• personelle Infrastruktur
• institutionelle Infrastruktur
• materielle Infrastruktur

Als **freizeitrelevante Infrastruktur** bezeichnet man sowohl die institutionellen Strukturen wie Fremdenverkehrsorganisationen, Gastronomie und Hotellerie, Museen, Veranstaltungen und das entsprechend qualifizierte Personal wie auch die notwendigen Verkehrslinien und -flächen, Sport- und Freizeitanlagen, Wanderwege etc.

Als **freizeitrelevante soziale Faktoren** werden all die Eigenschaften eines Zielgebietes bezeichnet, die die Wahrnehmung eines Besuchers und sein Wohlbefinden beeinflussen. Dazu zählen:
• **soziokulturelle Faktoren**, wie die ethnische und religiöse Zugehörigkeit der Einwohner,
• **sozioökonomische Faktoren**, wie Kaufkraft und Preise, Armut oder Wohlstand eines Gebietes,
• **sozialpsychologische Faktoren**, wie die soziale Distanz der Einwohner zu den Besuchern.

gestellt. Kleinräumige Unterschiede können nicht berücksichtigt werden, da jeweils die Durchschnittswerte für die genannten Faktoren herangezogen und auf den räumlichen Mittelpunkt des jeweiligen Kreises übertragen werden. Es

bleibt dabei zunächst einmal dahingestellt, inwieweit das verwendete großräumige Bewertungsverfahren die tatsächliche Freizeit- und Tourismuseignung eines Raumes realistisch wiedergibt.   →

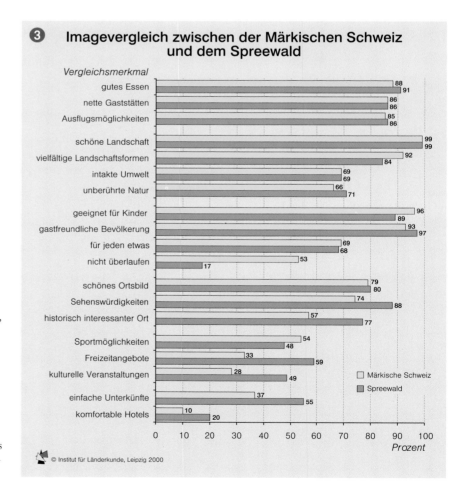

③ Imagevergleich zwischen der Märkischen Schweiz und dem Spreewald

Vergleichsmerkmal

Merkmal	Märkische Schweiz	Spreewald
gutes Essen	88	91
nette Gaststätten	86	86
Ausflugsmöglichkeiten	85	86
schöne Landschaft	99	99
vielfältige Landschaftsformen	92	84
intakte Umwelt	69	69
unberührte Natur	66	71
geeignet für Kinder	96	89
gastfreundliche Bevölkerung	93	97
für jeden etwas	69	68
nicht überlaufen	53	17
schönes Ortsbild	79	80
Sehenswürdigkeiten	74	88
historisch interessanter Ort	57	77
Sportmöglichkeiten	54	48
Freizeitangebote	33	59
kulturelle Veranstaltungen	28	49
einfache Unterkünfte	37	55
komfortable Hotels	10	20

☐ Märkische Schweiz
■ Spreewald

Prozent

© Institut für Länderkunde, Leipzig 2000

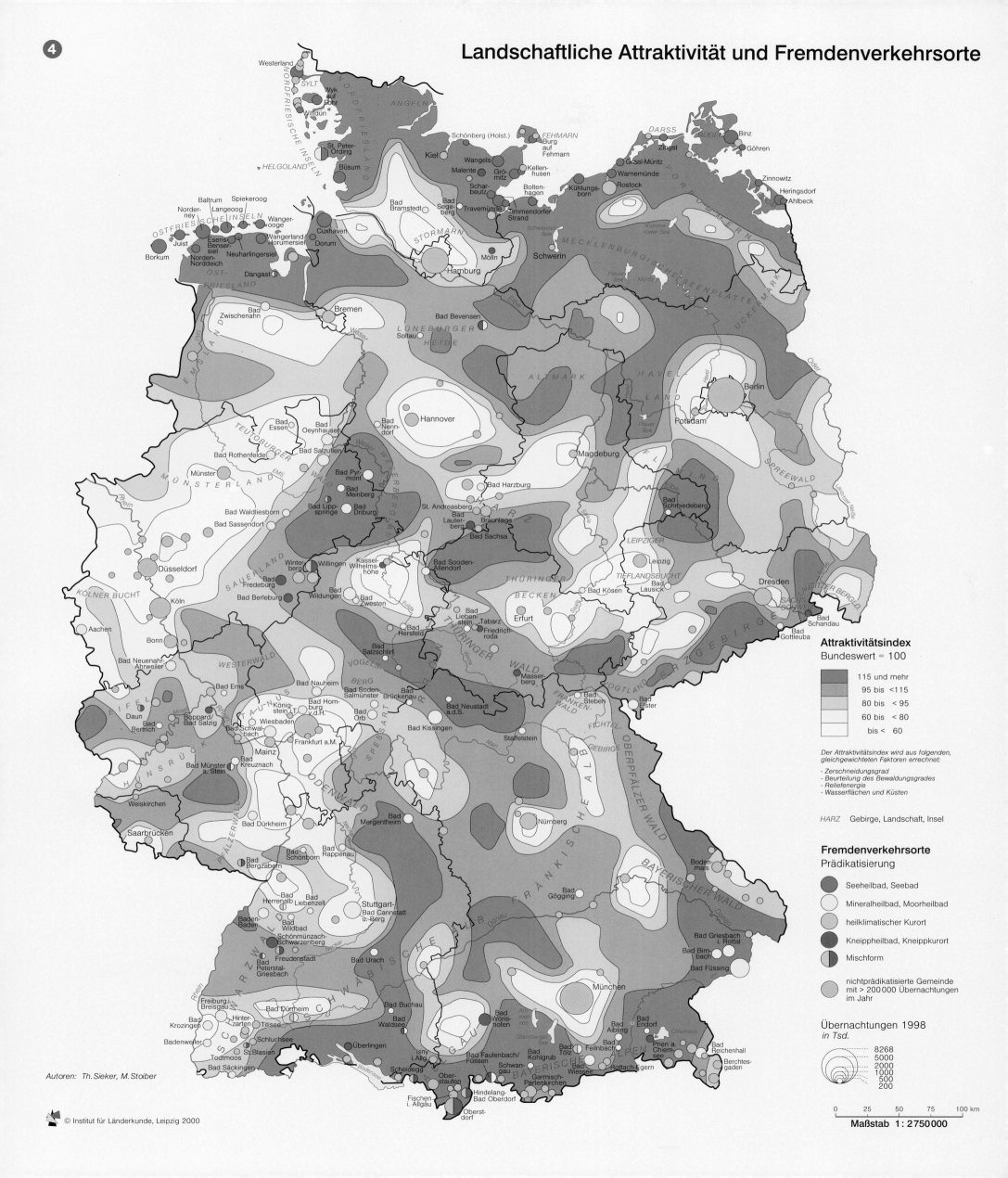

Landschaftliche Attraktivität und Fremdenverkehrsorte

4

Attraktivitätsindex
Bundeswert = 100

- 115 und mehr
- 95 bis <115
- 80 bis < 95
- 60 bis < 80
- bis < 60

Der Attraktivitätsindex wird aus folgenden, gleichgewichteten Faktoren errechnet:

- *Zerschneidungsgrad*
- *Beurteilung des Bewaldungsgrades*
- *Reliefenergie*
- *Wasserflächen und Küsten*

HARZ Gebirge, Landschaft, Insel

Fremdenverkehrsorte
Prädikatisierung

- Seeheilbad, Seebad
- Mineralheilbad, Moorheilbad
- heilklimatischer Kurort
- Kneippheilbad, Kneippkurort
- Mischform
- nichtprädikatisierte Gemeinde mit > 200 000 Übernachtungen im Jahr

Übernachtungen 1998
in Tsd.

- 8268
- 5000
- 2000
- 1000
- 500
- 200

Autoren: Th. Sieker, M. Stoiber

© Institut für Länderkunde, Leipzig 2000

0   25   50   75   100 km

Maßstab 1 : 2750000

Sieht man einmal von den großen Städten und damit dem Geschäfts- und Dienstreiseverkehr ab, so gibt es zwar Gebiete mit einer hohen Übereinstimmung zwischen objektiver landschaftlicher Attraktivität und touristischer Nachfrage, wie etwa die Nordseeküste oder den Alpenraum, andererseits zeigen die Beispiele der Mecklenburgischen Seenplatte, der Schwäbischen Alb oder des Odenwaldes, dass eine hohe landschaftliche Attraktivität keineswegs zwingend entsprechende Übernachtungszahlen zur Folge haben muss. Andere Faktoren wie die Entfernung vom Wohnort prägen die subjektive Einschätzung in zahlreichen Fällen weit stärker, so dass landschaftliche Attraktivität eher als Grundvoraussetzung denn als allein ausreichende Bedingung für den Fremdenverkehr angesehen werden muss.

Ergänzend zeigt Karte ❻ dieselben Fremdenverkehrsorte in Abhängigkeit von der räumlichen Ausstattung. Als Indikatoren werden dargestellt:
• die Ausstattung mit Wald und Gewässern,
• die Höhenlage und somit die Eignung zum Wintersport,
• die Großschutzgebiete,
• die Lage zu Verdichtungsräumen,
• die verkehrsmäßige Anbindung an das Bundesfernstraßennetz.

Dabei ergeben sich folgende Tendenzen: Die touristische Nachfrage jenseits des Geschäfts- und Dienstreiseverkehrs konzentriert sich auf wenige landschaftliche Attraktivitätsräume. Außerhalb dieser Gebiete sind es vor allem prädikatisierte Kurorte, die erhebliche Übernachtungszahlen aufweisen (▸▸ Beitrag Brittner). Der Einfluss der Bundesfernstraßen kann allein durch diese Darstellung nicht geklärt werden. Eventuell kann die schlechte Verkehrserschließung von großen Teilen Ostdeutschlands die dortige geringe Tourismusnachfrage teilweise erklären. Andererseits wirkt ein zu dichtes Netz von Bundesfernstraßen wegen der starken Landschaftszerschneidung negativ (▸▸ Beitrag Schumacher/Walz).

Ästhetische Landschaftsbewertung

In touristisch bislang wenig entwickelten Gebieten werden zur Bewertung der Entwicklungschancen von Naherholung und Tourismus Eignungsanalysen durchgeführt. Am Beispiel eines Teilausschnittes der Fränkischen Schweiz wurde im Zusammenhang mit der Planung

eines Erlebnisbades in Obernsees eine Landschaftsbewertung vorgenommen. Dabei ging man davon aus, dass eine Landschaft um so attraktiver für den Besucher erscheint, je mehr sie sich durch Vielfältigkeit auszeichnet. Die Kartenserie ❺ zeigt die Analyse der Gewässervorkommen, des Bewaldungsgrades, des Reliefs und schließlich der Vielfältigkeit der Landschaft als Ausdruck ihrer Attraktivität. Der hier betrachtete Raum erweist sich überwiegend als landschaftlich geeignet für eine touristische Entwicklung. Lediglich im östlichen Teilbereich befindet sich eine waldfreie, landwirtschaftlich geprägte Fläche mit geringerer Attraktivität.

Die Sicht der Touristen

Gegenüber den Eignungsanalysen von Planern bei touristisch noch nicht entwickelten Gebieten spielt der subjektive Eindruck der Reisenden letztlich die entscheidende Rolle für die effektive Nachfrage. Von den vielfältigen Verfahren zur Wahrnehmungsanalyse werden einige Beispiele gezeigt:

Als Beispiel für eine Imageanalyse kann der Vergleich der Märkischen Schweiz mit dem Spreewald als Zielgebiete des Berliner Ausflugsverkehrs die-

nen ❸. Der Bilderserientest aus der Umweltumfrage des Eidgenössischen Amtes für Verkehr aus dem Jahr 1976/77 in Bern ❶ ist immer noch ein hervorragendes Beispiel für das Phänomen der kognitiven Dissonanz, d.h. für das Auseinanderklaffen zwischen geäußerter Einstellung und Handeln. Rund zwei Drittel der befragten schweizerischen Haushalte würden gerne einen Ferienaufenthalt in eher harmonisch traditionellen Siedlungsformen verbringen, jedoch die effektive Nachfrage sieht deutlich anders aus.

Einen weiteren Weg zur Erfassung subjektiver Einschätzungen einer Fremdenverkehrslandschaft bietet die Ermittlung eines ▸ semantischen Differenzials ❷. Die subjektive Einordnung eines Freizeitraumes zwischen Extrembegriffen ergibt zwar keine absolut verwendbaren Beurteilungswerte, vermag jedoch durchaus aussagekräftige Tendenzen zu vermitteln. Bei dem Vergleich der zwei im Beispiel abgefragten Bonner Naherholungsgebiete wird deutlich, dass der Westerwald von den Befragten als einsames, naturnahes Wandergebiet geschätzt wird, während die Vorzüge des Siebengebirges in seiner Nähe und Vertrautheit gesehen werden.◆

❺ Mittelmaßstäbige Landschaftsbewertung für den Tourismus 1997   Gebiet Obernsees (Oberfranken)

● **Gewässervorkommen**

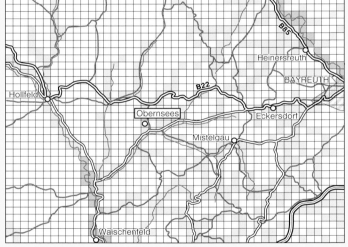

Art des Oberflächenwasservorkommens im Quadranten
- Fluß
- Bach, kleine Gewässer
- ohne Gewässer

● **Grad der Bewaldung**

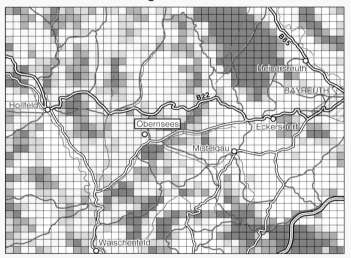

Waldanteil in % der Fläche des Quadranten
- 75 bis 100
- 50 bis 75
- 25 bis 50
- 1 bis 25
- ohne Wald

● **Relief - Höhenlage**

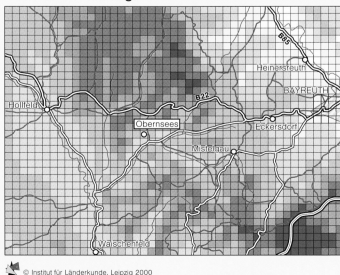
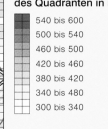

Mittlere Höhenlage des Quadranten in m
- 540 bis 600
- 500 bis 540
- 460 bis 500
- 420 bis 460
- 380 bis 420
- 340 bis 480
- 300 bis 340

● **Landschaftsvielfalt**

Landschaftsvielfalt im Quadranten
- sehr hoch
- hoch
- feststellbar
- gering

© Institut für Länderkunde, Leipzig 2000

Autorin: N. Menchen

☐ 1 Quadrant entspricht 500 m x 500 m = 25 ha

0 1 2 3 4 5 km
Maßstab 1 : 250 000

6

Fremdenverkehr und räumliche Ausstattung

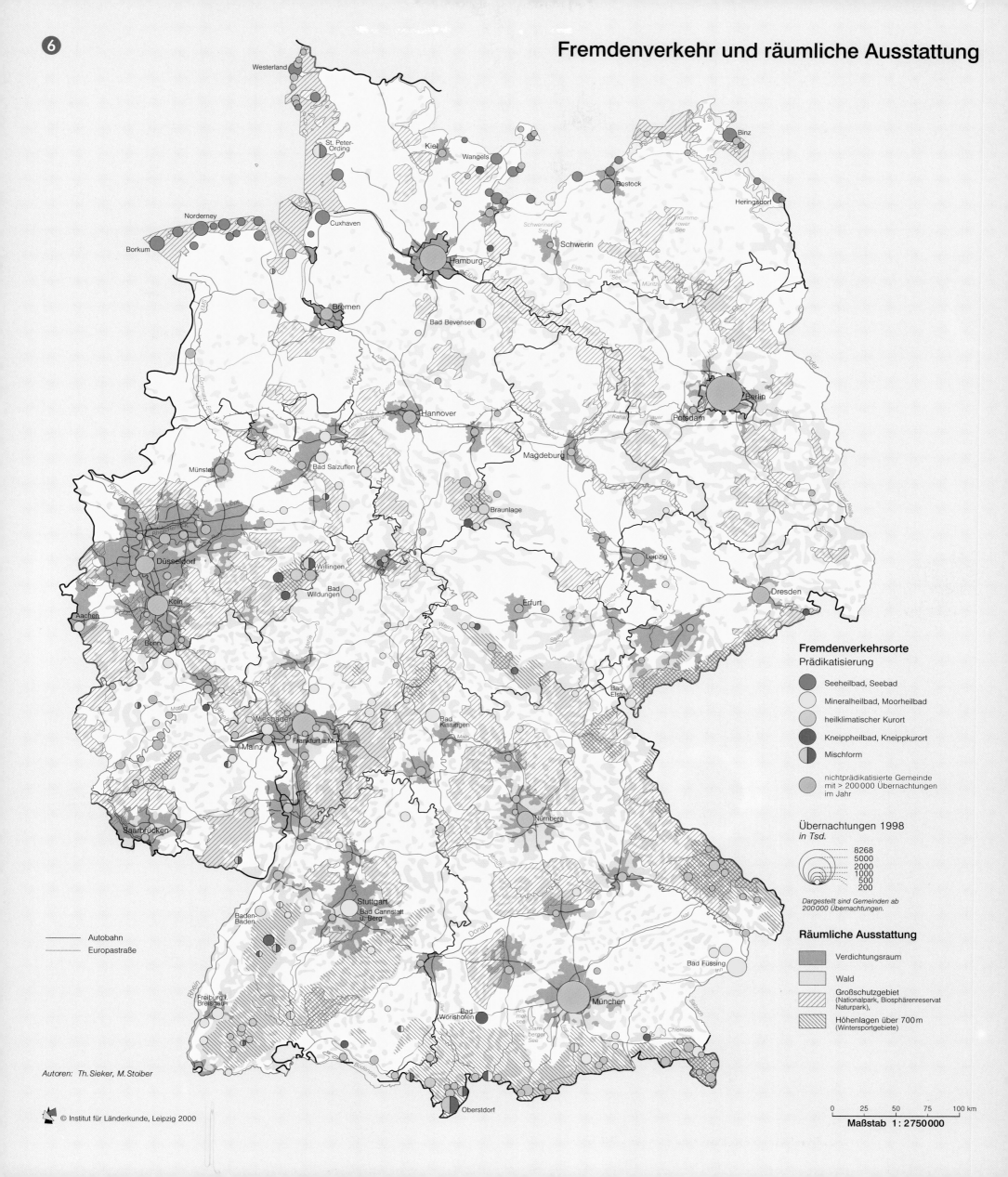

Fremdenverkehrsorte
Prädikatisierung

- Seeheilbad, Seebad
- Mineralheilbad, Moorheilbad
- heilklimatischer Kurort
- Kneippheilbad, Kneippkurort
- Mischform
- nichtprädikatisierte Gemeinde mit > 200 000 Übernachtungen im Jahr

Übernachtungen 1998
in Tsd.

8268
5000
2000
1000
500
200

Dargestellt sind Gemeinden ab 200 000 Übernachtungen.

Räumliche Ausstattung

- Verdichtungsraum
- Wald
- Großschutzgebiet (Nationalpark, Biosphärenreservat Naturpark),
- Höhenlagen über 700 m (Wintersportgebiete)

Autobahn
Europastraße

Autoren: Th. Sieker, M. Stoiber

© Institut für Länderkunde, Leipzig 2000

0   25   50   75   100 km

Maßstab 1 : 2 750 000

Bioklimatische Eignung und Fremdenverkehr

Hans-Joachim Fuchs und Heinz-Dieter May

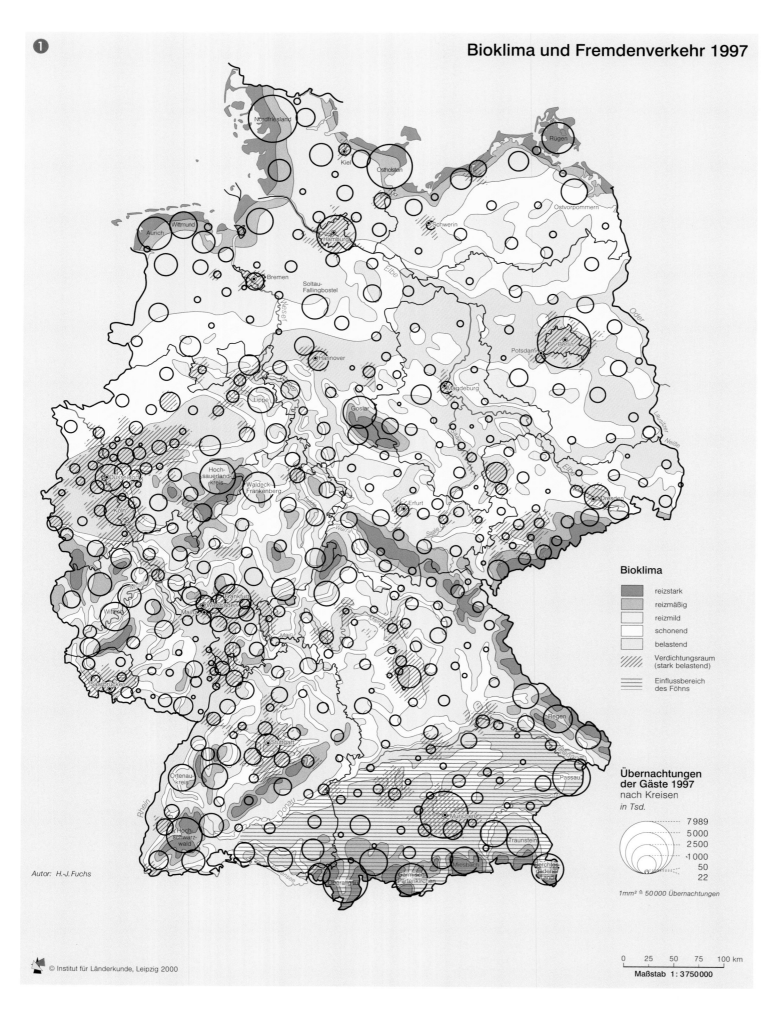

❶ Bioklima und Fremdenverkehr 1997

Bioklima

- reizstark
- reizmäßig
- reizmild
- schonend
- belastend
- Verdichtungsraum (stark belastend)
- Einflussbereich des Föhns

Übernachtungen der Gäste 1997
nach Kreisen
in Tsd.

- 7989
- 5000
- 2500
- 1000
- 50
- 22

1mm² ≙ 50000 Übernachtungen

Autor: H.-J. Fuchs

© Institut für Länderkunde, Leipzig 2000

0   25   50   75   100 km

Maßstab 1 : 3750000

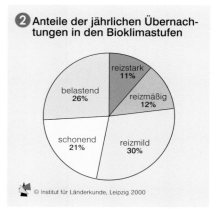

❷ Anteile der jährlichen Übernachtungen in den Bioklimastufen

- reizstark 11%
- reizmäßig 12%
- reizmild 30%
- schonend 21%
- belastend 26%

© Institut für Länderkunde, Leipzig 2000

Informationen über Klima, Witterung und Wetter haben in jüngster Zeit einen sehr hohen Stellenwert in der Gesellschaft und der Öffentlichkeit erlangt. Von allen Geofaktoren gehört das Klima zu denen, die den Menschen am stärksten unmittelbar beeinflussen. Im Zuge der immer weiter zunehmenden Umweltbelastungen und -verschmutzungen durch Industrialisierung und Urbanisierung mit deren negativen Auswirkungen auf die unterste Schicht der Atmosphäre gewinnt das Bioklima bei der Wahl des Urlaubsortes oder des Wo-

neurotroph – wetterfühlig

orographisch – der Oberflächenform nach

Amplitude – Spannweite zwischen Maximal- und Minimalwert

Eine **Inversionswetterlage** herrscht, wenn schwere kalte Luft in Talsenken unter wärmeren Luftschichten liegt und nicht abfließen kann.

Der **Föhn** ist ein warmer Fallwind, der an Gebirgsrändern auftritt, wenn es durch das Nebeneinander von Tief- und Hochdruckgebieten zu einem Austausch von Luft kommt, die sich mit sinkender Höhe erwärmt.

Bioklimafaktoren

Schonfaktoren: geringe Tages- und Jahresamplitude der Temperatur, schwache Windbewegung, keine übermäßige Globalstrahlung, Luftreinheit, Allergiefreiheit (häufig in Mittelgebirgen).

Reizfaktoren: deutliche Tages- und Jahresamplitude der Temperatur, Kältereize, böiger Wind, hohe Strahlungsintensität, verringerter Sauerstoff-Partialdruck, Luftreinheit, Luftbeimengungen wie Salz, Jod und Reinluft-Ozon am Boden (häufig an Küsten, in Höhenlagen der Mittelgebirge und in Hochgebirgen).

Belastungsfaktoren: Wärmebelastung, Kältebelastung, geringe nächtliche Abkühlung, Schwüle, Mangel an direkter Sonneneinstrahlung, häufige Inversionswetterlagen mit Nebel, Nasskälte, Luftverschmutzung (häufig in topographischen Senken, Tallandschaften, Niederungen und in Kessellagen; verstärkt in Großstadtgebieten).

und es ging nicht mehr nur um die Darstellung von Gartenprodukten, sondern um das gesamte Gelände, das als künstlerisches Gesamtbild präsentiert wurde. Damit war der Schritt zum sommerlangen Gartenfest heutiger Prägung vollzogen. In

gelmäßigen Abständen IGAs auf einem speziell dafür angelegten Gelände in Erfurt. BUGAs und IGAs waren immer ein Spiegelbild ihrer Zeit und unterlagen so-

BUGAs sind somit komplexe Gebilde aus Ideen, Vorstellungen und Erwartungen der verschiedensten Interessengrup-

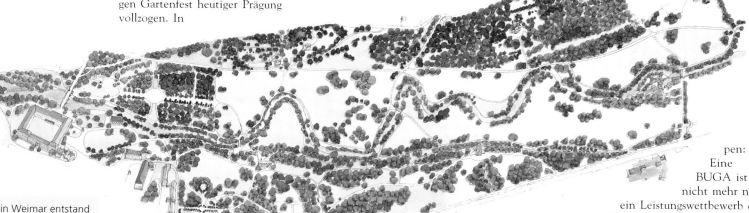

Der **Park an der Ilm** in Weimar entstand 1778 unter starker Einflussnahme durch J. W. v. Goethe in mehreren Etappen. Seitdem 1780 die umgebenden Mauern und Zäune entfernt wurden, ist der Landschaftspark allen Bürgern der Stadt zugänglich. Er spiegelt Goethes Vorstellung einer Parklandschaft deutlich wider: ein harmonisches Miteinander von Wiesenflächen, Baum- und Sträuchergruppen, Pfaden und Wegen, die dem Flussverlauf angepasst sind, sowie von architektonischen Elementen wie Grotten, Brücken und Denkmälern.

Heute bildet der 60 ha große Park gemeinsam mit weiteren Landschaftsparks und dem Stadtwald eine 7 Kilometer lange Grünanlage, die vom Schloss bis in die städtische Randzone und damit in die freie Landschaft führt.

der Folgezeit kam es zu einer Flut von gärtnerischen Ausstellungen ohne zeitliche und räumliche Regelhaftigkeit.

Seit 1951 fanden in Westdeutschland in einem konsequenten 2-jährigen Turnus Bundesgartenschauen (BUGA) mit wechselnden Veranstaltungsorten statt. Durch eine internationale Beteiligung werden diese alle 10 Jahre zur Internationalen Gartenschau (IGA) ausgeweitet. In der DDR gab es ab 1961 in unre-

mit auch den Strömungen des jeweiligen Zeitgeistes sowie kritischen Diskussionen über ihre Konzeptionen: Bei den ersten Gartenschauen stand die Beseitigung von Kriegsschäden im Vordergrund. In den 1960er und 70er Jahren wurden zunehmend Aspekte der Grünpolitik betont, um für die Bevölkerung nutzbare Grünflächen in den Städten zu schaffen. Danach kam es infolge der wachsenden Umweltsensibilisierung zu einer stärkeren Ausrichtung auf ökologische Themen, zur Berücksichtigung lokaler Gegebenheiten und einer intensiveren Bürgerbeteiligung.

pen: Eine BUGA ist nicht mehr nur ein Leistungswettbewerb der gärtnerischen Berufe, sondern auch Instrument zur Verbesserung der Lebensqualität für die Bürger, zur Imageverbesserung nach innen ebenso wie nach außen sowie ein Impulsgeber für zahlreiche Rahmenmaßnahmen, die auf eine Belebung der Wirtschaft der veranstaltenden Stadt abzielen.◆

Oben: Park an der Ilm, Weimar 1999
Unten: Park an der Ilm, Weimar 1808

noch in zahlreichen Parks oder Gärten als dominierende Stilrichtung behaupten können. Demgegenüber folgt mehr als die Hälfte der Grünanlagen in ihrer Gestaltung überwiegend der Konzeption eines Landschaftsgartens.

Gartenschauen

Der Ursprung von Gartenschauen reicht bis in das späte 18. Jh. zurück. Das Zeitalter der Aufklärung war u.a. geprägt durch ein verstärktes Interesse nach Informationen über fremde Kulturen, Tiere und Pflanzen. Deshalb wurden oftmals private Sammlungen in Gärten und Glashäusern jeweils kurzfristig für die staunende Bevölkerung als Pflanzenschauen geöffnet.

Der starke Besucherandrang führte dazu, dass die Dimensionen der Gartenschauen immer mehr anwuchsen. 1869 wurde in Hamburg die erste Internationale Gartenbauausstellung auf deutschem Boden mit Teilnehmern aus ganz Europa und Übersee veranstaltet. Die nächste fand ebenfalls in Hamburg (1897) statt; sie dauerte fünf Monate,

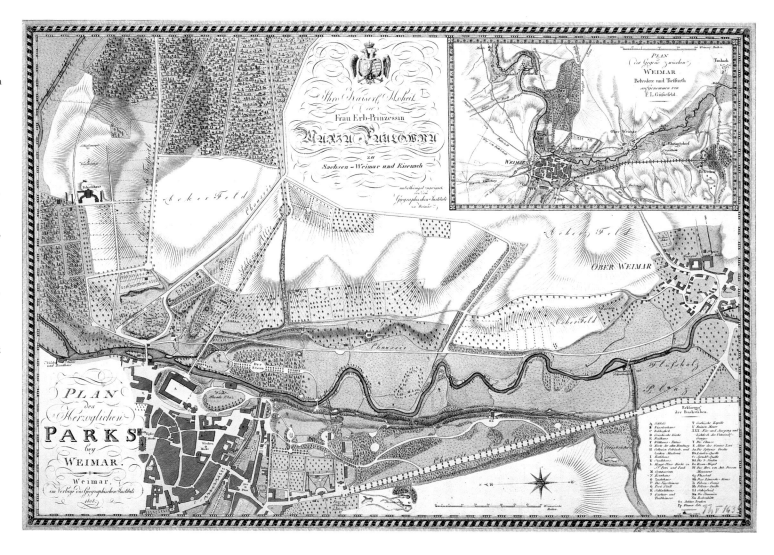

Kleingärten – Freizeiträume und grüne Lungen der Städte

Meike Wollkopf

Die Entwicklung des Kleingartengedankens ist eng mit der im 19. Jahrhundert einsetzenden Industrialisierung verbunden. Die rasch an Zahl zunehmende Arbeiterschaft war in den anwachsenden Städten völlig unzureichenden Lebensbedingungen ausgesetzt: Wohnungsknappheit, fehlende Spielmöglichkeiten für Kinder, ungenügende Schulbildung, Unterernährung und Vitaminmangel wie auch ein Defizit an Sonne und frischer Luft. Dies führte zu einer Verelendung breiter Bevölkerungsschichten und verschiedenen sozialen Gegenbewegungen.

Der Kleingarten als Programm

Für die Entstehung des Kleingartenwesens in Deutschland gibt es mehrere Wurzeln. Nutzgärten sollten in erster Linie die ökonomische Situation von bedürftigen Familien verbessern. So entstanden die ersten sogenannten Armengärten bereits 1806 in Schleswig-Holstein. In Sachsen war der Anlass die Verbesserung der Spielmöglichkeiten und der gymnastischen Erziehung von Kindern, worum sich der Orthopäde Dr. M. Schreber (1808-1861) sehr bemühte. Jahre später griff der Schuldirektor E. I. Hauschild dieses Anliegen auf und gründete 1864 in Leipzig den „Schreberverein" mit einem zentralen Spielplatz und Kinderbeeten, die bald zu Familienanlagen wurden. Schließlich wurden Kleingärten durch die ebenfalls in Sachsen beheimatete Bewegung der Naturheilkunde gefördert.

Heute sind die meisten Kleingärtner über ihre Vereine im Bundesverband Deutscher Gartenfreunde e.V. organisiert, nämlich rd. 1,05 Mio. Weitere 67.000 gehören der Vereinigung der Bahn-Landwirte an, die Kleingärten auf Reserveflächen der Deutsche Bahn AG unterhält. Rund 170.000 Gärtner sind anderweitig oder gar nicht organisiert, so dass sich eine Gesamtzahl von etwa 1,3 Mio. Kleingärten in Deutschland ergibt (BMRBS 1998).

Wie die Verbandsstatistik zeigt ❶, ist in den alten Ländern zwischen 1981 und 2000 ein Rückgang des Bestandes zu verzeichnen. Allein in den dargestellten Städten belief er sich in diesem Zeitabschnitt auf ca. 75.000 Parzellen. Ursache ist in erster Linie der in den 1970er und 80er Jahren forcierte strukturelle und funktionale Umbau der Städte zu Dienstleistungszentren mit ausgeprägtem stadtnahem Wohnungsbau sowie die deutliche Ausweitung der Verkehrsflächen. Dafür wurden oft Kleingartenflächen in Anspruch genommen, ohne dass entsprechende Ersatzflächen zur Verfügung gestellt wurden. In den neuen Ländern war zuerst ein starker Rückgang zu verzeichnen, da im DDR-Verband im Durchschnitt 1,5 Mitglieder je Kleingarten registriert waren und dieser Wert sich dem westdeutschen mit 1 Mitglied/Parzelle anpasste. Zudem traten die einzelnen Vereine erst mit Verzögerung dem Dachverband bei.

Die traditionelle räumliche Differenzierung der Kleingartendichte hat sich seit Beginn des vorigen Jahrhunderts erhalten. Das Interesse an Kleingärten konzentriert sich naturgemäß auf die Städte, so dass die auf der Karte ❸ dargestellten kreisfreien Städte zwar nur etwa ein Drittel der deutschen Bevölkerung repräsentieren, aber gut zwei Drittel aller Kleingärten.

Regional weisen die Gebiete Süddeutschlands mit hohem Eigenheimanteil die geringste Kleingartendichte auf, während die gewerblichen Zentren Mitteldeutschlands und Berlin noch heute die Hochburgen bilden. Zudem hat sich aus der DDR-Tradition die deutlich höhere Dichte aller neuen Länder gegenüber den alten erhalten. Die Zahl der Parzellen beträgt beispielsweise in Leipzig rund 39.000, so dass fast jeder fünfte Haushalt einen Kleingarten unterhält.

Der soziale Stellenwert

In Deutschland entfällt etwa auf jeden 20. Haushalt ein Kleingarten. Die wichtigste Funktion für ihre Pächter ist – nach Wegfallen der Notwendigkeit zur Selbstversorgung mit Obst, Gemüse und Blumen – heute eindeutig die Freizeitnutzung. Die Wohnfläche der Haushalte, die einen Kleingarten haben, ist im gesamten Bundesgebiet geringer als im Durchschnitt – eine Zahl, die jedoch auch vor dem Hintergrund der insgesamt kleineren Wohnflächen je Haushalt in den neuen Ländern gesehen werden muss. Die Gärten dienen vielfach als Platz für das Zusammenkommen mehrerer Generationen und für geselliges Beisammensein. Sie bieten nicht zuletzt Arbeitslosen und Rentnern Beschäftigung. Auch das Vereinsleben, für das in vielen der Anlagen ein Vereinsheim oder sogar ein bewirtschaftetes Lokal zur Verfügung steht, ist für die Gemeinschaft der Kleingärtner wichtig, auch wenn auf der anderen Seite von

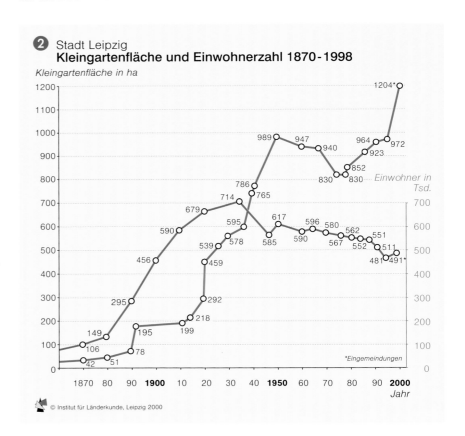

❶ Alte Länder und DDR/neue Länder
Mitglieder in Kleingartenverbänden 1978-2000
Kleingärten in Tsd.

❷ Stadt Leipzig
Kleingartenfläche und Einwohnerzahl 1870-1998
Kleingartenfläche in ha

einigen Nutzern die hohe soziale Kontrolle beklagt wird.

Der soziale Stellenwert des Kleingartens hat sich besonders auf dem Gebiet der neuen Länder verändert. Für die DDR-Führung bedeuteten diese Gärten nicht nur, dass die Bevölkerung eine sinnvolle, produktive, in die Gemeinschaft eingebundene und gesundheitsfördernde Freizeitbetätigung hatte, sondern es wurde auch auf die volkswirtschaftlich wirksame Produktion über

den Eigenbedarf hinaus gedrungen. Rund 30% von Obst und Gemüse gingen in den Verkauf (HENTSCHEL 1990, S. 60).

Auffallend ist das Durchschnittsalter der Pächter. Fast 50% sind zwischen 55 und 65 Jahre alt. Sie gehören überwiegend einkommensschwachen Haushalten an, da es auch diese sind, die kein Eigentum bzw. keine Häuser mit Garten haben. Dementsprechend wichtig ist die Höhe des Pachtzinses, der nach der Wende besonders für die ostdeutschen Gärten drastisch angestiegen ist. Bei einem Großteil der Anlagen bewegt sich die jährliche Pacht zwischen 0,10 und 0,40 DM je m².

Seit Ende der 1990er Jahre findet in ganz Deutschland eine moderate Wiederinwertsetzung des Kleingartens statt, der sich besonders zur Wochenendgestaltung großer Beliebtheit erfreut. Bei 67% der Vereine in den alten und bei 58% in den neuen Ländern bestehen wieder Bewerber-Wartelisten (BMRBS 1998).

Die städtebauliche Bedeutung

Die Bedeutung der Kleingärten für die Stadtökologie wurde lange Zeit unterbewertet. Inzwischen werden sie in die Planung von Grünzonen und Frischluftschneisen einbezogen, ihre Gemeinflächen zu den Erholungsflächen von Stadtvierteln hinzugezählt und ihre Wege in Spazier- und Wanderwegekonzepte integriert. Auch die in Anspruch genommenen Flächenpotenziale sind eine wichtige stadtgestalterische Kalkulationseinheit. Bei Durchschnittsgartengrößen von 350 m² (alte Länder) und 305 m² (neue Länder) sowie einem Anteil von 15% (alte Länder) bzw. 11% (neue Länder) an Gemeinflächen je Anlage ergeben sich rein rechnerisch rund 500 km² Kleingartenfläche in Deutschland, wobei sich in Süddeutsch-

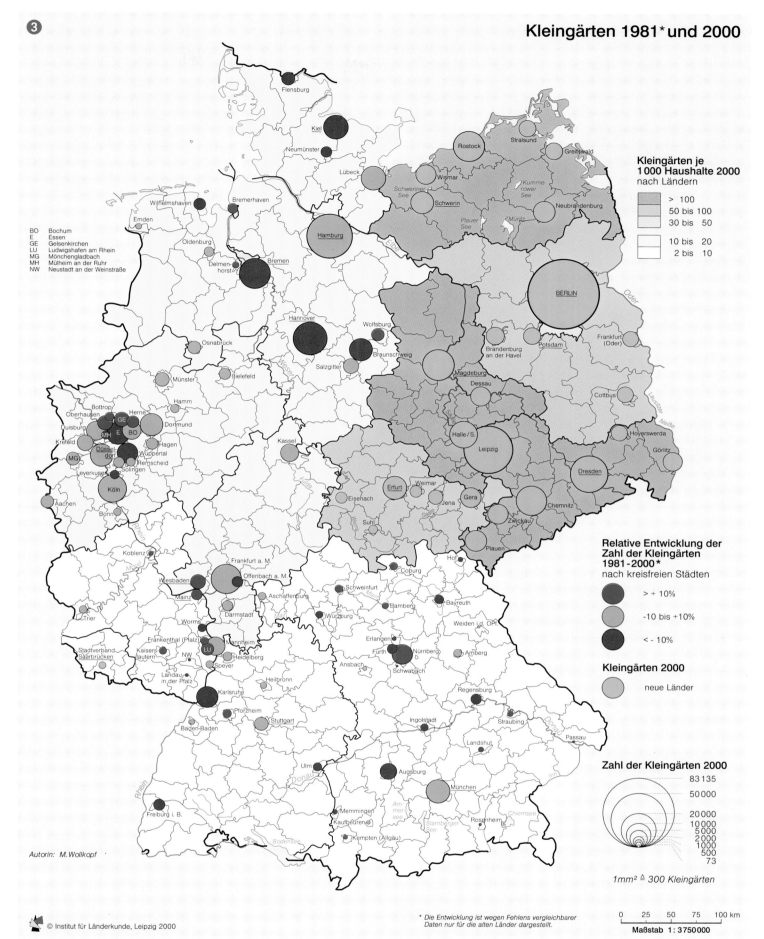

Kleingärten 1981* und 2000

BO Bochum
E Essen
GE Gelsenkirchen
LU Ludwigshafen am Rhein
MG Mönchengladbach
MH Mülheim an der Ruhr
NW Neustadt an der Weinstraße

Kleingärten je 1000 Haushalte 2000 nach Ländern

- > 100
- 50 bis 100
- 30 bis 50
- 10 bis 20
- 2 bis 10

Relative Entwicklung der Zahl der Kleingärten 1981-2000* nach kreisfreien Städten

- > + 10%
- -10 bis +10%
- < - 10%

Kleingärten 2000

neue Länder

Zahl der Kleingärten 2000

83135
50000
20000
10000
5000
2000
1000
500
73

1mm² ≙ 300 Kleingärten

* Die Entwicklung ist wegen Fehlens vergleichbarer Daten nur für die alten Länder dargestellt.

Autorin: M. Wollkopf

© Institut für Länderkunde, Leipzig 2000

0   25   50   75   100 km
Maßstab 1 : 3750000

land zwischen 20 und 40% dieser Flächen und in Westdeutschland zwischen 80 und 100% in Gemeindebesitz befinden.

Das Beispiel der Stadt Leipzig ❷ zeigt nach dem Zweiten Weltkrieg und noch einmal nach der Wiedervereinigung trotz sinkender Bevölkerungszahlen ansteigende Kleingartenflächen, was nicht

nur auf mehr, sondern auch auf größere Kleingärten zurückzuführen ist.

Immer öfter werden die Kleingärten jedoch als Reserveflächen für städtebauliche Entwicklungen verwendet. Dadurch werden die Gartenanlagen an den Stadtrand verdrängt, in meist deutlich wohnungsfernere Lagen. Die Konsequenz ist auf der einen Seite ein erhöh-

tes Verkehrsaufkommen, auf der anderen Seite ein steigender Bedarf an Infrastruktur in den Gärten, da mit wachsender Entfernung vom Wohnstandort der Übernachtungswunsch und damit auch die Anforderungen an die Lauben steigen. ◆

Naherholung

Kim E. Potthoff und Peter Schnell

Auf der 100-Schlösser-Route im Münsterland

Die Bedeutung der Naherholung zeigt sich daran, dass im Jahre 1993 von 85,7% der deutschen Bevölkerung 2,1 Mrd. Tagesausflüge unternommen worden sind, von denen wiederum rund 55% als Naherholungsausflüge bezeichnet werden (HARRER u.a. 1995, S. 80). Entscheidend für das Naherholungsverhalten sind die Erreichbarkeit sowie die landschaftliche Attraktivität der Naherholungsgebiete, da landschafts- und wasserorientierte Aktivitäten wie Spazierengehen, Wandern, Baden u.ä. an der Spitze der Beliebtheit liegen. Die private Motorisierung war und ist eine der wesentlichen Grundlagen für die Naherholung, wenngleich die Pkw-Nutzung in den letzten Jahren aufgrund der wachsenden Anteile anderer Verkehrsmittel, vor allem des Fahrrades, leicht rückläufig ist. Die durchschnittliche Ausflugsdistanz der Bewohner von Großstädten mit mehr als 100.000 Einwohnern liegt bei 68 km pro Richtung; Bewohner kleinerer Gemeinden legen geringfügig längere Wege zurück (71 km) (HARRER u.a. 1995).

Naherholungsgebiete in Deutschland

Daten über die aktuellen Naherholungsgebiete Deutschlands existieren zwar, wurden für eine kartographische Bearbeitung jedoch nicht zur Verfügung gestellt. Zur Darstellung der Naherholungsräume der Städte mit 100.000 und mehr Einwohnern und der Verdichtungsräume wurde ein theoretisch-konstruktiver Ansatz benutzt (Durchschnittsradius von 70 km abzügl. Umwegfaktor 1,25), so dass in Karte ❶ die potenziellen Naherholungsräume dieser Quellgebiete dargestellt sind. Die realen Naherholungsräume zeigen meist eine asymmetrisch ausgebildete Abgrenzung, die sich aus der Lage der landschaftlich attraktiven Zielräume sowie durch unterschiedliche Erreichbarkeiten ergibt. Bevorzugt aufgesucht werden vor allem Waldgebiete, Wasserflächen und Flussläufe sowie stärker reliefiertes Gelände, das Aussichtsmöglichkeiten bietet. Für die Naherholung spielen auch Naturparke, Nationalparke und Biosphärenreservate eine große Rolle (▸▸ Beitrag

Job). Dabei sind die touristische Infrastruktur sowie die äußere und innere Erschließung wichtig, d.h. die verkehrsmäßige Anbindung an die Bedarfsräume sowie das Straßen- und Wegenetz innerhalb der Naherholungsgebiete.

Die Karte lässt erkennen, dass ein großer Teil der Bundesrepublik im potenziellen Naherholungsbereich der Großstädte und Verdichtungsräume liegt; nimmt man die Zielgebiete von Mittel- und Kleinstädten hinzu, verdichtet sich dieses Bild weiter. Außerdem ist zu berücksichtigen, dass die landschaftliche Attraktivität eine distanzerweiternde Rolle spielt, so dass Zielgebiete wie z.B. der Bodensee, die Mecklenburgische Seenplatte oder die Rhön durchaus als Naherholungsräume genutzt werden, aufgrund des Darstellungsansatzes in der Karte jedoch nicht als potenzielle Naherholungsräume ausgewiesen sind.

Das Beispiel Brandenburg ❷

Charakteristisch für das Landschaftsbild des Naherholungsraumes westlich von Berlin sind die großen Waldflächen, die von zahlreichen Seen, Flüssen und Kanälen durchsetzt sind (rund 2500 Seen und 32.000 km Fließgewässer, davon über 6000 km befahrbar, insgesamt ca. 750 km²). Ein Großteil der Brandenburger Wald- und Wasserflächen ist Bestandteil von Großschutzgebieten, die aus einem Nationalpark, zwei Biosphärenreservaten und sieben Naturparken bestehen. Zu den bevorzugten Ausflugszielen der Berliner Bevölkerung gehören

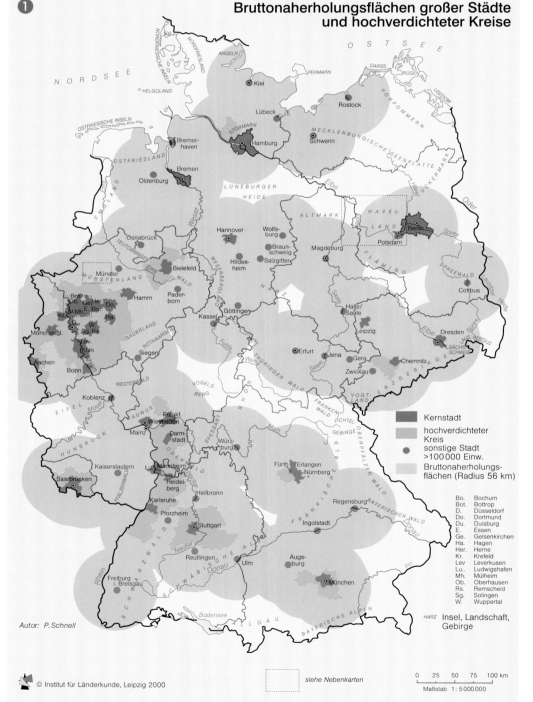

❶

Bruttonaherholungsflächen großer Städte und hochverdichteter Kreise

Legende:
- Kernstadt
- hochverdichteter Kreis
- sonstige Stadt >100 000 Einw.
- Bruttonaherholungsflächen (Radius 56 km)

Bo.	Bochum
Bot.	Bottrop
D.	Düsseldorf
Do.	Dortmund
Du.	Duisburg
E.	Essen
Ge.	Gelsenkirchen
Ha.	Hagen
Her.	Herne
Kr.	Krefeld
Lev.	Leverkusen
Lu.	Ludwigshafen
Mh.	Mülheim
Ob.	Oberhausen
Rs.	Remscheid
Sg.	Solingen
W.	Wuppertal

HARZ Insel, Landschaft, Gebirge

Autor: P. Schnell

© Institut für Länderkunde, Leipzig 2000

siehe Nebenkarten

0 25 50 75 100 km

Maßstab 1:5 000 000

Landschaftspark Duisburg-Nord

auch kulturhistorische und baulich-architektonische Sehenswürdigkeiten, an erster Stelle Potsdam, das 1998 63% der Berliner Haushalte besucht haben (IfT der FU Berlin1999). Insgesamt werden in Berlin/Brandenburg 60 Naherholungsräume unterschieden, die rund ein Drittel der Gesamtfläche ausmachen (BTE/FUB 1997). Seit 1990 haben sich die Angebotsstrukturen kontinuierlich verdichtet.

Das Beispiel Münsterland ❸

Das Image des Münsterlandes basiert auf der durch die Landwirtschaft geprägten aber naturnahen Landschaft und dem Fahrradfahren (SCHNELL 1999). Mit ca. 45 Mio. Tagesbesuchern spielte die Naherholung im Jahr 1996 eine erheblich größere Rolle als der Reiseverkehr mit ca. 12 Mio. Übernachtungen (LANDGREBE 1998). 60% der Tagestouristen kommen aus dem Münsterland, 27% von außerhalb, und 13% sind Übernachtungsgäste (SCHNELL/POTTHOFF 1999). Der Schwerpunkt der Aktivitäten liegt auf dem Radfahren, das im Münsterland bereits in den 1950er Jahren in Form von „Pättkesfahrten" beliebt war und für das ein Radwegenetz von insgesamt rund 10.000 km Länge zur Verfügung steht. Das Markenzeichen des Münsterland-Tourismus bildet die 1988 eröffnete 100-Schlösser-Route, eine kulturtouristische thematische Radwanderroute von rund 2000 km Länge, die rund 150 Wasserburgen, Schlösser und Herrensitze verbindet.

Das Beispiel Ruhrgebiet ❹

Der von der Montanindustrie geprägte altindustrielle Verdichtungsraum des Ruhrgebietes stellt einen Typus von Naherholungslandschaft dar, der gleichzeitig Quell- und Zielgebiet ist. Eine Angebotskomponente bilden die sieben regionalen Grünzüge, die den Raum von Norden nach Süden durchziehen, eine weitere die seit Ende der 60er Jahre eingerichteten fünf Revierparks. Hauptausflugsziele ist der nördlich des Ruhrgebietes gelegene Naturpark Hohe Mark, gefolgt vom Sauerland, dem Münsterland, dem Niederrhein und dem Bergischen Land.

Das Image des Ruhrgebietes wird aus Sicht der Bevölkerung durch den Strukturwandel und die Industriekultur geprägt. Im Rahmen der Internationalen Bauausstellung (IBA) Emscher Park verknüpft ein 400 km langer Rundkurs – die Route der Industriekultur – 19 sogenannte Ankerpunkte mit markanten Bauwerken aus 150 Jahren Industriegeschichte. Durch den rund 60 km langen und 300 km² großen neuen Ost-West-Grünzug des „neuen Emschertales" führt der 130 km lange Emscher Park Radweg. Weitere Naherholungsziele, die im Zuge des Strukturwandels entwickelt worden sind, bilden „Urban Entertainment Center" wie das CentrO in Oberhausen, Musical-Standorte in Bochum und Essen oder Multiplex-Kinos.◆

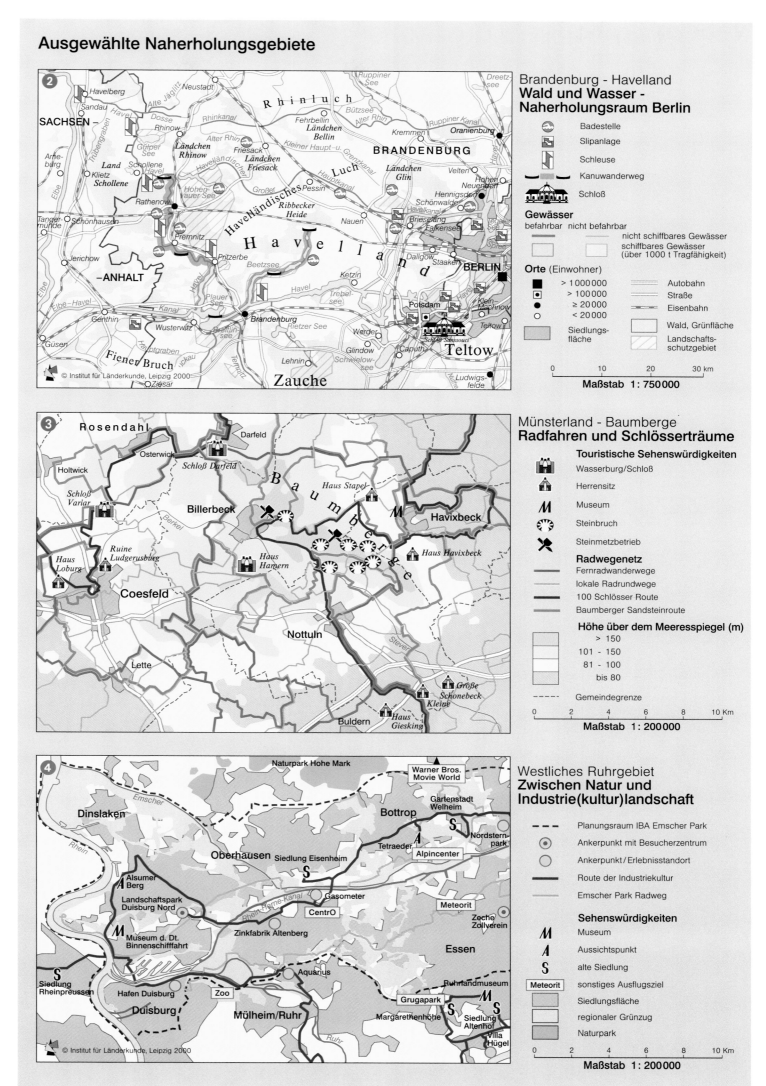

Ausgewählte Naherholungsgebiete

Kulturtourismus und historische Baudenkmäler

Ludger Brenner

Gotisches Rathaus in Brandenburg

Die Vielfalt des über 2000-jährigen deutschen Kulturerbes spiegelt sich in der großen Anzahl historischer Baudenkmäler aus sehr unterschiedlichen Epochen wider, die ein touristisches Potenzial ersten Ranges darstellen. Insgesamt 26 Bauwerke und Ensembles wurden wegen ihrer Einzigartigkeit sogar in die Liste des Weltkulturerbes der UNESCO aufgenommen. Aufgrund der Vielzahl sind auf der Karte ❷ nur die Bauwerke berücksichtigt, denen in namhaften Reiseführern eine besondere kunstgeschichtliche Bedeutung beigemessen wird und die damit besondere Aufmerksamkeit von Kulturtouristen des In- und Auslands auf sich ziehen.

Ihre räumliche Verteilung ist sowohl durch die geschichtliche Entwicklung der politisch-wirtschaftlichen Raumeinheiten als auch durch naturräumliche Gunstfaktoren bedingt, wobei zwischen beiden Größen nicht selten ein enger Zusammenhang besteht: Die meisten bedeutenden Bauwerke befinden sich an verkehrsmäßig wichtigen Flussläufen und in ertragreichen Agrargebieten, wo sich bedeutende Wirtschafts- und Verwaltungszentren entwickeln konnten. In Süddeutschland konzentriert sich das bauliche Erbe vor allem in den ehemaligen Residenz- und Handelsstädten. Berlin mit der angrenzenden Residenzstadt Potsdam nimmt als Metropole Preußens und des späteren Deutschen Reiches eine Sonderrolle ein. In den Seehäfen des Ostseeraums und an der Unterelbe

bezeugen die zahlreichen Baudenkmäler der Hansestädte die Bedeutung des mittelalterlichen Wirtschaftsverbundes.

Römische und mittelalterliche Bauwerke

Die ältesten erhaltenen Baudenkmäler auf heutigem deutschen Staatsgebiet stammen aus der Römerzeit. Teilweise gut rekonstruierte Bauten wie Befestigungsanlagen, Amphitheater, Aquädukte und Thermen befinden sich vor allem in den aus Verwaltungszentren und Militärlagern entstandenen Städten an Mosel und Rhein.

Nach dem Niedergang der römischen Zivilisation wurden bis zur Stabilisierung des Abendlandes unter Karl dem Großen (742-814) keine größeren Bauten errichtet. Erst während der Blüte des Karolingerreiches entstanden nach spätantiken Vorbildern in den Verwaltungssitzen, den Pfalzen, beachtliche, überwiegend sakrale Bauten. Seit Mitte des 10. Jhs. fanden zunächst im südlichen Deutschland Stilelemente aus dem romanischen Mittelmeerraum Eingang in die mitteleuropäische Architektur. Die zwischen dem 11. und frühen 13. Jh. aufblühende Stilepoche der Romanik hinterließ vor allem in den Zentren der kaiserlichen Macht am Oberrhein wie auch in Köln deutliche Spuren.

Die von der *Ile de France* um 1200 ausgehende Gotik sollte sich zu dem am weitesten verbreiteten sakralen Baustil in Deutschland entwickeln. In prosperierenden Städten entstanden vom 13. bis 15. Jh. bedeutende Kathedralen. Aus gotischer Zeit sind auch weltliche Bauwerke, insbesondere Rathäuser, erhalten.

Das Erbe des 16., 17. und 18. Jhs.

Im Zuge der von Italien ausgehenden, sich den antiken Vorbildern zuwendenden Architektur der Renaissance verlagerte sich der Schwerpunkt von den sakralen zu den profanen Bauwerken. Seit etwa 1530 übernahmen vor allem die wohlhabenden süddeutschen und norddeutschen Handelsstädte den Renaissancestil.

Im Zuge der Gegenreformation erlangte im 17. Jh. der geistig-emotionale Barock im katholischen Süddeutschland an Bedeutung. Im darauf folgenden Rokoko, wurde ornamentalen Elementen besondere Aufmerksamkeit gewidmet. Die Residenzen der zahlreichen deutschen Fürstentümer wurden als Zeichen der absolutistischen Machtverherrlichung in den Phasen des Barock und Rokoko prachtvoll ausgestaltet.

Zeugnisse jüngerer Baukunst

Mit dem Ausklingen des Rokoko wandte man sich ab etwa 1770 wieder den antiken Vorbildern der griechischen Klassik

zu. Vor allem in Preußen und Bayern entstanden Gebäude, die stark an die Tempelbauten des hellenistisch beeinflussten Mittelmeerraumes erinnern.

Ab Mitte des 19. Jahrhunderts entwickelte sich – begünstigt durch das Aufkommen des deutschen Nationalbewusstseins – der Stil des romantisierenden Historismus, der vor allem mittelalterliche, teilweise auch frühneuzeitliche Vorbilder nachahmte.

Der um die Jahrhundertwende aufkommende Jugendstil setzte bis zum Ersten Weltkrieg der zunehmenden Schmucküberladung einfachere, naturorientierte Formen entgegen, die bei Wohn- und Industriegebäuden Anwendung fanden. Nach dem Ersten Weltkrieg gewann mit dem Funktionalismus die Zweckmäßigkeit auch als ästhetisches Ideal an Bedeutung. Die neuen technischen Möglichkeiten brachten einige bemerkenswerte, bislang noch wenig beachtete bauliche Ensembles hervor.

Die Folgen des Tourismus

Die Folgen der touristischen Nutzung des baulichen Kulturerbes sind sehr umstritten: Die Kritiker führen an, dass eine hohe Frequentierung Beschädigungen, Überlastungen und eine kulturelle Sinnentleerung zur Folge habe; die Befürworter argumentieren hingegen, dass ohne die direkten und indirekten Einnahmen aus dem Fremdenverkehr eine sachgemäße Erhaltung kaum möglich sei.

Der Andrang ist im Allgemeinen nicht so sehr auf den internationalen und überregionalen, sondern überwiegend auf den Tagesausflugsverkehr zurückzuführen: Eine Umfrage im bekannten Kloster Maulbronn ❶ (UNESCO-Weltkulturerbe) ergab, dass fast die Hälfte (46%) der Besucher aus nahe gelegenen Orten desselben Bundeslandes stammen; ein weiteres knappes Drittel (31%) aus benachbarten oder relativ nahe gelegenen Bundesländern und nur 18% aus dem übrigen Bundesgebiet sowie 5,5% aus dem Ausland.◆

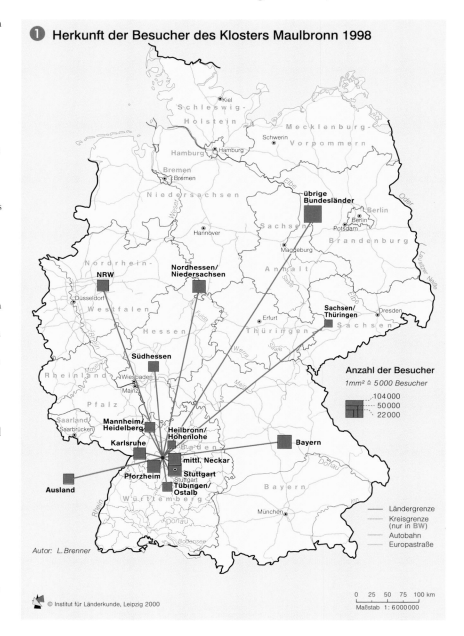

❶ Herkunft der Besucher des Klosters Maulbronn 1998

Anzahl der Besucher
1mm² ≙ 5 000 Besucher
104 000
50 000
22 000

Ländergrenze
Kreisgrenze (nur in BW)
Autobahn
Europastraße

Autor: L. Brenner

© Institut für Länderkunde, Leipzig 2000

0 25 50 75 100 km
Maßstab 1 : 6000000

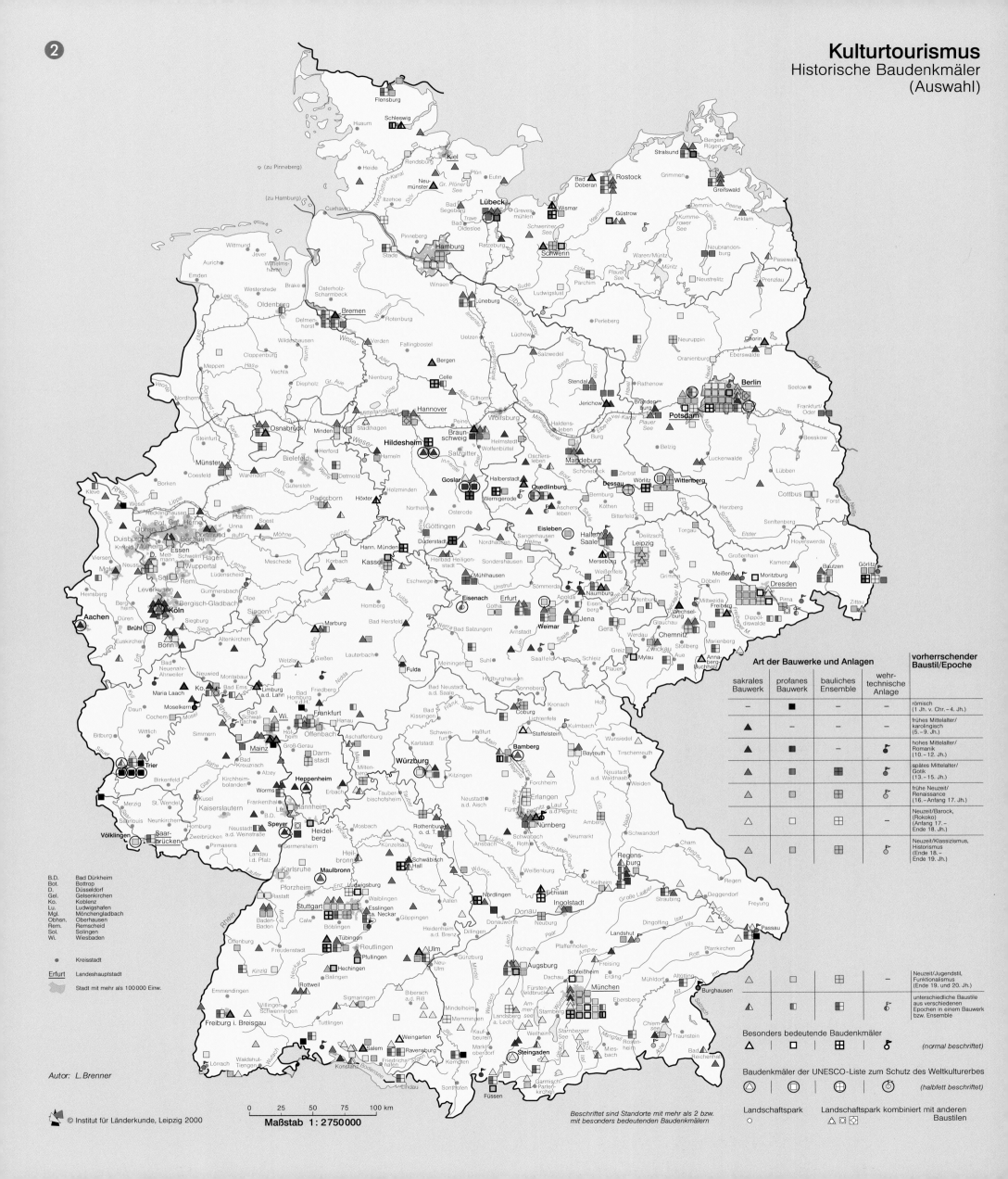

Kulturtourismus
Historische Baudenkmäler
(Auswahl)

Art der Bauwerke und Anlagen / **vorherrschender Baustil/Epoche**

sakrales Bauwerk	profanes Bauwerk	bauliches Ensemble	wehrtechnische Anlage	vorherrschender Baustil/Epoche
–	■	–	–	römisch (1 Jh. v. Chr. – 4. Jh.)
▲	–	–	–	frühes Mittelalter/ karolingisch (5. – 9. Jh.)
▲	■	–	♟	hohes Mittelalter/ Romanik (10. – 12. Jh.)
▲	■	⊞	♟	spätes Mittelalter/ Gotik (13. – 15. Jh.)
▲	◻	⊞	♟	frühe Neuzeit/ Renaissance (16. – Anfang 17. Jh.)
△	◻	⊞	–	Neuzeit/Barock, (Rokoko) (Anfang 17. – Ende 18. Jh.)
△	◻	⊞	♟	Neuzeit/Klassizismus, Historismus (Ende 18. – Ende 19. Jh.)
△	◻	⊞	–	Neuzeit/Jugendstil, Funktionalismus (Ende 19. und 20. Jh.)
▲	◻	⊞	♟	unterschiedliche Baustile aus verschiedenen Epochen in einem Bauwerk bzw. Ensemble

Besonders bedeutende Baudenkmäler
△ ◻ ⊞ ♟ (normal beschriftet)

Baudenkmäler der UNESCO-Liste zum Schutz des Weltkulturerbes
(halbfett beschriftet)

Landschaftspark   Landschaftspark kombiniert mit anderen Baustilen

Beschriftet sind Standorte mit mehr als 2 bzw. mit besonders bedeutenden Baudenkmälern

• Kreisstadt
Erfurt Landeshauptstadt
Stadt mit mehr als 100000 Einw.

B.D.   Bad Dürkheim
Bot.   Bottrop
D.   Düsseldorf
Gel.   Gelsenkirchen
Ko.   Koblenz
Lu.   Ludwigshafen
Mgl.   Mönchengladbach
Obhsn.   Oberhausen
Rem.   Remscheid
Sol.   Solingen
Wi.   Wiesbaden

Autor: L. Brenner

© Institut für Länderkunde, Leipzig 2000

0 25 50 75 100 km
Maßstab 1 : 2750000

Wallfahrtsorte und Pilgertourismus

Gisbert Rinschede

Altötting

Historische Entstehung und Entwicklung

Christliche ▶ Wallfahrtsstätten sind überwiegend aus dem Wunsch von Gläubigen entstanden, einer als heilig erachteten Person nahe zu sein, vor allem wenn Reliquien an diesem Ort vorhanden waren.

Einige der heutigen Wallfahrtsorte wurden an vorchristlichen Kultstätten errichtet, obwohl die Kirche in Deutschland es ablehnte – ganz im Gegensatz zu Irland –, Naturheiligtümer der Kelten und Germanen als heilig zu achten. Trotzdem entstanden einige christliche Stätten in der Nähe von heiligen Quellen, Bäumen, Höhlen und Steinen/Felsen, die heidnische und christliche Ideale gleichermaßen beinhalten.

Im Frühmittelalter standen ▶ Wallfahrten zu den Kathedralen der Bistümer im Vordergrund. Im Hochmittelalter entstanden zahlreiche Marienwallfahrten, anknüpfend an Pilgerreisen ins Heilige Land.

Bezüglich der Entstehungsperioden der heutigen Wallfahrtsstätten ergeben sich einige regionale Unterschiede zwischen Nord- und Süddeutschland: Die Schwerpunkte der Entstehung in Süddeutschland liegen im 17. Jh. nach Beendigung des 30-jährigen Krieges. Von Italien (Loreto-Kult) und Passau (Maria-Hilf-Kult) gingen zur Zeit der Gegenreformation viele Impulse aus, die zur Bildung von Wallfahrtsorten in Süddeutschland führten. Das 16. Jh. stellt wegen der religiösen Konflikte einen Tiefpunkt in der Entwicklung der Pilgerbewegung dar.

In Norddeutschland sind die Wallfahrtsstätten aus der Zeit des Hochmittelalters (14. Jh.) und der heutigen Zeit (2. Hälfte des 20. Jh.) überproportional stark vertreten, da in den ehemals überwiegend protestantischen Stadtregionen

Eine **Wallfahrt** ist der Besuch einer außerhalb des Heimatortes gelegenen heiligen Stätte (**Wallfahrtsort/-stätte**) aus religiösen Motiven, meist zu bestimmten Feiertagen, Namenstagen von Heiligen usw.

Religionstourismus bezeichnet eine Tourismusart, bei der die Teilnehmer auf ihrer Reise und während ihres Aufenthaltes am Zielort ausschließlich oder stark religiös motiviert sind. Neben Wall- und Pilgerfahrten schließt er den Besuch religiöser Feste und Tagungen ein.

Der **Wallfahrts-/Pilgertourismus** ist eine spezielle Form des Tourismus mit überwiegend religiöser Motivation. Er zählt zu den ältesten Formen des Tourismus überhaupt. Ziele der Wall- und Pilgerfahrten sind Wallfahrts-/Pilgerorte, die durch den religiös motivierten Besucherstrom entsprechend seiner Intensität geprägt werden.

Eine **Wallfahrt** bzw. **Pilgerfahrt /-reise** bezeichnet das im Leben eines Gläubigen aus religiösen Motiven einmalige oder häufigere Aufsuchen eines größeren religiösen Zentrums (Pilgerort/-stätte).

Religiöse Zentren sind Orte, denen Religionsgemeinschaften eine zentrale Bedeutung beimessen. Es gibt Pilgerzentren und religiöse Verwaltungszentren, die sich in Orte mit regionaler (Bischofsstadt), nationaler (Sitz des Oberhauptes einer Nationalkirche) und internationaler (Rom) Bedeutung einteilen lassen.

Heutige Verbreitung

In der Bundesrepublik Deutschland gibt es 861 katholische Wallfahrtsstätten ❻, die alljährlich von einer unterschiedlich großen Anzahl vor allem religiös motivierter Menschen aufgesucht werden (eigene Erhebungen 1999). Während die Pilgerstätten in den überwiegend katholischen Ländern Europas (z.B. Frankreich, Italien, Spanien) relativ gleichmäßig verteilt sind, ergeben sich in Deutschland, ebenso wie in der Schweiz und den Niederlanden, große regionale Unterschiede. Das Verteilungsmuster entspricht der Konzentration von Katholiken und Protestanten ❶. Die höchsten Katholikenanteile haben die Bistümer Süddeutschlands, wie z.B. Passau (93%), Regensburg (84%),

Norddeutschlands Vertriebene und Flüchtlinge nach dem 2. Weltkrieg diese Stätten wiederbelebt oder neu gebildet haben.

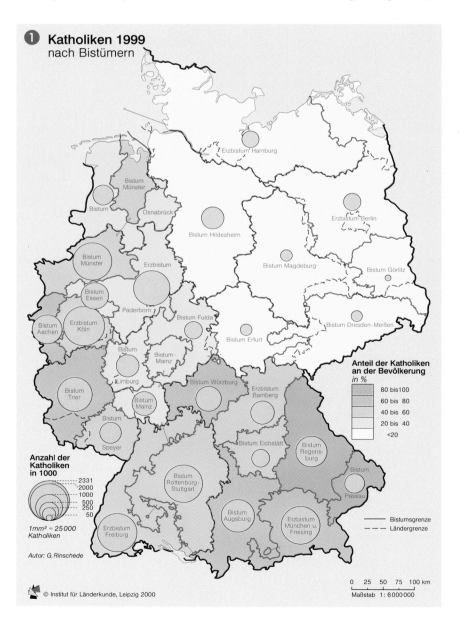

❶ **Katholiken 1999** nach Bistümern

Anteil der Katholiken an der Bevölkerung *in %*

80 bis 100
60 bis 80
40 bis 60
20 bis 40
<20

Anzahl der Katholiken in 1000

2331
2000
1000
500
250
50

1mm² = 25000 Katholiken

Autor: G. Rinschede

Bistumsgrenze
Ländergrenze

0 25 50 75 100 km
Maßstab 1: 6000000

© Institut für Länderkunde, Leipzig 2000

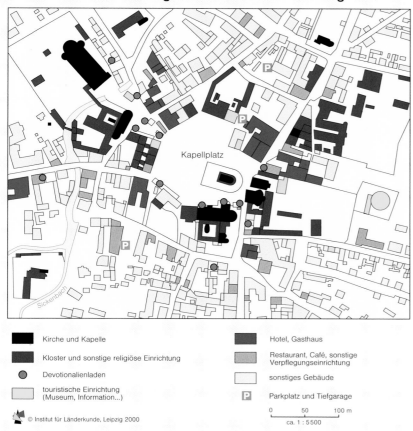

❷ Funktionale Gliederung des Wallfahrtsortes Altötting 1999

Kapellplatz

Sickenbach

■ Kirche und Kapelle	■ Hotel, Gasthaus
■ Kloster und sonstige religiöse Einrichtung	■ Restaurant, Café, sonstige Verpflegungseinrichtung
● Devotionalienladen	□ sonstiges Gebäude
□ touristische Einrichtung (Museum, Information...)	🅿 Parkplatz und Tiefgarage

© Institut für Länderkunde, Leipzig 2000

0   50   100 m
ca. 1 : 5500

Augsburg (70%) und Würzburg (68%) und Westdeutschlands, wie z.B. Trier (70%). Die Bistümer in der östlichen Mitte und im Norden Deutschlands, wie z.B. die Dresden-Meißen (4%), Görlitz (5%), Magdeburg (6%), Berlin (7%), Hamburg (7%) und Erfurt-Meiningen (7,5%) weisen dagegen die geringsten Anteile von Katholiken an der Gesamtbevölkerung auf, was in Ostdeutschland auch durch die kirchenfeindliche Politik der DDR-Führung zu erklären ist.

In den Kirchenprovinzen Süd- und Westdeutschlands liegen die Regionen mit den höchsten Anteilen an Wallfahrtsstätten:
- München und Freising mit den Bistümern München und Freising, Regensburg, Passau und Augsburg vereinen 37% aller deutschen Wallfahrtsorte auf sich,
- Freiburg im Breisgau mit den Bistümern Freiburg im Breisgau, Rottenburg-Stuttgart und Mainz (20%),
- Köln mit den Bistümern Köln, Trier, Aachen, Münster, Limburg und Essen (20%) und
- Bamberg mit den Bistümern Bamberg, Würzburg, Eichstätt und Speyer (14%).

In den Kirchenprovinzen Nord- und Ostdeutschlands befinden sich insgesamt nur 9% der 861 Wallfahrtsstätten Deutschlands:
- Paderborn mit den Bistümern Paderborn, Fulda, Erfurt-Meiningen und Magdeburg (6,7%),
- Hamburg mit den Bistümern Hamburg, Hildesheim und Osnabrück (1,5%),
- Berlin mit den Bistümern Berlin, Dresden-Meißen und Görlitz (0,8%).

Klassifikation der Wallfahrtsorte
Nach Art der Verehrung ❹
Wie im gesamten Europa gelten die meisten Wallfahrtsstätten in Deutschland der Marienverehrung (55%). Weitere 32% dienen der Verehrung verschiedener Heiliger, Seliger u.ä. Christus- und Dreifaltigkeitsstätten stellen eine Minderheit dar (13%). Ähnlich wie in Europa ergibt sich auch in Deutschland ein Süd-Nord-Gefälle in der Marienverehrung: Die Anteile der Marienwallfahrtsorte liegen in Italien, Frankreich und Spanien über 75%, in Irland und Großbritannien unter 40%. In zahlreichen Bistümern Süddeutschlands betragen sie ebenfalls 50-70%, in den nördlicher gelegenen Bistümern

Bamberg, Köln und Limburg dagegen unter 40%. In den Bistümern mit geringen Anteilen an Katholiken und an Wallfahrtsstätten zeigt sich, dass die Marienwallfahrtsstätten die einzigen vorhandenen Wallfahrtsziele darstellen.

Nach der Motivation
Die Motive für eine Wallfahrt sind sehr unterschiedlich: Erfüllung eines Gelübdes, Buße, Bittgesuche und Danksagung sowie Verehrung und Hoffnung auf religiöse Erleuchtung. Verbunden mit diesen religiösen Anlässen ist vor allem auf Gruppenwallfahrten das Motiv des Gemeinschaftserlebnisses, gerade auch bei Wallfahrten, die von einzelnen Volksgruppen organisiert werden. Unter den Besuchern historisch und architektonisch herausragender Kirchen und Klöster befinden sich unterschiedliche Anteile von Kulturtouristen, die u.U. die größte Gruppe ausmachen (Besuch des

Kölner oder Trierer Doms). Eine ähnliche Attraktion stellt der Wallfahrtsort Andechs im Bistum Augsburg dar, dessen Besucher z.T. religiös motiviert sind, zu einem beträchtlichen Teil aber auch aus kulturellen und freizeitlichen Motiven (Andechser Klosterbier) diese Stätte aufsuchen.

Nach der Größe
Der überwiegende Anteil (85%) der deutschen Wallfahrtsorte (733 von insgesamt 861) wird alljährlich von weniger als 10 Tsd. Wallfahrern aufgesucht. 98 Wallfahrtsorte (11%) empfangen zwischen 10 und 50 Tsd. Besucher und jeweils 14 Wallfahrtsorte (je 1,6%) zwischen 50 und 100 Tsd. bzw. 100 bis 500 Tsd. Besucher. Nur in den drei Orten (0,4%) Altötting, Kevelaer und Steingaden (Wallfahrtskirche in der Wies, Wieskirche) trifft mehr als eine halbe Mio. Besucher pro Jahr ein.   →

❸ Bedeutende Pilgerzentren in Europa 1999

© Institut für Länderkunde, Leipzig 2000   Autor: G. Rinschede

Fátima, Portugal

den, auch wenn eine Stätte ganzjährig aufgesucht werden kann. Wichtige Einflussfaktoren sind hier zunächst die religiösen Fest- und Gedenktage, aber auch die klimatische Situation des Ortes und das Arbeits- und Freizeitverhalten der Bevölkerung. Die Marienwallfahrtsorte haben ihre Höhepunkte zu Ostern, im Marienmonat Mai, im August (15. August: Mariä Himmelfahrt) und im September (3 Marienfesttage). Einige Wallfahrten, wie z.B. die Trierer Heilig-Rock-Wallfahrt, finden in unregelmäßigem Abstand statt.

Die Pilger erreichen die heiligen Stätten zu Fuß, mit Regel- und Sonderzügen (2-3%), mit Bussen (20-30%), mit Pkws (60-70%) oder mit dem Fahrrad. Die Fußwallfahrten machen heute nur noch weniger als 10% aus, wie z.B. in Kevelaer und Altötting, obwohl hier in den letzten Jahrzehnten ihr Anteil wieder zugenommen hat.

Auswirkungen auf die Wallfahrtsorte

Der Pilgerstrom hat Einfluss auf die Bevölkerungsentwicklung der Wallfahrtsorte, vor allem aber auf die Siedlungs- und Wirtschaftsentwicklung ❷. Es findet sich meist ein religiöses Zentrum (Kirche, Kapelle, Gedenkstätte etc.) mit einem freien Platz, wie in Altötting, der zur Versammlung der Pilgergruppen benötigt wird. Diesen inneren Bezirk umgeben sekundäre religiöse Einrichtungen, wie z.B. Klöster, Versorgungseinrichtungen (Devotionalienläden, Gasthäuser und Beherbergungsstätten) und vielerlei Betriebe und Läden mit Angeboten für den kirchlichen Bedarf.

Zukünftige Entwicklung

Während die lokalen und regionalen Wallfahrtsstätten in Deutschland zunehmend an Bedeutung verlieren, steigt die Anzahl der Wallfahrer in überregionalen Stätten seit den letzten Jahrzehnten weiter an. Gründe sind die größere Mobilität aufgrund der modernen Verkehrsentwicklung, politische Veränderungen im östlichen Mitteleuropa und Pilgerreisen von bestimmten ethnischen Gruppen (Sinti und Roma, Kroaten usw.), die bevorzugt größere Zentren aufsuchen.

Pilgerzentren in Europa ❸

Während die überregionalen und internationalen Pilgerzentren in Deutschland (Kevelaer und Altötting) bis zu einer Millionen Besucher pro Jahr erhalten, übertrifft der Pilgerstrom der großen Zentren in europäischen Nachbarländern die Millionengrenze (Rom, Lourdes u. Fátima über 4 Mio.; Santiago de Compostela, Padua u.a. 1 - 4 Mio.). Vor allem die internationalen Zentren haben einen ständigen Zuwachs an Pil-

gern zu verzeichnen. In zahlreichen dieser Städte (Rom, Assisi, Paris) überwiegt jedoch der Anteil der nicht religiös, sondern eher kulturell motivierten Touristen.

Andere ▶ religiöse Zentren in Deutschland

Auch außerhalb der katholischen Wallfahrtsorte gibt es in Deutschland religiös motivierten Tourismus. Er ist gekennzeichnet durch den Besuch religiöser Feste an einem festen Standort (Diözesanfeste) und durch die Teilnahme an Tagungen mit wechselnden Standorten (Deutsche Katholikentage, Evangelische Kirchentage), bei denen bis zu 100.000 Besucher zu verzeichnen sind. Unter den protestantischen Stätten ist insbesondere die Lutherstadt Wittenberg in Sachsen-Anhalt zu nennen. Zentrale religiöse Funktionen für die Mormonen (Latter-Days-Saints-Kirche) haben die Tempel in Friedrichsdorf/Taunus und Freiberg/Sachsen, zu denen im Jahr über 10.000 Pilger kommen. Die Weltreligion der Baha'i, die in Deutschland allerdings nur etwas über 10.000 Anhänger hat, verfügt über einen zentralen Tempel in Hofheim am Taunus.◆

Dementsprechend ist der Einzugsbereich der einzelnen Orte recht unterschiedlich. Es haben sich lokale, regionale und überregionale Wallfahrtsstätten herausgebildet. Nationale und internationale Stätten wie Fátima/Portugal und Lourdes/Frankreich, die von mehreren Millionen Pilgern im Jahr aufgesucht werden, fehlen in Deutschland. Als überregionale Stätten sind Kevelaer und Altötting zu nennen, die aufgrund ihrer Nähe zu den Niederlanden und Belgien bzw. Tschechien und Österreich einen internationalen Charakter haben.

Saisonalität und Transportmittel

Der Wallfahrtstourismus ist in Deutschland an eine gewisse Saisonalität gebun-

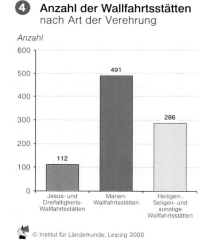

❹ **Anzahl der Wallfahrtsstätten** nach Art der Verehrung

Anzahl

600		
500	491	
400		
300		286
200		
100	112	
0	Jesus- und Dreifaltigkeits-Wallfahrtsstätten	Marien-Wallfahrtsstätten	Heiligen-, Seligen- und sonstige Wallfahrtsstätten

© Institut für Länderkunde, Leipzig 2000

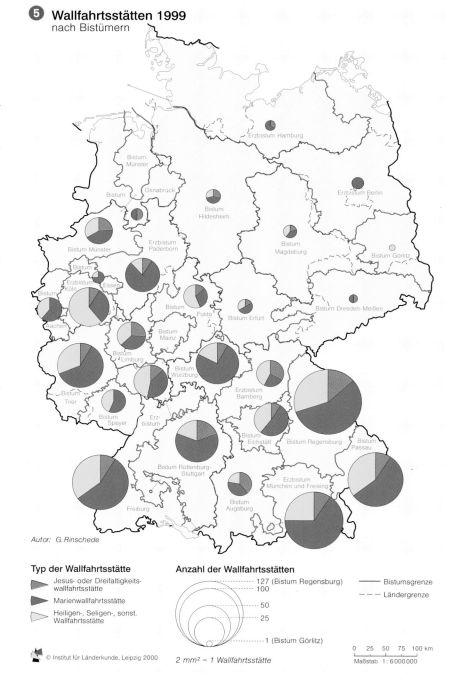

❺ **Wallfahrtsstätten 1999** nach Bistümern

Autor: G. Rinschede

Typ der Wallfahrtsstätte
- Jesus- oder Dreifaltigkeitswallfahrtsstätte
- Marienwallfahrtsstätte
- Heiligen-, Seligen-, sonst. Wallfahrtsstätte

Anzahl der Wallfahrtsstätten
- 127 (Bistum Regensburg)
- 100
- 50
- 25
- 1 (Bistum Görlitz)

— Bistumsgrenze
--- Ländergrenze

© Institut für Länderkunde, Leipzig 2000

2 mm² = 1 Wallfahrtsstätte

0 25 50 75 100 km
Maßstab 1 : 6 000 000

Freilichtbühnen

Aline Albers und Heinz-Dieter Quack

Freilichttheater zeichnen sich in Deutschland durch eine rund einhundertjährige Tradition aus. Sie erweisen sich als beliebte kulturelle Anziehungspunkte in Feriengebieten und ländlichen Räumen und bilden ein willkommenes Ergänzungsprogramm zu den etablierten Bühnen in festen Bauten.

Gemeinsame Merkmale von Freilichtbühnen sind
* das Aufführen von Theaterstücken, Singspielen und Konzerten unter freiem Himmel,
* die Verwendung der unmittelbaren landschaftlichen Umgebung als Teil der Kulisse (Naturbühnen) oder das

Karl-May-Festspiele in Bad Segeberg

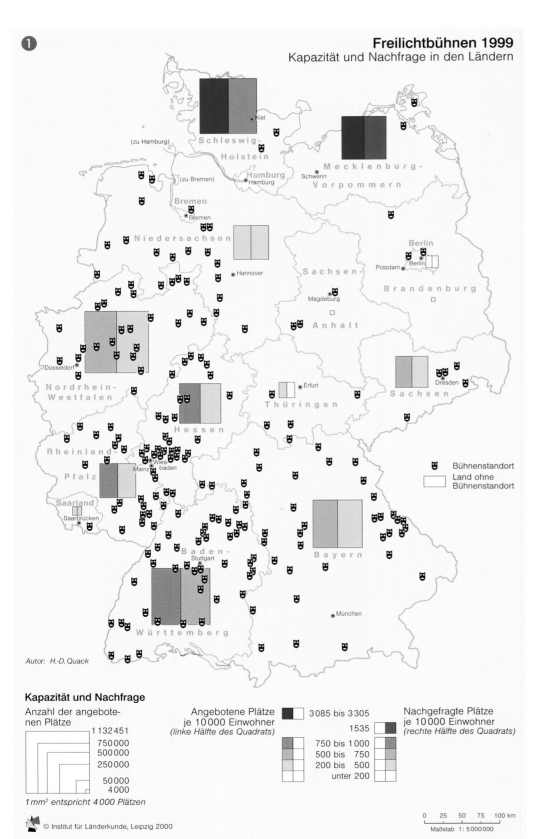

❶ **Freilichtbühnen 1999**
Kapazität und Nachfrage in den Ländern

Autor: H.-D.Quack

Kapazität und Nachfrage

Anzahl der angebotenen Plätze
1 132 451
750 000
500 000
250 000
50 000
4 000

1 mm² entspricht 4 000 Plätzen

Angebotene Plätze je 10 000 Einwohner *(linke Hälfte des Quadrats)*

3 085 bis 3 305	
1535	
750 bis 1 000	
500 bis 750	
200 bis 500	
unter 200	

Nachgefragte Plätze je 10 000 Einwohner *(rechte Hälfte des Quadrats)*

🦉 Bühnenstandort
▢ Land ohne Bühnenstandort

© Institut für Länderkunde, Leipzig 2000

0 25 50 75 100 km
Maßstab 1: 5 000 000

Bespielen von historischen Orten (z.B. Burgruinen, historische Innenhöfe),
* die Beschränkung der Spielzeit auf bestimmte Jahreszeiten oder Termine,
* der nicht gewinnorientierte Betrieb durch einen i.d.R. ehrenamtlich geführten Trägerverein.

Knapp 3,4 Millionen Besucher sehen jährlich in Deutschland weit über 5000 Aufführungen unter freiem Himmel. Die rund 200 Freilichtbühnen Deutschlands stellen mit durchschnittlich 26 Aufführungen pro Bühne und Jahr ein bedeutendes kulturelles Angebot dar. Da sie sich zudem häufig im ländlich geprägten Raum befinden, erfüllen sie als Ergänzung zu großstädtischen Theatern auch wichtige kultur- und gesellschaftspolitische Funktionen. Zudem weisen sie mit durchschnittlich knapp 60% eine Auslastung auf, die von professionellen Theaterbetrieben nicht immer erreicht wird.

Die regionale Verteilung

Freilichtbühnen sind in den alten Ländern signifikant häufiger zu finden als in den neuen ❶. Dieser Umstand resultiert aus dem nichtprofessionellen Status der Betreiber von Freilichtbühnen: In der DDR wurden Freilichtbühnen entweder durch professionelle Ensembles bespielt oder fielen brach. Die entsprechenden Strukturen sind daher in den neuen Ländern noch im Aufbau begriffen.

In den alten Ländern finden sich Freilichtbühnen auffällig häufig in Mittelgebirgszonen (naturräumliche Gunstfaktoren) und dort, wo historisch eher kleinteilige Siedlungsstrukturen vorherrschten (kulturräumliche Gunstfaktoren). Gerade die früher dominanten kleinstaatlichen Strukturen im Gebiet der Länder Hessen und Baden-Württemberg haben zahlreiche Burgen und Schlösser hervorgebracht, die heute häufig als Kulisse für Freilichtbühnen dienen.

Angebot und Nachfrage

Die einzelnen Freilichtbühnen schwanken in ihrem Angebot stark: Die Anzahl der Aufführungen streut zwischen zwei und einigen hundert pro Bühne und Jahr. Sowohl Angebot als auch Nachfrage sind in den Ländern Schleswig-Holstein und Mecklenburg-Vorpommern trotz geringer Anzahl an Bühnenstandorten relativ am größten, während beispielsweise Nordrhein-Westfalen als das bevölkerungsreichste Land nur durchschnittliche Werte erreicht. In diesen Gebieten tragen offensichtlich die hohen Zahlen von Urlaubern zur Auslastung der Bühnen bei.

Es sind teilweise erhebliche Unterschiede zwischen den einzelnen Bühnen bzw. den Trägervereinen zu verzeichnen ❷. Dies betrifft die Anzahl der Aufführungen, die Anzahl der gespielten Stücke und insbesondere den Anteil der Eigenproduktionen der Bühnen. Nach einer Phase rückläufiger Nachfrage Mitte der 1980er Jahre sind die Besucherzahlen in den vergangenen Jahren wieder leicht angestiegen. Besonders erfolgreich sind diejenigen Bühnen, die sich in ihrem Programm klar von dem Angebot professioneller Bühnen absetzen und eine Mischung aus bekannten Stücken wie Musicals, Eigenproduktionen mit klarem Regional- oder Lokalbezug und Kindertheater bieten. Gerade angesichts der zunehmenden Hinterfragung öffentlicher Kulturförderung steigt die Bedeutung ehrenamtlich geleiteter kultureller Angebote, nicht zuletzt auch hinsichtlich ihrer identitätsstiftenden Wirkung auf lokaler und regionaler Ebene.◆

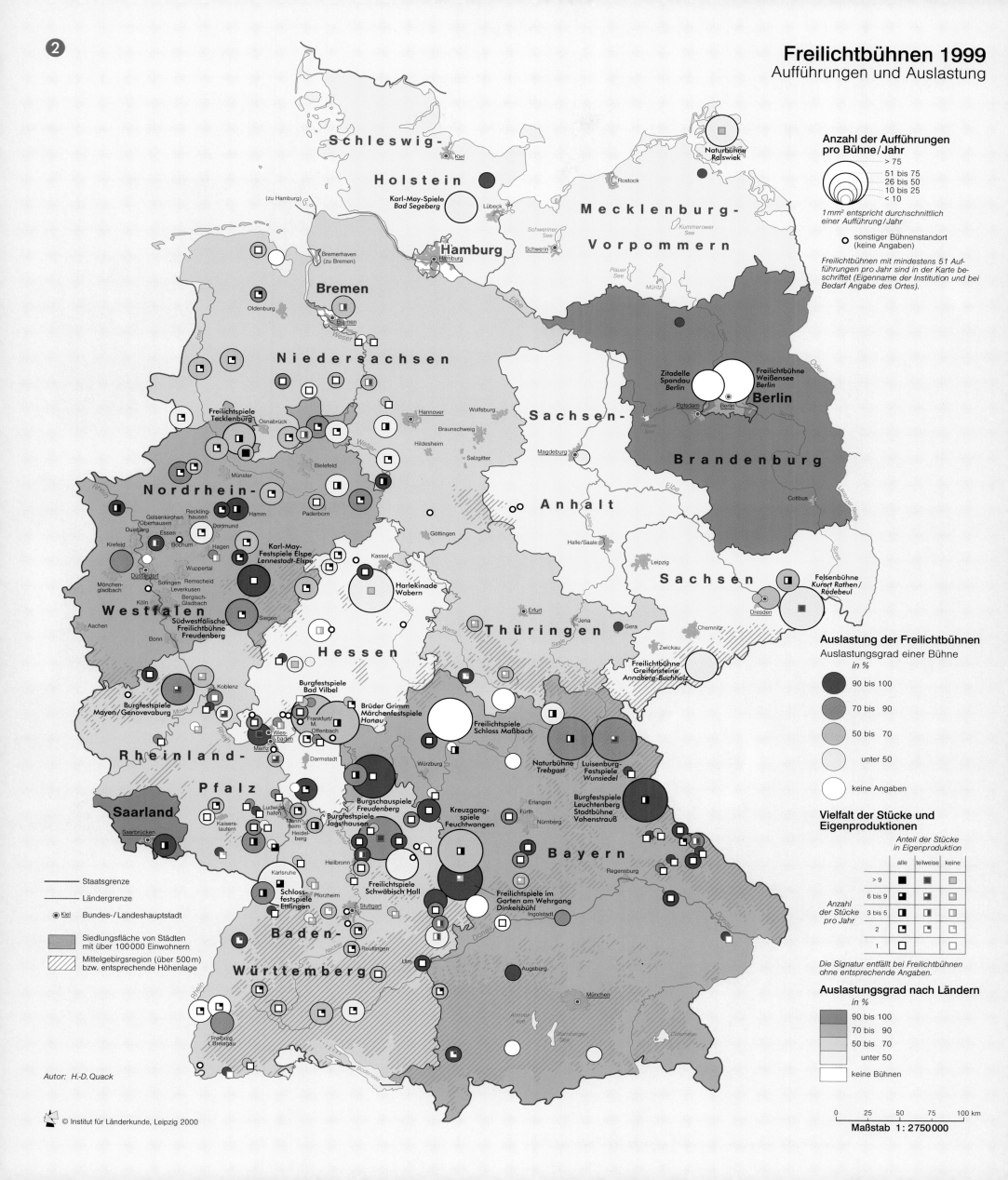

2

Freilichtbühnen 1999
Aufführungen und Auslastung

Anzahl der Aufführungen pro Bühne/Jahr

> 75
51 bis 75
26 bis 50
10 bis 25
< 10

1 mm² entspricht durchschnittlich einer Aufführung/Jahr

○ sonstiger Bühnenstandort (keine Angaben)

Freilichtbühnen mit mindestens 51 Aufführungen pro Jahr sind in der Karte beschriftet (Eigenname der Institution und bei Bedarf Angabe des Ortes).

Auslastung der Freilichtbühnen
Auslastungsgrad einer Bühne
in %

- 90 bis 100
- 70 bis 90
- 50 bis 70
- unter 50
- keine Angaben

Vielfalt der Stücke und Eigenproduktionen

Anteil der Stücke in Eigenproduktion

	alle	teilweise	keine
> 9			
6 bis 9			
3 bis 5			
2			
1			

Anzahl der Stücke pro Jahr

Die Signatur entfällt bei Freilichtbühnen ohne entsprechende Angaben.

Auslastungsgrad nach Ländern
in %

- 90 bis 100
- 70 bis 90
- 50 bis 70
- unter 50
- keine Bühnen

Staatsgrenze
Ländergrenze
⊙ Kiel Bundes-/Landeshauptstadt

Siedlungsfläche von Städten mit über 100 000 Einwohnern

Mittelgebirgsregion (über 500 m) bzw. entsprechende Höhenlage

Autor: H.-D. Quack

© Institut für Länderkunde, Leipzig 2000

0   25   50   75   100 km
Maßstab 1 : 2750000

Labelled stages on map:
Naturbühne Ralswiek
Karl-May-Spiele Bad Segeberg
Freilichtspiele Tecklenburg
Karl-May-Festspiele Elspe Lennestadt-Elspe
Südwestfälische Freilichtbühne Freudenberg
Burgfestspiele Mayen / Genovevaburg
Zitadelle Spandau Berlin
Freilichtbühne Weißensee Berlin
Felsenbühne Kurort Rathen / Rädebeul
Harlekinade Wabern
Freilichtbühne Greifensteine Annaberg-Buchholz
Burgfestspiele Bad Vilbel
Brüder Grimm Märchenfestspiele Hanau
Freilichtspiele Schloss Maßbach
Naturbühne Trebgast
Luisenburg-Festspiele Wunsiedel
Burgfestspiele Leuchtenberg Stadtbühne Vohenstrauß
Burgschauspiele Freudenberg
Burgfestspiele Jagshausen
Kreuzgangspiele Feuchtwangen
Freilichtspiele Schwäbisch Hall
Freilichtspiele im Garten am Wehrgang Dinkelsbühl
Schlossfestspiele Ettlingen

Musikfestivals und Musicals

Anja Brittner

Sommerfestival in Schloss Rheinsberg

Der Kulturtourismus hat in den letzten Jahren durch eine zunehmende Aufmerksamkeit und die Wertschätzung von Kulturgütern sowie ihrer steigenden Kommerzialisierung und Vermarktung – nicht nur in Deutschland – einen dynamischen Aufschwung erfahren. Festspiele und Theateraufführungen unterschiedlichster Art, darunter insbesondere Musikfestivals und Musicals, bilden einen wesentlichen Bestandteil des kulturellen Angebots. Die Zunahme von Musikfestivals kann als ein Indikator für den viel zitierten „kulturellen Boom" gesehen werden, der sich nicht nur in hohen Besucherzahlen der Touristen ausdrückt, sondern auch in dem starken Interesse der einheimischen Bevölkerung an kulturellen Veranstaltungen. Besonders die räumliche Verteilung kultureller Veranstaltungen ist für den Tourismus von großer Bedeutung.

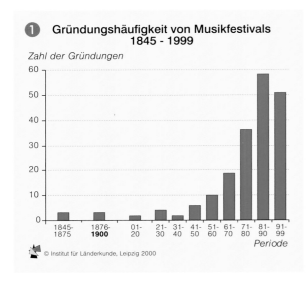

① Gründungshäufigkeit von Musikfestivals 1845 - 1999

Zahl der Gründungen

Periode (1845-1875, 1876-1900, 01-20, 21-30, 31-40, 41-50, 51-60, 61-70, 71-80, 81-90, 91-99)

© Institut für Länderkunde, Leipzig 2000

Entwicklung und regionale Verteilung

Erste Gründungen von ▶ Musikfestivals ① erfolgten in der Mitte des 19. Jahrhunderts. Sie widmeten sich dem Werk einzelner Komponisten, z.B. die Internationalen Beethovenfeste in Bonn (1845) oder die Wagner-Festspiele in Bayreuth (1876). Weitere folgten in größeren Städten wie München, Wiesbaden, Leipzig, Göttingen, Halle/Saale und Würzburg mit meist klassischen Schwerpunkten. In den zwanziger und dreißiger Jahren entstanden Festivals der Neuen Musik (die Donaueschinger Musiktage, 1922) oder der Alten Musik (das Internationale Heinrich-Schütz-Fest, 1930, mit Sitz in Kassel).

Erst nach dem Zweiten Weltkrieg schlossen sich weitere Festivalgründungen an ③, überwiegend eingebunden in das kulturelle Angebot größerer Städte. Mitte der siebziger Jahre zeigte sich eine erste Tendenz, in ländlich geprägten Räumen Musikfestivals auszurichten, die in mehreren Spielorten →

② Musikfestivals in Berlin 1998

① Bach-Tage Berlin/Biennale (1970)
② Inventionen - Festival Neuer Musik Berlin (1982)
③ Berliner Festwochen (1951)
④ Jazz Fest Berlin (1964)
⑤ Festtage der Staatsoper unter den Linden (1996)
⑥ Musik-Biennale (1967)
✕ Mozart Fest Berlin (1999), keine Angaben

Turnus der Veranstaltungen
Jazz Fest Berlin — einjährig
Musik-Biennale (1967) — zwei- o. mehrjährig Gründungsjahr

Besucher und Veranstaltungen*
1 mm ≙ 625 Besucher bzw. 2 Veranstaltungen
Anzahl der Besucher in Tsd. (linke Säule)
Anzahl der Veranstaltungen (rechte Säule)
*Bei Festivals in zweijährigem Turnus wurden z.T. Werte von 1997 verwendet.

Musikalischer Schwerpunkt
Klassische Musik
Neue Musik
Jazz
ohne Schwerpunkt

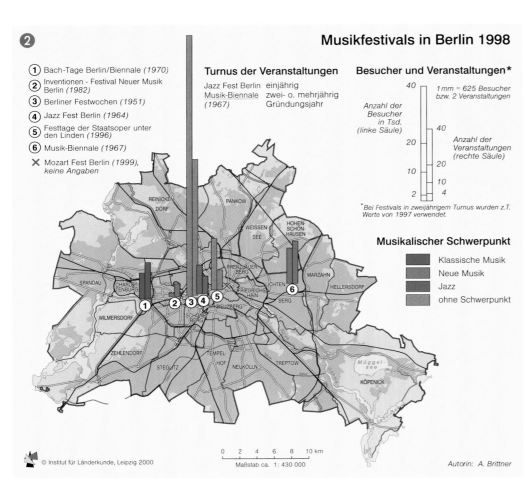

© Institut für Länderkunde, Leipzig 2000

0 2 4 6 8 10 km
Maßstab ca. 1 : 430 000

Autorin: A. Brittner

Stilepochen-Schwerpunkte von Musikfestivals

Alte Musik (bis 1730)

Der Begriff bezieht sich auf die Musik aller Kulturen, die vor Beginn des 18. Jahrhunderts verschiedene Arten von Musik hervorgebracht haben. Das **Mittelalter** war überwiegend von geistlicher Musik geprägt, wie Gesängen der römisch-katholischen und der griechisch-orthodoxen Kirche sowie geistlicher Oster-, Weihnachts- u. Passionsspiele und von Kompositionen zu Anlässen wie Hochzeiten, Thronbesteigungen und zur Umrahmung von Theateraufführungen. Während der **Renaissance und** des **Barock** gab es – neben der geistlichen Musik – bereits offizielle politische Festakte, Hofzeremonien, Hochzeitsfeiern fürstlicher Persönlichkeiten mit musikalischer Gestaltung. Die Aufführungen von Barockopern können als eine erste Art von Festspielen angesehen werden.

Klassik (1730-1828)

In der Klassik hatten Feste erstmals die Musik zum zentralen Inhalt, und diese diente nicht mehr ausschließlich zur Umrahmung von Feierlichkeiten. Die Kernzeit der Klassik von 1750 bis 1828 wird als **Wiener Klassik** bezeichnet. Die Zeit der **Romantik** (1800-1900) wurde wesentlich von der Klassik geprägt. Vielfach schwärmerische Ausdrucksweisen und die Entdeckerfreude an Klangfarben kennzeichnen diese Epoche.

Seit Beginn des 20. Jahrhunderts bestimmt ein Neben- und Gegeneinander der Stile das Musikleben. Zwei bedeutende Richtungen spiegeln sich auch in den gegenwärtigen Musikfestivals wider: Neue Musik und Jazz.

Neue Musik (1905-1960)

Neue Musik kennzeichnet die Periode der jüngsten Musikgeschichte, die von etwa 1905 bis 1960 währte. Neue Musik bezeichnet nicht alle Musik dieser Zeitspanne. Dieser Begriff ist nicht als Gegenbegriff zu „alter Musik" entstanden, sondern zu dem der Musik schlechthin: Neue Musik galt als Experiment mit bis dahin unmöglich erscheinenden Tonverbindungen.

Jazz (seit Ende des 19. Jahrhunderts)

Aus der Begegnung zwischen europäischer und afrikanischer Volksmusik entstand gegen Ende des 19. Jahrhunderts im Süden der USA eine neue Musik mit eigenen Maßstäben: der Jazz. Die Herkunft des Wortes Jazz ist nicht eindeutig zu klären, da jedoch die bekanntesten Jazzmusiker Kreolen waren, stammt der Begriff wahrscheinlich von dem französischen Wort „chasser" (hetzen, jagen). *Von der Betrachtung und der Darstellung auf Karte ③ ausgenommen wurden Rockmusik- und Popmusikfestivals, die in der Regel auch keine langjährigen Traditionen aufbauen.*

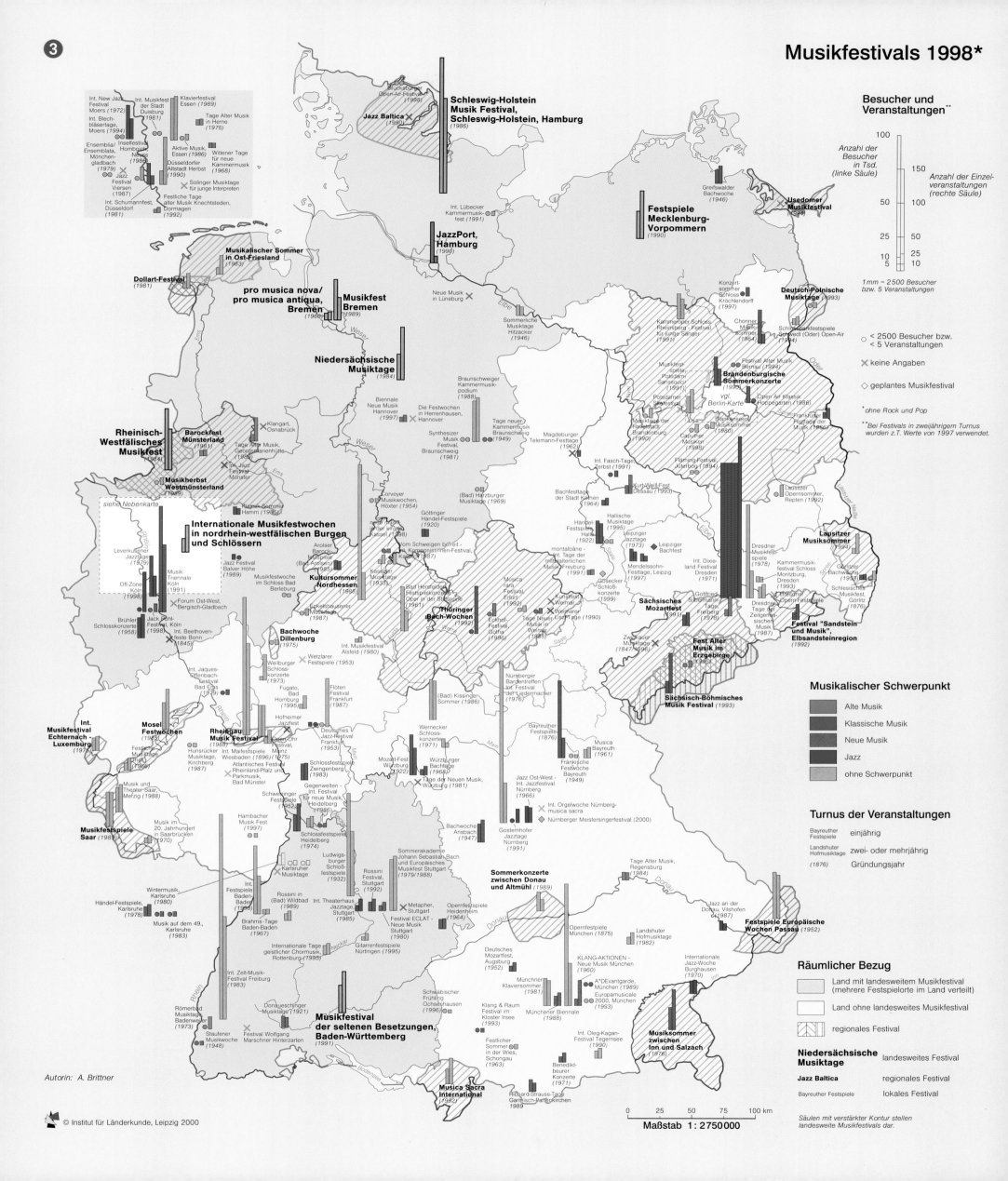

Musikfestivals 1998*

③

Besucher und Veranstaltungen

Musikalischer Schwerpunkt
- Alte Musik
- Klassische Musik
- Neue Musik
- Jazz
- ohne Schwerpunkt

Turnus der Veranstaltungen
- Bayreuther Festspiele — einjährig
- Landshuter Hofmusiktage — zwei- oder mehrjährig
- (1876) — Gründungsjahr

Räumlicher Bezug
- Land mit landesweitem Musikfestival (mehrere Festspielorte im Land verteilt)
- Land ohne landesweites Musikfestival
- regionales Festival

Niedersächsische Musiktage — landesweites Festival
Jazz Baltica — regionales Festival
Bayreuther Festspiele — lokales Festival

Säulen mit verstärkter Kontur stellen landesweite Musikfestivals dar.

Autorin: A. Brittner

© Institut für Länderkunde, Leipzig 2000

Maßstab 1 : 2 750 000
0 25 50 75 100 km

Ein **Festspiel** oder **Festival** ist zunächst eine festliche Begebenheit, eine Gesamtheit künstlerischer Darbietungen, die sich über das Niveau der täglichen Programme erhebt, um als außerordentliche Feierlichkeit an einem dazu auserwählten Ort stattzufinden. Meist handelt es sich um einmalige oder periodisch wiederkehrende öffentliche, kulturelle Großveranstaltungen, die sich über mehrere Tage, Wochen oder Monate erstrecken.

Musikfestspiele oder **-festivals** finden in Form von Aufführungen von Konzerten oder Werken des Musiktheaters mit der Absicht statt, sich durch mehrere Faktoren aus dem Rahmen des Alltäglichen hervorzuheben. Diese Besonderheit muss einem Festival nicht nur durch die hohe Qualität der dargebotenen Werke und dem Streben nach Vollkommenheit in ihrer Ausführung verliehen werden, sondern auch durch den Einklang mit der Umgebung, in der sie stattfinden, wobei auf diese Art eine besondere Atmosphäre geschaffen wird, zu welcher die Landschaft, der Geist einer Stadt, das Gesamtinteresse ihrer Einwohner und die kulturelle Tradition eines ganzen Gebietes beitragen können.

Zusätzlich zu den zahlreichen lokalen und regionalen Musikfestivals, die auf Karte ❸ dargestellt sind, gibt es zwei Festivals, deren Spielstätten sich über ganz Deutschland erstrecken. Dies sind:

• Das **Internationale Heinrich-Schütz-Fest** mit Sitz in Kassel, 1930 gegründet, in zweijährigem Turnus, zuletzt mit 8 Veranstaltungen und dem Schwerpunkt auf alter Musik.
• Das **Bachfest der Neuen Bachgesellschaft** mit Sitz in Leipzig, 1904 gegründet, in jährlichem Turnus, zuletzt mit 35 Veranstaltungen und dem Schwerpunkt auf alter Musik und Klassik.

Im neuen Sprachgebrauch werden größere Festivals auch als **Events** bezeichnet, die üblicherweise speziell inszenierte oder herausgestellte Ereignisse oder Veranstaltungen von begrenzter Dauer mit touristischer Ausstrahlung sind (▶▶ Beitrag Jagnow/Wachowiak).

innerhalb einer Region stattfinden. Insbesondere seit den achtziger Jahren werden Jahr für Jahr neue Musikfestivals gegründet. Im letzten Jahrzehnt zeigte sich in den alten Ländern eine rückläufige Tendenz bei Neugründungen, in den neuen Ländern hingegen klettert die Zahl stetig nach oben – auf regionaler Ebene besonders im sächsisch-böhmischen Grenzgebiet.

Bei Betrachtung der geographischen Verteilung in Deutschland ❸ korreliert die quantitative Verbreitung der Musikfestivals mit der Bevölkerungsdichte.

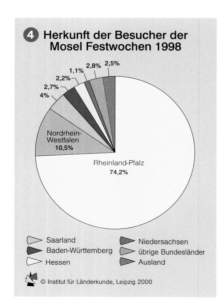

❹ Herkunft der Besucher der Mosel Festwochen 1998

Nordrhein-Westfalen 10,5%
Rheinland-Pfalz 74,2%
4%
2,7%
2,2%
1,1%
2,8%
2,5%

◁ Saarland
◀ Baden-Württemberg
◁ Hessen
◀ Niedersachsen
◀ übrige Bundesländer
◀ Ausland

© Institut für Länderkunde, Leipzig 2000

Die große Zahl von Musikfestivals im Ruhrgebiet, im Rhein-Main-Gebiet und in den Agglomerationsräumen Berlin ❷ und München ragt deutlich heraus. Lediglich Hamburg zeigt eine geringe Anzahl an Veranstaltungen wie auch die benachbarten Länder Niedersachsen, Schleswig-Holstein und Mecklenburg-Vorpommern. In peripheren Räumen herrscht eine aufgelockerte Streuung der Veranstaltungen, wobei sich ein

leichtes Gefälle von Süd- nach Norddeutschland abzeichnet.

Fast die Hälfte der untersuchten Festivals legt den Schwerpunkt auf keine einzelne ▶ Stilepoche, sondern wechselt die Themenstellungen und widmet sich z.B. der Musik anderer Kulturen oder einem Spektrum von der Renaissance bis zur Gegenwart. Hierbei handelt es sich überwiegend um jüngere Gründungen. Die Festivals mit dem Schwerpunkt auf ▶ klassischer Musik stellen etwa ein Viertel der Veranstaltungen, daran schließen sich ▶ Neue Musik, ▶ Jazz und ▶ Alte Musik an.

Besucheraufkommen

Die Größe der untersuchten Festivals reicht von 150 Besuchern bei drei Veranstaltungen (z.B. die Tage Neuer Kammermusik in Braunschweig) bis hin zu großen Events mit mehr als 100.000 Besuchern bei 140 Veranstaltungen (z.B. das Schleswig-Holstein Musik Festival und das Rheingau Musik Festival). Bei manchen Veranstaltungen, besonders bei kostenlosen oder auf regionaler bis bundesweiter Ebene stattfindenden, kann das Besucheraufkommen lediglich geschätzt werden.

Je nach Bekanntheitsgrad und Alter der Musikfestivals zeigen sich hinsichtlich der Herkunft der Besucher starke Unterschiede. Festivals wie die Mosel Festwochen, die Kasseler Musiktage, die Wetzlarer Festspiele oder die Internationalen Musiktage Alsfeld haben meist Gäste, die aus dem Ort selbst oder dem näheren lokalen Umfeld stammen (70-

90%). Traditionelle Festivals mit einem höheren Bekanntheitsgrad wie die Bayreuther Festspiele, die Göttinger Händel-Festspiele oder die Maifestspiele Wiesbaden hingegen weisen eine deutliche Fernwirkung und damit eine überregionale Bedeutung auf. Eine Untersuchung der Mosel Festwochen gibt Aufschluss über die Herkunft der Besucher ❹. Insgesamt wurden 2515 Gäste

schriftlich befragt; das entspricht 19% der Gesamtbesucherzahl. Der hohe Anteil von 74,2% rheinland-pfälzischen Gästen verdeutlicht die Bedeutung des regionalen Einzugsbereiches.

Kommerzielle Musicaltheater in Deutschland

Mitte des 20. Jahrhunderts ist das Musical am New Yorker Broadway als eine Mischung aus Operette, Vaudeville, Burleske und Revue entstanden, welche jeweils die Elemente Musik, Text und Darstellung miteinander kombinieren. Dort erlebte das neue Genre mit Aufführungen wie „My Fair Lady" (1956) oder „West Side Story" (1957) seine er-

ste Blüte. Diese erfolgreichen Musical-produktionen wurden nach US-ameri-kanischem Vorbild von privaten Inve-storen mit kommerzieller Zielsetzung seit den 1960er Jahren und verstärkt in den 1980er Jahren auch nach Deutsch-land geholt. 1986 hatte „Cats" als erstes Musical in einem eigenen Operetten-haus in Hamburg Premiere, zahlreiche weitere folgten an anderen Orten. In-zwischen steht Deutschland mit jährlich rund 20 Uraufführungen und 150 Neu-inszenierungen nach den USA und Großbritannien auf Platz drei der Welt-rangliste von Musicalproduktionen.

Standortfaktoren

Ende der 1980er Jahre und Anfang der 1990er Jahre begann die Errichtung neuer Musicaltheater. Voraussetzungen für die Standortwahl sind eine hohe Be-völkerungsdichte innerhalb eines Ein-zugsgebietes von 200 Kilometern. Eine überregionale Verkehrsanbindung soll einen Einzugsbereich von 20 bis 25 Mil-lionen Menschen ermöglichen. Eine niedrigere Bevölkerungszahl im Umland kann durch eine hohe touristische An-ziehungskraft des Standortes ausgegli-chen werden (z.B. in Verbindung mit einer Kurzstädtereise). Diese Kriterien erfüllen dicht besiedelte Räume wie Hamburg, Berlin, Rhein-Ruhr, Rhein-

Main, Rhein-Neckar und München, welche – bis auf München – alle bereits kommerzielle Musicaltheater besitzen ❺. Auf Mikroebene zählen bei der Standortwahl Kriterien wie Grund-stücksgrößen sowie geklärte Eigentums-verhältnisse.

Wirtschaftlichkeit eines Musi-calbetriebes

Die durchschnittlichen Baukosten für ein Theater mit 1600 bis 1800 Sitzplät-zen lagen in den 1990er Jahren bei 50 bis 60 Millionen DM. Zur wirtschaftli-chen Rentabilität ist eine Auslastung von durchschnittlich 80-90% nötig, d.h. in der Regel erfolgen die Auffüh-rungen an sieben Tagen in der Woche, die Eintrittspreise liegen zwischen 70 und 180 DM. Die Stella AG, größter Betreiber von kommerziellen Musical-theatern in Deutschland, beschäftigt derzeit ca. 5000 Mitarbeiter. Die Hoch-phase im deutschen Musicalmarkt gilt mittlerweile als überschritten – einige Spielstätten der 1990er Jahre mussten aufgrund mangelnder Auslastungen be-reits Konkurs anmelden.

Von ursprünglich 19 Aufführungen in Musicaltheatern bestanden mit Ablauf des Jahres 1999 noch neun. Die anderen Musicals mussten entweder aufgrund wirtschaftlicher Verluste eingestellt

werden oder die Bühnen erhielten nach abgelaufener Spielzeit eine neue Musi-calproduktion. Im ländlich geprägten Alpenvorland mit hoher touristischer Attraktivität bei Schloss Neuschwan-stein wurde im Frühjahr 2000 ein Musi-caltheater neu eröffnet. Zwei weitere sind im Rhein-Main-Gebiet mit hoher Siedlungsdichte sowie in der Großstadt Leipzig geplant, wobei die Aufführun-gen von Musicals in den neuen Ländern

bislang vielfach von den Musiktheatern der öffentlichen Häuser übernommen wurden ❺.

Nach dem regelrechten Musicalboom Anfang der 1990er Jahre zeigt sich ge-genwärtig der Trend, dass kaum noch Musicaltheater errichtet werden, statt-dessen eher Gastspiele in bestehenden Theaterhäusern stattfinden, die sich je nach Saisonverlauf individuell verlän-gern lassen.♦

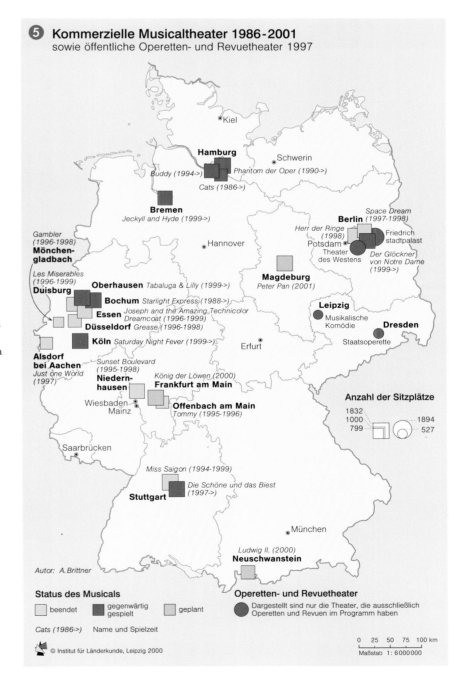

❺ **Kommerzielle Musicaltheater 1986-2001**
sowie öffentliche Operetten- und Revuetheater 1997

Fasnet – Fasching – Karneval

Torsten Widmann

Dienstagsumzug in Villingen-Schwenningen

Das jährlich wiederkehrende Brauchtumsphänomen der Fastnacht hat viele verschiedene regionale und lokale Ausprägungen. Gemeinsam ist allen die Faszination, die jährlich Millionen Zuschauer und Aktive in ihrer Freizeit zu den Veranstaltungen lockt und somit einen nicht zu unterschätzenden Wirtschaftsfaktor darstellt.

Karneval: *Carnelevamem* (kirchenlateinische Bezeichnung für die Fastenzeit) wurde scherzhaft zum italienischen *„carne vale"* umgedeutet („Fleisch, leb wohl!").

Fasching: Aus dem Mittelhochdeutschen „vast schang", das Ausschenken des Fastentrunks, entstanden.

Fasnet: Aus der Dialektbezeichnung *„Fastnaht"* für Nacht vor Beginn der Fastenzeit abgeleitet.

Zeitraum: Der Karneval beginnt bereits am 11.11. Dies hängt mit der alten Fastenzeit vor Weihnachten und der Zahl 11 als Symbol für Unvollkommenheit zusammen. Ansonsten beginnt die Fastnacht mit Umzügen und Saalveranstaltungen am Dreikönigstag, dem 6. Januar.

Die hohen Tage: Die kurze Zeit der Straßenfastnacht. Sie beginnt am Donnerstag vor Aschermittwoch, der in Anlehnung an das Aufbrauchen der tierischen Fettbestände „fetter" oder „schmotziger" Donnerstag genannt wird. Die Bezeichnung **„Weiberfastnacht"** geht auf einen alten Brauch zurück, der Frauen an diesem Tag besondere Rechte einräumte.

Der Fastnachtsmontag hat sich als **Rosenmontag** in nahezu allen Fastnachtsregionen durchgesetzt. Von der Kölner Rosensonntagsgesellschaft, welche am Rosensonntag 1824 (4. Fastensonntag) erstmals zusammentraf, um den Montagsumzug im darauf folgenden Jahr zu organisieren, bekam er seinen Namen.
Das närrische Treiben endet in der Nacht vom Dienstag auf **Aschermittwoch**, der eigentlichen Fastnacht, um 24.00 Uhr. Die Fastnacht wird verbrannt, symbolische Rathausschlüssel werden zurückgegeben, und im schwäbischen Rottweil beklagen sich die Narren: „O jerum, o jerum, die Fasnet hot a Loch...".

Geschichte

Der Ursprung der Fastnacht liegt im frühen Mittelalter und nicht, wie hartnäckig behauptet, in der grauen Vorzeit unserer germanischen Vorfahren. Die christliche Liturgie gibt dem Brauchtum seinen Namen, denn ebenso wie die Weihnacht der Abend vor Christi Geburt ist, bezeichnet die Fastnacht ursprünglich den Abend vor Beginn der Fastenzeit, also den Fastnachtsdienstag.

Während des Mittelalters brachte die 40-tägige vorösterliche Fastenzeit einen radikalen Einschnitt in die Lebensgewohnheiten des übrigen Jahres mit sich. Neben dem Genuss von Alkohol und dem Verzehr von Lebensmitteln, die von warmblütigen Tieren stammen, war auch alles „Fleischliche" während der Fastenzeit verboten.

Die christliche Kirche nahm die kurze Zeitspanne der Ausgelassenheit vor der Fastenzeit zum Anlass, um den Menschen ihre Sündhaftigkeit vorzuhalten und die Fastenzeit als Chance zur inneren Umkehr darzustellen. Sinnbildlich für das Lasterhafte, Sündhafte und Schwache im Menschen steht der Narr. Er hat einen entscheidenden Einfluss auf die heutige Ausprägung der Fastnacht, denn er erlaubt es, für kurze Zeit in eine verkehrte Welt zu entschwinden und wieder zurückzukehren. Durch ihn wurde die Fastnacht seit dem späten Mittelalter zunehmend zu einem Fest der Komik und des Klamauks.

Unter dem Einfluss der Reformation ging das Gespür für den ursprünglichen Bezugsrahmen allmählich verloren. Dies hatte zur Folge, dass vielerorts Fastnachtsverbote ausgesprochen wurden. Außerdem war die Fastnacht zu diesem Zeitpunkt kein Massenphänomen mehr, sondern wurde hauptsächlich von den städtischen Handwerkerständen als Form der Selbstdarstellung gepflegt.

Das Zeitalter der Romantik schließlich brachte einen gewaltigen Aufschwung, der mit einigen Unterbrechungen bis heute anhält. In dieser Zeit war der gepflegte Frohsinn des rheinischen Karnevals mit seinen Salonveranstaltungen, Bällen und Umzügen mit romantischen Motivwagen die populärste Form des Fastnachtsbrauchs in ganz Deutschland.

Zu Beginn des 20. Jahrhunderts wurden in Südwestdeutschland die vorkarnevalesken Fastnachtsfeierlichkeiten wiederbelebt. Man besann sich auf die Wurzeln des Fastnachtstreibens und schuf zahlreiche neue Fastnachtsfiguren in Anlehnung an die wenigen alten Masken und Kostüme, welche die Jahrhunderte überdauert hatten.

Funktion

Bis heute entwickelte sich die Fastnacht zu einem Massen-Event, dessen Faszination durch seine Ausprägung als soziales Rollenexperiment erklärt werden kann: In der kurzen, intensiven Zeit der Kostümierung scheinen soziale Schranken und zwischenmenschliche Distanzen leicht aufgehoben werden zu können, denn Gestik, Sprache und Kleidung sind nicht als Ausdruck sozialer Herkunft oder Intelligenz zu erkennen. Hinter der Maske und von der Bütt herab darf scherzhaft, aber doch treffend, jedem die Meinung gesagt werden. Es herrscht Narrenfreiheit. Konflikte und Sorgen des Alltags werden außen vor gelassen, andererseits wird erhofft, ein wenig aus der Fastnacht mit in den Alltag nehmen zu können.

Auch spielt das Motiv der Traditionspflege gerade in Zeiten der weltweiten Angleichung von Kulturen eine wichtige Rolle für den Erhalt des Fastnachtsspiels, denn es wirkt als ein Ausdruck lokaler und regionaler Kultur identitätsstiftend für den jeweiligen Raum.

Gerade dieser Aspekt wird von der organisierten Brauchtumspflege immer wieder stark in den Vordergrund gerückt. Sie schreibt dort, wo das Brauchtum einen hohen Organisationsgrad vorweist, die Kostümierungen und Brauchabläufe bindend fest und ist daher verantwortlich für den Erhalt der teils stark von einander abweichenden Feierformen in ganz Deutschland.

Regionale Unterschiede

Die Karte ❷ zeigt anhand der in den Regionen Deutschlands unterschiedlichen Namensgebungen die einzelnen Ausprägungen der Fastnacht. Es gibt praktisch keine Region, in der nicht zumindest kleinere Veranstaltungen während der närrischen Zeit stattfinden. Da jedoch nur bestimmte Gebiete als Fastnachtshochburgen zu bezeichnen sind, dient die Anzahl der Fastnachtsumzüge pro Kreis als Indikator für die Fastnachtsbegeisterung einer Region. Dabei wird die sehr unterschiedliche Größe der Umzüge ❶ allerdings nicht berücksichtigt.

Für die Erstellung dieser Karte wurden rund 1500 lokal bedeutsame Fastnachtsumzüge recherchiert. Die Massierung dieser Veranstaltungen in Rheinland-Pfalz, Nordrhein-Westfalen und in Baden-Württemberg zeigt, dass sich hier die Hochburgen der Fastnachtsfeierlichkeiten befinden.

In ihrer Ausprägung sehr ähnlich sind sich Fastnacht und Fasnacht in Rheinland-Pfalz. Sie bezeichnen zusammen mit dem Karneval die rheinländische Brauchtumskultur. Erwartungsgemäß ist die Anzahl der Umzüge im ursprünglichen Einzugsbereich dieses Brauchtumskomplexes am höchsten. Auch lassen sich hier die bedeutendsten Einzelveranstaltungen lokalisieren.

Aufgrund seiner Massenwirkung und Verbreitung in den Medien wurde der Karneval in Gebieten, denen es an eigener kontinuierlicher Fastnachtstradition mangelt, einfach adaptiert. Dies gilt auch für den Fasching in Ostdeutschland.

In den Karnevals- und Faschingsgebieten kombinieren die Karnevalisten bestimmte Merkmale des Narren, wie etwa die Narrenkappe und die Marotte, oder sie verkleiden sich individuell, während in Süddeutschland die traditionelle Ganzkörpervermummung mit Holzmaske starken Zulauf erfährt. Auch hat im Karneval und im Fasching das Spiel mit der militärischen Uniformie-

❶ Die bekanntesten Rosenmontagsumzüge

Ort	Köln	Mainz	Düsseldorf	Aachen
Länge des Zuges	ca. 6 km	ca. 6,5 km	2,5 km	3,5 km
Länge des Zugweges	6,5 km	ca. 7 km	6,5 km	4,5 km
Vorbeimarschzeit	3 – 3,5 h	3 – 4 h	ca. 3 h	3,5 – 4 h
Wagen	95	150	65	85
Fußgruppen	51	k. A.	100	90
Teilnehmer	ca. 10 000	ca. 9200	6500	3500
Zuschauer	1 – 2 Mio.	ca. 450 000	ca. 1,5 Mio	300 000

rung eine größere Bedeutung als im Südwesten.

Das Gebiet der schwäbisch-alemannischen Fasnet mit ihren urtümlichen Feierformen, welche einst nur im äußersten Südwesten der Republik beheimatet waren, scheint sich im Vergleich zu älteren Darstellungen weiter nach Norden auszudehnen und nimmt nun fast das gesamte Baden-Württemberg ein. Die Vielzahl der Umzüge in den Regionen Oberrhein, Schwarzwald, Baarhochfläche und Unterlauf des Neckars deuten auf den Ursprung in dieser Region hin.

Wichtigste Feierformen

Als Hauptformen der Fastnachtsfeierlichkeiten lassen sich das spontane Feiern in den Straßen, organisierte Umzüge und Abendveranstaltungen in Sälen ausmachen. Maskenbälle, Kappensitzungen und andere fastnächtliche Saalveranstaltungen sind wichtige Komponenten des Brauchkomplexes. Bemerkenswert ist die große Aufmerksamkeit, die verschiedene Sitzungen vorwiegend des rheinischen Karnevals durch das Medium Fernsehen erfahren. Allein der Westdeutsche Rundfunk sendete während der Karnevalssaison 2000 rund 200 Stunden lang von den Sitzungen und Umzügen. Die Popularität der Übertragungen ist darauf zurückzuführen, dass im Karneval mit Vorliebe gesellschafts-, welt- und nationalpolitische Themen satirisch behandelt werden. Bei der schwäbisch-alemannischen Fasnet werden hingegen eher die lokal bedeutsamen Ereignisse des Jahres karikiert.

Während im Karneval und bei der Fasnet die Umzüge eine sehr wichtige Rolle spielen, ist dieses Element im Fasching geringer ausgeprägt. Überhaupt spielt beim Fasching das wenig organisierte, spontane Feiern auf den Straßen und in den Gasthäusern eine größere Rolle.

Auch die Form der Umzüge ist von Region zu Region unterschiedlich. Während im rheinischen Karneval prunkvolle Motivwagen das Bild beherrschen, sind es in der schwäbisch-alemannischen Fasnet vorwiegend Fußgruppen, welche die Zuschauer mit ihren Späßen begeistern. Gemeinsam ist den Umzügen, dass hierbei der Heischebrauch gepflegt wird, bei dem der Narr auf wechselseitiges Zurufen närrischer Parolen, wie z. B. *Kölle-Alaaf* oder *Narri-Narro* kleine Gaben in das Publikum wirft. Eine weitere Gemeinsamkeit der Umzüge ist die Mitwirkung verschiedener Musikkapellen, welche durch flotte Marschrhythmen für die musikalische Untermalung sorgen.

Die Durchführung der Umzüge erfordert hohe organisatorische und finanzielle Anstrengungen. Von nicht zu unterschätzender Bedeutung für die Durchführung von Fastnachtsveranstaltungen ist das Sponsoring durch lokale gewerbliche Betriebe. Neben finanziellen Beihilfen werden technische Geräte wie z.B. Zugmaschinen für die Umzugswagen bereitgestellt, Hallen zum Bau

der Wagen vorgehalten oder Wurfmaterial zur Verfügung gestellt.

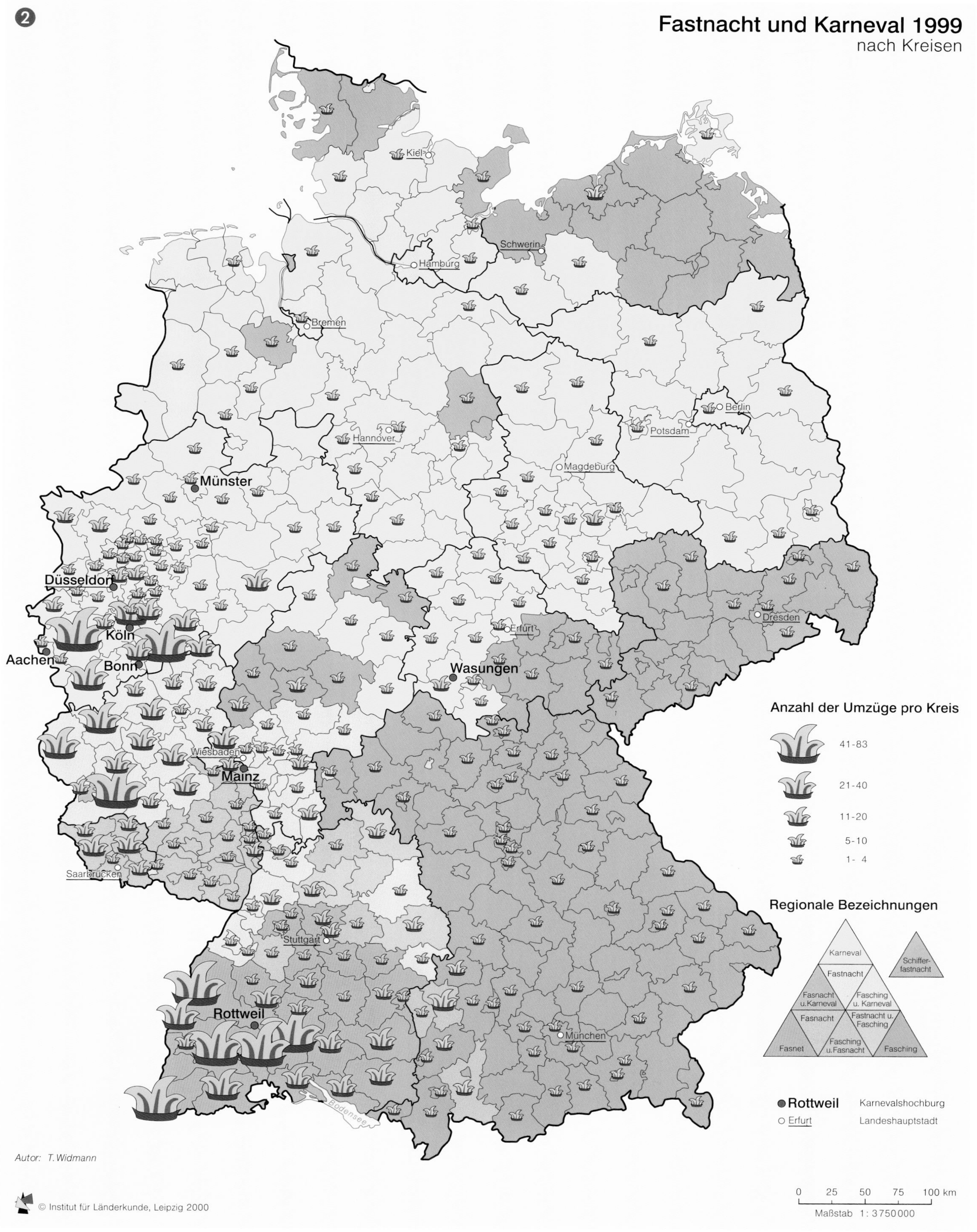

Wirtschaftsfaktor Fastnacht

Die wirtschaftliche Bedeutung der Fastnacht rückte nach dem golfkriegsbedingten Ausfall 1991 in das Bewusstsein der Öffentlichkeit. Nach einer Schätzung des Bundes Deutscher Karneval

sorgt die Fastnacht jährlich für Milliardenumsätze. Das Marktvolumen für die Karnevalsausstattung sowie die zusätzlichen Einnahmen von Dienstleistern und Unternehmen belaufen sich auf etwa 4,5 bis 5 Milliarden DM pro Jahr. Außerdem sichert der Karneval rund 50.000 Vollzeitarbeitsplätze bei Orden- und Kostümherstellern sowie im Dienst-

leistungsbereich. Für die Fastnachtshochburgen bedeutet das närrische Treiben eine touristische Attraktion.◆

② Fastnacht und Karneval 1999
nach Kreisen

Anzahl der Umzüge pro Kreis

- 41–83
- 21–40
- 11–20
- 5–10
- 1– 4

Regionale Bezeichnungen

● Rottweil — Karnevalshochburg
○ Erfurt — Landeshauptstadt

Autor: T. Widmann

© Institut für Länderkunde, Leipzig 2000

0 25 50 75 100 km
Maßstab 1 : 3750000

Volksfeste

Sigurd Agricola

Volksfeste sind die ältesten noch bestehenden Freizeiteinrichtungen in Deutschland. An ihnen kann jedermann teilnehmen. In bestimmter Weise sind die traditionellen wie auch die neueren Volksfeste mit Brauchtum verbunden, sie stehen sogar für Brauchtum sowie für Volks- und Festkultur. Besonders die Kirchweih war stets Sammelpunkt für Volksmusik, Tanz und besondere Bräuche. So spricht man gerade im Zusammenhang mit Volksfesten von Sommerbrauchtum (Schützenfeste, Kirmes) und Winterbrauchtum (Karneval). Volksfeste haben meistens einen religiösen Anlass: Fastnacht, Kirchweih, Weihnachtsmärkte. Auf vorchristliche Riten werden Feste im Zusammenhang mit jahreszeitlicher Bindung – z.B.

Winteraustreiben, Sonnenwende – zurückgeführt. Ein anderer Ursprung ist der Handel: Jahrmärkte, Messen. Es gibt für das jeweilige Gemeinwesen wichtige Vereinigungen, die Volksfeste auslösen: Schützenfeste, Reiterfeste, Trachtenfeste und -umzüge, Karnevalstreiben (▶▶ Beitrag Widmann), Weinfeste und wichtige Anlässe, z.B. Gründungsjubiläen und andere Gedenktage. Etwa ein Drittel der Volksfeste ist mindestens 200 Jahre alt, manche sind schon über 1000 Jahre alt ❶.

In mindestens jeder zweiten Gemeinde in Deutschland gibt es jährlich ein Volksfest. Die Feste stellen im Jahresverlauf gewisse Höhepunkte dar und gehören zu den „*annual events*". Besonders in den größeren Städten finden meistens auch mehrere Volksfeste pro Jahr statt; aber nicht alle Großstädte haben dabei ein herausragendes Volksfest wie München mit seinem Oktoberfest oder Stuttgart mit dem Cannstatter Wasen. In Berlin, Köln und Dortmund verteilen sich die Volksfeste jeweils auf mehrere Veranstaltungen, deren jeweilige Besucherzahl jedoch deutlich unter der Millionengrenze bleibt ❷. Besonders die großen Volksfeste ziehen Touristen aus dem In- und Ausland an. Die deutschen Volksfeste sind in aller Welt ein Synonym für deutsche Gemütlichkeit und deutsche Geselligkeit.

Auch wenn die Volksfeste allgemein weit verbreitet sind, so häufen sich die mittelgroßen und großen Volksfeste auffällig im Westen Deutschlands ❸. Auf der einen Seite korrelieren die Größe und Dichte der Volksfeste mit der Bevölkerungsdichte, auf der anderen Seite treten auch deutliche Ballungen auf. So besitzt Nordrhein-Westfalen erstaunlich viele und beachtlich große Volksfeste,

ähnlich wie der Raum zwischen Frankfurt, Karlsruhe und Stuttgart. Dagegen finden in Bayern, Schleswig-Holstein und Niedersachsen – mit Ausnahme von Ostfriesland – nicht allzu viele größere Volksfeste statt. Auch in Ostdeutschland hält sich die Zahl der größeren Volksfeste in engen Grenzen, wobei allein Thüringen eine beachtliche Zahl an mittelgroßen Volksfesten verzeichnet.

Das Prinzip der in bestimmtem Turnus wiederkehrenden Feste wird in zunehmendem Maß auf kommerzielle und kulturelle Ereignisse angewandt: Messen und Verkaufsausstellungen, Festspiele und Festivals, Stadtfeste und touristische Events. In den letzten Jahren nahmen die Orte, die Vielgestaltigkeit und die Zahl dieser unterhaltsamen Veranstaltungen stetig zu. Inhaltlich fußen auch die kommerziellen Freizeit- und Erlebnisparks auf dem Prinzip der Kirmes, das sie als stationäre Einrichtungen übernahmen und entsprechend weiter entwickelt haben.

Nach Angaben des Deutschen Schaustellerbundes gibt es in Deutschland jährlich mindestens 10.000 Volksfeste und volksfestähnliche Veranstaltungen mit über 200 Mio. Besuchern.◆

❶ Die ältesten Volksfeste in Deutschland

Ort	Name des Festes	Entstehungsjahr
Bad Hersfeld	Lukullusfest	852
Bad Wimpfen	Talmarkt	965
Kaiserslautern	Oktobermarkt	985
Verden	Domweih	985
Herford	Vision	1011
Donauwörth	Mai-Markt	1030
Würzburg	Kiliani-Volksfest	1030
Bremen	Freimarkt	1035
Passau	Herbstdult	1164
Schwäbisch Hall	Jakobimarkt	1180
Fürth	Michaelis-Kirchweih	12. Jh.

❷ Die größten Volksfeste in Deutschland

Ort	Name des Festes	Dauer in Tagen	Besucherzahl (Schätzung) in Mio.
München	Oktoberfest	16	6,5
Stuttgart	Cannstatter Wasen	16	5,0
Düsseldorf	Schützenfest	9	4,0
Herne	Cranger Kirmes	10	4,0
Bremen	Freimarkt	16	3,5
Hamburg	Hamburger Winter	31	3,0
Hamburg	Hamburger Sommer	31	2,8
Hamburg	Frühlingsfest	30	2,8
Frankfurt/M.	Dippemess	24	2,0
Nürnberg	Frühlingsfest	16	2,0
Nürnberg	Herbstvolksfest	17	2,0
Neuss	Bürger Schützenfest	3	2,0
Hannover	Schützenfest	10	2,0
Oldenburg	Kramermarkt	10	1,5
Hannover	Frühlingsfest	22	1,2

Oktoberfest in München

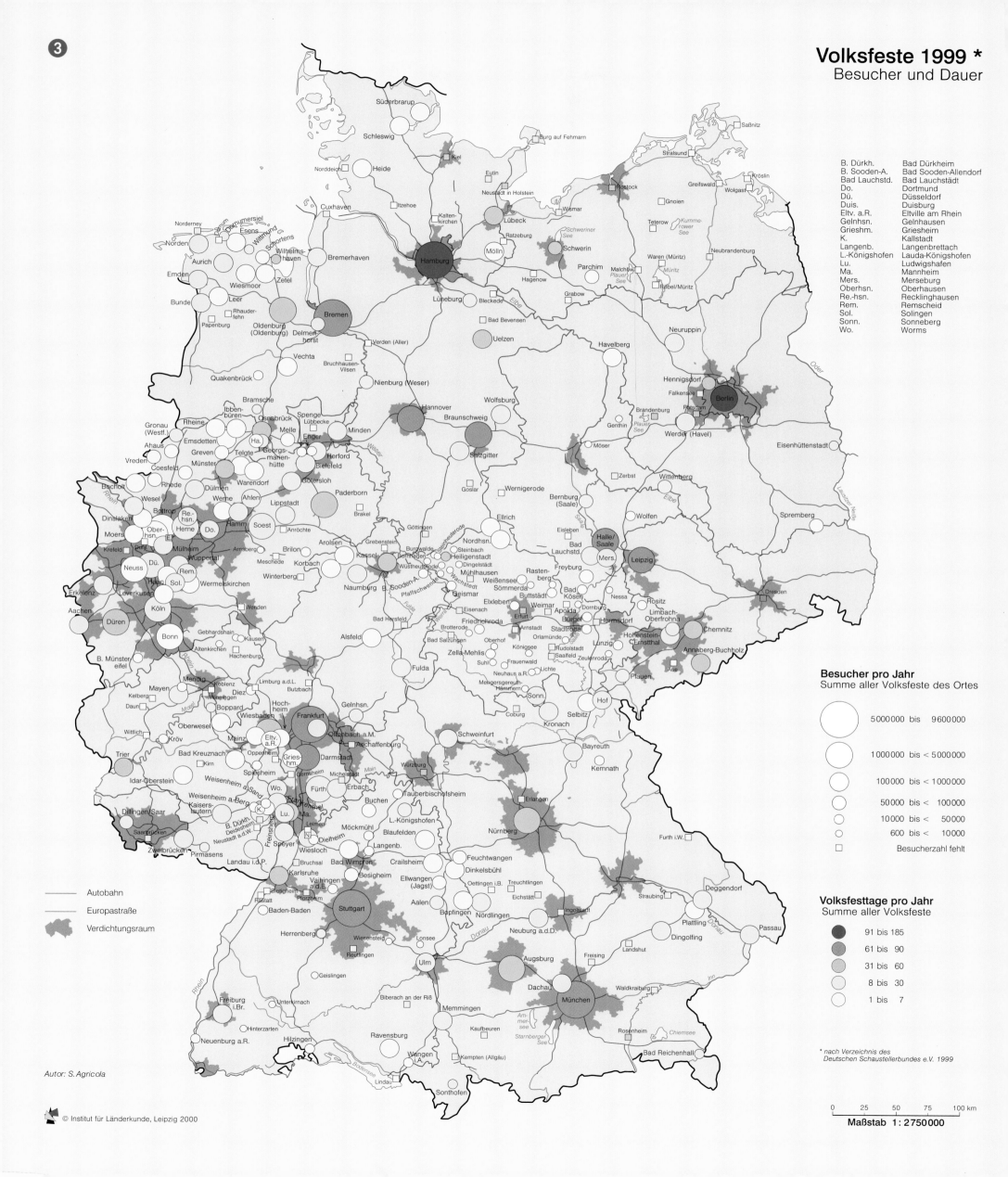

Volksfeste 1999 *
Besucher und Dauer

B. Dürkh.	Bad Dürkheim
B. Sooden-A.	Bad Sooden-Allendorf
Bad Lauchstd.	Bad Lauchstädt
Do.	Dortmund
Dü.	Düsseldorf
Duis.	Duisburg
Eltv. a.R.	Eltville am Rhein
Gelnhsn.	Gelnhausen
Grieshm.	Griesheim
K.	Kallstadt
Langenb.	Langenbrettach
L.-Königshofen	Lauda-Königshofen
Lu.	Ludwigshafen
Ma.	Mannheim
Mers.	Merseburg
Oberhsn.	Oberhausen
Re.-hsn.	Recklinghausen
Rem.	Remscheid
Sol.	Solingen
Sonn.	Sonneberg
Wo.	Worms

Besucher pro Jahr
Summe aller Volksfeste des Ortes

- 5000000 bis 9600000
- 1000000 bis < 5000000
- 100000 bis < 1000000
- 50000 bis < 100000
- 10000 bis < 50000
- 600 bis < 10000
- Besucherzahl fehlt

Volksfesttage pro Jahr
Summe aller Volksfeste

- 91 bis 185
- 61 bis 90
- 31 bis 60
- 8 bis 30
- 1 bis 7

Autobahn
Europastraße
Verdichtungsraum

Autor: S. Agricola

© Institut für Länderkunde, Leipzig 2000

* nach Verzeichnis des
Deutschen Schaustellerbundes e.V. 1999

0   25   50   75   100 km
Maßstab 1 : 2750000

Verkehrslinien als touristische Attraktionen

Imre Josef Demhardt

Ausflugsdampfer, Potsdam

Das Angebot für Naherholung und Tourismus wird zunehmend auch auf die Reisewege und -mittel ausgedehnt, die für sich bereits als Erholung oder Erlebnis gelten. Neben den touristischen Straßen gewinnen auch historische Bahnen und Schifffahrtslinien auf Flüssen und Seen an Popularität.

Touristische Straßen

Seit Gründung der Deutschen Alpenstraße 1927 wurden bis heute über 160 touristische Straßen als Instrumente des Regionalmarketings in Deutschland ausgewiesen ❷. Bis auf fünf entstanden alle erst nach 1950 mit der einsetzenden Massenmotorisierung, vor allem in zwei Gründungswellen in den 1970er und 1990er Jahren (9 von 10 aller touristischen Straßen).

Das Fehlen verbindlicher Ausweisungskriterien führte zu einer uneinheitlichen

❶ **Anzahl der touristischen Straßen in den Ländern[1]**

Länder[2]

Land	Anzahl
BY	42
BW	28
RP	25
HE	24
NI	21
NW	21
TH	7
SH	6
SN	4
HB	3
ST	3
MV	2
BE	1
BB	1
HH	1
SL	1

1 ganz oder teilweise
2 Abkürzungen laut amtlicher Statistik (siehe Anhang)

0   10   20   30   40   50
Anzahl

© Institut für Länderkunde, Leipzig 2000

Struktur hinsichtlich Trägerschaft, Thematik, Länge und Vermarktung. Lediglich eine Richtlinie des Deutschen Fremdenverkehrsverbands von 1981 legt zehn Merkmale bei der Verbindung von regionaltypischen Besonderheiten in Form von „Ferienstraßen" zugrunde:
1. landschaftlich oder kulturell sinnvolle leitthematische Benennung
2. Dauerhaftigkeit in Ausweisung und Vermarktung
3. Eindeutigkeit in Streckenführung ohne Benutzung der Autobahn
4. Verzeichnis besichtigenswerter Objekte entlang der Strecke
5. Einrichtung einer zentralen Informationsstelle
6. möglichst mehrsprachiges Informationsmaterial (Prospekte, Karten, etc.)
7. vollständige Beschilderung (seit etwa 1960 üblich)
8. Verwendung von Logos (Bildzeichen) und Slogans
9. eindeutig verantwortliche Trägerschaft mit satzungsmäßig festgelegten Zielen und Aufgaben
10. Bemühen um staatliche Anerkennung in Form von Mittelzuweisungen bzw. Unterstützung.

Ergänzend hierzu gibt es in der Regel zielgruppenspezifische Verpflegungs-, Übernachtungs- und Erholungsangebote. Kaum eine touristische Straße erfüllt alle Merkmale, einige jedoch nur so wenige, dass Praxis und Forschung deutlich zweifeln, ob sie überhaupt noch dem Regionalmarketing dienen.

Touristische Straßen sind grundsätzlich auf den motorisierten Individualverkehr ausgerichtet. Angesichts des ökologischen Bewusstseinswandels will man in Zukunft jedoch nicht mehr nur reine Automobilisten ansprechen, sondern auch Radfahrer und Wanderer.

Nach der Wiedervereinigung wurden in den neuen Bundesländern rasch zahlreiche touristische Straßen im Rahmen der regionalen Wirtschaftsförderung unter Federführung der Wirtschaftsministerien gegründet. Die zuletzt inflationäre Neuausweisung birgt die Gefahr einer Entwertung dieses Instruments der regionalen Wirtschaftsförderung.

Touristische Straßen stellen Leistungsbündel überörtlicher Marketingziele von Städte- und Gebietsgemeinschaften dar. Dabei geht es um die Sicherung von Marktanteilen, Gewinnung bzw. Bindung bestimmter Zielgruppen, bessere infrastrukturelle Auslastung in touristischen Nebenzeiten sowie den Aufbau eines nationalen und internationalen Images. Vorbildlich verbindet diese Ziele die Romantische Straße. Durch Verzweigung des Verkehrs auf Nebenstraßen sollen überdies ökonomisch-infrastrukturelle Wachstumseffekte und im nicht-kommerziellen Bereich Ziele wie Kultur- und Traditionspflege, Denkmalschutz und Naturschutz erreicht werden. Die Leitthemen lassen sich ausnahmslos den Kategorien Landschaft, Kultur und Gastronomie zuordnen, wobei letztere etwa in 15 Wein- und 4 Bierstraßen sowie einer Apfelweinstraße auftritt.

Aufgrund ihres Einsatzes im Regionalmarketing beschränken sich etwa drei Viertel der touristischen Straßen auf ein einziges Bundesland ❶. Nur vier durchqueren vier oder mehr Bundesländer, und nur elf führen grenzüberschreitend ins benachbarte Ausland.

Die sehr unterschiedlichen Streckenlängen lassen sich zumeist an einem Tag bewältigen, wobei sie zu etwa gleichen Teilen bis 50, 51-100, 101-150 und 150-200 und mehr als 200 km Länge erreichen. Nur sechs sind länger als 500 km, wobei die Deutsche Ferienroute Alpen-Ostsee (1785 km) und die im Aufbau befindliche Deutsche Alleenstraße (ca. 1600 km) herausragen. Aber auch auf kurzen Distanzen lassen sich eine Reihe von Zielen realisieren. Kaum eine touristische Straße erreicht dabei allerdings eine Verknüpfung so vieler Attraktionen des Leitthemas wie die Westerwälder Kannebäckerstraße, welche auf 36 km etwa ebenso viele zu besichtigende Töpfereien miteinander verbindet.

Die Streckenführung ist bei etwa der Hälfte der touristischen Straßen linienförmig, folgt bei einem weiteren Viertel einem Rundkurs und ist bei dem Rest netzartig verzweigt und besteht zum Teil aus unverbundenen Abschnitten.

Kennzeichen von Strecken nationaler Bedeutung sind allgemein eine überregional interessierende Thematik und eine mittlere Streckenlänge (ca. 100-300 km). Um internationale Bedeutung zu erlangen, sollten touristische Straßen eine die weite Anreise lohnende Länge besitzen und konzentriert eine landschaftliche

oder thematische Imagecharakteristik von Deutschland bedienen, wie z.B. die Romantische Straße von Würzburg nach Füssen. Den Witterungsverhältnissen der deutschen Jahreszeiten entsprechend, fällt die Haupttreisezeit zwischen März und November, mit einer Hochsaison von Juni bis einschließlich Oktober, wenn die Weinstraßen ihre beste Zeit haben, und einem Vierteljahr geringer Nachfrage von Dezember bis Februar.

Touristik-Eisenbahnen

Der Eisenbahnbau konzentrierte sich in seiner Frühzeit auf die Verknüpfung der Wirtschaftszentren. Erst seit Ende des 19. Jahrhunderts wurden reizvolle Randlandschaften durch kostensparend trassierte Nebenbahnen (1914 ca. 20.000 km Lokal- und Kleinbahnen) erschlossen. Infolge der allgemeinen Motorisierung begann in Westdeutschland ab ca. 1960 eine zunehmende Nebenstreckenstillegung bei gleichzeitiger Ausmusterung der Dampflokomotiven bis 1977. Angesichts des bahnamtlichen Desinteresses an Traditionspflege bildeten sich 1966 der Deutsche Kleinbahnverein und in der Folge eine heute unüberschaubare Zahl von Museumsbahnvereinigungen ❸ ❺. Diese haben Erhalt und Fortbetrieb aufgegebener Bahnanlagen sowie alten Rollmaterials (Wagen und Lokomotiven) zur Zielsetzung. Die DDR unterhielt dagegen schon vor der Wende sieben Schmalspurbahnen im Traditionsbetrieb. Erst seit 1985 führt die Deutsche Bahn AG mit eigenem historischen Rollmaterial wieder Fahrten im Regelnetz durch und lässt Vereine und Firmen mit deren Gespannen zu.

Im Jahre 1998 wurden in Deutschland auf 54 Normalspurstrecken (1435 mm) mit einer Gesamtlänge von ca. 1390 km und auf 17 Schmalspurstrecken (1000, 900 oder 750 mm) mit insgesamt ca. 340 km Länge historische Züge auf auch im Regelverkehr genutzten Strecken eingesetzt. Außerdem gibt es 26 Museumsbahnen im engeren Sinne einschließlich Straßen- und Feldbahnen (z.T. 600 mm) mit einer Streckenlänge von mindestens 1 km und sechs planmäßigen Fahrtagen pro Jahr. Diese verkehren auf rein musealen Strecken, 10 davon auf Normalspurstrecken (insgesamt ca. 200 km) und 16 auf Schmalspurstrecken (insgesamt ca. 80 km). Nicht selten übertrifft die Zahl der Charter- diejenige der Planfahrten. Die mehrheitlich im Verband deutscher Museums- und Touristikbahnen organisierten Bahnen besaßen 1995 rund 900 betriebsfähige Fahrzeuge und setzten bei 614.000 Fahrgästen bzw. Besuchern einschließlich der 14 angeschlossenen Museen rund 20 Mio. DM um.

Die Finanzierung des trotz durchgehender Ehrenamtlichkeit →

Bedeutende touristische Straßen
Verkehrslinien als touristische Attraktionen

1 Ahr-Rotweinstraße — A3
2 Alte Salzstraße — C1
3 Artland-Route — A-B2
4 Badische Weinstraße — A5
5 Bäderstraße — A3-B4
6 Bayrische Ostmarkenstraße — C-D4
7 Bergstraße — B4
8 Bier- und Burgenstraße — C3-4,D4
9 Bramgau-Route — A-B2
10 Burgenstraße — B-C4
11 Deutsch-Französische Touristik-Route — A-B4
12 Deutsche Alleenstraße — A3-4,B3-5,C1-3,D1-3
13 Deutsche Alpenstraße — B-D5
14 Deutsche Edelsteinstraße — A4
15 Deutsche Fehnroute — A1-2
16 Deutsche Ferienroute Alpen - Ostsee — B2-4,C1-2,C4-5
17 Deutsche Limesstraße — B-C4
18 Deutsche Märchenstraße — B2-3
19 Deutsche Uhrenstraße — A-B5
20 Deutsche Weinstraße — A3-4
21 Deutsche Wildstraße — A3-4
22 Eichenlaubstraße — A4
23 Frankenwald-Hochstraße — C3
24 Frankenwaldstraße — C3
25 Grüne Küstenstraße — A-B1
26 Grüne Straße (Route Verte) — A-B5
27 Grüne Straße Eifel - Ardennen — A3-4
28 Hamalandroute — A2
29 Hanse-Route — C-D1
30 Hessische Apfelweinstraße — B3
31 Historische Orgelroute — B2-3
32 Historische Raiffeisenstraße — A3
33 Hochstift-Dichterstraße — B2
34 Hochtaunusstraße — B3
35 Hunsrück-Höhenstraße — A3-4
36 Hunsrück-Schiefer- und Burgenstraße — A4

37 Idyllische Straße — B4
38 Kannenbäckerstraße — A3
39 Klassikerstraße — C3
40 Lahn-Ferienstraße — A-B3
41 Loreley-Burgenstraße — A3
42 Mittelfränkische Bocksbeutelstraße — B4
43 Moselweinstraße — A3-4
44 Naheweinstraße — A4
45 Nibelungen- und Siegfriedstraße — B4
46 Oberschwäbische Barockstraße — B5
47 Oldtimerstraße — A-B2
48 Osning-Route — A-B3
49 Panorama- und Saaletalstraße — C3
50 Porzellanstraße — C3-4
51 Reußische Fürstenstraße — C3
52 Rheingauer Riesling-Route — A-B4
53 Rheingoldstraße — A3-4
54 Romantische Heidestraße — B1
55 Romantische Straße — B-C4,C5
56 Sächsische Silberstraße — C-D3
57 Sächsische Weinstraße — D3
58 Sauerland-Brauerstraße — A-B3
59 Schwäbische Albstraße — B4-5
60 Schwäbische Bäderstraße — B-C5
61 Schwäbische Dichterstraße — B4-5
62 Schwäbische Weinstraße — B4
63 Schwarzwald-Bäderstraße — B4-5
64 Schwarzwald-Hochstraße — B4-5
65 Schwarzwald-Panoramastraße — A5
66 Schwarzwald-Tälerstraße — B4-5
67 Sieg-Freizeitstraße — A-B3
68 Solmser Straße — B3
69 Spessart-Höhenstraße — B3-4
70 Steigerwald-Höhenstraße — C4
71 Straße der Kaiser und Könige — B-D4,D5
72 Straße der Residenzen — B-C4,C-D5
73 Straße der Romanik — C2-3
74 Straße der Staufer — B4-5
75 Straße der Weserrenaissance — B2-3
76 Thüringer Porzellanstraße — C3

77 Via Romana — A2
78 Weinstraße Saale - Unstrut — C3
79 Wesertalstraße — B2-3
80 Westfälische Mühlenstraße — B2
81 Wittgensteiner Kirchen-Tour — B3

Suchhilfe

C3 — Quadrat des Suchgitters

Dominierende Thematik der touristischen Straße (nur Hauptstrecken)

— Landschaft
— Kultur
— Gastronomie
------- zwei dominierende Themen
→ Prag — Endpunkt der touristischen Straße
13 — Verweis auf Namen in der Legende (Farbe entsprechend dominierendem Thema)*
(49) — Verweis auf Namen in der Legende (Farbe entsprechend dominierendem Thema (Straßenverlauf nicht darstellbar)*

* vollständige Übersicht siehe elektronische Ausgabe

Städte nach der Einwohnerzahl 1996

■ MÜNCHEN — über 1 000 000
◉ DORTMUND — 500 000 bis 1 000 000
⊙ Magdeburg — 250 000 bis 500 000
○ Rostock — 100 000 bis 250 000
○ Gütersloh — 50 000 bis 100 000
○ Stendal — unter 50 000

MÜNCHEN — Landeshauptstadt
Magdeburg

Verkehr

Autobahn 1996 (zum Europastraßennetz gehörend)
Autobahn in Bau 1996

— Staatsgrenze
— Ländergrenze (im Gewässer nicht dargestellt)

Autor: I.J. Demhardt

© Institut für Länderkunde, Leipzig 2000

0 25 50 75 100 km
Maßstab 1 : 2 750 000

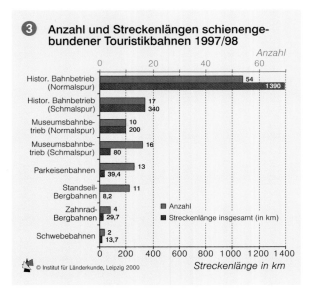

3 Anzahl und Streckenlängen schienengebundener Touristikbahnen 1997/98

Anzahl

Histor. Bahnbetrieb (Normalspur)	54 / 1390
Histor. Bahnbetrieb (Schmalspur)	17 / 340
Museumsbahnbetrieb (Normalspur)	10 / 200
Museumsbahnbetrieb (Schmalspur)	16 / 80
Parkeisenbahnen	13 / 39,4
Standseil-Bergbahnen	11 / 8,2
Zahnrad-Bergbahnen	4 / 29,7
Schwebebahnen	2 / 13,7

■ Anzahl
■ Streckenlänge insgesamt (in km)

Streckenlänge in km

© Institut für Länderkunde, Leipzig 2000

aufwendigen Fahrbetriebs und der In-
standhaltungsarbeiten erfolgt etwa zu
drei Vierteln aus Fahrteinnahmen, oft
ergänzt durch Zuschüsse von Gebietskörperschaften. Die (zu) geringen Umsätze
von 50 bis 500.000 DM lassen wegen regionaler Zersplitterung und "Vereins-
meierei" mittelfristig eine Ausdünnung
erwarten. Aus diesem Muster fällt die
1993 gegründete Harzer Schmalspurbahnen GmbH heraus. Mit 131 km verfügt
sie über das längste deutsche Schmal-
spurbahnnetz mit historischem Bahnbetrieb, darunter die 19 km lange Brocken-
Bahn mit alleine 742.000 Fahrgästen,
die bei großem Pendleraufkommen 1997
rund 15 Mio. DM erwirtschaftete.

Sonderrollen spielen die stark fre-
quentierten 15 schienengebundenen
Zahnrad- und Standseil-Bergbahnen sowie zwei Schwebebahnen als überwiegend fahrplanmäßige Touristikbahnen
zur oft musealen Erschließung bedeutender Attraktionspunkte. Schließlich entstanden seit den 50er Jahren in der DDR
neun sogenannte Pionier-Eisenbahnen
(600mm und kleiner), die zusammen mit
vier westdeutschen Anlagen heute als
Parkeisenbahnen zur städtischen Naherholung ihre kurzen (Rund-)Strecken be-
fahren.

Fahrgastbinnenschifffahrt

Die moderne Personenflussschifffahrt
begann 1816/17 mit den ersten Schau-
felraddampfern auf Rhein, Weser und
Elbe. Dem Wirkungsbereich waren infolge des benötigten Tiefgangs bis zum Ausbau der Flüsse und der Regulierung der
Wasserführung bis ins 20. Jahrhundert
enge räumliche und saisonale Grenzen
gesetzt. So ist etwa noch heute auf der
Donau oberhalb von Kelheim sowie auf
den Zuflüssen Iller, Lech, Isar und Inn
infolge der alpinen Geschiebefracht nur
Gelegenheitsflößerei möglich. Die Nutzung von Wasserwegen ist jedoch in einer zunehmend technisierten Lebens-
welt als erholsames Naturerlebnis aus
ungewohnter Perspektive, häufig in Verbindung mit nostalgisch verklärter
Schiffsromantik, für den Tourismus sehr
populär.

Die deutsche Binnenschifffahrtsflotte
umfasste 1998 2945 Einheiten, davon

853 Fahrgastschiffe mit einer Kapazität
von 219.000 Passagieren. Die Betreiber
sind 314 (Kleinst-)Unternehmen, die
zumeist nur im Sommer einen Linien-
und Ausflugsdienst aufrechterhalten,
dazu 18 Hotelschiffe mit 2342 Gästebetten. Aufgrund eines geringen Organisa-
tionsgrades in einer zersplitterten Ver-
bandsstruktur sowie einer kaum entwickelten Statistik lässt sich jedoch nur
schwer ein Gesamtbild der Personenbin-
nenschifffahrt zeichnen.

Eindeutiger Schwerpunkt des Linien-
und Ausflugsdienstes auf den rund
7400 km Bundeswasserstraßen sind der
Mittelrhein (Mainz – Köln mit ca. 40
Anlegeorten) **4** und die Mosel (ca. 35
Anlegeorte). Unter zahlreichen Kleinst-
und nur einer Handvoll mittelständi-
scher Reedereien dominiert als weitaus
größte deutsche Fahrgastreederei die

1826 gegründete Köln-Düsseldorfer
Deutsche Rheinschifffahrt AG. Dank eigener Vertriebsorganisation wurden von
ihr 1997 auf 19 Tagesausflugsschiffen mit
einer Gesamtkapazität von 15.600 Plätzen insgesamt 1,3 Mio. Passagiere auf
dem Rhein und seinen Zuflüssen befördert und rund 40 Mio. DM umgesetzt.
Wirtschaftlich noch interessanter ist das
Marktsegment der (grenzüberschreitenden) Hotelschifffahrt oder Flusskreuzfahrt, in dem mit 10 Schiffen mit zusammen 1554 Betten bei ca. 50.000 Passagieren und 230.000 Übernachtungen
rund 60 Mio. DM umgesetzt wurden.

Daneben sind nur noch der Bodensee
mit alleine 28 Anlegestellen auf deutscher Seite, die oberbayerischen Binnen-
seen, die Berliner Gewässer und die
Oberelbe sowie die Fährschifffahrt auf
Nord- und Ostsee von größerer Bedeu-

tung. So werden etwa auf Havel (Orani-
enburg – Brandenburg), Spree (Spandau
– Müggelsee), Landwehr- und Teltowka-
nal über 60 Anlegestellen von zwei Dutzend Reedereien mit rund 50 Einheiten
und einer Gesamtkapazität von über
10.000 Passagieren z.T. ganzjährig im Li-
nien- und Ausflugsdienst angelaufen.
Die Oberelbeschifffahrt wird von der
1836 gegründeten Sächsischen Dampf-
schifffahrt mit ihrer weltweit ältesten
und größten Flotte aus acht Raddamp-
fern (Baujahr 1879-1929) bedient, die
mit vier weiteren Schiffen zwischen
Seußlitz und Tetschen (Böhmen) Lini-
endienste sowie Rundfahrten ab Dresden
durchführen.♦

4 ## Erschließung von Attraktionsräumen durch touristische Verkehrs-linien beiderseits von Mittel- und Oberrhein

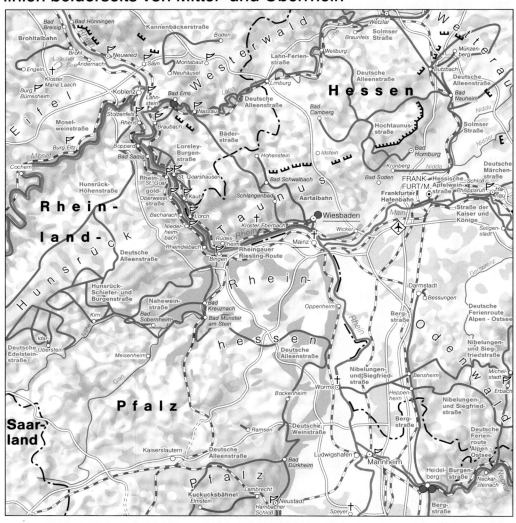

Städte nach der Einwohnerzahl 1996

⊙ FRANKFURT/M.	500 000	bis	1 000 000
⊙ Wiesbaden	250 000	bis	500 000
○ Mainz	100 000	bis	250 000
○ Worms	50 000	bis	100 000
○ Brohl		unter	50 000

Verkehr

Eisenbahn in Auswahl
Autobahn 1996
Autobahn im Bau 1996

© Institut für Länderkunde, Leipzig 2000

Touristische Attraktionen
(gemäß Wertung in der Reiseliteratur)

Bensheim sehenswerte Altstadt
Bad Ems Kurort

⚑ bedeutende Burg bzw. Schloss
✝ bedeutende Kirche bzw. Kloster

Weinanbaugebiet
sichtbarer Teil des Limes

Autor: I.J.Demhardt

Touristische Verkehrslinien

touristische Straße
touristische Eisenbahn-strecke
● Standseil-Bergbahn
Linienschifffahrt
Flussabschnitt mit bedeu-tender Ausflugsschifffahrt

0   10   20   30 km
Maßstab 1 : 1 000 000

Bedeutende touristische Schienen- und Schiffswege
Verkehrslinien als touristische Attraktionen

Historische Bahnen (Normalspur)
1 Kiel - Schönberger Strand
2 Lüneburg - Bleckede
3 Hamburg-Bergedorf - Krümmel
4 Winsen - Niedermarschacht
5 Lüneburg - Soltau/Winsen
6 Buxtehude - Harsefeld
7 Wilstedt - Heeslingen/Tostedt
8 Wittingen - Brome
9 Celle - Müden
10 Verden - Stemmen
11 Syke - Eystrup
12 Bremen - Thedinghausen
13 Harpstedt - Lemwerder
14 Meppen - Quakenbrück
15 Rahden - Uchte
16 Holzhausen - Schwegermoor
17 Hille - Kleinenbremen
18 Rinteln - Stadthagen
19 Rinteln - Barntrup
20 Emmerthal - Vorwohle
21 Voldagsen - Duingen
22 Kreiensen - Kalefeld
23 Börßum - Salzgitter-Bad
24 Ibbenbüren/Saerbeck - Gütersloh
25 Hamm - Lippborg
26 Hattingen - Wengern
27 Essen (Kupferdreh - Scheppen)
28 Moers - Hoerstgen-Sevelen
29 Sankt Tönis - Hülser Berg
30 Linnich - Heimbach
31 Kassel - Naumburg
32 Kahl - Schöllgrippen
33 Frankfurt a.M. (Hafenbahn)
34 Bad Nauheim/Butzbach - Münzenberg
35 Wiesbaden - Hohenstein
36 Hermeskeil - Trier-Ruwer
37 Ettlingen - Bad Herrenalb
38 Ottenhöfen - Achern
39 Riegel - Breisach
40 Haltingen - Kandern

41 Korntal - Weissach
42 Nürtingen - Neuffen
43 Amstetten - Gerstetten
44 Schorndorf - Rudersberg
45 Gaildorf - Untergröningen
46 Tegernsee - Schaftlach
47 Bad Endorf - Obing
48 Gotteszell - Viechtach
49 Ebermannstadt - Behringersmühle
50 Helmstedt - Haldensleben
51 Berlin-Rosenthal - Basdorf
52 Dessau - Wörlitz
53 Lichtenhain - Cursdorf
54 Knappenrode - Auerhahn

Historische Bahnen (Schmalspur)
1 Insel Borkum
2 Insel Langeoog
3 Insel Spiekeroog
4 Insel Wangerooge
5 Wernigerode/Brocken - Nordhausen
6 Gernrode - Eisfelder Talmühle
7 Gotha - Waltershausen/Tabarz
8 Bad Schandau - Lichtenh. Wasserfall
9 Brohl - Engeln
10 Prien - Stock
11 Kühlungsborn - Bad Doberan
12 Insel Rügen: Putbus - Göhren
13 Zittau - Oybin/Jonsdorf
14 Radebeul - Radeburg
15 Freital - Kipsdorf
16 Oschatz - Kemmlitz
17 Cranzahl - Oberwiesenthal

Museumsbahnen (Normalspur)
1 Süderbrarup - Kappeln
2 Norden - Dornum
3 Westerstede - Sedelsberg
4 Wesel (Hafenbahn)
5 Stolberg - Kaltherberg (Grenze)
6 Merzig - Niederlosheim
7 Lambrecht - Elmstein
8 Darmstadt - Bessunger Forsthaus
9 Fladungen - Ostheim
10 Blumberg - Weizen

Museumsbahnen (Schmalspur)
1 Bruchhausen - Asendorf
2 Geilenkirchen - Schierwaldenrath
3 Wuppertal
4 Plettenberg - Hüinghausen
5 Amstetten - Oppingen
6 Klostermansfeld - Hettstedt
7 Jöhstadt - Steinbach
8 Schönheide - Stützengrün
9 Warthausen - Ochsenhausen
10 Lübeck
11 Deinste - Lütjenkamp
12 Mühlenroth (Gütersloh)
13 Bebra
14 Ramsen
15 Schlanstedt
16 Kromlau - Bad Muskau

Ausgewählte Berg- und Parkbahnen *
- 9 Kurwaldbahn (Bad Ems)
- 10 Augustusburg-Erdmannsdorfer Bahn
- 11 Oberweißbacher Bergbahn
- 1 Drachenfelsbahn
- 3 Wendelsteinbahn
- 4 Zugspitzbahn
- 1 Berlin (Wuhlheide)
- 2 Berlin (Buckower Damm)
- 4 Vatterode

* vollständige Übersicht siehe elektronische Ausgabe

Touristische Schiffswege
- Binnensee (auch Stausee) mit linienmäßiger Ausflugschifffahrt
- Fluss- und Kanalabschnitt mit bedeutender Ausflugschifffahrt
- Linienschifffahrt (Sommerbetrieb)
- Fährlinie in Nord- und Ostsee (z.T. nur Sommerbetrieb)
- linienmäßige Hotelschifffahrt (= Flusskreuzfahrt)
- →Prag Endpunkt des touristischen Schiffsweges

Touristische Schienenwege
- historischer Bahnbetrieb - Normalspur
- historischer Bahnbetrieb - Schmalspur
- Museumsbahnbetrieb - Normalspur
- Museumsbahnbetrieb - Schmalspur
- 1 Standseil-Bergbahn
- 1 Zahnrad-Bergbahn
- 1 Schwebebahn
- 1 Parkeisenbahn

Verkehr
- Eisenbahn (ICE-, EC-, IC- und IR-Netz Sommer 1998)
- Eisenbahn in Bau

Städte nach der Einwohnerzahl 1996
- MÜNCHEN — über 1 000 000
- DORTMUND — 500 000 bis 1 000 000
- Magdeburg — 250 000 bis 500 000
- Rostock — 100 000 bis 250 000
- Gütersloh — 50 000 bis 100 000
- Stendal — unter 50 000

MÜNCHEN Landeshauptstadt
Magdeburg

Maßstab 1 : 2 750 000
0 25 50 75 100 km

Autor: I.J. Demhardt

© Institut für Länderkunde, Leipzig 2000

Freizeitwohnen mobil und stationär

Jürgen Newig

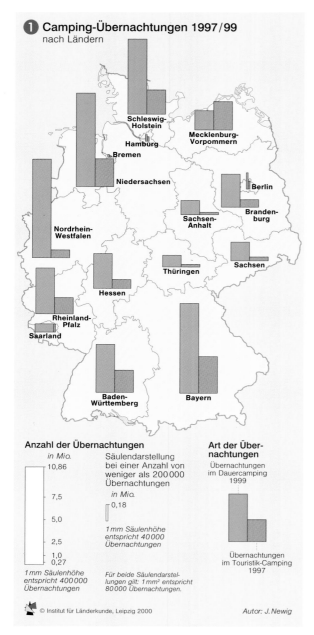

① Camping-Übernachtungen 1997/99
nach Ländern

Schleswig-Holstein
Hamburg
Bremen
Mecklenburg-Vorpommern
Niedersachsen
Berlin
Brandenburg
Nordrhein-Westfalen
Sachsen-Anhalt
Thüringen
Sachsen
Hessen
Rheinland-Pfalz
Saarland
Baden-Württemberg
Bayern

Anzahl der Übernachtungen
in Mio.
10,86
7,5
5,0
2,5
1,0
0,27

1 mm Säulenhöhe entspricht 400 000 Übernachtungen

Säulendarstellung bei einer Anzahl von weniger als 200 000 Übernachtungen
in Mio.
0,18

1 mm Säulenhöhe entspricht 40 000 Übernachtungen

Für beide Säulendarstellungen gilt: 1 mm² entspricht 80 000 Übernachtungen.

Art der Übernachtungen
Übernachtungen im Dauercamping 1999

Übernachtungen im Touristik-Camping 1997

© Institut für Länderkunde, Leipzig 2000

Autor: J. Newig

Zur Datenlage vgl. Anmerkungen im Anhang

Dauercamping

In der Freizeit in den eigenen vier Wänden wohnen – ein typisches Bedürfnis unserer Tage? Nicht unbedingt, denn schon in der Antike gab es Vorläufer des Freizeitwohnens, man denke nur an die Villen der Römer auf dem Lande.

Freizeitwohnen ist das Verbringen von Freizeit außerhalb des gewöhnlichen Wohnsitzes in einem Eigentums- oder Dauermietverhältnis. Es gibt stationäre, teilmobile oder mobile Wohnformen ❸. Demnach gehören das touristische Camping sowie das vorübergehende Mieten eines Zimmers, eines Appartements, einer Hotelsuite etc. nicht zum Freizeitwohnen.

Den verschiedenen Formen des Freizeitwohnens ist gemeinsam, dass ein länger währendes Bindungsverhältnis an den Freizeitraum existiert, das letztlich der Territorialität des Menschen im Sinne des Geographen Dietrich Bartels entspringt. Damit verbunden ist auch der Wunsch, sich mit einem überschaubaren Raum zu identifizieren, in dem man Sicherheit und zugleich stimulierende Impulse genießt.

Das Dauercamping

Mit dem Automobil als Transportmittel kam nach dem Zweiten Weltkrieg das Dauercamping auf, das heute eine der bedeutendsten Formen des Freizeitwohnens darstellt, das keinesfalls auf untere Einkommensgruppen beschränkt ist.

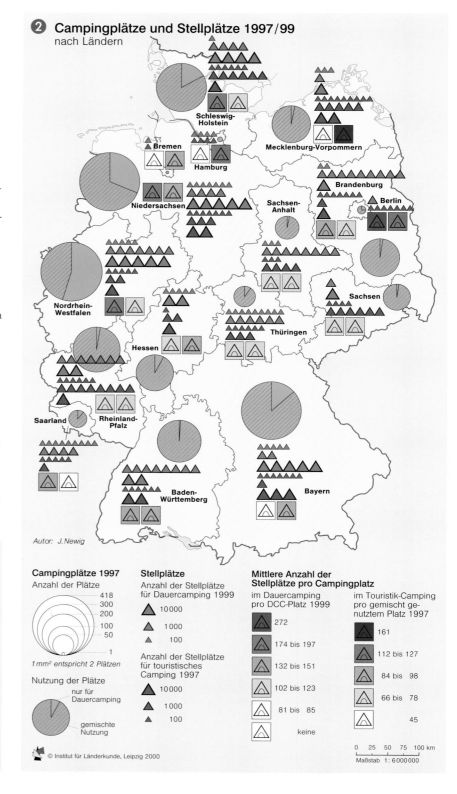

② Campingplätze und Stellplätze 1997/99
nach Ländern

Schleswig-Holstein
Bremen
Hamburg
Mecklenburg-Vorpommern
Brandenburg
Berlin
Niedersachsen
Sachsen-Anhalt
Nordrhein-Westfalen
Sachsen
Hessen
Thüringen
Saarland
Rheinland-Pfalz
Baden-Württemberg
Bayern

Autor: J. Newig

Campingplätze 1997
Anzahl der Plätze
418
300
200
100
50
1

1 mm² entspricht 2 Plätzen

Nutzung der Plätze
nur für Dauercamping
gemischte Nutzung

Stellplätze
Anzahl der Stellplätze für Dauercamping 1999
△ 10000
△ 1000
▲ 100

Anzahl der Stellplätze für touristisches Camping 1997
△ 10000
△ 1000
▲ 100

Mittlere Anzahl der Stellplätze pro Campingplatz

im Dauercamping pro DCC-Platz 1999	im Touristik-Camping pro gemischt genutztem Platz 1997
272	161
174 bis 197	112 bis 127
132 bis 151	84 bis 98
102 bis 123	66 bis 78
81 bis 85	45
keine	

0 25 50 75 100 km
Maßstab 1:6000000

© Institut für Länderkunde, Leipzig 2000

③

Freizeitwohnsitze

- **stationäre Freizeitwohnsitze**
  - **Freizeitwohnen in Häusern und Wohnungen**
    - FZ(wohn)-häuser

    einzelstehende FZ-Häuser, z.B. Ferien- o. Wochenend-häuser; Villen, Jagd-hütten usw.; meist 1- 2 Wohnungen
    - FZ(wohn)-siedlungen

    Ferienhaussied-lungen, Wochen-endkolonien
    - FZ-Wohnungen
    - Mobil-heime u.ä.

    in größeren Baukörpern, meist Appartements in mehr-geschossigen Großanlagen - "Appartementhäuser"; z. T. auch in Ferienzentren
- **teilmobile Freizeitwohnsitze**
  - **Dauercamping**
    - Wohnwagen (Caravans)
    - z.T. Wohn-mobile
    - Zelte
- **mobile Freizeitwohnsitze**
  - **Freizeitwohnen auf Booten**
    - Segelboote
    - Motorboote

© Institut für Länderkunde, Leipzig 2000

Das Dauercamping ist eine im allgemeinen Bewusstsein unterschätzte teilmobile Form des Freizeitwohnens, auf die rund drei Viertel aller Camping-Übernachtungen entfallen ❶. Nach den internationalen Tourismusrichtlinien ist das Dauercamping an eine Mindestvertragszeit von einem Jahr gebunden. In der Praxis sind vieljährige Verträge die Regel, was häufig auch durch eine individuelle Grundstücksgestaltung zum Ausdruck kommt. Das Dauercamping unterscheidet sich nicht nur durch die langjährige Bindung der Camper an einen Platz vom Urlaubscamping: Aufgrund der vorherrschenden Wochenendnutzung streuen die Aufenthalte über das Jahr. Dazu trägt bei, dass in den vergangenen Jahren der Wohncomfort beim Dauercamping deutlich zugenommen hat, so dass auch bei bis zu -20° C die Freizeit auf dem Stellplatz verbracht werden kann. Die meisten der Campingplätze in Deutschland werden sowohl von Dauercampern als auch von touristischen Campern genutzt ❷.

In der Anfangszeit des Camping, das in seiner modernen Form um 1880 in Amerika entstand, dominierte das Wohnzelt. Nach und nach wurde es weitgehend durch den Wohnanhänger oder Caravan verdrängt. Auch das Wohnmobil, ein an sich typisches Transportmittel für das Urlaubscamping, steht nicht selten auf dem Dauercampingplatz und wird nur für die Urlaubsreise mobilisiert.

In der räumlichen Verteilung ❹ fällt der Gegensatz zwischen der großstadtnahen Lage im Naherholungsraum einerseits und der Lage im Ferien- oder Urlaubsraum andererseits auf. Der bundesweit größte Schwerpunkt für das Dauercamping liegt an der Ostseeküste Schleswig-Holsteins. Zum Einzugsgebiet gehören vor allem Hamburg, aber in beachtlichem Maße auch Nordrhein-Westfalen. Demgegenüber bildet die Ostseeküste von Mecklenburg-Vorpommern einen Schwerpunkt des touristischen Campings. In der Gesamtzahl aller Stellplätze pro Bundesland dominiert Nordrhein-Westfalen mit 57.450 Stellplätzen für das Dauercamping (1.1.1999).

Freizeitwohnen auf Booten

Nach Schätzungen des Bundesverbandes Wassersportwirtschaft in Köln kann man von ungefähr 250.000 privaten Wasserfahrzeugen in der Bundesrepublik ausgehen, die über 7,5 m Länge messen und damit prinzipiell zum Übernachten geeignet sind. Davon sind ca. 55% Segelboote und 45% Motorboote. Rund 80.000 Liegeplätze stehen in Marinas (Sportboothäfen) zur Verfügung, weitere 40.000 kommen an anderen Plätzen hinzu. Außerdem gibt es weitere private Liegeplätze.

Freizeitwohnen in fester Bausubstanz

Seit dem Mittelalter verlebten Könige und der Adel ihre Freizeit oft in Lustschlössern in landschaftlich reizvoller Lage. Später konnte der Traum vom Freizeitwohnsitz auch in der ökonomischen Oberschicht, vor allem in der Kaufmannschaft und den freien Berufen, verwirklicht werden. Am Ende des 18. Jhs. lockten die zuvor als unwirtlich empfundenen Extremlandschaften der Meeresküste und des Hochgebirges mit ihrer frischen Luft die Städter aus den Ballungsgebieten der Frühindustrialisierung an. Vorreiter waren die Künstler, die schon immer die Freizeit mit der Zeit der schöpferischen Tätigkeit zu verbinden wussten. Ihre Produkte, vor allem die Bilder und Romane, weckten die Sehnsucht nach unberührten Naturlandschaften. Die Künstler ließen sich oft in alten Bauernhäusern nieder oder errichteten Künstlerkolonien in einem der Landschaft angepassten Stil.

Im Laufe des 19. Jhs. vergrößerte sich die Zahl der Freizeitwohnsitze sehr stark durch den neuen „Geldadel": Die Fabrikanten lebten zumeist in der Nähe der Produktionsstätte, d.h. inmitten verschmutzter Luft und in Hörweite des Lärms der Betriebe. Ein elementares Bedürfnis nach möglichst naturnaher Landschaft realisierte man durch bevorzugt schön gelegene Häuser. →

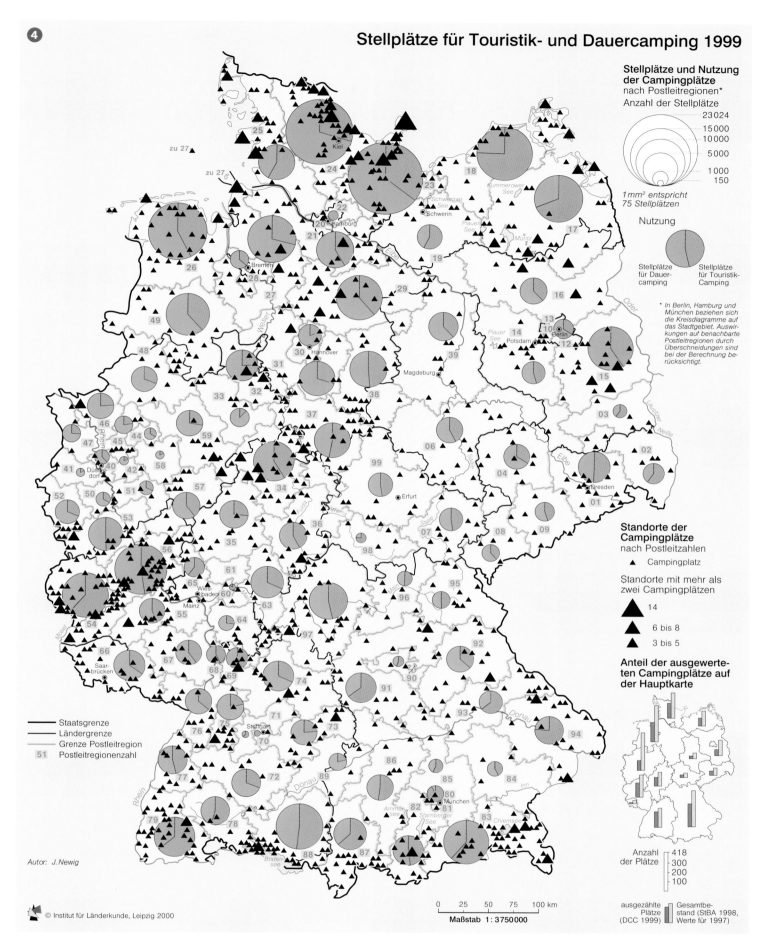

❹ **Stellplätze für Touristik- und Dauercamping 1999**

Stellplätze und Nutzung der Campingplätze
nach Postleitregionen*
Anzahl der Stellplätze

23024 / 15000 / 10000 / 5000 / 1000 / 150

1 mm² entspricht 75 Stellplätze

Nutzung

Stellplätze für Dauercamping / Stellplätze für Touristik-Camping

* In Berlin, Hamburg und München beziehen sich die Kreisdiagramme auf das Stadtgebiet. Auswirkungen auf benachbarte Postleitregionen durch Überschneidungen sind bei der Berechnung berücksichtigt.

Standorte der Campingplätze
nach Postleitzahlen
▲ Campingplatz

Standorte mit mehr als zwei Campingplätzen
14
6 bis 8
3 bis 5

Anteil der ausgewerteten Campingplätze auf der Hauptkarte

Anzahl der Plätze 418 / 300 / 200 / 100

ausgezählte Plätze (DCC 1999) / Gesamtbestand (StBA 1998, Werte für 1997)

Staatsgrenze
Ländergrenze
Grenze Postleitregion
51 Postleitregionenzahl

Autor: J. Newig

© Institut für Länderkunde, Leipzig 2000

0 25 50 75 100 km

Maßstab 1 : 3750000

Appartementhaus am Starnberger See

Die Zahl der vor 1900 errichteten Freizeitwohnsitze zeigt ❻, dass das Freizeitwohnen damals schon weit verbreitet war. Der Anteil wäre noch viel höher, wenn nicht – vor allem durch die Kriegsereignisse – zahlreiche ehemalige Freizeitwohnsitze zu gewöhnlichen Wohnungen umgewidmet worden wären.

Zwischen 1900 und 1948 zeigt lediglich Berlin bemerkenswerte Zuwächse, die sich zunächst auf die Stadt selbst beziehen und sich nach 1919 dann vor allem auf die landschaftlich schönen Gebiete Brandenburgs, z.B. den Spreewald, ausdehnten. Hierin zeigt sich die Sonderstellung der Hauptstadt in einer wirtschaftlich im übrigen Deutschland schwierigen Zeit.

Nach dem Zweiten Weltkrieg setzte der Drang zum Freizeitwohnsitz mit einer Verzögerung von rund 15 Jahren ein, aber mit großer Vehemenz. Durch die Lohn- und Freizeitentwicklung konnten sich jetzt auch Angehörige des Mittelstandes, wie Beamte und leitende Angestellte, einen Freizeitwohnsitz lei-

sten. Eine stärkere räumliche Diversifizierung ließ sich beobachten. War man während der Eisenbahnzeit noch auf die Bahnstationen und ihre nächste Umgebung angewiesen, so erlaubte jetzt das Automobil eine flächenhafte Erschließung. Den Höhepunkt der Entwicklung brachten die Jahre zwischen 1969 und 1987, als in den alten Ländern mehr Freizeitwohnsitze entstanden als aus allen anderen Zeitphasen erhalten sind. In derselben Zeit entstanden in der DDR ungezählte und teils illegale Bungalowsiedlungen mit sog. Datschen, die dort ergänzend zu den Kleingärten die Funktion des Freizeitwohnens erfüllten.

Gestaltung und räumliche Verteilung

Freistehende Freizeitwohnhäuser mit ein oder zwei Wohnungen ❼, die oft einzeln in landschaftlich reizvoller Lage errichtet werden, sind zumeist landschaftsangepasst gestaltet. Damit möchten die Eigentümer ihre Verbundenheit mit der von ihnen bevorzugten Erholungslandschaft zum Ausdruck bringen. Freistehende Freizeitwohnhäuser befinden sich auch heute noch zumeist in den Händen der besser verdienenden Schichten, da ihr Kauf oder Bau bzw. ihr Unterhalt sehr kostenträchtig sind. Dies gilt besonders dort, wo schon allein aufgrund baurechtlicher Bestimmungen die Grundstücke sehr groß ausfallen müssen, z.B. in Kampen oder Keitum auf Sylt. Dort verlangt die Reetdachbauweise der alten Friesenhäuser und ihrer modernen Imitate aus feuerrechtlichen Gründen einen Gebäudeabstand von 25 m. Freizeitwohnsitze dieser Art enthalten zumeist kostbare Ausstattungen und werden nur selten weitervermietet.

Räumlich sind die Freizeitwohnsitze oft an besonders bekannte Fremdenverkehrsorte mit zugleich hohem Erholungswert und Sozialprestige gebunden, mit einer Bevorzugung der Meeresküste und der Alpen ❾. Die drei Gemeinden mit dem größten Angebot an Freizeitwohnungen überhaupt in Deutschland, Westerland an der Nordsee, Timmendorfer Strand an der Ostsee, Oberstdorf im Allgäu, bilden auch touristische Schwerpunkte.

Sogenannte Appartementhäuser, also Freizeitwohnanlagen in großen mehrgeschossigen Baukörpern, lassen sich oft physiognomisch nicht von einem Hotel oder einer Pension unterscheiden. Sie

können auch Teil eines Ferienzentrums sein, das überwiegend der gewerblichen Vermietung dient. Dafür gibt es viele Beispiele (▶▶ Beitrag C. Becker). Die

Nachteile einer Großanlage, z. B. Geräuschbelästigung durch Nachbarn, fehlende Einflussmöglichkeiten auf die Gestaltung des Grund- und Aufrisses, kein

❺ Übernachtungen im Freizeitwohnen 1995/99

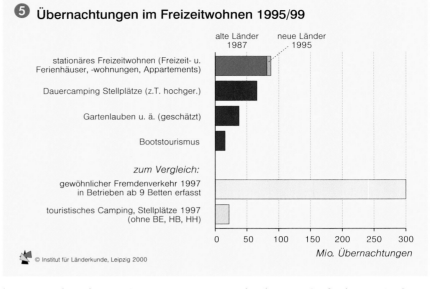

© Institut für Länderkunde, Leipzig 2000

❻ Bauphasen der Freizeitwohnsitze 1987/1995*
nach Ländern

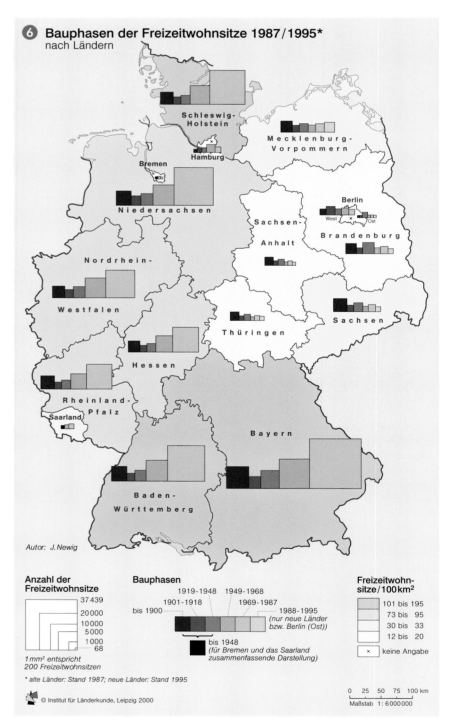

Autor: J. Newig

© Institut für Länderkunde, Leipzig 2000

❼ Freizeitwohnsitze 1987/95*
nach Ländern

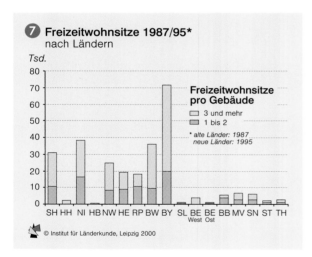

© Institut für Länderkunde, Leipzig 2000

© Institut für Länderkunde, Leipzig 2000

individuelles Freigelände, werden wettgemacht durch Preisgunst, durch Aufteilung der laufenden Kosten und durch einen verbesserten Schutz des Eigentums aufgrund der Anwesenheit von zahlreichen Menschen. Appartements in großen mehrgeschossigen Baukörpern, aber auch in Reihen- und Kettenhäusern gehören oft der gehobenen Mittelschicht und werden meist gemischt genutzt, d.h. man vermietet sie während der Hauptsaison an Fremde und nutzt sie in der Nebensaison als Freizeitwohnsitz.

Für und wider Freizeitwohnsitze

Über Nutzen und Schaden von Freizeitwohnsitzen gehen die Auffassungen weit auseinander. In ökologischer Hinsicht werden Freizeitwohnsitze im Allgemeinen als negativ bewertet, weil sie eine Auslegung der Infrastruktur auf das saisonale Maximum erzwingen. Das gilt für die Kapazitäten der Kläranlagen ebenso wie für die Querschnitte der Elektrokabel oder die Versiegelung von

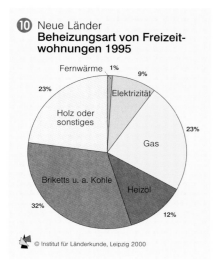

Verkehrsflächen sowie ihre Entwässerung. Allerdings ist zu bedenken, dass auch die touristische Nutzung anderer Wohnformen die Umwelt am Fremdenverkehrsort zusätzlich belastet.

Große mehrgeschossige Appartеmenthäuser verschandeln oftmals das Ortsbild, zumal, wenn es sich um reine Zweckbauten handelt. Der Landschaftsverbrauch durch Freizeitwohnsitze ist teilweise beträchtlich. Nicht selten wird hingegen alte landschaftstypische Bausubstanz durch Umwidmung erhalten und renoviert, die sonst der Spitzhacke zum Opfer fallen würde **8**.

Größere Probleme gibt es vor allem in soziodemographischer Hinsicht (**▶▶** Beitrag Faust/Kreisel). Wenn, wie in Westerland oder anderen Orten auf Sylt, die Zahl der Wohnungen in Freizeitwohnsitzen auswärtiger Eigentümer

größer ist als diejenige für die Einheimischen, so hat das unmittelbare Auswirkungen auf die Wohndichte der Ansässigen, die so gering werden kann, dass schulpflichtige Kinder oft in einem Radius von 100 Metern keine gleichaltrigen Spielkameraden mehr finden. Die Grundstückspreise haben zu Mieten geführt, die für viele auf Sylt Arbeitende nicht mehr bezahlbar sind.

Es soll aber nicht übersehen werden, dass Freizeitwohnsitze sichere Arbeitsplätze in peripheren Regionen mit sich bringen, vor allem im Handwerk und in weiteren mittelständischen Betrieben sowie in den freien Berufen, die in ihrer Vielfalt auch der ortsansässigen Bevölkerung zugute kommen. Genannt sei nur eine überdurchschnittlich gute Versorgung mit Ärzten, Rechtsanwälten,

Architekten, Maklern. Nicht zuletzt ist das ungewöhnlich große Angebot im Einzelhandel anzuführen. Alle diese Faktoren tragen zu einer Aufwertung der zumeist peripher gelegenen Fremdenverkehrsräume bei.◆

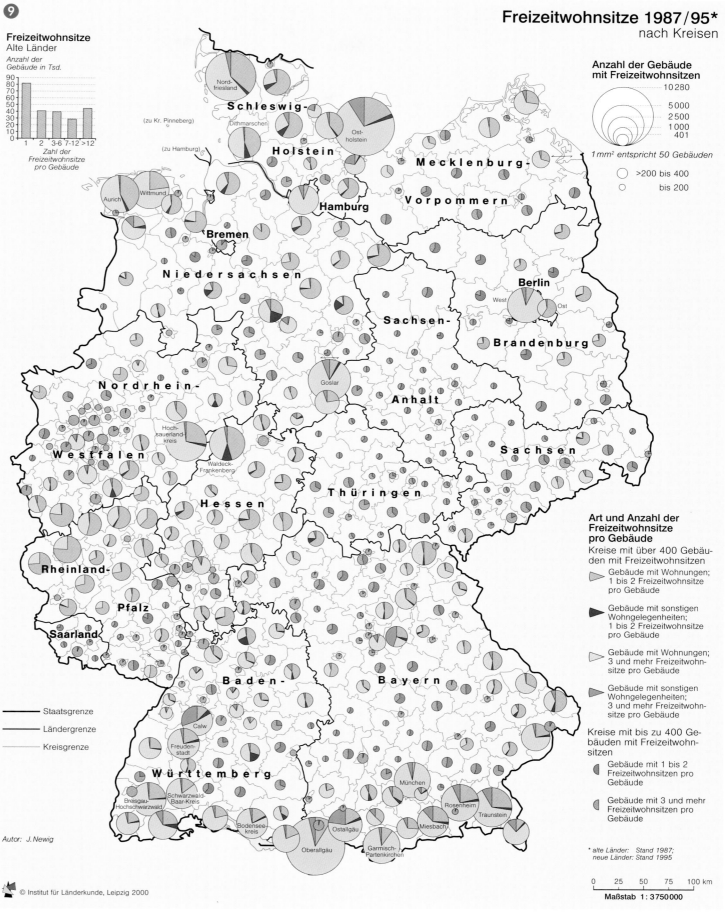

9 Freizeitwohnsitze 1987/95*
nach Kreisen

Freizeitwohnsitze
Alte Länder
Anzahl der Gebäude in Tsd.

Anzahl der Gebäude mit Freizeitwohnsitzen

Art und Anzahl der Freizeitwohnsitze pro Gebäude

10 Neue Länder
Beheizungsart von Freizeitwohnungen 1995

© Institut für Länderkunde, Leipzig 2000

Autor: J. Newig

© Institut für Länderkunde, Leipzig 2000

Maßstab 1 : 3750000

Feriengroßprojekte

Christoph Becker

Ferienpark Damp (Ostsee)

Feriengroßprojekte sind ein Ergebnis des Massentourismus. Sie werden nicht wegen ihrer Größe aufgesucht, diese wird eher in Kauf genommen. Sie sind aber in der Lage, auf begrenztem Raum eine große Zahl an Urlaubern zu beherbergen, in der Regel mit wenig Personal und relativ preisgünstig. Durch die meist vorgesehene Selbstversorgung der

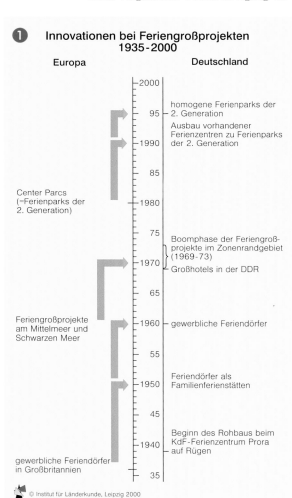

❶ Innovationen bei Feriengroßprojekten 1935-2000

Europa		Deutschland
	2000	
	95	homogene Ferienparks der 2. Generation
		Ausbau vorhandener Ferienzentren zu Ferienparks der 2. Generation
	1990	
	85	
Center Parcs (=Ferienparks der 2. Generation)	1980	
	75	Boomphase der Feriengroßprojekte im Zonenrandgebiet (1969-73)
	1970	Großhotels in der DDR
	65	
Feriengroßprojekte am Mittelmeer und Schwarzen Meer	1960	gewerbliche Feriendörfer
	55	
	1950	Feriendörfer als Familienferienstätten
	45	
	1940	Beginn des Rohbaus beim KdF-Ferienzentrum Prora auf Rügen
gewerbliche Feriendörfer in Großbritannien	35	

© Institut für Länderkunde, Leipzig 2000

Gäste genießen diese viel Freizügigkeit und haben auch mehr Wohnraum als im traditionellen Hotel- oder Pensionszimmer. Die Anlagen bieten zunehmend eine breite Palette von oft wetterunabhängigen Freizeiteinrichtungen an, so dass sie nicht auf die veralteten öffentlichen Fremdenverkehrseinrichtungen angewiesen sind.

Als ▶ Feriengroßprojekte werden hier ❷ Beherbergungsbetriebe mit über 400 Betten betrachtet, die primär Urlauber als Gäste aufnehmen. Es sind auch Projekte dargestellt, die nach einer gewissen Zeitspanne als private Ferienwohnungen oder anderweitig – ganz oder teilweise – genutzt wurden. Das Bettenangebot in den 109 Feriengroßprojekten entspricht 4% der deutschen Beherbergungskapazität.

Entwicklung der Feriengroßprojekte in Deutschland ❶

Bei der Entwicklung der Feriengroßprojekte lassen sich in Westdeutschland sehr klar vier Phasen unterscheiden; auf die Entwicklung in Ostdeutschland ist gesondert einzugehen.

Die ersten Feriengroßprojekte in Deutschland waren Feriendörfer, die ab Beginn der 1950er Jahre in größerer Zahl errichtet wurden und meist unter der Schwelle von 400 Betten blieben, so dass auf der Karte auch nur sechs davon erscheinen, sowie ein älteres Hotel am Tegernsee.

In der Boomphase von 1969-1973 wurden 32 oft besonders große Projekte errichtet, die als Ferienparks oder Appartementanlagen einzustufen sind. Allein 22 davon haben über 1000 Betten, die Anlagen in Heiligenhafen und Damp sogar 5400 bzw. 5900 Betten.

Die großen Anlagen besaßen auch schon damals in der Regel ein Hallenbad und wenigstens ein Restaurant, doch waren sie weitgehend auf die Nutzung der öffentlichen Infrastruktur und der natürlichen Umwelt ausgerichtet. Um die großen Baumassen unterzubringen, wurden verbreitet Hochhäuser mit bis zu 35 Stockwerken (Maritim-Hotel Travemünde) errichtet.

Räumlich konzentrieren sich die großen Ferienanlagen der Boomphase vor allem auf das einstige Zonenrandgebiet. Die dort möglichen hohen Sonderabschreibungen und Verlustzuweisungen machten es den Bauträgern leicht, gut verdienende Kapitalanleger zu gewinnen. Zugleich herrschte in jener Zeit mit hohen Inflationsraten ein ausgesprochener Immobilienboom, der durch das Prestigedenken einzelner Kommunalpolitiker und eine gewisse Gigantomanie befördert wurde. Die GmbH & Co. KG als Rechtsform ermöglichte es Bauträgern, bei minimalem Eigenkapi-

tal und Risiko riesige Bauten zu erstellen.

Als Überkapazitäten und Landschaftsschäden nicht mehr zu übersehen waren, wurden die Förderbedingungen wieder geändert und damit der Boom beendet.

In den Jahren 1974-1989 wurden mit 36 Feriengroßprojekten kaum mehr Projekte errichtet als in den fünf Jahren der Boomphase. Es handelte sich überwiegend um Feriendörfer; nur jedes fünfte hatte über 1000 Betten. Bezeichnend ist die Standortwahl: An der Ostseeküste und im Harz entstand kein einziges Feriengroßprojekt mehr, und auch im übrigen Zonenrandgebiet nur sehr wenige; dafür streuen die Projekte weit über die übrige Bundesrepublik mit gewissen Schwerpunkten in der Eifel und in Nordhessen, während traditionelle Fremdenverkehrsgebiete wie die Nordseeküste, die Alpen und der Schwarzwald nahezu unberücksichtigt bleiben.

Gewiss wären in dieser Phase mehr Feriengroßprojekte entstanden, wenn nicht die regionalplanerischen Anforderungen deutlich gesteigert worden wären und Bürgerinitiativen Protest erhoben und vor Gericht geklagt hätten.

1990-92 wurde kein touristisches Großprojekt eröffnet, elf waren in der Planung und zwölf im Vorplanungsstadium, von denen die meisten später scheiterten. In den folgenden sechs Jahren wurden elf neue Feriengroßprojekte fertiggestellt, jedoch mit der Tendenz zu nunmehr wieder größeren Anlagen (zwei mit 3500 Betten, eine mit über 1600 Betten). Das Angebotsprofil änderte sich deutlich: Seit 1985 wurde kein einziges klassisches Feriendorf mehr gebaut. Stattdessen entstanden sehr vielfältige Projekte, wie eine *Time-sharing* Appartementanlage, Luxushotels oder Ferienparks der zweiten Generation mit „subtropischem Badeparadies" und *Shopping-Mall*. Diesem Trend folgend wurden auch fünf vorhandene Feriengroßprojekte (Damp, Weißenhäuser Strand, Burgtiefe, Gunderath und Binz) zu Ferienparks ausgebaut.

Entwicklung in Ostdeutschland

In der DDR wurden zwischen 1969 und 1987 19 Feriengroßprojekte eröffnet. Es handelte sich um vielgeschossige Großhotels, die Vollpension, ein umfangreiches Unterhaltungsprogramm, verschiedene Freizeitaktivitäten und den Verleih von Sportgeräten boten. Durch den Verzicht auf Ferienwohnungen blieb die Wohnfläche eng begrenzt, während die eingeschlossene Vollpension die Planung erleichterte und der Ideologie entsprach. Nach der Wende wurde die Mehrzahl davon umgebaut oder renoviert, vier wurden stillgelegt. Lediglich

zwei Luxushotels und ein Ferienpark entstanden in den neuen Ländern neu, was in einem engen Zusammenhang mit der Entwicklung der Einkommen in Ostdeutschland zu stehen scheint.

Aktuelle Trends

Feriengroßprojekte waren als augenfällige Beispiele für den Massentourismus immer Ziel der Tourismuskritik, was eine Begrenzung von Landschafts- und Umweltschäden begünstigte und die Unternehmen zur Ausrichtung an Bedürfnissen der Urlauber zwang.

Gerade weil die Entwicklung bei den Feriengroßprojekten in Deutschland der europäischen hinterherhinkt ❶, zeichnen sich für die Zukunft günstige Perspektiven ab, zumal mit einer weiteren Zunahme der Zweit- und Drittreisen wie auch der Kurzurlaube zu allen Jahreszeiten zu rechnen ist. Da die öffentliche Hand immer weniger in der Lage ist, die Fremdenverkehrsinfrastruktur zu modernisieren, gewinnen die großen Ferienanlagen mit ihrem vielfältigen, modernen Angebot an Freizeit- und Unterhaltungsmöglichkeiten zunehmend an Bedeutung. Die unterschiedlichen Feriengroßprojekte der 1990er Jahre dokumentieren eine Innovationskraft, die sonst im deutschen Fremdenverkehr kaum anzutreffen ist.◆

❷

Feriengroßprojekte bis 1999

Beherbergungsangebot
Bettenanzahl

5900
4000
3000
2000
1000
400

1 mm² entspricht 25 Betten

Alter des Feriengroßprojektes
Entstehungszeitraum

bis 1968
1969 bis 1973
1974 bis 1989
1993 bis 1999

Typ des Feriengroßprojektes und Gebäudehöhe
Typ

⋀⋀ Feriendorf
□ ■ Großhotel
⊓⊓ ⊓⊓ Appartementanlage
⊓◯ ⊓◯ Ferienpark
⌒ ● Ferienpark der 2. Generation

Gebäudehöhe

□ bis 5 Stockwerke
■ mehr als 5 Stockwerke

Umnutzung eines Feriengroßprojektes
Art der Umnutzung

Kur   Privat
Senioren   Leerstand

Umfang der Umnutzung

vollständige Umnutzung der Einrichtung
Umnutzung der Hälfte der Einrichtung
Umnutzung von einem Drittel der Einrichtung

Staatsgrenze
Ländergrenze
Autobahn
Wald

Autor: C. Becker

© Institut für Länderkunde, Leipzig 2000

0 25 50 75 100 km

Maßstab 1 : 2750000

Entwicklung des Beherbergungsangebots (1985 - 1998)

Ulrich Spörel

Skihütte am Brauneck

Das Beherbergungsangebot in den deutschen Fremdenverkehrsgemeinden und -gebieten stellt ein entscheidendes Basiselement im Tourismus dar. Der absolute oder relative, d.h. auf die Einwohner bezogene Wert des Bettenangebotes in Beherbergungsbetrieben gilt nach wie vor als der beste Indikator zur Erfassung der Angebotsseite des Fremdenverkehrs. Ohne Gästebetten ist kein Tourismus möglich, wenn einmal vom Camping abgesehen wird. Das Bettenangebot orientiert sich allerdings auch an der zu erwartenden Nachfrage, die stark von der natur- und kulturräumlichen Eignung, der Lage und – was den Geschäftsreiseverkehr betrifft – der Wirtschaftskraft abhängt.

Die Karte ❶ zeigt die Struktur des Beherbergungsangebots in den deutschen ▶ Reisegebieten in den Jahren 1985, 1992 und 1998. Die Daten dazu stammen aus der amtlichen Beherbergungsstatistik. Diese Statistik erfasst alle Beherbergungsbetriebe in Deutschland, die über neun oder mehr Betten verfügen.

Im Zeitraum von 1985 bis 1998 erhöhte sich die Bettenkapazität der in der amtlichen Beherbergungsstatistik erfassten Beherbergungsbetriebe in Deutschland von 1,77 Mio. Betten 1985 (nur die 11 Länder des früheren Bundesgebiets) auf 2,53 Mio. für Deutschland insgesamt. Diese Zunahme ist

nicht nur auf das Hinzukommen der neuen Länder zurückzuführen, denn auch im früheren Bundesgebiet wurde die Bettenkapazität spürbar ausgeweitet. So erhöhte sich hier die Bettenzahl zwischen 1985 und 1992 um 5,6%, während sie im folgenden Sechs-Jahres-Zeitraum von 1992 bis 1998 sogar um 10,2% anstieg. Noch größer war der Ausbau der Übernachtungskapazitäten aber in den neuen Ländern und Berlin-Ost. Hier stieg die Zahl der Betten insgesamt von 1992 bis 1998 um 86%. In den Betrieben der Hotellerie hat sie sich sogar mehr als verdoppelt (+108%), in den Sanatorien fast verdreifacht (+172%). In diesem Zeitraum konnten die neuen Länder und Berlin-Ost ihren Anteil an der gesamten Übernachtungskapazität in Deutschland von 11,9% (1992) auf 18,6% steigern, einen Wert, der nun auch ihrem Bevölkerungsanteil entspricht.

Im Zuge dieses Kapazitätsausbaus haben sich die Strukturen des Beherbergungsgewerbes in den neuen und alten Ländern weitgehend angeglichen. Knapp zwei Drittel der Bettenkapazitäten in Deutschland (64,5%) befinden sich in den Betrieben der ▶ Hotellerie, ein gutes Viertel (28,1%) gehört zur ▶ Parahotellerie, während die ▶ Sanatorien über einen Anteil von 7,4% an der gesamten Bettenkapazität verfügen.

Demgegenüber war das Beherbergungsangebot in den neuen Ländern 1992 noch stärker geprägt durch die Strukturen des früheren DDR-Erholungswesens, bei dem den betrieblichen und gewerkschaftlichen Einrichtungen eine dominierende Rolle zukam (▶▶ Beitrag Bode). Dies drückte sich vor allem in einem weit überdurchschnittlichen Gewicht der Parahotellerie aus (1992: Anteil in den neuen Ländern und Berlin-Ost: 37,3%, Anteil im früheren Bundesgebiet: 27,2%). Innerhalb der Parahotellerie überwogen in der DDR allerdings die Erholungs- und Ferienheime mit Vollpension, während im früheren Bundesgebiet Ferienhäuser und -wohnungen mit Selbstversorgung eine größere Bedeutung hatten.

Ein Größenvergleich der Bettenkapazitäten in den einzelnen Reisegebieten ist sicherlich nur begrenzt aussagefähig, da diese nicht zuletzt von den sehr unterschiedlichen Größenabgrenzungen der Gebiete sowie von deren Siedlungsstruktur abhängen. Gewisse Schwerpunkte lassen sich aber skizzieren. Bedingt durch die geographische Struktur Deutschlands haben die Mittelgebirgsregionen ein relativ großes Gewicht an der gesamten Bettenkapazität. Hier sticht besonders der Schwarzwald heraus, auf dessen drei Reisegebiete eine Kapazität von knapp 150.000 Betten entfällt. Weitere Schwerpunkte sind der Bayerische Wald (67.000 Betten), der

Teutoburger Wald (50.000 Betten), der Harz (die Teile von Niedersachsen und Sachsen-Anhalt zusammengenommen 50.000 Betten), das Sauerland (47.000 Betten), die Schwäbische Alb (34.000 Betten) und der Thüringer Wald (33.000 Betten).

Ein großes Gewicht haben auch die Reisegebiete der deutschen Küstenregionen mit einem hohen Anteil an Parahotellerie. Durch das Hinzukommen von Mecklenburg-Vorpommern hat sich der Anteil der an der Küste liegenden Reisegebiete an der gesamten Bettenkapazität in Deutschland deutlich erhöht. Zu nennen sind hier die beiden schleswig-holsteinischen Reisegebiete Ostsee (79.000 Betten) und Nordsee (64.000 Betten), in Mecklenburg-Vorpommern die drei Reisegebiete Vorpommern (42.000 Betten), Rügen/Hiddensee (35.000 Betten) und Mecklenburgische Ostseeküste (30.000 Betten) sowie in Niedersachsen die Ostfriesischen Inseln (43.000 Betten) und die Ostfriesische Küste (37.000 Betten).

Die Reisegebiete der Alpen und des Alpenvorlandes sind in ihren Abgrenzungen zumeist kleiner als die zuvor genannten. Insgesamt kann diese Region mit einer Bettenkapazität von gut 200.000 aber als ein weiterer Schwerpunkt des deutschen Beherbergungsgewerbes angesehen werden, obwohl die Entwicklung der Beherbergungskapazitäten hier eher stagniert.◆

Datenlage

Eine längerfristige Vergleichsstatistik für die Entwicklung des Beherbergungsangebots der heutigen Bundesrepublik Deutschland ist nur begrenzt verfügbar. Für das Berichtsjahr 1985 liegen Ergebnisse nur für die 11 Länder des früheren Bundesgebiets vor, da die Beherbergungsstatistik in den neuen Ländern erst in der Mitte des Jahres 1991 aufgenommen wurde. 1992 ist das erste Jahr, für das vollständige Ergebnisse aus der Beherbergungsstatistik für ganz Deutschland vorliegen.

Bei den in der Karte dargestellten **Reisegebieten** (▶▶ Beitrag Flohr) handelt es sich um nichtadministrative Raumeinheiten, die von den Statistischen Landesämtern in Zusammenarbeit mit den Wirtschaftsministerien und den Tourismusverbänden der Länder gebildet werden. Ihre Grenzen lehnen sich im Wesentlichen an die Zuständigkeitsbereiche der regionalen Fremdenverkehrsverbände sowie an naturräumliche Gegebenheiten an.

Die für die Bettenkapazitäten vorgenommene Untergliederung nach Betriebsarten folgt der offiziellen Klassifikation der

Wirtschaftszweige in der amtlichen Statistik. Unter dem Begriff **Hotellerie** werden hier die Betriebsarten Hotels, Gasthöfe, Pensionen und Hotels garnis zusammengefasst. Diesen Betriebsarten ist gemeinsam, dass sie zur Übernachtung die hotelüblichen Dienstleistungen wie Reinigen und Aufräumen der Gästezimmer erbringen und dass sie in der Regel Speisen (zumindest Frühstück) und Getränke abgeben.

Der Bereich der **Parahotellerie** ist sehr viel heterogener zusammengesetzt. Hierzu zählen Erholungs-, Ferien-, Schulungsheime und Bildungszentren, Ferienzentren, Ferienhäuser und -wohnungen sowie Jugendherbergen und Hütten.

Die **Sanatorien** zählen nach der Klassifikation der Wirtschaftszweige zwar nicht zum eigentlichen Beherbergungsgewerbe, sie werden in der Beherbergungsstatistik aber dennoch mit erfasst, und zwar dann, wenn ihre Gäste überwiegend in der Lage sind, am Fremdenverkehrsgeschehen des Aufenthaltsortes teilzunehmen und die bestehenden Infrastruktureinrichtungen zu nutzen.

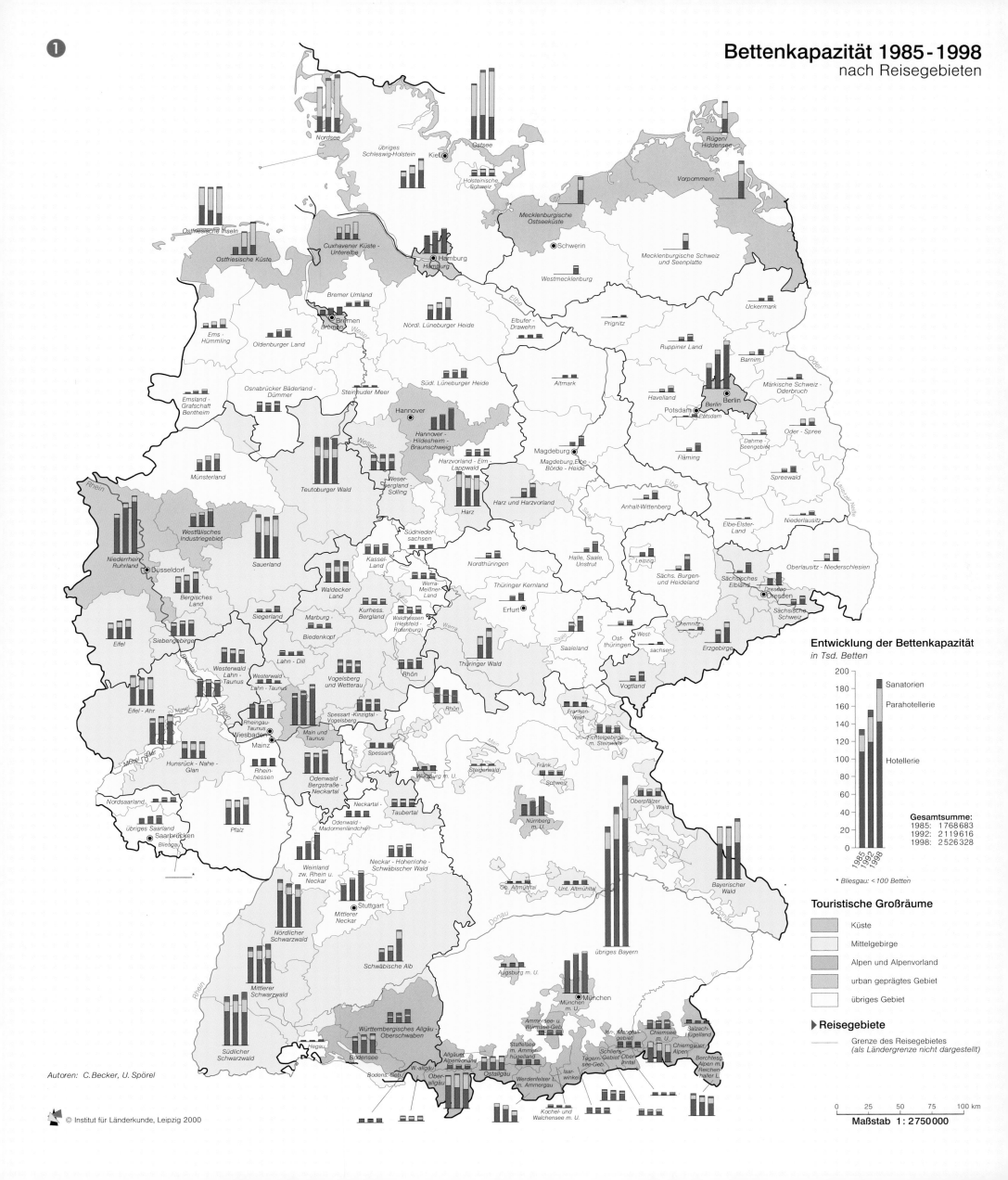

Bettenkapazität 1985-1998
nach Reisegebieten

Entwicklung der Bettenkapazität
in Tsd. Betten

Sanatorien
Parahotellerie
Hotellerie

Gesamtsumme:
1985: 1 768 683
1992: 2 119 616
1998: 2 526 328

1985
1992
1998

Bliesgau: < 100 Betten

Touristische Großräume

Küste
Mittelgebirge
Alpen und Alpenvorland
urban geprägtes Gebiet
übriges Gebiet

▶ Reisegebiete

Grenze des Reisegebietes
(als Ländergrenze nicht dargestellt)

0   25   50   75   100 km

Maßstab 1:2 750 000

Autoren: C. Becker, U. Spörel

© Institut für Länderkunde, Leipzig 2000

Freizeit- und Erlebnisbäder

Roman Schramm

Center-Parc Bispinger Heide

In Nord- und Mitteleuropa existieren – bedingt durch die klimatischen Verhältnisse – fast ausschließlich sogenannte ▶ Indoor-Wasserparks. Zwar ist den meisten davon auch ein Außenbereich angegliedert, der größte Teil der Attraktionen liegt jedoch im Innenbereich. Diese Attraktionen sind aufgegliedert nach ihrer Art. Im Spaßbereich sind oftmals Rutschen, Crazy/lazy river und andere Wasserattraktionen vertreten. Für die Entspannung sind zumeist Saunabereiche mit verschiedenen Saunatypen vorhanden. Mittlerweile existieren – wegen des steigenden Interesses am Saunabaden – auch reine ▶ Großsaunaanlagen, wie z.B. die SCHWABEN QUELLEN in Stuttgart und die OASE am Weserpark in Bremen.

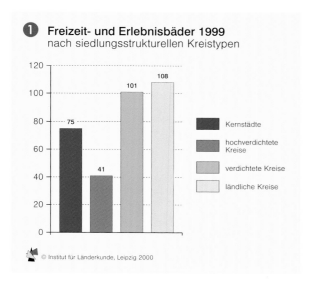

❶ Freizeit- und Erlebnisbäder 1999
nach siedlungsstrukturellen Kreistypen

Kernstädte 75
hochverdichtete Kreise 41
verdichtete Kreise 101
ländliche Kreise 108

© Institut für Länderkunde, Leipzig 2000

Im Süden Europas hingegen dominieren – ebenfalls klimatisch bedingt – die reinen Outdoor-Wasserparks, die ausschließlich auf unterschiedliche Rutsch- und andere Wasserattraktionen im Freibereich setzen.

Die Verbreitung der Freizeit- und Erlebnisbäder zeigt eine deutliche Abhängigkeit von der Bevölkerungsdichte: Sie häufen sich in den Großstädten und Verdichtungsräumen, während in den peripheren Räumen und insbesondere auch in Ostdeutschland die Freizeit- und Erlebnisbäder nur vereinzelt auftreten. Dabei überrascht, dass München kein solches Bad besitzt. In Ostdeutschland dominieren die Freizeit- und Erlebnisbäder gegenüber den ▶ freizeitorientierten Bädern, in Westdeutschland wurden dagegen häufiger ältere Hallenbäder zu freizeitorientierten Bädern umgebaut. Fünf der Freizeit- und Erlebnisbäder erzielen jährlich eine Besucherzahl von über einer halben Million: Die drei Berliner Bäder sowie das ARRIBA Erlebnisbad in Norderstedt bei Hamburg und das Kur- und Freizeitbad RIFF in Bad Lausick in der Nähe von Leipzig. Eine solche Besucherzahl bedeutet, dass diese Badeanlagen im Jahresdurchschnitt täglich von mindestens 1400 Gästen besucht werden, die dort teilweise den ganzen Tag verbringen.

Die Anfahrtwege zu den Bädern sind dabei teilweise recht beträchtlich. So stammen beim Freizeitbad SALÜ, der SALZTHERME LÜNEBURG, zwar 56% der Besucher unmittelbar aus Lüneburg und Umgebung mit einem Radius von 15 km, doch legten 18% der Besucher so-

Unter den Begriff der **Freizeit- und Erlebnisbäder** fallen alle Bäderanlagen, welche die nachfolgenden Kriterien erfüllen:

Wasserparks mit Thermalwasser
- mehrere Becken mit Thermalwasser und einer Gesamtbeckenfläche von mindestens 700 m²
- Beckenformen, die nicht an Sportbäder erinnern
- vielfältiges Saunaangebot mit mindestens 4 verschiedenen Saunen
- Hot-Whirl-Pools
- integrierte Gastronomie im Badebereich
- aufwendige Dekoration und eine architektonische Konzeption, welche sich von gesundheitstherapeutisch ausgerichteten Bädern im herkömmlichen Sinn maßgeblich unterscheidet
- mindestens 5 verschiedene Wasserattraktionen
- Solarien

Indoor-Wasserparks
- mindestens eine Rutsche von wenigstens 50 m Länge
- mindestens 5 verschiedene Wasserattraktionen
- Saunaanlagen
- mehrere Becken mit einer Gesamtfläche von mindestens 700 m²
- eine architektonische Konzeption, die sich sowohl in der Ausführung, den verwendeten Materialien als auch in ihrer Dekoration von den herkömmlichen Sportbädern wesentlich unterscheidet
- groß dimensionierte Aufenthalts- und Liegeflächen
- Gastronomieanlagen im Badebereich
- Wellenbad oder Wild River
- Außenschwimmbecken
- Solarien
- eine Wassertemperatur von mindestens 27° C

Großsaunaanlagen
- mindestens 7 verschiedene Saunaarten
- Dampfsauna
- ca. 3000 m² Gesamtfläche
- mehrere Becken
- Freianlage mit einer Grundfläche von mindestens 3000 m²
- großzügig dimensionierte und gestaltete Aufenthalts- und Liegefläche
- Gastronomieanlagen im Saunabereich
- Tauch- bzw. Schwimmbecken mit einer Mindestwasserfläche von 100 m²
- angegliederte medizinische bzw. sporttherapeutische Anlagen (Fitness-Studio, Massage)

Unter den Begriff der **freizeitorientierten Bäder** fallen alle Bäderanlagen, welche die vorgenannten Kriterien nicht erfüllen, sich aber dennoch von den herkömmlichen Sport- und Hallenbädern durch ihr Mehrangebot unterscheiden.

gar mehr als 50 km Anfahrtsweg zurück (nach GRIMM U.A. 1994).

Umfragen in Deutschland und Österreich haben ergeben, dass eine Umsatzsteigerung und eine damit einhergehende Erhöhung der Besucherzahlen fast

ausschließlich in denjenigen Freizeit- und Erlebnisbädern erreicht werden konnte, welche ihr Angebot erweitert oder umgestaltet haben. Vor allem in Gebieten mit einer hohen Dichte an Freizeit- und Erlebnisbädern wie z.B. in Nordrhein-Westfalen, sind die Betreiber gezwungen, jährlich nicht unerheblich in Neu- und Umgestaltungen zu investieren, um konkurrenzfähig zu bleiben.

Neben der Schaffung von neuen Attraktionen muss jedoch auch immer mehr in die Qualität der Freizeit- und Erlebnisbäder investiert werden: Aufgrund der gegebenen räumlichen Begrenzung der Indoor-Wasserparks ist die Möglichkeit des Baus immer neuer Attraktionen eingeschränkt. Um sich von anderen Anlagen abzuheben, wird daher zunehmend Wert auf Gestaltung und Dekoration der Bäderanlage gelegt. So ist bei den neu eröffneten oder noch zu eröffnenden Bädern in Europa eine starke Thematisierung festzustellen. Der WATERWORLD WATERPARK auf Zypern, errichtet 1996, ist beispielsweise völlig auf das Thema des antiken Griechenlands ausgerichtet; das im April 1999 eröffnete MAYA MARE in Halle ist durchgängig im mexikanischen Stil gestaltet.

Zusätzlich zum gepflegten Ambiente ist in Europa auch die Dienstleistung gefragt. Da die Erfahrung gezeigt hat, dass auch neue Wasserattraktionen wie z.B. Rutschen nur kurzzeitig neue Besucher anziehen, weil der Reiz des Neuen schnell verloren geht, ist eine langfristige Gästebindung allein durch guten Service zu erreichen. Nur das Freizeit- und Erlebnisbad, das sich durch gut geschulte, freundliche Mitarbeiter, ein hochwertiges Gastronomieangebot und vielfältige Animations- und Wellnessangebote auszeichnet, wird auf die Dauer seine Besucherzahlen halten bzw. steigern können.◆

Freizeit- und Erlebnisbäder 1999

Flensburg

S c h l e s w i g -

St. Peter-Ording
Dünen-Therme

Kiel

H o l s t e i n

Stralsund
Seliin
Nemo- die Wasserwelt

Neumünster
Scharbeutz
Ostsee-Therme

Lübeck

Rostock

Greifswald

M e c k l e n b u r g -

ARRIBA Erlebnisbad
Norderstedt

Hamburg

Schwerin

Schweriner See

V o r p o m m e r n

Neubrandenburg

Ham-Harburg

Lüneburg

Plauer See

Müritz

Kummerower See

Bremerhaven

Wilhelmshaven

Oldenburg

Bremen

Bispingen
Center-Parcs Bispinger Heide
Soltau Therme
Soltau

Elbe

Badspaß Topas
Haren-Ems

N i e d e r s a c h s e n

Oder

Hannover

Berlin
SEZ Sport- und Erlebniszentrum
Bad am Spreewaldplatz
blub Badeparadies
Potsdam

Frankfurt/
Oder

Osnabrück

Tropicana
Stadthagen

Hildesheim

Braunschweig

Brandenburg

Havel

S a c h s e n -

Nemo- die Wasserwelt

Magdeburg

B r a n d e n b u r g

Die Therme Münster

Bocholt

Münster

Bielefeld

Freizeitbad Berliner Park
Ahlen

Westfalen-Therme
Bad Lippspringe

Paderborn

Göttingen

A n h a l t

Dessau

Elbe

Erlebnisbad Basso
Bad Schmiedeberg

Cottbus

Lausitzer Neiße

Freizeitbad Goch-Ness
Goch

Inselbad Bahia
Copa Ca Backum
Herten
Sport-Paradies
Gelsenkirchen
Lago – Die Therme (Revierpark)
Herne

Nordrhein-

Bochum

Dortmund

Hagen

Hoyerswerda

Aquadrom
am Ruhrpark

Duisburg
Essen
Krefeld
Düsseldorf

Freizeitbad Bergische Sonne
Wuppertal

Medebach

Kassel

Halle/S.
Maya mare

Leipzig

PLATSCH
Oschatz

Bautzen
monte mare

Görlitz

Mönchengladbach
Düsselstrand

Westfalen

Park Hochsauerland Gran Dorado Group

Kur- und Freizeitbad Riff
Bad Lausick

Elbamare Erlebnisbad

Sportpark
Leverkusen

Aachen

Aqualand
Claudius Therme
Köln
Aggua Troisdorf
Troisdorf
Bonn

Remscheid-Lennep
Splash!
Kürten
monte mare
Teichshof-Eckenhagen
Siegen
monte mare
Kirchen/Sieg

Marburg

Erfurt

T h ü r i n g e n

Jena

Gera

Zwickau

Dresden

Neustadt

S a c h s e n

Chemnitz

monte mare
Rengsdorf

Gießen

Fulda

H e s s e n

Saale

Koblenz

Mosel

R h e i n l a n d -

Frankfurt
Wiesbaden
Hanau
Offenbach
Mainz
Darmstadt

Schweinfurt

Coburg

Plauen

Hof

Badegärten Eibenstock
Eibenstock

Freizeit- und Erholungsbad,
Mitglied in der EWA*

PLATSCH
Oschatz
Name und Standort des Bades

Freizeitorientiertes Bad

Hof
Oberzentrum

Trier

P f a l z

Ludwigshafen
Mannheim

Würzburg

Main

Bamberg
Mistelgau
Therme Obernsees
Weiden i.d.
Oberpfalz

Bayreuth

Saarland

Saarbrücken

Kaiserslautern

Heidelberg
Aquadrom Hockenheim
Hockenheim
Neckarsulm
AQUAtoll

Karlsruhe

Erlangen
Fürth
Nürnberg
Amberg

Ansbach

Autobahn,
zum Europastraßennetz gehörend

Europastraße,
nicht zum Autobahnnetz gehörend

Ländergrenze

Verdichtungsraum

*EWA European Waterpark Association

Pforzheim
Schwaben-
Quellen
Stuttgart

B a y e r n

Heilbronn

B a d e n -

Regensburg
Straubing

Passau

Tübingen

Reutlingen

Ingolstadt

Landshut

W ü r t t e m b e r g

Freiburg
i. Breisgau

Ulm
Neu-Ulm
Atlantis Erlebnisbad

Augsburg

Donau

Inn

Therme Erding
Erding

Schwaben
Therme
Aulendorf

Weingarten

Memmingen

Ammersee

München

Laguna-Badeland
Weil am Rhein

Konstanz

Ravensburg

Kempten

Bodensee

Rhein

Starnberger See

Rosenheim

Chiemsee

0   25   50   75   100 km

Maßstab 1 : 2750000

Multiplexkinos – moderne Freizeitgroßeinrichtungen

Hans-Jürgen Ulbert

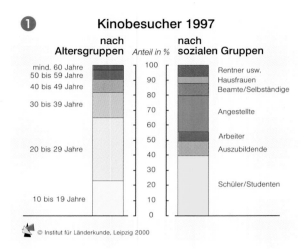

❶ **Kinobesucher 1997**
nach Altersgruppen — *Anteil in %* — nach sozialen Gruppen

© Institut für Länderkunde, Leipzig 2000

Nachdem schon in den Achtzigerjahren von vielen Seiten der endgültige Niedergang der herkömmlichen Kinos prophezeit worden war, erlebt die Film- und Kinowirtschaft in den letzten zehn Jahren eine Renaissance. Der Besuch im Kino wurde besonders für die Jugend wieder zu einer der beliebtesten Freizeitaktivitäten.

Erlebnisort Multiplexkino

Wer heute in ein Kino geht, ist nicht nur an einem guten Spielfilm interessiert, sondern schätzt auch das moderne und großzügige Ambiente sowie die Möglichkeiten zur Unterhaltung – das gehört zum Freizeiterlebnis Kino. ▶ Multiplexkinos sind besonders beim jüngeren Publikum als Treffpunkte und Kommunikationsorte sehr beliebt. So sind über 60% der Kinobesucher unter 30 Jahre alt, und 50% gehören den Berufsgruppen der Schüler, Studenten oder

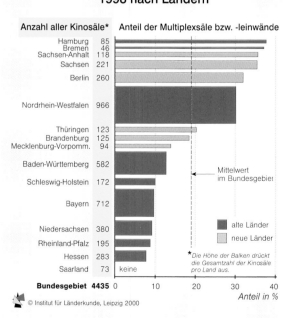

❹ **Kinosäle und Anteil der Multiplexleinwände 1998 nach Ländern**

Anzahl aller Kinosäle* — Anteil der Multiplexsäle bzw. -leinwände

Land	Anzahl aller Kinosäle*
Hamburg	85
Bremen	46
Sachsen-Anhalt	118
Sachsen	221
Berlin	260
Nordrhein-Westfalen	966
Thüringen	123
Brandenburg	125
Mecklenburg-Vorpomm.	94
Baden-Württemberg	582
Schleswig-Holstein	172
Bayern	712
Niedersachsen	380
Rheinland-Pfalz	195
Hessen	283
Saarland	73
Bundesgebiet	**4435**

Mittelwert im Bundesgebiet

alte Länder
neue Länder

*Die Höhe der Balken drückt die Gesamtzahl der Kinosäle pro Land aus.

keine

Anteil in %

© Institut für Länderkunde, Leipzig 2000

Auszubildenden an ❶. Auf dem Weg in das neue Jahrtausend werden die Multiplexkinos die Unterhaltungs- und Freizeitlandschaft der Städte wesentlich prägen.

Entwicklungen, Marktanteile und räumliche Strukturen

Nachdem das erste deutsche Multiplexkino 1990 in Hürth bei Köln in einem Einkaufszentrum eröffnete, stieg die Anzahl in Deutschland bis Ende 1998 auf 92 bestehende Gebäudekomplexe einschließlich Miniplexe. 66 Multiplexkinos sind 1999 nachrichtlich in Bau und 39 in Planung ❷. In den Statistiken der Filmförderungsanstalt von 1998 werden 77 Multiplexe mit insgesamt 729 Leinwänden und über 180.000 Sitzplätzen als Bestand aufgeführt. Die Multiplexkinos erreichen einen Marktanteil von über 30% am gesamten Kinomarkt. Das entspricht 45,1 Mio. verkauften Eintrittskarten und 537,6 Mio. DM Umsatzvolumen ❸. Der Anteil der Multiplexsäle/-leinwände liegt bei 19% der insgesamt verfügbaren Kinosäle und differiert zwischen den dicht besiedelten Stadtstaaten (über 30%) und den Flächenländern mit geringerer Einwohnerdichte (teilweise unter 10%) erheblich ❹. Dieser Strukturwandel hat die deutsche Kinolandschaft grundlegend verändert.

Zu den bevorzugten Multiplexstandorten zählen vorrangig Städte mit über 200.000 Einwohnern. Aber auch Mittelstädte mit unter 100.000 Einwohnern, deren Umland bzw. Einzugsbereiche über ein entsprechendes Bevölkerungspotenzial verfügen, werden zunehmend in die Investitionsstrategien einbezogen. Inzwischen ist festzustellen, dass an vielen Multiplexstandorten mit mehr als 250.000 Einwohnern weitere Objekte als Konkurrenzunternehmen gebaut oder geplant werden ❺.

Durch diese Gesamtentwicklung steigt das Risiko des so genannten „Overscreening", d.h. durch den Verdrängungswettbewerb entstehen immer mehr Multiplexleinwände und -sitzplätze in einer Agglomeration. Hinsichtlich der marktverträglichen Kapazitäten lassen sich aus kinowirtschaftlichen Marktanalysen folgende Rentabilitätsschwellen ableiten:
- Versorgungsgrad von 500 bis 700 Sitzplätzen je 100.000 Einwohner
- 240 Sitzplätze pro Leinwand als Mittelwert (Bandbreite von 200 bis 270)
- Einzugsbereich mit 30-km-Radius als Mittelwert (für Innenstadtlagen ca. 20 km, für Stadtrandlagen ca. 30 km und für konkurrenzlose Standorte bis zu 60 km) bei einer Wohnbevölkerung von 200.000 bis 300.000 Menschen. Wenn alle Multiplexkinos, die sich derzeit in Bau oder in Planung befinden,

tatsächlich eröffnen sollten, muss in einigen Ländern mit einem Überangebot gerechnet werden. In diesem Fall könnte der Versorgungsgrad in den Stadtstaaten Berlin, Bremen und Hamburg von derzeit ca. 600 auf über 1000 Multiplexsitzplätze je 100.000 Einwohner ansteigen ❺.

Anhand der Einzugsbereiche zeigt sich außerdem, dass im Wesentlichen die dicht besiedelten Regionen und Großräume durch die Multiplexkinos er-

schlossen sind bzw. werden ❺. Es treten bereits Überschneidungen der Einzugsbereiche auf. Unerschlossene Bereiche liegen zumeist im ländlichen Raum, wo die zu geringe Bevölkerungsdichte einen Multiplexbetrieb nicht rentabel erscheinen lässt.

Auswirkungen auf das Umfeld

Aus Sicht der Städte sollen sich die Multiplexkinos in das jeweilige Stadtbild einfügen und auch zum vielfältigen kulturellen Leben einer Stadt beitragen. Am richtigen Standort sind sie eine hervorragende Investition (Investitionsvolumen bis über 100 Mio. DM), um die Attraktivität der innerstädtischen Bereiche – häufig die Bahnhofsnähe – oder anderer Stadtteile zu erhalten und zu verbessern.

Durch das Verlagern der Kinostandorte an die Stadtperipherie oder auf die Grüne Wiese können jedoch traditionelle Funktionen der städtischen Zentren beeinträchtigt werden, verbunden mit möglichen Auswirkungen
- auf die Siedlungsstruktur (z.B. Zersiedelung)
- auf den Verkehr (z.B. zusätzliches Ver-

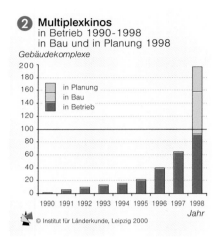

❷ **Multiplexkinos** in Betrieb 1990-1998 in Bau und in Planung 1998
Gebäudekomplexe

in Planung
in Bau
in Betrieb

Jahr

© Institut für Länderkunde, Leipzig 2000

kehrsaufkommen durch den Individualverkehr)
- auf die Umwelt (u.a. Bodenverbrauch mit bis zu 5 ha pro Einrichtung, Flächenversiegelung, Lärm- und Abgasbelastungen) und
- auf die Wirtschaft (z.B. Veränderungen der bestehenden Kinostruktur und des Arbeitsmarktes).

Das Netz der Multiplexstandorte wird immer engmaschiger. Deshalb suchen die Investoren und Kommunen nach geeigneten Steuerungsmechanismen, um

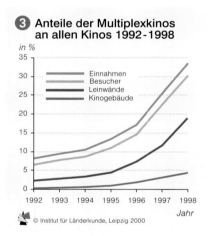

❸ **Anteile der Multiplexkinos an allen Kinos 1992-1998**
in %

Einnahmen
Besucher
Leinwände
Kinogebäude

Jahr

© Institut für Länderkunde, Leipzig 2000

daraus zukunftsorientierte Strategien für die Planungsverfahren und die Wettbewerbsperspektiven der Multiplexkinos abzuleiten.◆

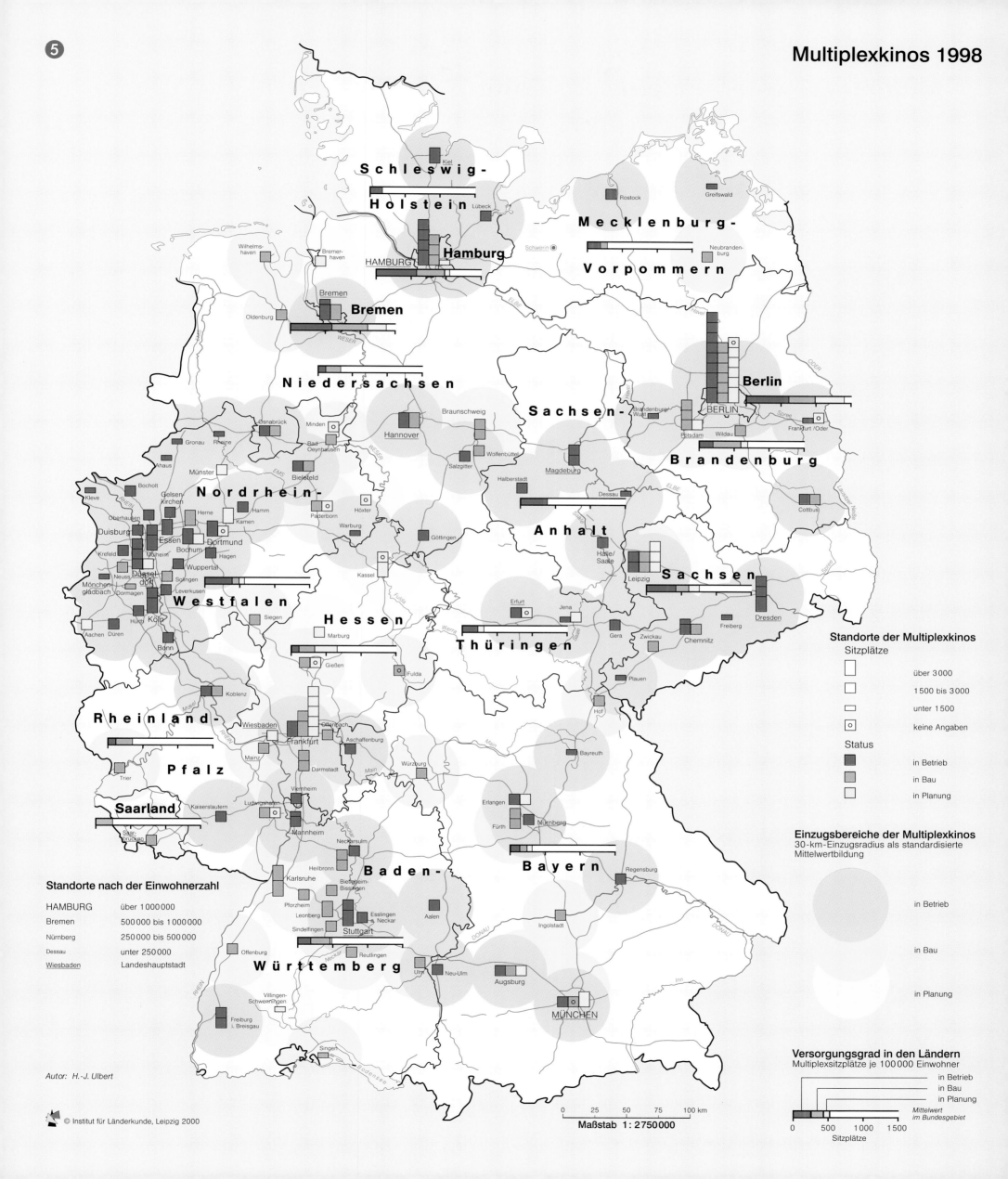

5

Schleswig-Holstein

Kiel

Lübeck

Mecklenburg-Vorpommern

Rostock

Greifswald

Schwerin

Neubrandenburg

Wilhelms-haven

Bremer-haven

Hamburg

HAMBURG

Bremen

Bremen

Oldenburg

WESER

Niedersachsen

Braunschweig

Berlin

BERLIN

Brandenburg/Havel

Potsdam

Wildau

Frankfurt /Oder

Sachsen-

Brandenburg

Osnabrück

Minden

Bad Oeynhausen

Hannover

Gronau

Rheine

Bielefeld

Wolfenbüttel

Salzgitter

Magdeburg

Halberstadt

Dessau

Cottbus

Ahaus

Münster

Nordrhein-

Hamm

Höxter

Paderborn

Warburg

Göttingen

Anhalt

Halle/Saale

Leipzig

Sachsen

Bocholt

Kleve

Gelsen-kirchen

Herne

Kamen

Oberhausen

Duisburg

Essen

Bochum

Dortmund

Krefeld

Mülheim

Hagen

Wuppertal

Westfalen

Neuss

Solingen

Leverkusen

Kassel

Siegen

Hessen

Erfurt

Jena

Dresden

Mönchen-gladbach

Dormagen

Köln

Aachen

Düren

Bonn

Marburg

Gießen

Fulda

Werra

Thüringen

Gera

Zwickau

Chemnitz

Freiberg

Plauen

Koblenz

Rheinland-

Wiesbaden

Offenbach

Aschaffenburg

Frankfurt

Mainz

Darmstadt

Würzburg

Hof

Pfalz

Trier

MOSEL

RHEIN

Viernheim

Main

Bayreuth

Saarland

Kaiserslautern

Ludwigshafen

Mannheim

Neckarsulm

Erlangen

Fürth

Nürnberg

Saar-brücken

Heilbronn

Baden-

Bietigheim-Bissingen

Bayern

Regensburg

Karlsruhe

Aalen

Pforzheim

Leonberg

Esslingen a. Neckar

Ingolstadt

DONAU

Sindelfingen

Stuttgart

Offenburg

Reutlingen

Ulm

Neu-Ulm

Augsburg

Württemberg

Villingen-Schwenningen

Neckar

Inn

MÜNCHEN

Freiburg i. Breisgau

Singen

Bodensee

Autor: H.-J. Ulbert

© Institut für Länderkunde, Leipzig 2000

Standorte der Multiplexkinos

Sitzplätze

- über 3000
- 1500 bis 3000
- unter 1500
- keine Angaben

Status

- in Betrieb
- in Bau
- in Planung

Einzugsbereiche der Multiplexkinos
30-km-Einzugsradius als standardisierte Mittelwertbildung

- in Betrieb
- in Bau
- in Planung

Standorte nach der Einwohnerzahl

HAMBURG	über 1 000 000
Bremen	500 000 bis 1 000 000
Nürnberg	250 000 bis 500 000
Dessau	unter 250 000
Wiesbaden	Landeshauptstadt

0   25   50   75   100 km

Maßstab 1 : 2 750 000

Versorgungsgrad in den Ländern
Multiplexsitzplätze je 100 000 Einwohner

- in Betrieb
- in Bau
- in Planung
- *Mittelwert im Bundesgebiet*

0   500   1000   1500

Sitzplätze

Freizeit- und Erlebnisparks

Uwe Fichtner

Zur Besuchsstatistik

Die Summe aller Eintritte bildet das **Besuchsvolumen** einer Freizeiteinrichtung, das immer auf eine bestimmte Zeitdauer bezogen ist. Es kann als tägliches, saisonales oder jährliches Besuchsaufkommen ausgedrückt werden.

Unter **Besuchsfrequenz** ist die Anzahl der **Besuche** ein und derselben Person pro Zeiteinheit zu verstehen. Während man ein Museum meist nur einmal innerhalb von Jahren aufsucht und mit wachsenden Besuchsintervallen die Besuchsfrequenz absinkt, werden Schwimmbäder von denselben Personen oft mehrmals in kurzen Abständen besucht. Das Produkt aus durchschnittlicher Besuchsfrequenz und Anzahl der Besucher pro Zeiteinheit ergibt wiederum das Besuchsvolumen einer Einrichtung.

Die **Ausschöpfungsquote** bezeichnet den Prozentsatz der Bevölkerung eines Gebietes, der durch eine Einrichtung oder Veranstaltung erreicht wird, d.h. diese z.B. einmal im Jahr besucht.

Wer an einem Sommerwochenende seine vier Wände verlassen möchte, um etwas zu unternehmen, wird unweigerlich auf das Angebot der zahlreichen Freizeit- und Erlebnisparks in Deutschland stoßen. Mancher mag den Gedanken an einen Besuch sogleich wieder verwerfen, weil diese Art von Ausflugsziel weniger seinen Vorstellungen entspricht. Da Freizeitparks aber der ganzen Familie etwas bieten möchten, können sie mit ihrer spezifischen Infrastruktur unterschiedliche Ansprüche von Jung und Alt zufrieden stellen. Ihre Bandbreite reicht vom kleinen Märchengarten, angegliedert an eine Ausflugsgaststätte, bis zur Großanlage mit mehreren Millionen Besuchen im Jahr.

Freizeit- und Erlebnisparks sind kommerzielle private Unternehmen, die Gewinne erwirtschaften müssen. Auf einem abgegrenzten Areal mit überwiegend fest installierten Einrichtungen offerieren sie ihrer Kundschaft gegen Entgelt Unterhaltung, Entspannung und Information. Da sie keine öffentlichen Subventionen erhalten, stehen sie auf dem Markt der Freizeitangebote im Wettbewerb mit vielfältigen anderen Aktivitäten und Zielen.

Weltweit weisen sie ein ähnliches, teilweise standardisiertes Angebot aus folgenden Elementen auf: Vielfältige technische Fahrgeschäfte und Spielgeräte, wie z.B. Achterbahnen, Wasserrutschen, Simulatoren, Karussells etc., erzeugen die unterschiedlichsten motorischen, akustischen und optischen Reize bei Nutzern und Zuschauern. Sie werden durch Multimedia-Shows, Events, 3-D-Kinos oder andere Präsentationen ergänzt. Diese sogenannten Attraktionen sind meist in Park- oder Grünanlagen eingebettet, um Natur, Technik und Kultur zu inszenieren – je nach Gusto des Parkbetreibers. Von Volksfesten und vom Zirkus (LANQUAR 1991, S. 19) haben Freizeitparks die Rezeptur für die Inszenierung von Fahrgeschäften und sensationellen Darbietungen übernommen. Landschaftsgärten und Filmarchitektur liefern Vorbilder für die Gestaltung von Geländen und Gebäuden.

Strukturen eines marktorientierten Freizeitangebotes

Zwar stehen die großen Vorbilder für die Erlebnisparks in den USA, ihre Wurzeln liegen aber durchaus in Europa (MICHNA 1985). Im Gegensatz zu den amerikanischen sind die deutschen Unternehmen kleine bis mittelständische Familienbetriebe, die oft aus dem Kreis des Schaustellergewerbes stammen oder Erfahrung in verwandten Branchen wie dem Showgeschäft oder den Medien gesammelt haben. Der Europa-Park im badischen Rust verzeichnet als Marktführer in Deutschland über 3 Mio. Eintritte pro Jahr. Dagegen zählte der Disney Konzern 1998 in Anaheim in Kalifornien 13,7 Mio. Besuche und meldete von seinem Flaggschiff MAGIC KINGDOM aus Florida mit 15,6 Mio. Eintritten einen Spitzenwert, der auch den besucherstärksten Park in Europa, DISNEYLAND PARIS mit 12,5 Mio., deutlich in den Schatten stellt.

Während Schausteller, Beschicker von Volksfesten, Messen, Wanderzirkusse u.ä. mit ihren mobilen Attraktionen von Ort zu Ort der dort konzentrierten Nachfrage hinterherziehen, reist bei den Freizeitparks die Kundschaft zum Angebotsstandort an, und es entfallen die mit Transport, Auf- und Abbau verbundenen Kosten sowie Ausfallzeiten ohne Einnahmen. Da zwischen 70% bis 80% des Publikums mit dem eigenen Kraftfahrzeug kommen, bilden eine gute Verkehrsanbindung und eine ausreichende Anzahl an Parkplätzen unerlässliche Voraussetzungen. Etwa 7% bis 8% der Bevölkerung Deutschlands besuchen mehr oder weniger regelmäßig im Jahr Freizeitparks (OPASCHOWSKI 1995, S. 7). Aufgrund ihrer Genese als Ausflugsziele haben die meisten Freizeit- und Erlebnisparks in Deutschland nur über die Sommermonate geöffnet, und ihre Hauptsaison ist identisch mit der Zeit der Schulferien.

Junges Publikum mit familiären Besuchergruppen

Unter bestimmten Rahmenbedingungen steigt die Wahrscheinlichkeit für die Wahl eines Freizeitparks als Ausflugsziel an. Im Vordergrund steht beim Besuch das gemeinsame Erlebnis von miteinander bekannten oder verwandten Personen. Einzelbesucher sind unter dem Publikum von Freizeitparks so gut wie nicht zu finden (unter 1%). Junge Menschen und Familien mit Kindern bilden daher wichtige Zielgruppen für das Marketing. Entsprechend beträgt der Anteil der Kinder unter den Gästen ein Drittel und mehr, während ältere Menschen weniger vertreten sind. Dadurch ist der Altersdurchschnitt der Gäste deutlich niedriger als in der Bevölkerung des jeweiligen Einzugsgebietes. Abgesehen vom statistisch signifi-

Musicalnacht in der spanischen Arena des EUROPA-PARK, Rust

① Evaluation des EUROPA-PARKs durch seine Besucher

Prozent aller Besucher

Frage: "Wie hat Ihnen Ihr heutiger Besuch im Europa-Park gefallen?"

Skalenwert	Prozent
-5 (sehr schlecht)	0,2
-4	0,1
-3 (schlecht)	0,1
-2	0,3
-1 (mittelmäßig)	0,1
0	0,9
1	0,6
2 (gut)	4
3	12,4
4 (sehr gut)	30,8
5	50,4

© Institut für Länderkunde, Leipzig 2000

❷ HANSA-PARK 1998
Einzugsgebiet und Marktausschöpfung

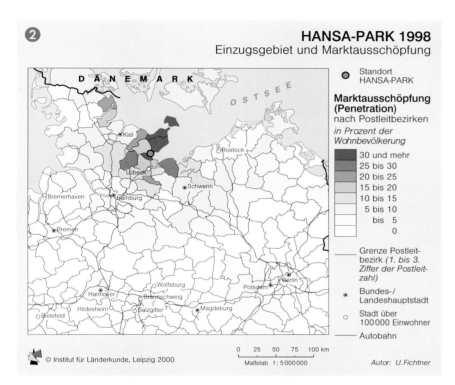

- Standort HANSA-PARK

Marktausschöpfung (Penetration)
nach Postleitbezirken
in Prozent der Wohnbevölkerung

- 30 und mehr
- 25 bis 30
- 20 bis 25
- 15 bis 20
- 10 bis 15
- 5 bis 10
- bis 5
- 0

— Grenze Postleitbezirk *(1. bis 3. Ziffer der Postleitzahl)*
- Bundes-/ Landeshauptstadt
- Stadt über 100 000 Einwohner
— Autobahn

© Institut für Länderkunde, Leipzig 2000

0 25 50 75 100 km
Maßstab 1 : 5 000 000

Autor: U. Fichtner

❸ Legoland Deutschland
Prognose / Einzugsgebiet und Marktausschöpfung

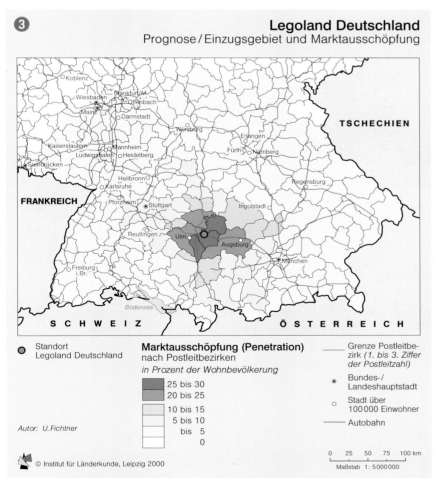

- Standort Legoland Deutschland

Marktausschöpfung (Penetration)
nach Postleitbezirken
in Prozent der Wohnbevölkerung

- 25 bis 30
- 20 bis 25
- 10 bis 15
- 5 bis 10
- bis 5
- 0

— Grenze Postleitbezirk *(1. bis 3. Ziffer der Postleitzahl)*
- Bundes-/ Landeshauptstadt
- Stadt über 100 000 Einwohner
— Autobahn

Autor: U. Fichtner

© Institut für Länderkunde, Leipzig 2000

0 25 50 75 100 km
Maßstab 1 : 5 000 000

---

kanten Unterschied in der Alterszusammensetzung bestehen jedoch kaum weitere wesentliche Unterschiede zum Bevölkerungsquerschnitt. Dem hohen Anteil von Familien unter den Besuchern entsprechend, sind Besucherinnen gegenüber Besuchern gelegentlich etwas in der Überzahl.

Attraktivität und Erlebniswert

Wie lässt sich die Attraktivität von Ausflugszielen, Freizeitparks und anderen Einrichtungen oder Events bestimmen? Bei mehreren Untersuchungen hat sich eine Methode bewährt, die in Deutschland zuerst von der „Forschungsgruppe Wahlen" für die Sympathiemessung von politischen Persönlichkeiten eingesetzt worden ist. Im Rahmen von mündlichen Interviews legt man den mit Hilfe einer Zufallsstichprobe repräsentativ ausgewählten erwachsenen Probanden die Frage vor, wie ihnen der Besuch gefallen habe ❶, und bittet um eine Einstufung auf einer bipolaren Skala von -5 (sehr schlecht) bis +5 (sehr gut). Auf diese Weise können die Erlebniswerte verschiedener Attraktionen miteinander verglichen werden.

Hoher Grad an Zufriedenheit bei den Gästen

Bei einer solchen Evaluation zeigt sich, dass die führenden Freizeit- und Erlebnisparks eine hohe Attraktivität bei ihrem Publikum besitzen. Bereits vor den Toren findet eine Selektion statt, mit der Konsequenz, dass jene Menschen, die Freizeitparks eher ablehnen, sie erst gar nicht betreten. Wer dagegen einen Besuch in einem Freizeitpark unternommen hat, gibt überwiegend gute bis sehr gute Noten für das angetroffene Angebot. Nur wenige der Gäste äußern sich unzufrieden.

Auch im Vergleich zu Bewertungen von Museen, Zoos und Tierparks oder anderen Freizeitzielen durch ihre eigenen Besucher können sich die führenden Freizeit- und Erlebnisparks in

Deutschland durchaus sehen lassen, und bei wiederholt durchgeführten Evaluationen der STIFTUNG WARENTEST (1996) erzielten sie ebenfalls Bestnoten ❹.

Das mit Hilfe einer Befragung auf direktem Weg gewonnene Ergebnis wird durch indirekte Hinweise, wie die Aufenthaltsdauer oder eine starke Kundenbindung, die sich in einer hohen Wiederkehrbereitschaft und einem großen Anteil an Wiederholungsbesuchern ausdrückt, bestätigt. Kein Wunder also, wenn Freizeit- und Erlebnisparks entgegen der Einschätzung von Skeptikern ein Stammpublikum ausbilden. Bei schon seit längerer Zeit existierenden Anlagen können bis zu 80% aller Besuche auf Wiederholer entfallen ❺.

Rekord bei der Verweildauer

Freizeitziele lassen sich je nach der Dauer des Aufenthalts ihrer Gäste in Halbtages-, Ganztages- und Mehrtagesziele unterscheiden. Während in Naturschutzgebieten eine durchschnittliche Aufenthaltsdauer von einer halben Stunde gemessen wurde, ein Kinobesuch rund zwei Stunden in Anspruch nimmt und Spaßbäder auf rund →

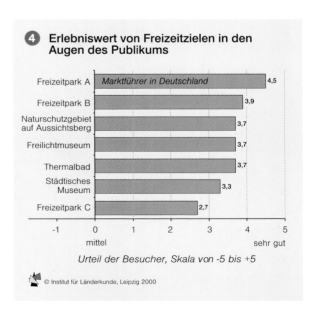

❹ Erlebniswert von Freizeitzielen in den Augen des Publikums

Freizeitpark A	*Marktführer in Deutschland* 4,5
Freizeitpark B	3,9
Naturschutzgebiet auf Aussichtsberg	3,7
Freilichtmuseum	3,7
Thermalbad	3,7
Städtisches Museum	3,3
Freizeitpark C	2,7

-1   0   1   2   3   4   5
mittel   sehr gut

Urteil der Besucher, Skala von -5 bis +5

© Institut für Länderkunde, Leipzig 2000

drei Stunden kommen, halten sich die Gäste in den großen Freizeitparks durchschnittlich zwischen fünf bis sechs Stunden auf. Den Rekord unter den Tagesausflugszielen kann mit großem Abstand der EUROPA-PARK verbuchen: Im Mittel verbringen die Gäste mehr als 8 Stunden pro Tag in der Anlage ⑥, wie in repräsentativen Erhebungen wiederholt festgestellt werden konnte. Mit dem weiteren Ausbau wandelt sich der Park allmählich von einem Eintageszum Mehrtagesziel. Er erzeugt auf direktem Weg derzeit rund 300.000 Übernachtungen in den umliegenden Gemeinden und trägt in indirekter Weise zu weiteren 400.000 Kurzreisen in Schwarzwald und Vogesen bei.

Freizeitparks in der Kritik

Freizeit- und Erlebnisparks zählen zu jenen Anlagen, an denen sich die Geister in besonderem Maß reiben und scheiden: Dem meist sehr positiven, teils überschwänglichen Urteil des Publikums stehen Skepsis und Vorurteile vor allem aus Reihen der Intellektuellen gegenüber, die sie als Konsumtempel verdammen. Dabei beruht z.B. der Vorwurf, in den Anlagen werde das Publikum gezielt passiv gehalten und es gäbe für Kinder zu wenig Möglichkeiten für eine aktive Betätigung, auf Unkenntnis, denn in den meisten Anlagen stehen Abenteuerspielplätze u.ä. zur Verfügung. In vielen Freizeitparks animieren Gaukler und andere Kleinkünstler das Publikum und regen zum Mitmachen an.

Unter den Kritikpunkten werden von Umweltschützern auch immer wieder die angeblich negativen ökologischen Folgen als Argumente ins Feld geführt. Dagegen bemühen sich manche Unternehmen schon recht lange um eine Berücksichtigung von Umweltbelangen oder leisten über die an jedem Standort bestehenden planungsrechtlichen Auflagen hinaus freiwillige Beiträge aus eigener Einsicht. Beispiele für einen sparsamen Umgang mit den Ressourcen sind die Nutzung von alternativen Energien, wie Windenergie, Wasserkraft, Solarstrom oder spezielle Schaltungen zum Stromsparen beim Betrieb der Großattraktionen, der Verzicht auf Plastikgeschirr und eine detaillierte Mülltrennung. Viele fördern die Nutzung umweltfreundlicher Verkehrsmittel durch kombinierte Fahr- und Eintrittskarten.

Das Beispiel HANSA-PARK

Der an der Ostseeküste in der Lübecker Bucht liegende HANSA-PARK hat ein Einzugsgebiet, das sich sowohl aus längerfristigem Fremdenverkehr als auch aus kurzfristigem Naherholungsverkehr großer Ballungsräume speist. Der Park besitzt eine maximale Reichweite von 4,5 Stunden Anfahrtsdauer, und sein Einzugsgebiet reicht vom Standort in Sierksdorf bis in den Raum Berlin ②. Derart lange Anfahrtszeiten nehmen aber nur verhältnismäßig wenige Gäste auf sich. Der Schwerpunkt der Anreisedauer liegt zwischen einer und zwei

Stunden, und in seiner unmittelbaren Nachbarschaft kann der Park eine jährliche Ausschöpfungsquote erzielen, die etwa der Hälfte der dort vorhandenen Wohnbevölkerung entspricht.

Standorte und Nutzungskonflikte

Aufgrund der hohen Kosten für die erforderlichen Flächen liegen die Freizeitparks meist in randlicher Lage von Ballungsgebieten und nehmen bevorzugt Standorte ein, für die zunächst keine andere wirtschaftliche Nutzung gefunden wurde, wie z.B. ehemalige Tagebaugebiete (PHANTASIALAND Brühl), aufgegebene militärische Anlagen (geplantes LEGOLAND Günzburg), Industriebrachen, ehemalige Schlossanlagen (z.B. EUROPA-PARK in Rust), aufgelassene Hofgüter (BERGWILDPARK STEINWASEN im Südschwarzwald) etc.

In allen Ländern der Bundesrepublik erzwingen rechtliche Vorgaben der Landesentwicklungspläne und die bei Neuansiedlungen vorgeschriebenen Raumordnungsverfahren derartige Standorte. Abgelegene und wirtschaftlich ungenutzte größere Areale sind aber häufig auch aus Gründen des Naturschutzes von Interesse, so dass notwendigerweise Nutzungskonflikte entstehen. Sie zu lösen, ist Aufgabe einer klugen und vorausschauenden Raumordnung.

Prognose zum Einzugsgebiet VON LEGOLAND

Im bayerischen Günzburg wird in wenigen Jahren ein deutsches LEGOLAND seine Tore öffnen. Mit Hilfe von Modellen zur Marktausschöpfung, abgeleitet aus umfangreichen Erhebungen, kann man eine Prognose über die voraussichtliche Ausdehnung seines Einzugsgebietes abgeben ③. Es wird sich über ganz Süddeutschland mit den Verdichtungsräumen München, Stuttgart und Nürnberg erstrecken und darüber hinaus im Süden bis in die benachbarte Schweiz sowie nach Österreich reichen, im Norden bis nach Thüringen und Sachsen, im Westen bis ins Elsass und im Osten bis an die Grenze nach Tschechien.

Räumliche Verteilung

Die Freizeit- und Erlebnisparks sind sehr ungleichmäßig über Deutschland verteilt ⑦. In den alten Ländern haben sich seit der Gründerwelle in den 1970er Jahren ein hierarchisches System mit Anlagen von lokaler, regionaler und nationaler Bedeutung herausgebildet.

In der DDR stellte die zentralistische Planung zwar städtische Naherholungsgebiete mit Ausflugsgaststätten und kleineren Freizeiteinrichtungen für Kinder bereit, der Errichtung kommerzieller, privatwirtschaftlich betriebener Großanlagen waren aber systembedingt Grenzen gesetzt, was sich in den neuen Ländern bis heute niederschlägt. Vor allem um die Bundeshauptstadt Berlin, im mitteldeutschen Raum, entlang des thüringisch-sächsischen Städtebands und in der Leipziger Tieflandsbucht be-

stehen zur Zeit noch größere Lücken. Abgesehen von mehreren Parks lokaler Bedeutung, befindet sich bei Leipzig ein größeres Projekt (EVENT-PARK) in der Umsetzung. Seit der deutschen Wiedervereinigung gab es zwar zahlreiche unverbindliche Anfragen, Vorplanungen und Absichtserklärungen, die aber bereits im Vorfeld stecken blieben.

Ebenso fehlte in Südbayern und Schwaben bislang eine überregional bedeutsame Großanlage. Zwar gab es in der Vergangenheit zahlreiche Versuche, einen derartigen Park in diesem Raum zu positionieren, aber die zur Verfügung stehenden Standorte konnten den hohen Anforderungen des Umweltschutzes meist nicht gerecht werden. Die vorhandene Lücke füllen drei neue bzw. geplante Anlagen: das Ravensburger SPIELELAND, der Allgäu SKYLINE-PARK und besonders die geplante deutsche Niederlassung von LEGOLAND.◆

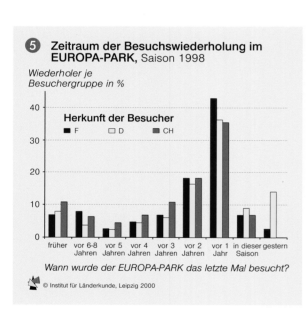

⑤ **Zeitraum der Besuchswiederholung im EUROPA-PARK,** Saison 1998

Wiederholer je Besuchergruppe in %

Herkunft der Besucher
■ F □ D ■ CH

Wann wurde der EUROPA-PARK das letzte Mal besucht?

© Institut für Länderkunde, Leipzig 2000

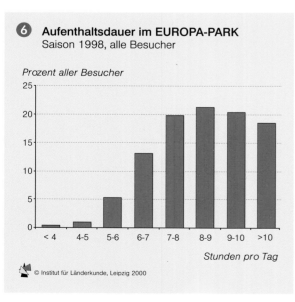

⑥ **Aufenthaltsdauer im EUROPA-PARK**
Saison 1998, alle Besucher

Prozent aller Besucher

Stunden pro Tag

© Institut für Länderkunde, Leipzig 2000

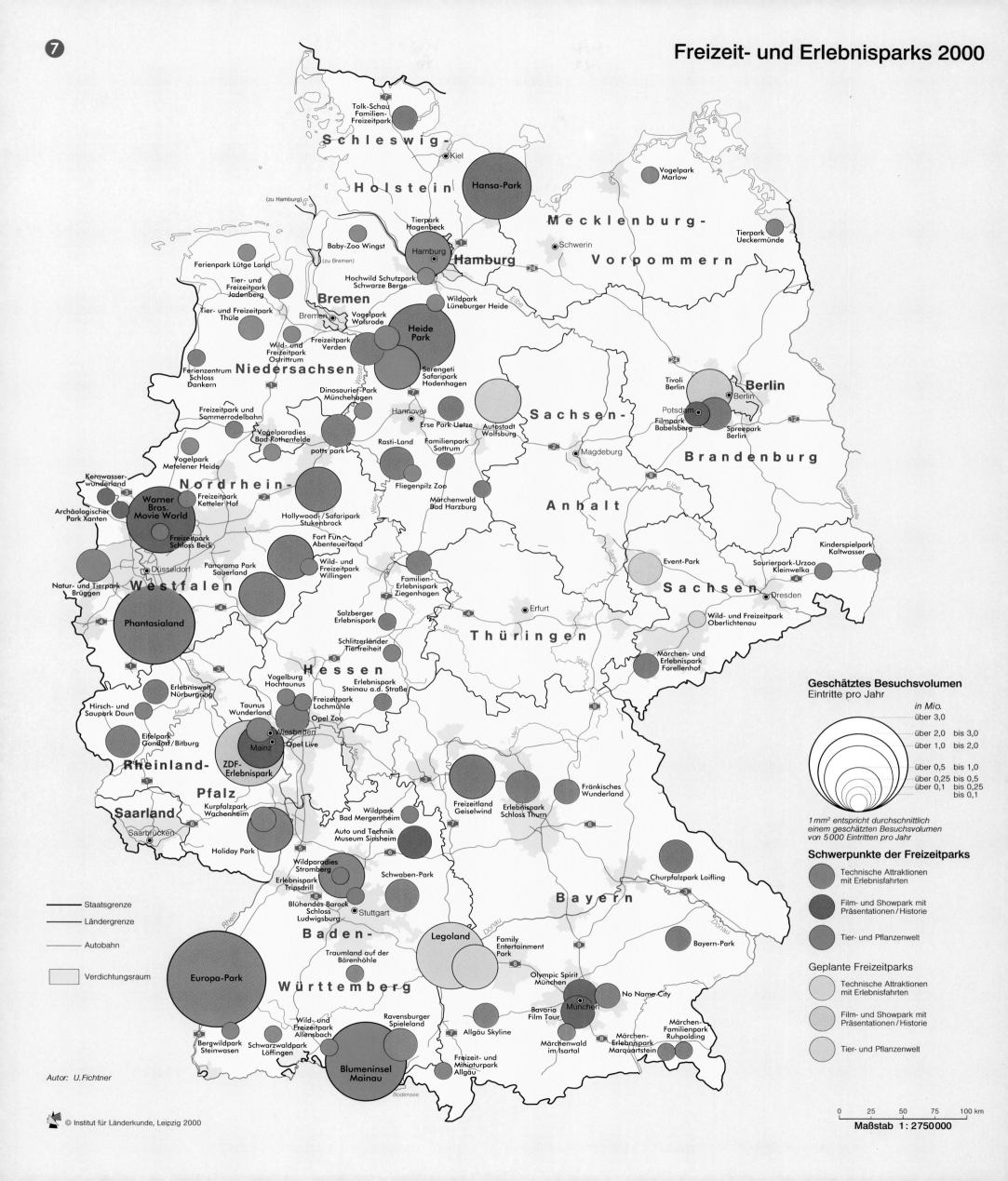

Sportstätten im Trendsport-Zeitalter

Thomas Schnitzler

❶ Anzahl der Fitnessstudios und Mitgliederentwicklung 1990-1997

Studios in Tsd.   *Mitglieder in Mio.*

© Institut für Länderkunde, Leipzig 2000

❷ Gesamtumsatz der Fitnessstudios 1990-1997

Mrd. DM

© Institut für Länderkunde, Leipzig 2000

Sportverhalten im Wandel

Durch die zunehmende Freizeit seit den 1970er Jahren hat sich das Sportverhalten der Bevölkerung deutlich verändert. Zu beobachten sind u.a.:

- die Zunahme von freizeit- gegenüber wettkampforientierten Sportaktivitäten,
- die Zunahme der informellen, d.h. der außerhalb von organisierten Vereinen und Verbänden stattfindenden Sportbetätigungen,
- die verstärkte Nutzung kommerzieller Freizeitsportangebote,
- eine Verschiebung vom gruppenorientierten Gemeinschaftserlebnis zur individualistischen Selbstverwirklichung,
- der wachsende Zuspruch erlebnisbetonter Fun-Sporte wie Bungee-Jumping oder Paragliding wie auch des Fitness- und Wellness-Sports sowie
- die fortschreitende Vermarktung des Zuschauer-Sports zum globalen Tele-Sport.

Der in regionalen Vergleichsstudien seit Anfang der 1990er Jahre festgestellte Rückgang der Wettkampf- und Leistungssportaktivitäten tritt im städtischen Siedlungsraum weitaus stärker als in ländlichen Regionen auf. In den Städten existieren deutlich mehr informelle als organisierte Sportler, die z.B. 1991 in Neuss nur noch 10% aller aktiven Sportler ausmachten. Dabei gilt: „das Erlebnis ist wichtiger als das Er-

gebnis" (OPASCHOWSKI 1997). Federball spielende Familien auf dem Abstandsgrün von Wohnanlagen, jugendliche BMX-Fahrer auf den Brachflächen am Ortsrand, Inline- und Rollerskater in den Fußgängerzonen und auf Radwegen, Jogger und Boccia-Spieler in Parkanlagen oder Eishockey spielende Kinder und Schlittschuhläufer auf zugefrorenen Seen gehören inzwischen überall zum Stadtbild. Freizeitforscher prognostizieren zudem den immer zahlreicheren und ausgefalleneren Abenteuer- und Natursportaktivitäten einen anhaltenden Boom, als dessen wichtigste Trendsportarten genannt werden: Mountainbiking/Radfahren, Free Climbing/ Bergsteigen, Trekking/Wandern, Bowling/Kegeln, Fitness-Training/Wellness, In-Line-Skating, Schießsport, Snowboard, Tauchen, Wildwasserfahren, Fallschirmspringen und (Beach-)Volleyball. Zugleich wird eine deutliche Zunahme der passiven Sportbegeisterung erwartet, eine Folge der kommerziellen Entwicklung des Zuschauersports – besonders Tennis und Fußball – zum Medienspektakel.

Die Sportstätten des „Goldenen Planes"

Noch bis in die achtziger Jahre befolgte die westdeutsche Sportstättenbaupolitik

die von Carl Diem (1882-1962) seit 1911 für ein Reichsspielplatzgesetz entwickelte Konzeption, 1960 im ▶ Goldenen Plan veröffentlicht. Die 1989 für die insgesamt 150.000 Sportanlagen in den alten Ländern errechnete nutzbare Sportfläche von 32.000 ha umfasste fast 3% der gesamten Siedlungsfläche bzw. 0,35% der Gesamtfläche der Bundesrepublik (HAHN 1989). Der in den neuen

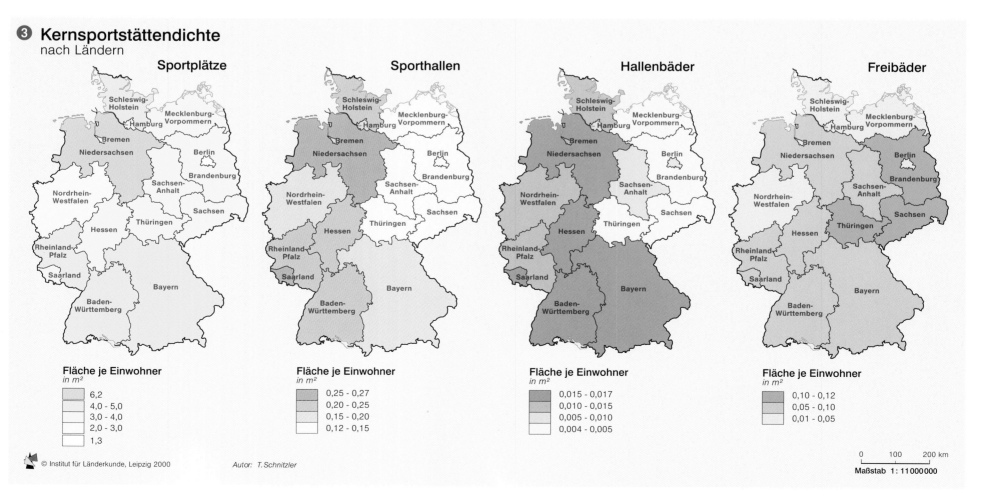

❸ Kernsportstättendichte
nach Ländern

Sportplätze

Sporthallen

Hallenbäder

Freibäder

Fläche je Einwohner
in m²

	6,2
	4,0 - 5,0
	3,0 - 4,0
	2,0 - 3,0
	1,3

Fläche je Einwohner
in m²

	0,25 - 0,27
	0,20 - 0,25
	0,15 - 0,20
	0,12 - 0,15

Fläche je Einwohner
in m²

	0,015 - 0,017
	0,010 - 0,015
	0,005 - 0,010
	0,004 - 0,005

Fläche je Einwohner
in m²

	0,10 - 0,12
	0,05 - 0,10
	0,01 - 0,05

© Institut für Länderkunde, Leipzig 2000   *Autor: T. Schnitzler*

0   100   200 km

Maßstab 1 : 11 000 000

Ländern als Langzeitfolge der sozialistischen Körperkultur 1992 ermittelte Fehlbedarf betraf hauptsächlich Hallenbäder (69% unter dem Empfehlungswert des Goldenen Plans), Sporthallen (58%) und Sportplätze (23%), wobei der Mangel an Spezialanlagen für den vernachlässigten Individualsport wie Tennis, Kegeln oder Golf besonders auffällt (DEUTSCHER SPORTBUND 1992).

Im Hinblick auf den prognostizierten Zuwachs des Zuschauersports fehlen in den neuen Ländern große Stadien für mehr als 10.000 Zuschauer und Sporthallen für mehr als 3000 Zuschauer ❹. In den alten Ländern gibt es allein 14 Stadien mit 40.000 bis 70.000 Plätzen, bei denen auch Rockkonzerte schon lange zum Veranstaltungsprogramm gehören. Die neue Köln-Arena (18.000 Sitzplätze) und die in Gelsenkirchen für 62.000 Zuschauer geplante „Arena Auf Schalke" (Eröffnung 2001) folgen in ihrer kommerziellen Multifunktionalität dem Vorbild der amerikanischen *Superdomes*.

Sportgelegenheiten und Planung für die Zukunft

Seit den achtziger Jahren wurden neue Leitaspekte für die Sportstättenplanung entwickelt. Auf der Suche nach einer bedarfsgerechten Raumsicherung für den Sport, die sich auch langfristig den unterschiedlichen sozioökonomischen und kommunalen Situationen anpassen kann, diskutiert die Forschung seit einigen Jahren den Begriff der „Sportgelegenheiten". Dabei handelt es sich um Flächen oder Räume, deren primäre Zweckzuweisung keine Sportnutzung vorsieht, jedoch eine Sekundärnutzung in Form von informellem Sport zulässt, wie zum Beispiel öffentliche Grünflächen, Freiplätze, Schulhöfe, Parkanlagen oder leer stehende ehemalige Geschäftsräume und Fabrikgebäude. Für eine dauerhafte Nutzungsregelung bedürfen solche Sportgelegenheiten zu ihrer räumlichen Erschließung besonderer vertragsrechtlicher Vereinbarungen, wenn keine stillschweigende Zulassung ihrer sekundären Benutzung für den Sport besteht (BACH 1991). Die von süddeutschen Gemeinden vorliegenden ersten Erfahrungswerte wurden bereits bei einigen Pilotprojekten wie dem Sportstättenleitplan Weimar (1995) umgesetzt.

Der vom Bundesinstitut für Sportwissenschaft publizierte „Leitfaden für die künftige Sportstättenentwicklungskonzeption" beinhaltet das Ergebnis der 1986 aufgenommenen Auftragsstudie „Sportstättenentwicklungsplanung" (BfS 2000). Er berücksichtigt stärker als bisher den Sportanlagenbedarf der Kommunen bis in die einzelnen Stadtteile. Der zunehmende Nutzungsbedarf an Naturräumen, u.a. für die große Gruppe der Trekking-, Wasser- und Wintersportler, wird unter Einhaltung der gesetzlichen Umweltschutzvorschriften ein vorrangiges Problem der zukünftigen Sportstättenplanung darstellen. Wegen ihrer beschränkten Mittel für den Sport sollten die Kommunen in ihrer Sportstättenplanung anstelle kostspieliger Neubauten eine größere Auslastung ihrer vorhandenen Sportanlagen anstreben und mit der innovativen Erschließung von sekundären Nutzungsmöglichkeiten für den Sport beginnen.

Ein Beispiel für eine auf dem sekundären Planungswege entstandene Sportfreianlage stellt die 1989 auf einem ehemaligen Schlachthofgelände in Bremen eröffnete Skateanlage an der Bürgerweide dar. Auf 250 m² bietet diese Mehrzweckanlage für Jugendliche ideale Möglichkeiten zum Skateboarding, Inline-Skating, BMX-, Roller- und Dreiradfahren und sogar Sprühflächen für Graffitikünstler. Das 180.000 DM teure Projekt steht im Einklang mit der langfristigen Sanierung des Stadtzentrums, aus dem die Stadt Bremen den Schlachthofbetrieb ausgelagert hat und das Gebäude unter Wahrung denkmalpflegerischer Interessen zum „Kulturzentrum Schlachthof" umgebaut hat.◆

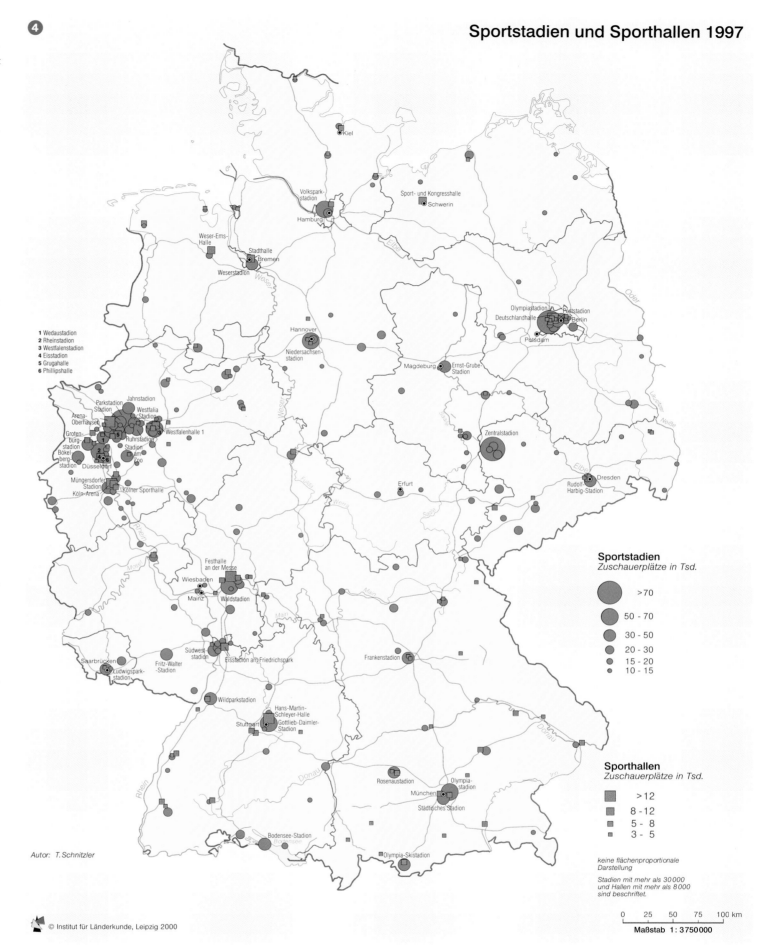

❹ Sportstadien und Sporthallen 1997

1 Wedaustadion
2 Rheinstadion
3 Westfalenstadion
4 Eisstadion
5 Grugahalle
6 Phillipshalle

Sportstadien
Zuschauerplätze in Tsd.

⬤ >70
⬤ 50 - 70
⬤ 30 - 50
⬤ 20 - 30
● 15 - 20
• 10 - 15

Sporthallen
Zuschauerplätze in Tsd.

■ >12
■ 8 - 12
◾ 5 - 8
▪ 3 - 5

keine flächenproportionale Darstellung

Stadien mit mehr als 30000 und Hallen mit mehr als 8000 sind beschriftet.

Autor: T.Schnitzler

© Institut für Länderkunde, Leipzig 2000

0   25   50   75   100 km

Maßstab 1 : 3750000

Fußball — Volkssport und Zuschauermagnet

Christian Lambrecht

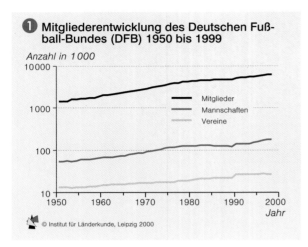

❶ Mitgliederentwicklung des Deutschen Fußball-Bundes (DFB) 1950 bis 1999

Anzahl in 1 000

© Institut für Länderkunde, Leipzig 2000

Als Freizeitbeschäftigung oder Sport hat der Fußball seine Wurzeln in England und etablierte sich Ende des 19. Jhs. auch in Deutschland. Es kam zur Bildung bzw. Gründung von Fußballvereinen und Fußballabteilungen in den Turn- und Sportvereinen. Am 28. Januar 1900 wurde in Leipzig mit dem Deutschen Fußball-Bund (DFB) ein Dachverband gegründet, der für die Gesamtorganisation, die Fußballgerichtsbarkeit und auch für die internationale Vertretung zuständig ist. Der Beitritt zur Fédération Internationale de Football Association (FIFA) erfolgte noch am Tag von dessen Gründung am 21. Mai

Münchner Olympiastadion – Spiel des FC Bayern München

❷ Fußballverbände im Amateurbereich 1999

© Institut für Länderkunde, Leipzig 2000   Autor: C. Lambrecht   Maßstab 1 : 5 000 000

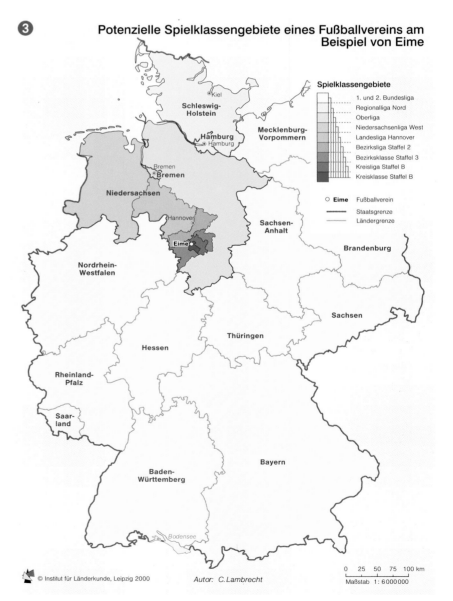

❸ Potenzielle Spielklassengebiete eines Fußballvereins am Beispiel von Eime

Spielklassengebiete
- 1. und 2. Bundesliga
- Regionalliga Nord
- Oberliga
- Niedersachsenliga West
- Landesliga Hannover
- Bezirksliga Staffel 2
- Bezirksklasse Staffel 3
- Kreisliga Staffel B
- Kreisklasse Staffel B

○ Eime Fußballverein
── Staatsgrenze
── Ländergrenze

© Institut für Länderkunde, Leipzig 2000   Autor: C. Lambrecht   Maßstab 1 : 6 000 000

1904. Zu diesem Zeitpunkt gab es in Deutschland 86 Vereine. 1999 gibt es 6.310.948 aktive und passive Mitglieder im Amateur- und Profifußball, die in 26.848 Vereinen mit 173.411 Mannschaften organisiert sind ❶.

Regionalisierung und Mannschaftsarten im Amateurfußball

Während im Profifußball bundesweit gespielt wird und der DFB direkt für die Organisation des Spielbetriebes verantwortlich ist, ist der Amateurbereich in fünf Regionalverbänden mit insgesamt 21 Landesverbänden organisiert ❷, die sich wiederum in Bezirke und Kreise untergliedern. Diese vertikale Gliederung führt im Amateurbereich je nach Landesverband zu einer unterschiedlichen Anzahl von Spielklassen. Die Spielklassen, hier am Beispiel der Herrenmannschaften in Niedersachsen aufgezeigt, ergänzen sich kumulativ von den Kreisklassen über die Kreisliga, die Bezirksklasse, die Bezirksliga, die Landesliga, die Verbandsliga (hier Niedersachsenliga) und die Oberliga bis zur Regionalliga ❸. Eine Besonderheit ist, dass der Westdeutsche Fußballverband und der Fußballregionalverband Südwest zusammen die Regionalliga West/Südwest bilden. Mit der Saison 2000/01 wird die Zahl auf zwei Regionalligen (Nord und Süd) reduziert. Innerhalb dieser vertikalen Regionalisierung sind die Kreisbzw. Bezirks-, Landes- und Regionalverbände für die Organisation des Spielbetriebes zuständig.

Fußball wird geschlechts- und altersspezifisch differenziert gespielt. Die stärkste Unterteilung findet mit sechs Mannschaftsarten von den F- bis zu den A-Junioren sowie vier Mannschaftsarten von den E- bis zu den B-Juniorinnen im Jugendbereich statt. Insgesamt gibt es bei den Männern neun Mannschaftsarten und bei den Frauen fünf. Für eine gute Nachwuchsarbeit sollte ein Verein im Herrenfußball sechs bis sieben Mannschaften haben ❷. Unter der Annahme, dass eine Mannschaft durchschnittlich aus 16 Spielern besteht, spielen rund 2,8 von den 6,3 Mio. Vereinsmitgliedern aktiv Fußball, davon sind 1,8 Mio. Jugendliche. Rund 875 Tsd. Mitglieder des DFB sind Frauen, die sich erst seit 30 Jahren wieder im DFB organisieren können, nachdem dieser von 1955 bis 1970 ein Verbot des Frauenfußballs ausgesprochen hatte.

Profifußball und Zuschauer

In den beiden Profiligen spielen jeweils 18 Vereine ❹. Seit der Vereinigung der Ost- und Westdeutschen Verbände, die im Fußball mit der Saison 1991/92 stattfand, haben insgesamt 57 Vereine in beiden Ligen gespielt. Mit der Saison 1999/2000 kommen mit Alemannia Aachen und Kickers Offenbach zwei weitere dazu. Immer mehr Zuschauer drängen in die Stadien, um sich die Spiele vor Ort anzusehen. Die Bundesliga boomt! Während in den 1980er Jahren 5 – 6 Mio. Besucher zu den Spielen der 1. Liga kamen, sind es seit der Sai-

son 1997/98 rund 9,5 Mio. Dagegen hängt die Zuschauerresonanz in der 2. Liga stark von der Attraktivität der Vereine ab und schwankt um einen Wert von gut 2 Mio. (▶▶ Beitrag Schnitzler). Die höchste Attraktivität in der 1. Liga besitzt der FC Bayern München, der die meisten Zuschauer bei Auswärtsspielen anzieht. Aber auch bei seinen Heim-

spielen gibt es ein großes Interesse, und der durchschnittliche Anfahrtsweg der Besucher liegt bei 260 km. Innerhalb eines solchen Radius liegen beim FC Hansa Rostock schon 99% der Wohnorte der Dauerkarteninhaber, deren durchschnittliche Anreise je Heimspiel lediglich bei ca. 35 km liegt ❹. Die Zuschauerzahl aller Fußballspiele

des DFB dürfte pro Saison mindestens im dreistelligen Millionenbereich liegen. Die Spiele der höheren Ligen werden im Rundfunk, Fernsehen und Internet übertragen. Die Hauptsendung zur 1. Bundesliga wird am Samstagabend von durchschnittlich 5,5 Mio. Fernsehzuschauern gesehen.◆

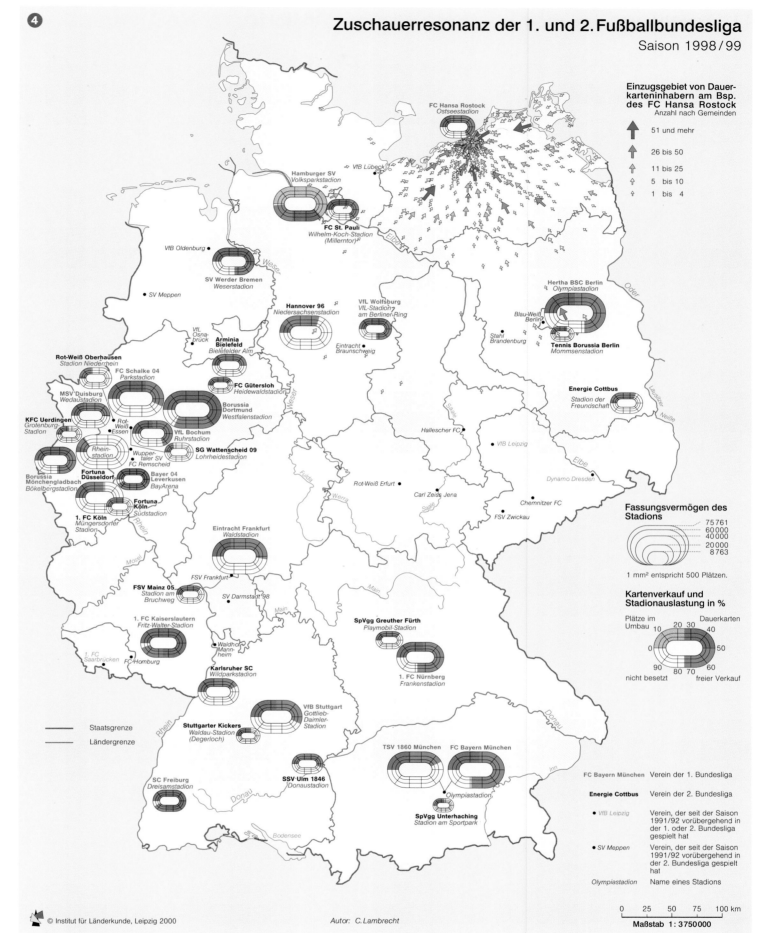

❹

Zuschauerresonanz der 1. und 2. Fußballbundesliga
Saison 1998/99

Einzugsgebiet von Dauerkarteninhabern am Bsp. des FC Hansa Rostock
Anzahl nach Gemeinden

- 51 und mehr
- 26 bis 50
- 11 bis 25
- 5 bis 10
- 1 bis 4

Fassungsvermögen des Stadions
75761 / 60000 / 40000 / 20000 / 8763
1 mm² entspricht 500 Plätzen.

Kartenverkauf und Stadionauslastung in %
Plätze im Umbau / Dauerkarten
nicht besetzt / freier Verkauf

FC Bayern München	Verein der 1. Bundesliga
Energie Cottbus	Verein der 2. Bundesliga
• *VfB Leipzig*	Verein, der seit der Saison 1991/92 vorübergehend in der 1. oder 2. Bundesliga gespielt hat
• *SV Meppen*	Verein, der seit der Saison 1991/92 vorübergehend in der 2. Bundesliga gespielt hat
Olympiastadion	Name eines Stadions

Staatsgrenze
Ländergrenze

© Institut für Länderkunde, Leipzig 2000   Autor: C. Lambrecht

0   25   50   75   100 km
Maßstab 1 : 3750000

Unterwegs in der Landschaft – Wandern, Radfahren und Reiten

Petra Becker

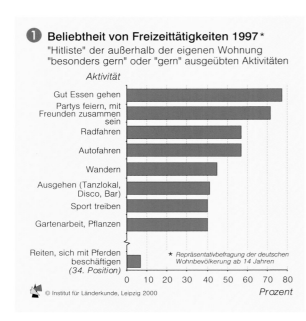

❶ Beliebtheit von Freizeittätigkeiten 1997*

"Hitliste" der außerhalb der eigenen Wohnung "besonders gern" oder "gern" ausgeübten Aktivitäten

Aktivität

Gut Essen gehen
Partys feiern, mit Freunden zusammen sein
Radfahren
Autofahren
Wandern
Ausgehen (Tanzlokal, Disco, Bar)
Sport treiben
Gartenarbeit, Pflanzen
Reiten, sich mit Pferden beschäftigen (34. Position)

* Repräsentativbefragung der deutschen Wohnbevölkerung ab 14 Jahren

0 10 20 30 40 50 60 70 80
Prozent

© Institut für Länderkunde, Leipzig 2000

❷ Urlaubsaktivitäten 1996-1998*

Von den deutschen Reisenden während ihrer Urlaubsreisen "sehr häufig" oder "häufig" ausgeübte Aktivitäten (Auswahl)

Aktivität

Ausflüge, Fahrten in die Umgebung
baden im See oder im Meer
sonnenbaden
wandern
kulturelle / historische Sehenswürdigkeiten
leichtere sportliche Aktivitäten, z.B. Ballspiele
fahrradfahren
snowboard- / skifahren
Tennis
klettern / bergsteigen

■ Reisende insgesamt
□ Inlandreisende

* Repräsentativbefragung der deutschen Wohnbevölkerung ab 14 Jahren

0 10 20 30 40 50 60 70
Prozent

© Institut für Länderkunde, Leipzig 2000

Der Wunsch, Natur zu erleben, zählt heutzutage zu den wichtigsten Reisemotiven. Eine Wanderung, eine Fahrradtour oder ein Geländeritt ermöglichen ein intensives Naturerleben. Gleichzeitig kommt die sportliche Betätigung der Gesundheit und Fitness zugute. Sowohl das Wandern und Radfahren als auch das Wanderreiten, die im Folgenden betrachtete Form des Freizeitreitens, zeichnen sich außerdem durch ein hohes Maß an Umweltverträglichkeit aus, sofern sie verantwortungsbewusst ausgeübt werden.

Wandern, Radfahren und Reiten immer populärer!

Radfahren und Wandern erfreuen sich als Freizeittätigkeiten großer Beliebtheit. Unter den landschaftsorientierten Aktivitäten nehmen sie sogar Spitzenpositionen ein ❶. Im Urlaub ❷ ist in den letzten Jahren nahezu jeder zweite deutsche Reisende „häufig" oder „sehr häufig" gewandert und fast jeder fünfte ebenso oft Fahrrad gefahren. Besonders hoch war der Anteil der Wanderer und Fahrradnutzer unter den Inlandsreisenden. Vergleichsweise gering ist demgegenüber die Zahl der Freizeitreiter ❶, die ihren Sport auch nur zum Teil in der Landschaft ausüben.

Insbesondere das Radfahren konnte seine Beliebtheit als Freizeitsportart in den letzten 20 Jahren erheblich steigern. Belegt wird diese Entwicklung u.a. durch die stark gestiegene Zahl der Fahrräder in deutschen Haushalten: Der Bestand wuchs von rund 54 Mio. im Jahr 1990 auf 73 Mio. im Jahr 1997 an (Pkw-Bestand 1997: 41 Mio.). Einen ausgesprochenen Wachstumsmarkt stellt der Fahrradtourismus dar, das „Reisen per Rad" konnte sich als eigenständige Urlaubsform etablieren. 8,5% aller deutschen Urlauber haben bereits eine ausgedehnte Radreise mit wechselnden Übernachtungsstandorten unternommen (ADFC 1999).

Das Wandern erfährt eine seit Jahren gleichbleibend hohe Popularität, wobei der Anteil der Wanderliebhaber unter den älteren Jahrgängen besonders hoch ist. Das Durchschnittsalter der Wanderer weist allerdings seit Beginn der 90er Jahre einen sinkenden Trend auf, während ihr durchschnittliches Einkommen steigt. Besonders geschätzt wird von Urlaubern die Form der Halbtageswanderung von einem festen Quartier aus; unbefestigten Wegen wird gegenüber asphaltierten oder betonierten Wegen klar der Vorzug gegeben (BRÄMER 1998b).

Das Wanderreiten – zu verstehen als Wandern zu Pferd durch die Landschaft über mehrere Tage hinweg – erfährt in Deutschland erst seit Anfang der 1980er Jahre größeren Zulauf. Da zur Durchführung eines Wanderritts ein gewisses reiterliches Können erforderlich ist, handelt es sich bei Wanderreitern überwiegend um relativ erfahrene Reiter.

Allen drei Aktivitäten ist gemeinsam, dass ihre Ausübung das Vorhandensein eines Wegenetzes voraussetzt – einer linienhaften Infrastruktur, deren höchste Ebene zumindest für das Radfahren und Wandern auch in einer Atlaskarte deutschlandweit darstellbar ist. Trotz einer Vielzahl von Pauschalangeboten führt die große Mehrheit der Wanderer und Radfahrer ihre Wander- und Radtouren bzw. -reisen auf eigene Faust durch, was die Bedeutung markierter Wanderwege und beschilderter Radrouten unterstreicht.

Fern- und Hauptwanderwege

Markierte Wanderwege erschließen dem Wanderer die Landschaft und stellen gleichzeitig ein Instrument der Nutzungslenkung und -beschränkung dar. Einerseits wird dem Wanderer der Zugang zu den Schönheiten der Natur ermöglicht, andererseits kann eine Störung ökologisch bedeutsamer Bereiche durch eine entsprechende Wegeführung vermieden oder eingeschränkt werden.

Die Bundesrepublik Deutschland verfügt über ein im internationalen Vergleich ausgesprochen dichtes und gepflegtes Netz markierter Wanderwege. Die im „Verband Deutscher Gebirgs- und Wandervereine" (VDGW) zusammengeschlossenen Wandervereine betreuen nach eigenen Angaben ein Wegenetz von 190.000 km Länge (zum Vergleich: das überörtliche Straßennetz weist eine Länge von 230.700 km auf). Wanderwege werden außerdem von verbandsungebundenen Vereinen und Ini-

tiativen, Gemeinden, Kreisen, örtlichen oder regionalen Touristinformationsbüros, Fremdenverkehrsverbänden und Naturparken unterhalten. Diese dürften noch einmal für eine ähnliche Größenordnung verantwortlich zeichnen (BRÄMER 1998a).

An der Spitze der Wegehierarchie stehen die ▶ Europäischen Fernwanderwege, gefolgt von Internationalen Wanderwegen und Weitwanderwegen sowie einer deutlich größeren Zahl von ▶ Hauptwanderwegen ❸. Eine besonders hohe Netzdichte weisen insbesondere die Mittelgebirge als traditionelle Wanderregionen auf, während das Wegenetz im Norddeutschen Tiefland weitmaschiger ist. Einen Sonderfall stellen die neuen Länder dar, in denen zu DDR-Zeiten viel gewandert wurde und ein ausgedehntes Wanderwegenetz bestand. Die alten Organisationsstrukturen haben sich nach der Wende aufgelöst, und eine Betreuung der Wanderwege wurde nicht überall fortgeführt; andererseits kamen in den letzten Jahren auch einige Wege neu hinzu.

Während Wanderwege der bisher betrachteten Kategorien in den alten Ländern überwiegend von Gebirgs- und Wandervereinen betreut werden, wird die Unterhaltung dieser Wege in den neuen Ländern zum Teil auch von Gemeinden und Kreisen übernommen. In den Alpen betreut der ▶ Deutsche Alpenverein ein dichtes Netz attraktiver Wanderwege, die jedoch keinen überregionalen Charakter besitzen.

Wanderwege von regionaler bis lokaler Bedeutung werden in der Bundes →

Von den elf **Europäischen Fernwanderwegen**, die ganz Europa durchziehen und eine Gesamtlänge von 30.000 km aufweisen, verlaufen neun durch Deutschland.

Die wichtigsten und längsten der von einem Gebirgs- oder Wanderverein unterhaltenen Wege werden als **Hauptwanderwege** bezeichnet; in den neuen Ländern liegt die Betreuung dieser Wege zum Teil auch in kommunaler Hand.

Bei **Radfernwegen** handelt es sich um überregionale, beschilderte Radrouten, die überwiegend dem touristischen Radverkehr dienen.

Wanderreitstationen bieten Wanderreitern und ihren Pferden eine Übernachtungsmöglichkeit.

Der **Deutsche Alpenverein** wurde 1869 gegründet und hat heute rund 475.000 Mitglieder.

Fern- und Hauptwanderwege 1999

Internationale Hauptwanderwege

1 Aachen-Echtern.-Weg A3
2 Adolf-Haack-Weg C3
3 Ahornweg B2
4 Alsfeld-Biedenkopf-Alsfeld B3
5 Anton-Leidinger-Weg C4
6 Arnheim-Lippstadt A2–B2–3
7 Bad Harzburg-Bad Sachsa C2–3
8 Barbarossaweg B3
9 Birkenhainerstrasse B4
10 Bonn-Aachen A3
11 Bundespräsidentenwanderweg C1–5
12 Burgensteig B2
13 Burgenweg C4
14 Diemel-Ems-Weg B2
15 Diemel-Lippe-Weg B2–3

16 Dobra-Radspitz-Weg C3
17 Dormagen-Zons A3
18 Dortmund-Königswinter A3
19 Dr. Margerie-Weg C3–4
20 Duisburg-Köln A3
21 Düsseldorf-Arnsberg A–B3
22 Düsseldorf-Dillenburg A–B3
23 Eggeweg C3–4
24 Eifel-Ardennen-Weg A3–4
25 Eisenach-Budapest
26 Elbe-Weser-Weg B1

27 Elbufer-Wanderweg C1–2
28 Ems-Hase-Hunte-Else-Weg B2
29 Ems-Hunte-Weg A–B1–B2
30 Ems-Jade-Weg A–B1
31 Ems-Weg A1–2
32 Erlangen-Bayreuth C4
33 Eselsweg B4
34 Euskirchen-Lieser A3
35 Franken-Hessen-Kurpfalz-Weg A–B4
36 Franken-Weg B4
37 Freudenthalweg B2
38 Friesenweg A1–2
39 Gäurandweg B4–5
40 Geestweg A–B2
41 Gemünden-Hilders B3–4
42 Georg-Fahrbach-Weg B4
43 Gießen-Hoherodskopf-Wächtersbach B3
44 Glück-Auf-Weg C–D3
45 Görlitz-Greitz C3
46 Goslar-Osterode-Herzberg B2–3

47 Grosser Striegistalweg D3
48 Hagen-Bad Wildungen A–B3
49 Hagen-Diemelsee B3
50 Hansaweg B2
51 Hans-Seiffert-Weg C3–4
52 Harz B–C2
53 Harz-Eichsfeld-Thüringer Wald-Weg
54 Hase-Hunte-Else-Weg B2 C2–B3
55 Heidekammweg C2–D3
56 Herrmann-Billung-Weg B2–C1
57 Herrmannsweg B2
58 Heuberg-Allgäu-Weg B5
59 Hochrhein-Querweg A5
60 Hotzenwald-Querweg A–B5
61 Inntal-Wanderweg C–D5
62 Iserlohn-Siegen A–B3
63 Isselburg-Münster A2
64 Jadeweg B1
65 Jakobsweg C4
66 Josef-Schramm-Weg A3–4
67 Kandel-Höhenweg B4–A5
68 Karl-Beck-Weg C3
69 Karl-Kaufmann-Weg A3–4
70 Kelten-Weg C3–B4
71 Kleve-Aachen A2–3
72 Kleve-Düren A3
73 Köln-Meschede B2–A3
74 König-Ludwig-Weg C5
75 Krefeld-Schwalmtal-Brüggen A3
76 Lahnhöhenweg A–B3
77 Lechtalweg C5
78 Leo-Jobst-Weg C4
79 Lieser-Euskirchen A3–4
80 Limes B3
81 Limeswanderweg A–B3–B–C4
82 Löwenweg B3
83 Lünen-Münster A2–3
84 Lutherweg C2–3
85 Main-Donau-Bodensee-Weg B4–5
86 Main-Donau-Querweg B–C4
87 Main-Donau-Wanderweg C4
88 Main-Donau-Weg B–C4
89 Mainhöhenweg B4
90 Main-Neckar-Rhein-Weg B4–5
91 Mainwanderweg B–C4
92 Moselhöhenweg A3–4
93 Münster-Bielefeld A–B2
94 Münster-Schüttorf A2
95 Nahe-Französische Grenze A4
96 Nahe-Höhenweg A4
97 Naturparkweg B1
98 Naturparkweg Mecklenburg-Vorpommern (geplant) C–D1
99 Nethe-Almeweg B2–3
100 Nettetal A3
101 Nibelungenweg A–B4
102 Nord-Ostsee-Wanderweg B1
103 Ortenauer Weinpfad B4–A5
104 Ostfriesland-Wanderweg A1
105 Ostsee-Saaletalsperren D2–C3
106 Paderborn-Dillenburg B2–3
107 Pickereweg B2
108 Querweg Freiburg-Bodensee B4–5
109 Querweg Gengenb.-Alpirsb. A–B5
110 Querweg Lahr-Rottweil A–B5
111 Rennsteig B–C3
112 Rennsteig-Rhön-Weg B–C3
113 Rheinaue-Weg A5
114 Rheinhöhenweg A3–B4
115 Rhönhöhenweg B3–4
116 Rothaarsteig-Brilon-Dillenburg
117 Rotmainweg C4
118 Ruhrhöhenweg A–B3
119 Saarlandrundwanderweg A4
120 Saar-Mosel-Weg A4
121 Saar-Rhein-Weg A–B4
122 Saarwanderweg A4
123 Schlösser- und Burgenweg C3–4
124 Schwäbisch-Allgäuer-Wanderweg B–C5
125 Schwäbische Alb-Nordrand-Weg C4–B5
126 Schwäbische Alb-Oberschwaben B5
127 Schwäbische Alb-Südrand-Weg C4–B5
128 Schwarzwald-Kaiserstuhl-Breisach A–B5
129 Schwarzwald-Mittelweg B4–5
130 Schwarzwald-Nordrandweg B4
131 Schwarzwald-Ostweg B4–5
132 Schwarzwald-Radolfzell B5
133 Schwarzwald-Schwäbische Alb Allgäu-Weg B4–5
134 Schwarzwald-Westweg A5
135 Schwarzwasser-Zwönitz-Chemnitz-Talweg D3
136 Seesen-Clausthal/Zellerfeld-Torfhaus B–C2
137 Sieghöhenweg A3
138 Sternweg B3
139 Stormarnweg B–C1
140 Störtebekerweg A–B1
141 Stromberg-Schwäbischer-Wald-Weg B4–5
142 Studentenpfad B3
143 Talweg der Freiberger Mulde D3
144 Talweg der Zwickauer Mulde C–D3
145 Thüringenweg C3
146 Töddenweg A2
147 Torgischer Weg C–D3
148 Unterweg-Weg B1
149 Unterweserweg B1
150 Vogtlandweg C3
151 Vulkanweg A3–4
152 Wanderweg Deutsche Einheit A–D3
153 Wanderweg Deutsche Weinstrasse A–B4
154 Wanderweg Erzgebirge-Vogtland C–D3
155 Wanderweg Schlei-Eider-Elbe B1
156 Wartburgpfad B3
157 Wesel-Bentheim B2
158 Wesel-Rheda A–B2
159 Weserbergland-Weg B2–3
160 Wesel-Weg B2
161 Westfälischer Friede Weg A2
162 Wildbahn B3
163 Wittekindsweg B2
164 Zittau-Wernigerode C–D3
165 Zschopau-Wanderweg D3
166 Chiemsee C5

Wanderwege (Auswahl)

europäischer Fernwanderweg
internationaler, Weit- oder Hauptwanderweg; Ziffern siehe nebenstehende Liste
besonders stark frequentierter Hauptwanderweg
Wanderweg der Deutschen Einheit

Gebirgs- und Wandervereine

Verband Deutscher Gebirgs- und Wandervereine in Kassel
Sitz eines Gebirgs- oder Wandervereins
DAV Deutscher Alpenverein München

Städte nach der Einwohnerzahl 1996 in Tsd.

■ MÜNCHEN über 1000
◉ DORTMUND 500 bis 1000
⊙ Magdeburg 250 bis 500
⊘ Rostock 100 bis 250
○ Gütersloh unter 100

MÜNCHEN Landeshauptstadt
Magdeburg
Höxter Kreisstadt (Auswahl)

Staatsgrenze
Ländergrenze
(Grenzen im Gewässer nicht dargestellt)

E1 – E11 Europäische Fernwanderwege 1 bis 11

Autorin: P. Becker

Maßstab 1 : 2750000

0 25 50 75 100 km

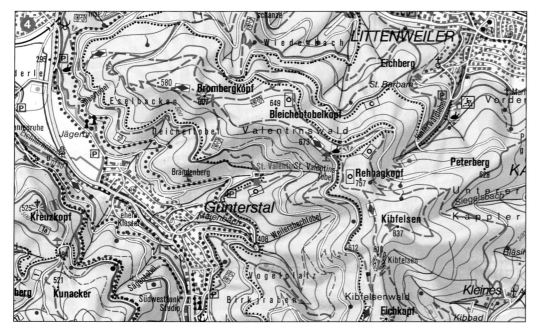

lichkeit in die Wegstrecke einbezogen. Besonderer Beliebtheit erfreuen sich Wege, die geographischen Leitlinien, etwa einem Bergzug, oder bestimmten Themen, z.B. dem Pilgerweg eines Heiligen, folgen. Als besonders prominente und dementsprechend stark frequentierte Hauptwanderwege sind der Rennsteig in Thüringen, der Westweg im Schwarzwald und der Rothaarstieg im Siegerland und Westerwald zu nennen. Allgemein ist auf Wanderwegen im Umfeld attraktiver Punkte (z.B. Aussichtspunkt, hochrangige Sehenswürdigkeit) ein besonders hohes Besucheraufkommen zu beobachten .

Gebirgs- und Wandervereine

Große Verdienste um das Wandern haben sich die Gebirgs- und Wandervereine erworben, von denen viele auf eine lange Tradition zurückblicken können. 1864 wurde als erster deutscher Wanderverein der Schwarzwaldverein gegründet, ihm folgten bald weitere Vereine in verschiedenen Mittelgebirgen. Dem 1883 gegründeten „Verband Deutscher Gebirgs- und Wandervereine e.V." (VDGW) gehören heute 55 Gebirgs- und Wandervereine an ❸. Organisiert sind in den Mitgliedsvereinen, die sich in 3100 Ortsgruppen untergliedern, rund 650.000 Wanderer. Die Mitgliederzahl der Vereine reicht von einigen hundert bis hin zu 120.000 Mitgliedern (Schwäbischer Albverein). Nicht dem Verband gehört der 1869 gegründete

Deutsche Alpenverein mit 475.000 Mitgliedern an, außerdem existieren zahlreiche kleinere verbandsunabhängige Wandervereine und -initiativen.

Zu den klassischen Aufgaben, denen sich die Gebirgs- und Wandervereine widmen, zählt zum einen die ehrenamtlich durchgeführte Anlage, Markierung und Betreuung von Wanderwegen. Örtliche Wegewarte, Wegemeister und Streckenpfleger nehmen die Betreuung des Wegenetzes wahr. Zum anderen sind die Vereine wichtige Anbieter geführter Wanderungen. Sie unterhalten außerdem Wanderheime (1996: rund 500) und geben Informationsmedien wie Wanderkarten und Wanderliteratur heraus. Natur- und Landschaftsschutz, denen sich die Vereine seit ihrer Gründungszeit verpflichtet fühlen, haben in

den letzten Jahren immer mehr an Bedeutung gewonnen.

Radfernwege

Auf die wachsende Beliebtheit von Radreisen wurde in fast allen Teilen Deutschlands mit der Schaffung von ▶ Radfernwegen reagiert. Die Entwicklung verläuft dynamisch, 1998 existierten bereits rund 180 der überregionalen beschilderten Verbindungen mit einer Gesamtlänge von 38.000 km.

Ein Radfernweg kann als Strecke, Rundkurs oder Netz konzipiert sein. Viele Routen – und gerade auch die klassischen Radfernwege wie der Donauradweg, die münsterländische 100

republik sowohl von Wandervereinen aller Art als auch von den übrigen oben genannten Institutionen unterhalten, häufig handelt es sich bei diesen Wegen um Rundwanderwege. Am stärksten vertreten sind sowohl hinsichtlich ihrer Anzahl als auch hinsichtlich der Gesamtlänge die örtlichen Wanderwege. Das gesamte Wanderwegenetz einzelner Regionen ❹ hat eine außerordentlich hohe Dichte erreicht, was insbesondere

bei mangelnder Transparenz des Markierungssystems beim Wanderer auch zu Verwirrung führen kann.

Wanderwege erschließen in der Regel landschaftlich attraktive Gebiete, wobei insbesondere ein kleinräumiger Wechsel von Wald und Feld, ein bewegtes Relief und natürliche Gewässer als ästhetisch ansprechend empfunden werden. Naturkundliche und kulturelle Sehenswürdigkeiten werden nach Mög-

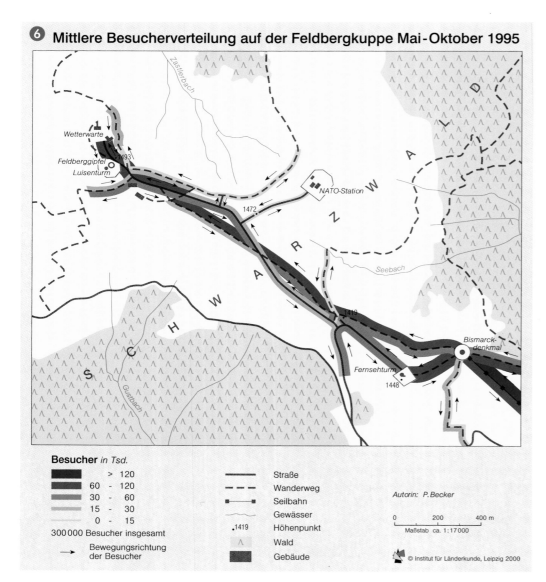

Schlösser-Route oder der Bodensee-
rundweg – verlaufen weitgehend stei-
gungsfrei durch Flusstäler, entlang von
Seen bzw. der Küste oder durch Ebenen.
Doch auch sportlichere Radreisende
kommen auf Radfernwegen, die durch
Mittelgebirge führen, auf ihre Ko-
sten .

Der Allgemeine Deutsche Fahrrad
Club (ADFC) als wichtigste Interessenvertretung der Alltags- und Freizeitrad-
fahrer hat – noch nicht abschließend
diskutierte – Qualitätskriterien für Radfernwege entwickelt. Danach sollte ein
Radfernweg u.a. eine Mindestlänge von
150 km aufweisen. In aller Regel sind
Radfernwege kreisübergreifend angelegt, die Beschilderung der Wege erfolgt
durch die beteiligten Landkreise. Typische Wegeelemente eines Radfernwegs
sind selbständig geführte Radwanderwege, befestigte Feld- und Waldwege, verkehrsarme Straßen und Radwege entlang klassifizierter Straßen. Zu den Anforderungen an einen Radfernweg gehören insbesondere eine möglichst geringe
Belastung durch Autoverkehr, eine
durchgängige und ganzjährige Befahr-
barkeit, eine ausreichende Breite (mindestens zwei Meter) und eine einheitliche und durchgängige Wegweisung in
beide Fahrtrichtungen. Entlang der
Strecke sollte eine touristische Infrastruktur vorhanden sein, die sich an den
Bedürfnissen von Radreisenden orientiert. Wichtig ist auch eine Anbindung
an den öffentlichen Verkehr, insbesondere die Bahn, mit der Möglichkeit zur
Fahrradmitnahme. Das Produkt „Radfernweg" sollte von einer zentralen Informationsstelle realistisch und ziel-
gruppengerecht vermarktet werden. Als
vorteilhaft hat sich zudem eine einheitliche Trägerschaft erwiesen. Von den
heute bestehenden Radfernwegen werden die genannten Kriterien allerdings
fast ausnahmslos erst teilweise erfüllt.

Zu den in den letzten Jahren verwirk-
lichten Radfernwegprojekten gehörten
neben Einzelrouten auch landesweite
Initiativen wie das Mecklenburg-Vor-
pommersche Radfernwegenetz oder das
Hessische Fernradwegenetz sowie grenz-
überschreitende Vorhaben wie die
deutsch-niederländische Zweiländer-
Route.

Von den für eine mehrtägige Radreise
geeigneten Radfernwegen zu unterscheiden sind Radwanderwege, die dem Aus-
flugs- und Freizeittourismus dienen und
meist auf Kreis- und Gemeindeebene
angelegt werden.

Anders als in einigen anderen europäischen Ländern existiert in Deutschland bislang weder ein nationales Radfernwegenetz, noch gibt es eine einheitliche Beschilderung der Radfernwege
oder eine übergreifende Vermarktung
des Fahrradtourismus. Ein Projekt zur
Koordinierung und Vermarktung des
deutschen Radfernwegenetzes unter Federführung des ADFC und des Deutschen Tourismusverbandes soll hier Ab-
hilfe schaffen. Erarbeitet wurde bereits
ein Entwurf für ein deutschlandweites
Routennetz, dessen zwölf Routen

Deutschland auf bereits bestehenden
oder geplanten Radfernwegen netzartig
erschließen und alle Länder integrieren.
Berücksichtigt wurden hierbei auch die
fortgeschrittenen Planungen für ein eu-
ropäisches Routennetz .

Infrastruktur für Wanderreiter

Reiter können in Wald und Flur nur
eine begrenzte Zahl von Wegen nutzen.
Sie sind auf unbefestigte Wege angewiesen, die Dichte des unbefestigten ländlichen Wegenetzes nimmt jedoch immer
weiter ab. Weitere Beschränkungen ergeben sich aus den je nach Land unterschiedlichen reitrechtlichen Bestimmungen, die vor allem auf die Meidung
von Konflikten mit anderen Nutzer-
gruppen – in erster Linie mit Landwir-
ten und Waldbesitzern, teilweise auch
mit anderen Erholungsuchenden – abzielen. So ist etwa das Reiten im Wald
in einigen Bundesländern nur auf ausgewiesenen Reitwegen erlaubt.

Zu den wichtigsten infrastrukturellen
Voraussetzungen für die Durchführung
eines Wanderritts gehören geeignete
Wege und Quartiere, in denen Pferd
und Reiter unterkommen können. Bei
der Schaffung entsprechender Angebote
werden unterschiedliche Ansätze ver-
folgt.

In geringer Zahl existieren in der
Bundesrepublik Fernreitwege. Zu nennen sind etwa der Saarland-Rundreit-
weg oder der – heute nicht mehr durch-
gehend bereitbare – Deutsche Reiter-
pfad Nr.1, der von Lörrach bei Basel bis
Geesthacht an der Elbe reicht. In Brandenburg wird an der Schaffung eines
überregionalen Reitwegenetzes gearbeitet. Ähnliche Bestrebungen gibt es auch
in Schleswig-Holstein.

Im Trend liegt andererseits der Aufbau regionaler Netze von ▶ Wanderreitstationen. Sie sind vorwiegend in dünn
besiedelten ländlichen Räumen mit
vielfältigen Reitmöglichkeiten zu finden, den bevorzugten Zielen zur Durchführung eines Wanderritts. Bei der
Planung seiner täglichen Etappen wird
der Wanderreiter in den Reitstationen individuell beraten. Als vorbildlich kann
das Projekt „Eifel zu Pferd"  gelten,
bei dem besonderer Wert auf die Quali-
fizierung der Anbieter gelegt wird. Reit-
stationennetze existieren jedoch auch
in anderen Regionen, z.B. in Franken
oder in Nordhessen. Die Zusammenarbeit zwischen den Quartiergebern –
meist landwirtschaftlichen Betrieben
oder Reiterhöfen – weist eine unterschiedliche Intensität auf, die Vermarktung des Angebots erfolgt zentral.

Ein groß angelegtes Projekt zur Förderung des (Wander-)Reittourismus wurde
in den letzten Jahren in der Altmark
realisiert. Hier soll ein flächendecken-
des Netz ausgeschilderter „touristischer
Reitrouten" geschaffen werden, die u.a.
die vorhandenen Reitstationen verbinden. ◆

❼ Radfernwege in Deutschland 1999

Euro-Velo-Routen

3 Trondheim - S. de Compostela
4 Nantes - Constanta
6 Roscoff - Odessa
7 Nordkap - Malta
8 Galway - Moskau
10 Hanseroute
12 Nordsee-Route

D-Routen

1 Nordseeküstenroute
2 Ostseeküstenroute
3 Europaradweg R1
4 Mittelland-Route
5 Saar - Mosel - Main
6 Donauroute
7 Pilgerroute
8 Rheinroute
9 Weser - Romant. Str.
10 Elberadweg
11 Ostsee - Oberbayern
12 Oder-Neiße-Radweg

— 3 Euro-Velo-Route, geplant
— 1 deutschlandweite Route (D-Route), geplant
— Radfernweg

Landeshauptstädte

■ BERLIN >1 Mio. Einw.
● Stuttgart <1 Mio. Einw.

— Staatsgrenze
---- Ländergrenze

0 25 50 75 100 km
Maßstab 1:5000000

Autorin: P. Becker
© Institut für Länderkunde, Leipzig 2000

Naturorientierter Freizeitsport – Klettern und Kanufahren

Hubert Job und Daniel Metzler

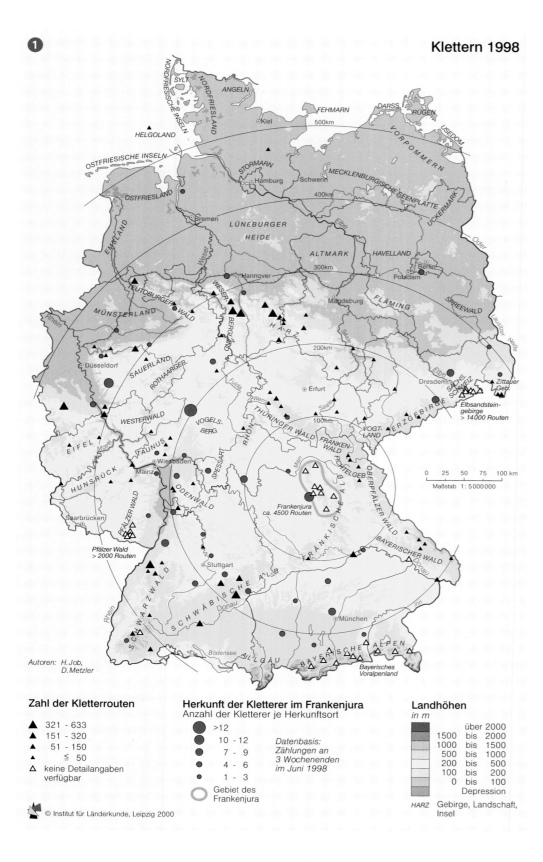

Klettern 1998

Autoren: H. Job,
D. Metzler

© Institut für Länderkunde, Leipzig 2000

Elbsandstein-
gebirge
> 14000 Routen

Frankenjura
ca. 4500 Routen

Pfälzer Wald
> 2000 Routen

0 25 50 75 100 km
Maßstab 1 : 5000000

Zahl der Kletterrouten

▲ 321 - 633
▲ 151 - 320
▲ 51 - 150
▴ ≤ 50
△ keine Detailangaben
   verfügbar

Herkunft der Kletterer im Frankenjura
Anzahl der Kletterer je Herkunftsort

● >12
● 10 - 12
● 7 - 9
• 4 - 6
· 1 - 3

*Datenbasis:
Zählungen an
3 Wochenenden
im Juni 1998*

⬭ Gebiet des
  Frankenjura

Landhöhen
in m

über 2000
1500 bis 2000
1000 bis 1500
500 bis 1000
200 bis 500
100 bis 200
0 bis 100
Depression

HARZ Gebirge, Landschaft,
Insel

In den letzten 20 Jahren konnte eine starke Zunahme der Freizeit festgestellt werden, was sich auch an den ansteigenden Aufwendungen für Freizeitgüter ablesen lässt. So hat sich seit 1980 der Anteil der Ausgaben für Freizeit und Kultur an den Gesamtausgaben der privaten Haushalte im früheren Bundesgebiet von 10% auf knapp 20% nahezu verdoppelt. Zu den wichtigsten Freizeitaktivitäten der Deutschen zählt der Sport. Jeder Vierte ist Mitglied in einem der über 86.000 Sportvereine.

Outdoor ist „in"

Vor allem der Bereich der Natursportarten verzeichnete in den letzten Jahren hohe Zuwachsraten; schon 1996 schätzte das Bundesministerium für Umwelt, Naturschutz und Reaktorsicherheit die Zahl der Aktiven in landschaftsbezogenen Sportarten auf 11 Mio. Allein der Deutsche Alpenverein (▶▶ Beitrag P. Becker) nahm in den letzten zehn Jahren rund 100.000 neue Mitglieder auf.

Problematisch erscheint die steigende Nachfrage nach naturnahen Freizeitsportarten vor dem Hintergrund, dass für viele dieser Sportarten oft die aus Naturschutzgründen wertvollsten Ökosysteme belastet werden. Auch in

> **Freiklettern** – Form des Kletterns ohne Verwendung künstlicher Hilfsmittel zur Fortbewegung
>
> **Klettergarten** – Klettergebiet mit kurzen und gut gesicherten Routen sowie mit gut erschlossenen Einstiegen

Schutzgebieten ist die Ausübung von sportlichen Aktivitäten an der Tagesordnung.

Vergleicht man die Quellgebiete der Freizeitsportler mit den Gebieten mit hohem Freizeitwert, so stellt man fest, dass oftmals große Entfernungen überwunden werden müssen, um in für den Natursport attraktive Gebiete zu gelangen. Das dominierende Verkehrsmittel für Ausflüge am Wochenende ist das Auto. Zwei Drittel der deutschen Bevölkerung benutzen dazu ihr eigenes Fahrzeug.

Die Palette der angebotenen Sportarten differenzierte sich in den vergange-

nen Jahrzehnten immer weiter aus. Heute gibt es beispielsweise fast 40 verschiedene Möglichkeiten, im Berg- und Klettersport aktiv zu werden. Vor allem durch technische Innovationen konnte die Verbreitung der Natursportarten vorangetrieben werden, denn durch spezielle Hilfsmittel wurden einige Sportarten erst möglich oder so sicher, dass eine breite Bevölkerungsschicht den Sport ausüben kann. Auch das Kanufahren ist in den letzten Jahrzehnten zu einem Breitensport geworden.

Klettern

Schon Ende des 19. Jahrhunderts wurde Klettersport auch in nicht alpinen Bereichen betrieben. Damals bevorzugte man in erster Linie hohe Felsen als Übungsgebiete für alpine Besteigungen. Erst mit der Entstehung der Freikletterei stand nicht mehr die Eroberung des Gipfels im Vordergrund, sondern das sportliche Moment. Diese Entwicklung trug maßgeblich zur Verbreitung des Klettersports bei. Seit 1991 zählt der Deutsche Alpenverein auch die Mittelgebirgsregionen zu seinem Aufgabengebiet. Er stellte eine Untersuchung an, nach der die Zahl der Kletterer in den 1970er Jahren bei 40.000 lag, im Jahre 1997 zählte die Deutsche Gesellschaft für Freizeit bereits 100.000 Kletterer.

Die größten geschlossenen Klettergebiete in Deutschland konzentrieren sich auf die süddeutschen Schichtstufenlandschaften und den Alpenraum ❶. Eines der bekanntesten und beliebtesten ist das Elbsandsteingebirge. Mit mehreren tausend Routen an den kreidezeitlichen Felstürmen und -bastionen ist es zudem der älteste Klettergarten Deutschlands. Den sächsischen Kletterern wird die Erfindung des Freikletterns zu Anfang des 20. Jahrhunderts zugesprochen. Ein weiterer Schwerpunkt in Deutschland ist der südliche Pfälzerwald mit den Zeugenbergresten des mittleren Buntsandsteins.

Das größte und am stärksten frequentierte deutsche Klettergebiet im Mittelgebirge sind aber die Weißjura-Kalkfelsen des oberen Malms in der nördlichen Fränkischen Alb. Um dorthin zu kommen, werden von den Kletterern große Distanzen überwunden ❶. Anfang der 1990er Jahre musste das Gebiet viele Sportkletterer aus Nordrhein-Westfalen aufnehmen, da die dort beheimateten Kletterer wegen Felssperrungen in ihrer Umgebung auf andere Regionen ausweichen mussten. In der nördlichen Frankenalb werden heute noch die einzigen Erschließungsmöglichkeiten in Deutschland außerhalb der Alpen gesehen.

Kanufahren

Etwa seit Ende des 19. Jahrhunderts existieren in Deutschland flusswandertaugliche Bootskonstruktionen. Ein wesentlicher Grund, der zur Verbreitung des Kanusports beitrug, war die Erfindung des Faltbootes in den ersten Jahren des 20. Jahrhunderts. Schon 1914 wurde der

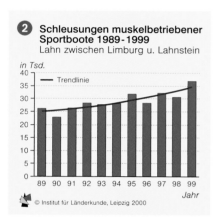

❷ **Schleusungen muskelbetriebener Sportboote 1989-1999**
Lahn zwischen Limburg u. Lahnstein

© Institut für Länderkunde, Leipzig 2000

Deutsche Kanu-Verband gegründet, der heute mit etwa 1300 Vereinen und Landesverbänden und 112.000 Mitgliedern der größte Kanusport-Verband der Welt ist. Die Vereine bieten mit Kanustationen die Infrastruktur für mehrtägige Kanuwanderungen. Etwa 300 Kanutourismusunternehmen sind heute deutschlandweit tätig ❸. Die 50 Mitglieder umfassende Bundesvereinigung Kanutouristik zählt 400.000 Wassersportler zu ihrem Kundenkreis.

Von den ca. 370.000 km Fließgewässer in Deutschland sind etwa 10% mit dem Kanu befahrbar ❸. Regionale Schwerpunkte sind nicht klar erkennbar. Stark frequentiert sind aber immer noch die klassischen Kanuwanderregionen: in Westdeutschland die Altmühl, die Donau und die Lahn sowie in Ostdeutschland die Mecklenburgische Seenplatte und der Spreewald. Von wachsender Bedeutung für das Kanufahren sind auch künstliche Wasserstraßen.

1999 wurden beispielsweise an der Lahn im Abschnitt der zwölf Schleusen zwischen Limburg und Lahnstein 36.911 muskelbetriebene Sportboote geschleust. Dies entspricht einem Zuwachs von 40% gegenüber den Schleusungen im Jahr 1989 ❷.◆

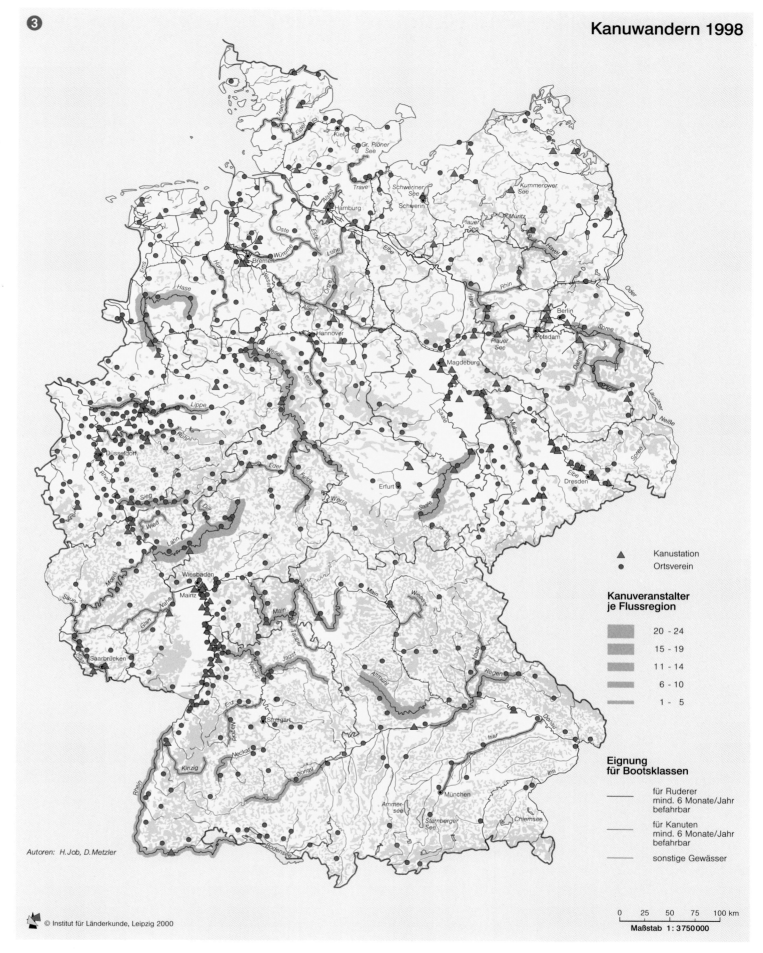

Autoren: H. Job, D. Metzler

© Institut für Länderkunde, Leipzig 2000

▲ Kanustation
● Ortsverein

Kanuveranstalter je Flussregion

20 - 24
15 - 19
11 - 14
6 - 10
1 - 5

Eignung für Bootsklassen

für Ruderer mind. 6 Monate/Jahr befahrbar

für Kanuten mind. 6 Monate/Jahr befahrbar

sonstige Gewässer

0   25   50   75   100 km
Maßstab 1 : 3750000

Golfsport

Kai-Oliver Mursch

Golf-Club Brodauer Mühle, Schleswig-Holstein

Seit der Gründung des ersten Golfplatzes in Bad Homburg 1891 wird in Deutschland Golf gespielt. Bis Anfang des Zweiten Weltkrieges entstanden weitere 62 Golfplätze. Die nachkriegsbedingte Teilung Deutschlands führte in den folgenden Jahren zu unterschiedlichen Entwicklungen in Ost und West.

In der DDR galt Golf als unerwünscht, die verbliebenen Golfplätze wurden entweder in Ackerland umgewandelt oder dienten als Fabrikgelände. Nach der Wiedervereinigung entstanden allein im Umland von Berlin 17 Golfplätze, weitere sind im Bau oder in Planung. In den restlichen neuen Ländern verläuft die Entwicklung wesentlich langsamer.

Nach dem Zweiten Weltkrieg nahm dagegen die Zahl der Golfplätze in der Bundesrepublik kontinuierlich zu. Waren es 1946 erst 22 Golfplätze, wuchs die Anzahl der Plätze bis 1999 in den alten Ländern auf 562 mit ca. 320.000 Mitgliedern ❶. Die regionale Verteilung der Golfplätze ❸ ist weitgehend

homogen. Bayern (137) und Nordrhein-Westfalen (132) weisen als bevölkerungsstärkste Länder auch die meisten Golfplätze auf.

Golf – ein kommender Sport?

Golf wird auf Übungsanlagen (▶ Driving Range, Golfodrom, Golfcenter) und/oder auf regulären Golfanlagen, die nach ihrer Lochanzahl (9, 18, 27 und mehr) unterschieden werden, gespielt. Übungsanlagen sind für jedermann zugänglich, während die meisten Golfplätze als Spielvoraussetzung die Mitgliedschaft in einem international anerkannten Golfclub verlangen.

Die Gründe für die stetig wachsende Nachfrage nach dem Golfsport sind vielfältig, wie beispielsweise die Zunahme von frei verfügbarem Einkommen, die Herabsetzung des Pensionsalters und die wachsende Bedeutung der Freizeit. Zudem zählt Golf zu den Sportarten, die nicht an ein bestimmtes Alter gebunden sind.

Einen Einstieg in den Golfsport zu finden, ist heute über viele unverbindliche Angebote möglich: (Club-) Urlaube mit Golfangeboten, Golfincentives oder Schulsport mit Wahlfach Golf sind nur einige Möglichkeiten.

Die 320.000 in Deutschland organisierten Golfspieler entsprechen 0,39% der Gesamtbevölkerung. Dies ist im internationalen Vergleich gesehen gering. So spielen beispielsweise in Kanada 16% der Bevölkerung Golf. Alle Prognosen für die weitere Entwicklung dieses Sportes in Deutschland gehen somit von einem weit höheren Potenzial aus als von dem bisher realisierten. Verschiedene Institutionen und Autoren schätzen das theoretische Golfspielerpotenzial zwischen 4 und 12% der Bevölkerung ein.

Flächenbedarf und Landschaftswirkung

Die Entwicklung und Ausbreitung des Golfsportes ist umstritten. Im Vergleich zu anderen Sportarten ist der Flächenbedarf (70 m² für einen Fußballer, 1100 m² für einen Golfspieler) wesentlich höher. Angelegt in attraktiven, abwechslungsreichen Landschaftsräumen und historischen Kulturlandschaften, sind Konfliktpunkte zwischen Golfern, Naturschützern und anderen Erholungsuchenden gegeben.

Bei der Beurteilung der Umweltwirksamkeit eines Golfplatzes muss berücksichtigt werden, wie eine Landschaft davor aussah. Wird ein Golfplatz in einem Landschaftsschutzgebiet angelegt, kann er zu einer Beeinträchtigung der Landschaft beitragen, legt man ihn jedoch auf einer intensiv bewirtschafteten landwirtschaftlichen Nutzfläche an, stellt er eine Verbesserung dar.

Um einen umweltverträglichen Golfplatzbau zu gewährleisten, hat der Gesetzgeber mit der Erstellung von allgemeinen Regelwerken und Richtlinien reagiert. Die Planung und Genehmigung von Golfplätzen unterliegt demnach dem Baugesetzbuch, den Naturschutzgesetzen, den Raumordnungsgesetzen und dem Gesetz zur Umweltverträglichkeitsprüfung.

Ein durchschnittlicher 18-Loch-Golfplatz beansprucht zwischen 60 bis 70 ha. Bei neu angelegten Golfplätzen gibt es auch alternative Konzepte, wie die sehr platzsparende Variante von Golfplätzen in Rennbahnen. Diese Anlagen liegen verkehrsgünstig in der Nähe von Ballungszentren, sind mit öffentlichen Verkehrsmitteln gut zu erreichen und damit in der Nähe potenzieller Golfer.

Weit mehr Raum benötigen die sogenannten Golfresorts, bei denen ein oder mehrere 18-Loch-Golfplätze zusammen mit einer Feriensiedlung oder Hotelanlage erbaut werden. Das größte Golfresort Deutschlands mit 33.400 ha ist Bad Griesbach. Derzeit gibt es dort vier 18-Loch-, drei 9-Loch- und zwei 6-Loch-Golfplätze sowie ein Golfodrom. Zwei weitere 18-Loch-Golfplätze sind in Planung. Als Beherbergungsbetriebe stehen mehrere dazugehörige Hotels unterschiedlicher Kategorie zur Verfügung.◆

Abschlag (Tee) – eine meist erhöhte, ebene und rechteckige Fläche, etwa 60-100 m² groß; Startplatz eines Loches.

Bunker – Sand- oder Grashindernis; eine künstlich angelegte Mulde, in der sich Sand befindet; findet sich um die Grüns und auf den Fairways.

Driving Range – Übungsgelände für alle längeren Golfschläge, auf dem gegen Gebühr Übungsbälle geschlagen werden.

Fairway – die reguläre Spielbahn zwischen Abschlag und Loch mind. 35 m breit ca. 80 bis 550 m lang, umgeben vom Rough.

Golfodrom – eine kreisförmige Variante der Driving Range.

Grün (Green) – die sehr kurz geschnittene und speziell gepflegte Rasenfläche, auf der der Ball nur ins Loch gerollt (geputtet) wird. Irgendwo auf dem Grün (mind. jedoch 250 cm vom Grünrand entfernt) befindet sich das Loch (10,8 cm).

Rough – Die Fläche mit ungeschnittenem hohen Gras, Sträuchern, Büschen und Bäumen entlang des Fairways.

❶ **Golfsport in Deutschland 1907-1998**

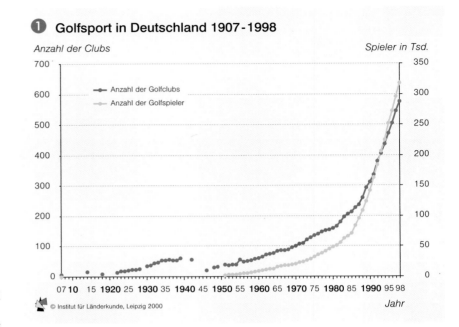

Anzahl der Clubs / *Spieler in Tsd.*

- ● Anzahl der Golfclubs
- ● Anzahl der Golfspieler

07 10 15 1920 25 1930 35 1940 45 1950 55 1960 65 1970 75 1980 85 1990 95 98 *Jahr*

© Institut für Länderkunde, Leipzig 2000

❷ **Elemente einer Golfbahn**

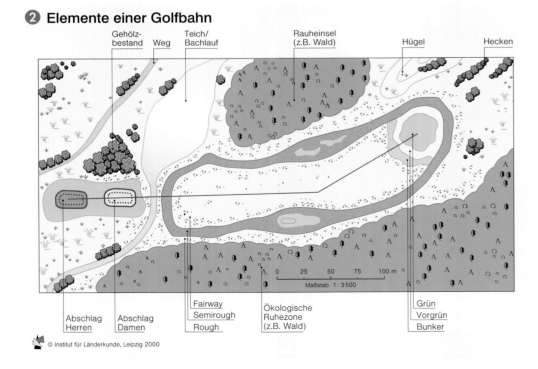

Gehölzbestand — Weg — Teich/Bachlauf — Rauheinsel (z.B. Wald) — Hügel — Hecken

Abschlag Herren — Abschlag Damen — Fairway Semirough Rough — Ökologische Ruhezone (z.B. Wald) — Grün Vorgrün Bunker

0 25 50 75 100 m
Maßstab 1:3500

© Institut für Länderkunde, Leipzig 2000

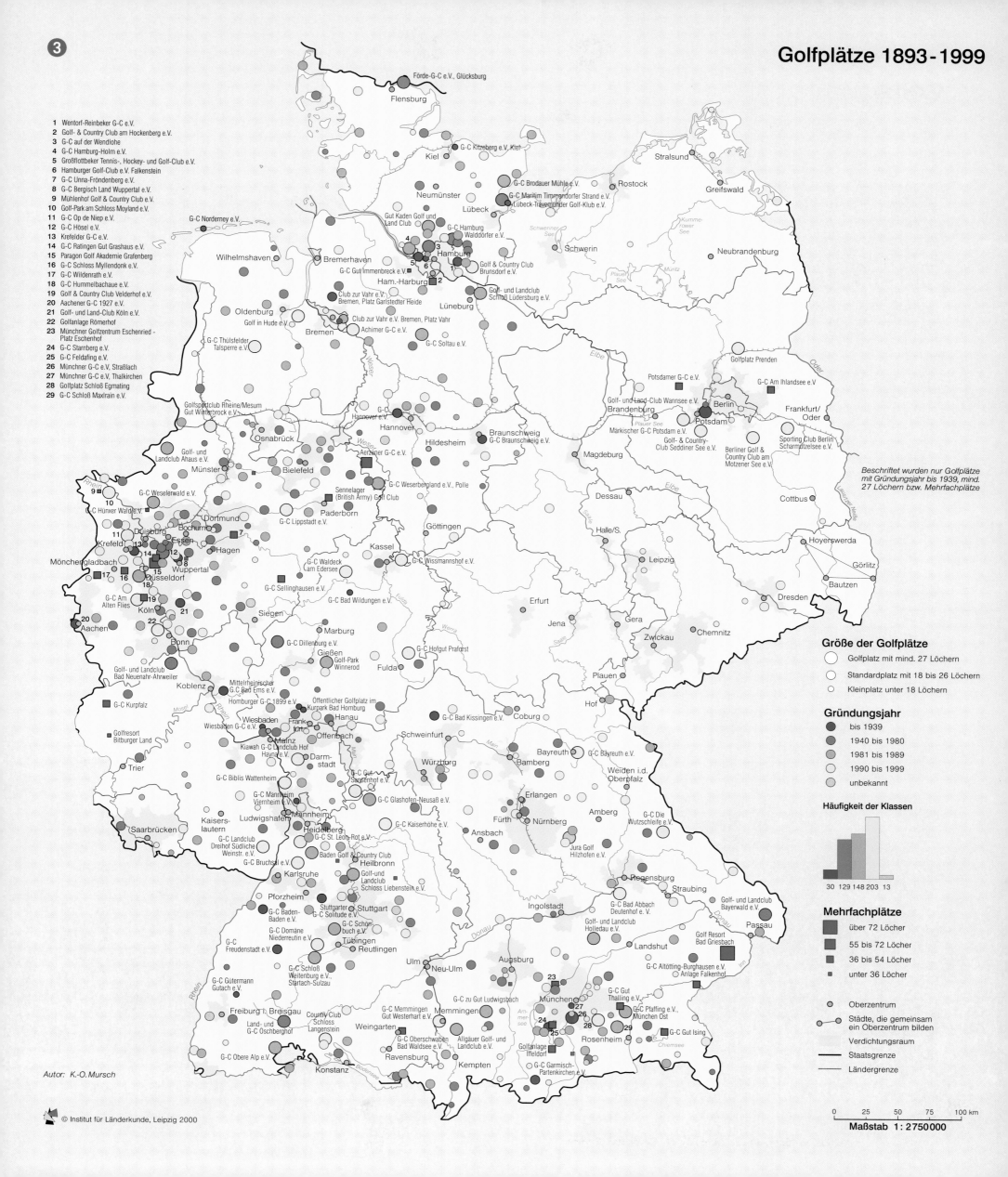

Golfplätze 1893-1999

1 Wentorf-Reinbeker G-C e.V.
2 Golf- & Country Club am Hockenberg e.V.
3 G-C auf der Wendlohe
4 G-C Hamburg-Holm e.V.
5 Großflottbeker Tennis-, Hockey- und Golf-Club e.V.
6 Hamburger Golf-Club e.V. Falkenstein
7 G-C Unna-Fröndenberg e.V.
8 G-C Bergisch Land Wuppertal e.V.
9 Mühlenhof Golf & Country Club e.V.
10 Golf-Park am Schloss Moyland e.V.
11 G-C Op de Niep e.V.
12 G-C Hösel e.V.
13 Krefelder G-C e.V.
14 G-C Ratingen Gut Grashaus e.V.
15 Paragon Golf Akademie Grafenberg
16 G-C Schloss Myllendonk e.V.
17 G-C Wildenrath e.V.
18 G-C Hummelbachaue e.V.
19 Golf & Country Club Velderhof e.V.
20 Aachener G-C 1927 e.V.
21 Golf- und Land-Club Köln e.V.
22 Golfanlage Römerhof
23 Münchner Golfzentrum Eschenried -
    Platz Eschenhof
24 G-C Starnberg e.V.
25 G-C Feldafing e.V.
26 Münchner G-C e.V., Straßlach
27 Münchner G-C e.V., Thalkirchen
28 Golfplatz Schloß Egmating
29 G-C Schloß Maxlrain e.V.

*Beschriftet wurden nur Golfplätze
mit Gründungsjahr bis 1939, mind.
27 Löchern bzw. Mehrfachplätze*

Größe der Golfplätze

○ Golfplatz mit mind. 27 Löchern
○ Standardplatz mit 18 bis 26 Löchern
○ Kleinplatz unter 18 Löchern

Gründungsjahr

● bis 1939
● 1940 bis 1980
● 1981 bis 1989
○ 1990 bis 1999
○ unbekannt

Häufigkeit der Klassen

30 129 148 203 13

Mehrfachplätze

■ über 72 Löcher
■ 55 bis 72 Löcher
■ 36 bis 54 Löcher
▪ unter 36 Löcher

● Oberzentrum
● Städte, die gemeinsam
  ein Oberzentrum bilden
  Verdichtungsraum
── Staatsgrenze
── Ländergrenze

Autor: K.-O. Mursch

0   25   50   75   100 km

Maßstab 1 : 2750000

Wintersport

Tanja Bader-Nia

Der Begriff Wintersport umfasst eine Vielzahl von Aktivitäten, die sich immer stärker ausdifferenzieren 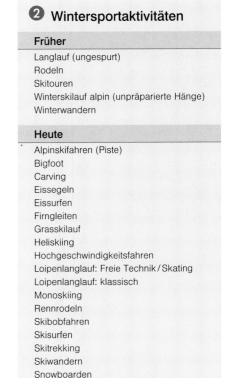, wird aber allgemein immer eng mit dem Skilaufen – insbesondere dem alpinen Abfahrtslauf, der ökonomisch erfolgreichsten Variante – verbunden. Allein in Deutschland gab es 1994 rund 7 Millionen Skifahrer, zehn Jahre zuvor lag diese Zahl noch bei 2,8 Millionen. Die Gründe für den Anstieg liegen u.a. in den gestiegenen Einkommen, dem Trend zum Zweit- und Dritturlaub sowie der insgesamt zunehmenden Freizeit.

Wintersport in Deutschland

1895 wurde auf dem Feldberg der erste deutsche Skiverband – der Skiclub Schwarzwald – gegründet. 1905 kam es dann in München zur Gründung des Deutschen und Österreichischen Skiverbandes. Der Skisport war in seiner Anfangszeit jedoch nur einer relativ kleinen Gruppe vorbehalten. Erst Anfang der 1950er Jahre stieg die Bedeutung des alpinen Wintersports sprunghaft an. Aus schon bekannten Sommertourismusorten entstanden Wintersportorte. Oft waren sie verkehrstechnisch an das Eisenbahnnetz angeschlossen, wie z.B. Ruhpolding. In vielen Fremdenverkehrsgemeinden führte erst die zweite Saison des Wintersports dazu, dass der Tourismus und die damit verbundene Erstellung spezieller Infrastruktureinrichtungen rentabel wurden (JÜLG 1983).

Die deutschen Wintersportgemeinden verteilen sich auf die höheren Lagen der Mittelgebirge und den bayerischen Alpenraum. Dort gibt es ca. 480 ha Skiabfahrten auf einer Gesamtfläche von 420.000 ha. Die Karte ④ stellt die Wintersportgebiete dar, die überregionale Anziehungspunkte sind und in denen sich infolgedessen eine eigene touristische Saison ausgebildet hat. Dazu kommen Langlaufgebiete im Alpenvorland und in den Mittelgebirgen der alten wie auch der neuen Länder. Prinzipiell wird in jedem deutschen Mittelgebirge bei entsprechenden Witterungsverhältnissen Wintersport betrieben.

Die Bedeutung der Schneesicherheit

Eine ausreichende Schneedecke ist die Basis für den Wintertourismus, denn die Schneeverhältnisse bestimmen die Dauer der Wintersaison. Wenigstens 10 cm Schnee sind notwendig, um den Wintertourismus aufrecht zu erhalten. Allgemein nehmen die Schneehöhen mit steigender Höhenlage zu. Somit bieten die alpinen Skigebiete allein aufgrund der Höhenlagen im Jahresvergleich eine größere ausreichende Schneewahrscheinlichkeit als die Mittelgebirgsge-

biete ①. Mittelwerte von Schneehöhen geben aber nur einen Anhaltspunkt für die Eignung eines Gebietes für den Wintersport. Für bestimmte Regionen errechnete Klimawerte können immer nur für bestimmte Messstandorte gelten und nicht pauschal auf das ganze Skigebiet eines Ortes übertragen werden, das sich in Höhenlage, Hangneigung und Hangrichtung beträchtlich unterscheiden kann ③.

Als Reaktion auf die schneearmen Winter der Jahre 1988 bis 1998 werden heute zum einen deutlich mehr bodenunabhängige Liftanlagen betrieben, z.B. Sessellifte anstatt von Schleppliften, zum anderen werden bei geringem Schneefall vielfach Schneekanonen eingesetzt. Eine andere Reaktion der Urlauber auf die schneearmen Winter ist die Verlegung des Winterurlaubs von Schnee- zu Sonnenzielen der Subtropen und Tropen. Durch die Zunahme preisgünstiger Fernflüge ist hier eine bedeutende Konkurrenz zum teuren Skiurlaub entstanden (BAUMGARTNER/APFL 1998).

Wintersportinfrastruktur

Die Ausstattung eines Fremdenverkehrsgebietes mit adäquater Freizeitin-

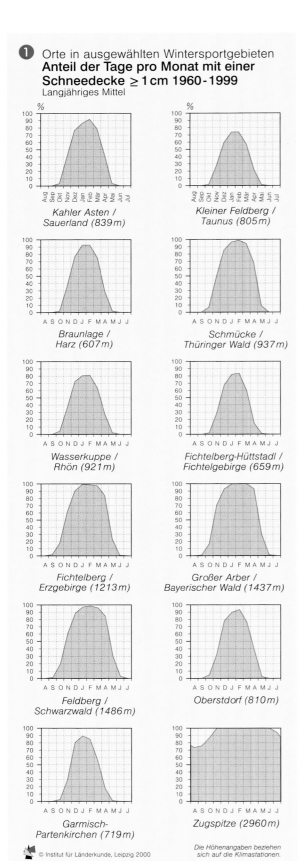

① Orte in ausgewählten Wintersportgebieten
Anteil der Tage pro Monat mit einer Schneedecke ≥ 1 cm 1960-1999
Langjähriges Mittel

Kahler Asten / Sauerland (839 m)

Kleiner Feldberg / Taunus (805 m)

Braunlage / Harz (607 m)

Schmücke / Thüringer Wald (937 m)

Wasserkuppe / Rhön (921 m)

Fichtelberg-Hüttstadl / Fichtelgebirge (659 m)

Fichtelberg / Erzgebirge (1213 m)

Großer Arber / Bayerischer Wald (1437 m)

Feldberg / Schwarzwald (1486 m)

Oberstdorf (810 m)

Garmisch-Partenkirchen (719 m)

Zugspitze (2960 m)

© Institut für Länderkunde, Leipzig 2000

Die Höhenangaben beziehen sich auf die Klimastationen.

② Wintersportaktivitäten

Früher

Langlauf (ungespurt)
Rodeln
Skitouren
Winterskilauf alpin (unpräparierte Hänge)
Winterwandern

Heute

Alpinskifahren (Piste)
Bigfoot
Carving
Eissegeln
Eissurfen
Firngleiten
Grasskilauf
Heliskiing
Hochgeschwindigkeitsfahren
Loipenlanglauf: Freie Technik / Skating
Loipenlanglauf: klassisch
Monoskiing
Rennrodeln
Skibobfahren
Skisurfen
Skitrekking
Skiwandern
Snowboarden
Sommer-Gletscherskilauf
Variantenskifahren

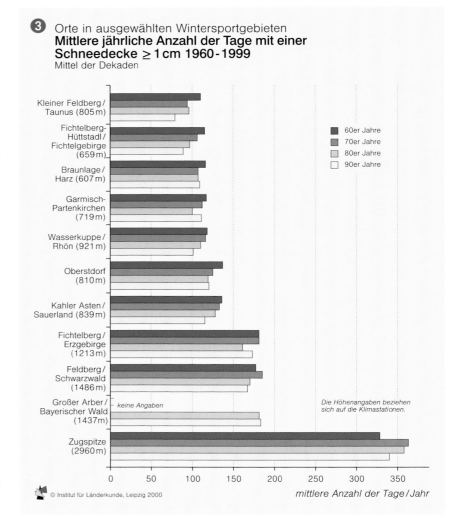

③ Orte in ausgewählten Wintersportgebieten
Mittlere jährliche Anzahl der Tage mit einer Schneedecke ≥ 1 cm 1960-1999
Mittel der Dekaden

- 60er Jahre
- 70er Jahre
- 80er Jahre
- 90er Jahre

Kleiner Feldberg / Taunus (805 m)

Fichtelberg-Hüttstadl / Fichtelgebirge (659 m)

Braunlage / Harz (607 m)

Garmisch-Partenkirchen (719 m)

Wasserkuppe / Rhön (921 m)

Oberstdorf (810 m)

Kahler Asten / Sauerland (839 m)

Fichtelberg / Erzgebirge (1213 m)

Feldberg / Schwarzwald (1486 m)

Großer Arber / Bayerischer Wald (1437 m) *keine Angaben*

Zugspitze (2960 m)

Die Höhenangaben beziehen sich auf die Klimastationen.

© Institut für Länderkunde, Leipzig 2000

mittlere Anzahl der Tage / Jahr

frastruktur bildet die Grundlage für die Ausübung von Freizeitaktivitäten. Der Wintersport erfordert eine sehr spezifische Infrastruktur, die im Sommer nur in eingeschränktem Maße genutzt werden kann und die ein hohes witterungsbedingtes wirtschaftliches Risiko in sich birgt. Für die ständig steigenden Ansprüche der Wintertouristen reicht es nicht aus, die Einrichtungen zur Ausübung des alpinen Skilaufs oder des Langlaufs anzubieten. Alle deutschen Wintersportgebiete bieten über das Skifahren hinaus geräumte Wanderwege für das Winterwandern an, viele auch geführte Schneeschuhwanderungen, eine Rodelbahn oder einen Eislaufplatz zum Schlittschuhlaufen oder zum Eisstockschießen.

Mögliche Auswirkungen auf die Umwelt

Mit ausgelöst durch die immer stärker werdenden Tendenzen des Skisports hin zum Massensport, begann mit Ende der 1970er Jahre eine zunehmend kritische Diskussion über die Auswirkungen dieser Sportart. Die Belastungen durch den alpinen Skilauf stehen in Verbindung mit der Anlage von Pisten und der dazugehörigen Infrastruktur, der Pistenpflege und dem eigentlichen Skibetrieb. Für den Bau von Pisten und Aufstiegshilfen werden häufig Wälder, insbesondere sensible Bergwälder, gerodet, Erdreich wird planiert und umgestaltet. Durch den Verlust der Vegetation kommt es zu erhöhtem Wasserabfluss, was z.B. Muren- oder Lawinenabgänge fördert. Bei niedriger Schneehöhe eingesetzte Pistenraupen fügen der Vegetation der Skigebiete zusätzlich Schaden zu (LAUTERWASSER 1991). Schneekanonen sind zwar laut und verbrauchen relativ viel Energie und Wasser, andererseits verhindert eine höhere Schnee-

schicht Boden- und Frostschäden. Schäden an der Vegetation durch die Kanten der Skier entstehen nur bei zu geringer Schneeauflage. Gravierender sind die Effekte, die durch das Verlassen der Piste, vor allem in angrenzende Waldgebiete, eintreten. Dazu gehört auch das

Aufschrecken und Vertreiben von Wildtieren. Die weitaus größte Gefahr durch den Skisport sind aber indirekter Art. Durch die Errichtung von Hotels, Ferienanlagen, Freizeit- und Dienstleistungseinrichtungen für die große Zahl der Wintertouristen werden zum einen

ausgedehnte Flächen überbaut, zum anderen werden die Müllentsorgungs- und Abwässersysteme durch die saisonal auftretenden großen Gästezahlen stark belastet (BADER-NIA 1997).◆

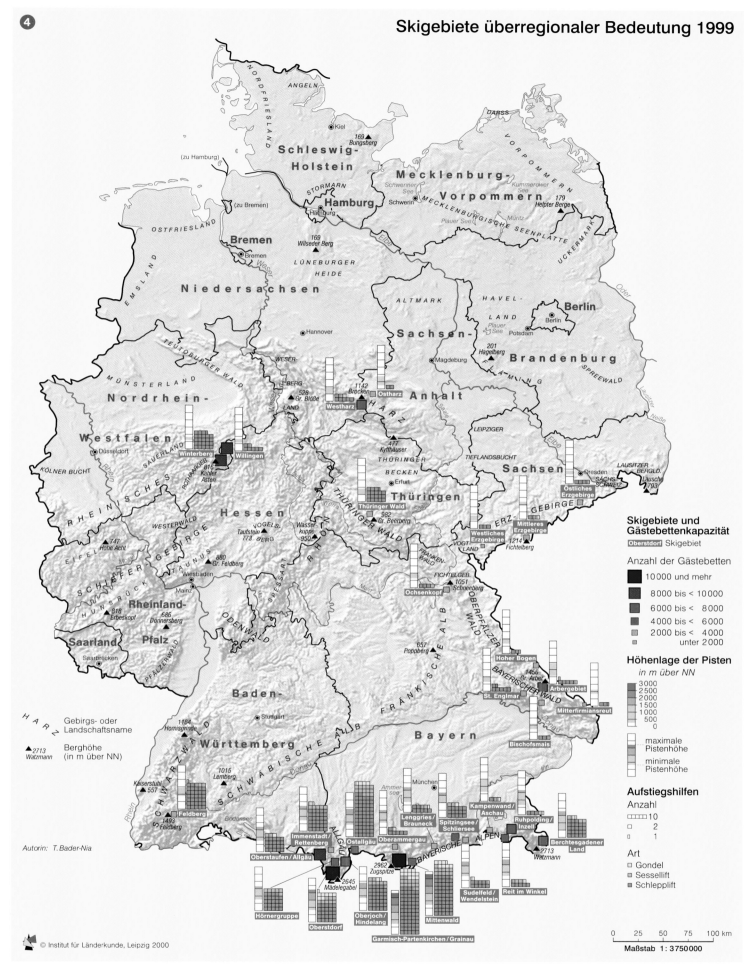

Skigebiete und Gästebettenkapazität

Oberstdorf Skigebiet

Anzahl der Gästebetten
- 10000 und mehr
- 8000 bis < 10000
- 6000 bis < 8000
- 4000 bis < 6000
- 2000 bis < 4000
- unter 2000

Höhenlage der Pisten
in m über NN

3000
2500
2000
1500
1000
500

maximale Pistenhöhe

minimale Pistenhöhe

Aufstiegshilfen
Anzahl
- 10
- 2
- 1

Art
- Gondel
- Sessellift
- Schlepplift

Autorin: T. Bader-Nia

© Institut für Länderkunde, Leipzig 2000

0   25   50   75   100 km

Maßstab 1 : 3750000

Inländische Reiseziele

Susanne Flohr

Seit den 1950er Jahren haben sich die jährlichen Übernachtungszahlen in den deutschen Reisegebieten auf ca. 300 Mio. fast verdreifacht. Hierbei stellen ausländische Gäste lediglich einen Anteil von 12% (▶▶ Beitrag Horn/Lukhaup). Von gegenwärtig rund 62 Mio. Urlaubsreisen der Deutschen führt dabei nur knapp ein Drittel zu inländischen Zielen. Zu Beginn der 1960er Jahre war dieses Verhältnis noch umgekehrt. Der Anstieg der Übernachtungszahlen im Inland bei einer gleichzeitig wachsenden Beliebtheit des Auslandsurlaubes resultiert aus dem Anstieg von Zweit- und Drittreisen, die der deutsche Urlauber zumeist in Deutschland verbringt.

Eine räumliche Bestandsanalyse

Die Verteilung des ▶ Übernachtungsvolumens (Betriebe mit mehr als 8 Betten) auf die 16 Bundesländer im Jahre 1998 ❶ zeigt rund 69 Mio. Übernachtungen in Bayern gegenüber 1 Mio. in Bremen. Bayern, Baden-Württemberg und Nordrhein-Westfalen vereinigen zusammen die Hälfte aller inländischen Übernachtungen auf sich (48%); deutlich zeigt sich die Dominanz der alten Länder mit 85%. Nach der ▶ Fremden-

verkehrsintensität nimmt Mecklenburg-Vorpommern dagegen den 2. Platz ein, während es nach dem Übernachtungsvolumen nur den 8. Platz einnimmt. Nordrhein-Westfalen hingegen fällt von Platz 3 im Vergleich der Übernachtungszahlen auf den 12. Platz der Fremdenverkehrsintensität.

Die größte Anzahl der Übernachtungen – gut ein Drittel – wird in den Mittelgebirgen registriert, knapp ein Drittel in der Gruppe der 'Übrigen Gebiete' (▶▶ Beitrag Spörel). Mit jeweils rund 10% verteilen sich die restlichen 80 Mio. Übernachtungen relativ ausgewogen auf den Alpenraum, auf urban geprägte Gebiete und auf den Küstenraum. Neben dieser Zuordnung in touristische Großräume werden bundesweit ▶ Reisegebiete abgegrenzt, was der Tatsache Rechnung trägt, dass sich der Reisende in der Regel an touristisch relevanten Gebieten und weniger an administrativen Einheiten orientiert. Rund zwei Drittel aller Gebiete registrierten 1998 Übernachtungen in der Größenordnung von unter 2,5 Mio., während eine Gruppe von nur 10% aller Reisegebiete Übernachtungen im Bereich zwischen 4,5 und 8,8 Mio. verbuchen konnte, zusammen rund 40% aller 1998 in Deutschland registrierten Übernachtungen.

Wandel der Reiseziele ❸

Insgesamt stieg das Übernachtungsvolumen zwischen 1988 und 1998 um rund 15% (nur alte Länder), mit einer Entwicklungsspanne von -40% im Gebiet Vogelsberg bis zu +76% im Gebiet Ems-Hümmling. Zuwachsgebiete liegen stärker in der nördlichen Landeshälfte, während der Süden der alten Länder lediglich ein geringes Wachstum oder gar negative Entwicklungen verzeichnet. Die Küstenregionen und urban geprägten Räume wiesen mit gut 30% die größten Zuwächse in den Übernachtungen auf. Für die Mittelgebirge und die bayerischen Alpengebiete liegen die Durchschnittswerte für den Zehnjahreszeitraum bei einem Anstieg der Übernachtungen um lediglich 8% bzw. 5%.

Die positiven Entwicklungen in den urban geprägten Räumen sind auf eine immer größere Beliebtheit der Städtereisen und eine wachsende Bedeutung von Geschäftsreisen zurückzuführen. Rückläufige Tendenzen in den traditionellen Reisegebieten, insbesondere im Alpen- und Mittelgebirgsraum, haben häufig mit einer veralteten Angebotsstruktur und einer mangelnden Innovationsbereitschaft der Betriebsleiter zu tun.

Wo verweilt der Tourist am längsten?

Ein wichtiges Strukturmerkmal stellt die ▶ Aufenthaltsdauer dar. Der Gast

verweilt im Durchschnitt 3,1 Tage in deutschen Beherbergungsbetrieben. Bezogen auf die Reisegebiete ❷ reicht die Spanne von 1,2 Tagen in Südniedersachsen bis zu 10,1 Tagen im Westallgäu. Die urban geprägten Reisegebiete, die die meisten Übernachtungen zu verzeichnen haben, bilden mit durchschnittlich 1,8 Tagen das Schlusslicht bei einer Rangfolge der Aufenthaltsdauer. Gebiete längerer Erholungsaufenthalte hingegen liegen insbesondere an den Küsten und in küstennahen Gebieten.

Während die Übernachtungszahlen in den letzten Jahrzehnten kontinuierlich stiegen, sank die Aufenthaltsdauer. In nur knapp einem Drittel aller Reisegebiete verweilen die Gäste heute länger als noch 1988. Zwei Drittel aller Gebiete meldeten Stagnationen oder gar Rückgänge. Bundesweit verringerte sich die durchschnittliche Aufenthaltsdauer von 1988 bis 1998 um -14%. Diese Zahlen spiegeln den Trend zu immer mehr, aber kürzeren Urlaubsaufenthal-

ten wider. Gebiete mit überdurchschnittlichen Entwicklungen hingegen liegen im nördlichen Landesteil, sind durch Gesundheitstourismus geprägt und weisen mit Ferienhäusern, -wohnungen und -zentren eine Unterkunftsstruktur auf, die längere Aufenthalte begünstigt.◆

❶
Übernachtungsvolumen und Fremdenverkehrsintensität 1998
nach Ländern

Schleswig-Holstein
Hamburg
Mecklenburg-Vorpommern
Bremen
Niedersachsen
Berlin
Brandenburg
Sachsen-Anhalt
Nordrhein-Westfalen
Thüringen
Sachsen
Hessen
Rheinland-Pfalz
Saarland
Baden-Württemberg
Bayern

Anzahl der Übernachtungen in Mio.
40
30
20
10
1mm ≙ 2 Mio. Übernachtungen

Übernachtungen je 1000 Einwohner
7200 bis 7600
5800
4000 bis 4500
3000 bis 4000
2000 bis 3000
1500 bis 2000

© Institut für Länderkunde, Leipzig 2000

Autor: S. Flohr

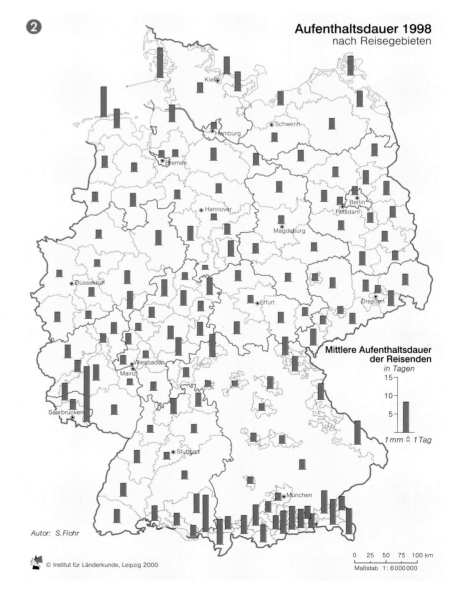

❷
Aufenthaltsdauer 1998
nach Reisegebieten

Kiel
Schwerin
Hamburg
Bremen
Hannover
Berlin
Potsdam
Magdeburg
Düsseldorf
Erfurt
Dresden
Wiesbaden
Mainz
Saarbrücken
Stuttgart
München

Mittlere Aufenthaltsdauer der Reisenden
in Tagen
15
10
5
1mm ≙ 1 Tag

Autor: S. Flohr

© Institut für Länderkunde, Leipzig 2000

0 25 50 75 100 km
Maßstab 1 : 6000000

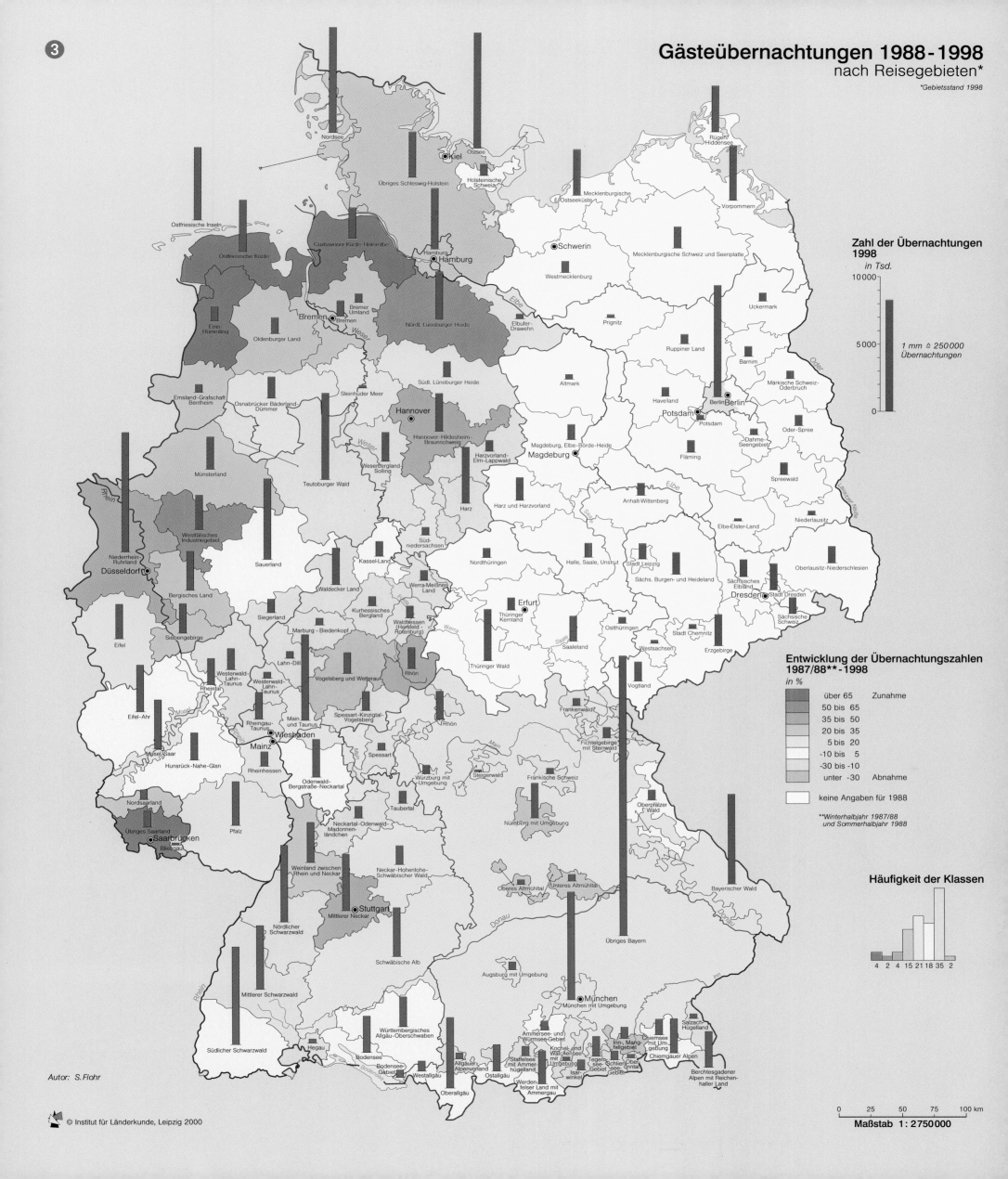

Gästeübernachtungen 1988-1998
nach Reisegebieten*

*Gebietsstand 1998

Zahl der Übernachtungen 1998

in Tsd.

10000

5000

1 mm ≙ 250000 Übernachtungen

0

Entwicklung der Übernachtungszahlen 1987/88**-1998

in %

über 65 — Zunahme
50 bis 65
35 bis 50
20 bis 35
5 bis 20
-10 bis 5
-30 bis -10
unter -30 — Abnahme
keine Angaben für 1988

**Winterhalbjahr 1987/88 und Sommerhalbjahr 1988

Häufigkeit der Klassen

4 2 4 15 21 18 35 2

Autor: S.Flohr

© Institut für Länderkunde, Leipzig 2000

0   25   50   75   100 km

Maßstab 1 : 2750000

Map region labels:

Nordsee, Kiel, Ostsee, Rügen/Hiddensee, Übriges Schleswig-Holstein, Holsteinische Schweiz, Mecklenburgische Ostseeküste, Vorpommern, Ostfriesische Inseln, Ostfriesische Küste, Cuxhavener Küste-Unterelbe, Hamburg, Schwerin, Mecklenburgische Schweiz und Seenplatte, Uckermark, Ems-Hümmling, Bremen, Bremer Umland, Nördl. Lüneburger Heide, Westmecklenburg, Oldenburger Land, Elbufer-Drawehn, Prignitz, Ruppiner Land, Barnim, Märkische Schweiz-Oderbruch, Emsland-Grafschaft Bentheim, Osnabrücker Bäderland-Dümmer, Steinhuder Meer, Südl. Lüneburger Heide, Altmark, Havelland, Berlin, Potsdam, Oder-Spree, Münsterland, Hannover, Hannover-Hildesheim-Braunschweig, Harzvorland-Elm-Lappwald, Magdeburg, Elbe-Börde-Heide, Fläming, Dahme-Seengebiet, Spreewald, Westfälisches Industriegebiet, Teutoburger Wald, Weserbergland-Solling, Harz, Harz und Harzvorland, Anhalt-Wittenberg, Elbe-Elster-Land, Niederlausitz, Düsseldorf, Sauerland, Kassel-Land, Süd-niedersachsen, Werra-Meißner-Land, Nordthüringen, Halle, Saale, Unstrut, Stadt Leipzig, Sächs. Burgen- und Heideland, Sächsisches Elbland, Oberlausitz-Niederschlesien, Bergisches Land, Siegerland, Waldecker Land, Kurhessisches Bergland, Waldhessen (Hersfeld-Rotenburg), Erfurt, Thüringer Kernland, Ostthüringen, Stadt Chemnitz, Stadt Dresden, Sächsische Schweiz, Eifel, Siebengebirge, Marburg-Biedenkopf, Lahn-Dill, Vogelsberg und Wetterau, Rhön, Saaleland, Westsachsen, Erzgebirge, Eifel-Ahr, Westerwald-Lahn-Taunus, Rheintal, Main- und Taunus, Spessart-Kinzigtal-Vogelsberg, Rhön, Thüringer Wald, Vogtland, Frankenwald, Mosel-Saar, Rheingau-Taunus, Wiesbaden, Mainz, Spessart, Würzburg mit Umgebung, Steigerwald, Fränkische Schweiz, Fichtelgebirge mit Steinwald, Hunsrück-Nahe-Glan, Rheinhessen, Odenwald-Bergstraße-Neckartal, Taubertal, Nürnberg mit Umgebung, Oberpfälzer Wald, Nordsaarland, Pfalz, Neckartal-Odenwald-Madonnenländchen, Übriges Saarland, Saarbrücken, Bliesgau, Weinland zwischen Rhein und Neckar, Neckar-Hohenlohe-Schwäbischer Wald, Oberes Altmühltal, Unteres Altmühltal, Bayerischer Wald, Nördlicher Schwarzwald, Mittlerer Neckar, Stuttgart, Schwäbische Alb, Mittlerer Schwarzwald, Augsburg mit Umgebung, Donau, Übriges Bayern, München mit Umgebung, München, Salzach-Hügelland, Württembergisches Allgäu-Oberschwaben, Hegau, Ammersee- und Würmsee-Gebiet, Chiemsee mit Umgebung, Inn-, Mangfallgebiet, Südlicher Schwarzwald, Bodensee, Bodensee-Gebiet, Westallgäu, Allgäuer Alpenvorland, Staffelsee mit Ammerhügelland, Kochel und Walchensee mit Umgebung, Tegernsee-Gebiet, Schliersee-Gebiet, Ober-Land, Chiemgauer Alpen, Ostallgäu, Isarwinkel, Werdenfelser Land mit Ammergau, Berchtesgadener Alpen mit Reichenhaller Land, Oberallgäu

Auslandsreisen der Deutschen

Karl Vorlaufer

Praia da Rocha, Algarve, Portugal

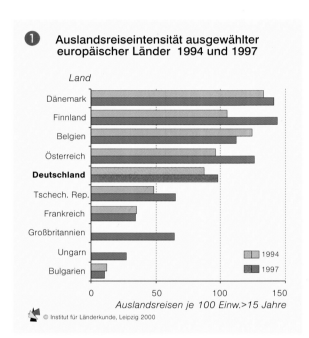

① **Auslandsreiseintensität ausgewählter europäischer Länder 1994 und 1997**

Land

Dänemark
Finnland
Belgien
Österreich
Deutschland
Tschech. Rep.
Frankreich
Großbritannien
Ungarn
Bulgarien

1994
1997

0   50   100   150
Auslandsreisen je 100 Einw.>15 Jahre

© Institut für Länderkunde, Leipzig 2000

Deutschland zählt zu den wichtigsten Quellgebieten des internationalen Tourismus. Im Vergleich mit anderen großen Industrieländern Europas **①** weist die deutsche Bevölkerung eine sehr hohe Auslandsreiseintensität auf, wenngleich einige kleinere Länder noch höhere Werte erreichen. Der Anteil der Auslandsreisen an allen Urlaubsreisen der Deutschen nimmt seit Jahrzehnten stetig zu und übertrifft schon seit 30 Jahren den der Inlandsreisen **②**.

Umfang und Determinanten

Bei Berücksichtigung aller Urlaubs-, Geschäfts- und sonstigen Privatreisen mit mindestens einer Übernachtung entfielen 1997 45% auf das Ausland (DEUTSCHER REISEMONITOR 1997). Die explosionsartige Zunahme des Reiseverkehrs ins Ausland seit den 1960er Jahren wurde durch zahlreiche Faktoren begünstigt:
* die drastische Reduzierung der Jahres- und Lebensarbeitszeit,
* steigende Einkommen breiter Bevölkerungsschichten,
* der insbesondere für den Fernreiseverkehr wichtige Einsatz immer größerer, schnellerer und vor allem preisgünstigerer Verkehrsträger wie Großraumflugzeuge,
* die für den Reiseverkehr ins europäische Ausland wichtige Massenmotorisierung,
* weitgehende weltpolitische Stabilität,
* weltweit erleichterte Einreise- und Devisenregelungen u.a.m.

Motor und zugleich Ergebnis der Expansion des internationalen Tourismus sind zudem große vertikal integrierte Reisekonzerne, die mit ihrer breiten Palette von touristischen Leistungen (Reisebüros, -veranstalter, Hotels, Fluggesellschaften) hohe Synergieeffekte erzielen und deshalb attraktive und relativ preisgünstige Reisen über ein zudem enges Vertriebsnetz optimal vermarkten können (▶▶ Beitrag Kaiser).

Im Zuge des wirtschaftlichen Aufstiegs Deutschlands und der Globalisierung der Wirtschaft nahm der internationale Geschäfts- und Dienstreiseverkehr der Deutschen stark zu. Er stellte 1998 mit einem Anteil von etwa 11%

aller Auslandsreisen ein wichtiges Segment des internationalen Tourismus. Immer mehr Länder sehen zudem in den letzten Jahren in der massiven Erschließung und Vermarktung ihrer touristischen Potenziale ein Instrument für wirtschaftliches Wachstum.

Reiseziele und sozio-demographische Merkmale der Touristen

Reichweite und Umfang der von Deutschland ausgehenden Reiseströme haben sich aufgrund dieser Faktoren nach 1960 ständig vergrößert, wenngleich auch noch heute ca. 75% aller Auslandsreisen der Deutschen ins europäische Ausland führen **③ ⑤**. Reisen in außereuropäische Länder verzeichneten in den letzten Jahrzehnten ein besonders stürmisches Wachstum. Modellhaft lässt sich für die deutsche Bevölkerung seit 1800 eine halbringförmige

Ausweitung der Reisereichweiten sowie der Intensivierung der Erschließung touristischer Ziele darstellen **④**. Bis weit ins 19. Jh. beteiligten sich – wenn man vom Pilgertourismus des Mittelalters absieht – an dem relativ bescheidenen Auslandtourismus nur höhere Einkommensschichten. Die Reiseziele der vor allem kulturorientierten Touristen waren Griechenland und besonders Italien (Reise Goethes 1786), aber auch schon Ägypten und Palästina.

Seit den 1960er Jahren erreicht der Massentourismus der Deutschen zunehmend weit entfernte Destinationen. In vielen Fernreiseländern zählen die Deutschen zu den größten Besuchergruppen, wobei nicht nur mittlere, sondern auch zunehmend untere Einkommensschichten beteiligt sind. Selbst geringe bzw. ungesicherte Einkommen führen nicht zu einem signifikanten

② **In- und Auslandsreiseanteile der Haupturlaubsreisen der Deutschen 1954-1998**

Prozent

90
80
70
60
50
40
30
20
10
0

Inland
Ausland

54   60   70   80   90   98
Jahr

© Institut für Länderkunde, Leipzig 2000

③ **Anteil ausgewählter Auslandsreiseziele der Haupturlaubsreisen der Westdeutschen 1970-1998**

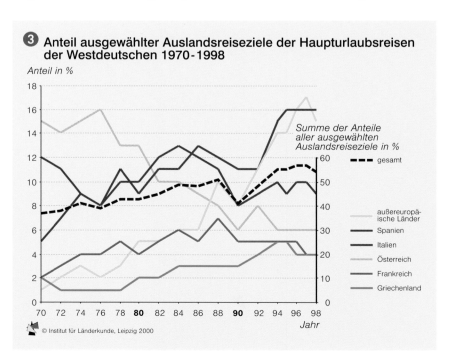

Anteil in %

18
16
14
12
10
8
6
4
2

Summe der Anteile aller ausgewählten Auslandsreiseziele in %

60
50
40
30
20
10
0

gesamt
außereuropäische Länder
Spanien
Italien
Österreich
Frankreich
Griechenland

70 72 74 76 78 **80** 82 84 86 88 **90** 92 94 96 98
Jahr

© Institut für Länderkunde, Leipzig 2000

④ Schema der raumzeitlichen Entfaltung des von Deutschland ausgehenden Tourismus seit ca. 1800

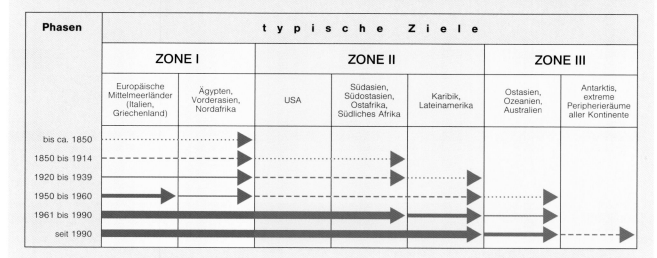

Phasen	typische Ziele						
	ZONE I		**ZONE II**			**ZONE III**	
	Europäische Mittelmeerländer (Italien, Griechenland)	Ägypten, Vorderasien, Nordafrika	USA	Südasien, Südostasien, Ostafrika, Südliches Afrika	Karibik, Lateinamerika	Ostasien, Ozeanien, Australien	Antarktis, extreme Peripherieräume aller Kontinente
bis ca. 1850							
1850 bis 1914							
1920 bis 1939							
1950 bis 1960							
1961 bis 1990							
seit 1990							

Zoneneinteilung nach heutiger Erreichbarkeit

ZONE I   <5 Flugstunden = Nahstreckenbereich
ZONE II   5-12 Flugstunden = Mittelstreckenbereich
ZONE III   >12 Flugstunden = Langstreckenbereich

© Institut für Länderkunde, Leipzig 2000

Intensität touristischer Erschließung

······ einzelne Pioniertouristen oberer Einkommensschichten

- - - wachsende Zahl nachahmender Pioniertouristen bzw. bereits größere Zahl von Individualtouristen höheren Einkommens

—— wachsender, z.T. organisierter Reiseverkehr oberer, zunehmend auch mittlerer Einkommensschichten

━━ punktuell beginnender Massentourismus mittlerer, zunehmend auch unterer Einkommensschichten

━━ linien-, z.T. flächenhafte Erschließung für den Massentourismus durch mittlere, zunehmend auch untere Einkommensschichten

---

⑤ Auslandsreiseziele der Deutschen in Europa 1998

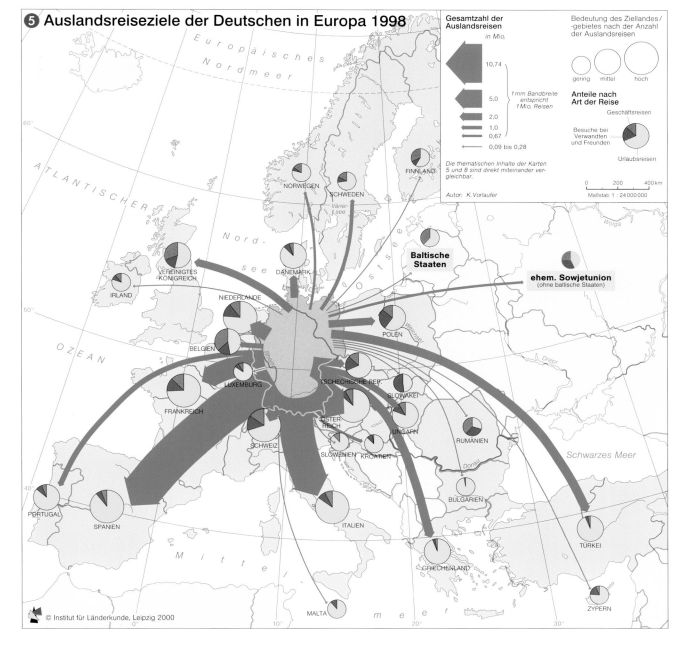

Gesamtzahl der Auslandsreisen *in Mio.*

10,74
5,0
2,0
1,0
0,67
0,09 bis 0,28

1mm Bandbreite entspricht 1Mio. Reisen

Die thematischen Inhalte der Karten 5 und 8 sind direkt miteinander vergleichbar.

Autor: K. Vorlaufer

Bedeutung des Ziellandes/ -gebietes nach der Anzahl der Auslandsreisen

gering   mittel   hoch

Anteile nach Art der Reise

Geschäftsreisen
Besuche bei Verwandten und Freunden
Urlaubsreisen

0   200   400km
Maßstab 1 : 24 000 000

© Institut für Länderkunde, Leipzig 2000

Rückgang von Auslandsreisen. Die etwas mehr als 4 Mio. Arbeitslosen unternahmen z.B. 1997 knapp 4 Mio. Reisen, davon fast die Hälfte ins Ausland (DEUTSCHER REISEMONITOR 1997). Reiseintensität und Auslandsreiseanteil der Arbeitslosen entsprechen somit weitgehend den Werten der sonstigen Bevölkerung.

Einkommen, Schulbildung und Alter bestimmen wesentlich das Reiseverhalten ❻. Mit höherer Schulbildung und höherem Einkommen ist ein Anstieg des Auslandsreiseanteils verbunden, u.a. auch deshalb, weil Reisen ins Ausland in der Regel teurer als Inlandsreisen sind und oft eine höhere geistige Mobilität (Sprachkenntnisse, kulturelle Interessen) voraussetzen. Mit zunehmendem Alter geht der Auslandsreiseanteil deutlich zurück, während der Inlandsreiseverkehr auch deshalb steigt, weil für viele ältere Menschen Verwandtenbesuche im Inland einen höheren Stellenwert als Urlaubsreisen bekommen. Aber auch bei den über 60-Jährigen führen Urlaubsreisen noch häufiger ins Ausland als ins Inland. Die höchste Auslandsreiseintensität weisen jedoch junge Unverheiratete sowie junge Verheiratete ohne Kinder auf.

Die Fernreiseländer verzeichnen insgesamt eine spektakulär wachsende Zahl deutscher Besucher ❽. Der Reiseverkehr der Deutschen in diese Länder nimmt jedoch nicht kontinuierlich zu, sondern ist durch Sprünge und Brüche gekennzeichnet. Weltpolitische Krisen wie z.B. der Golfkrieg 1991, politische Instabilität, Bürgerkriege (z.B. Sri Lanka) oder eine hohe Kriminalität in den Reiseländern führen oft zu drastischen Besucherrückgängen ❸.

Reisen der Ost- und der Westdeutschen

Mit dem Beitritt der DDR zur Bundesrepublik 1990 erfolgte eine beträchtliche Ausweitung des deutschen Reisemarktes. Das Reiseverhalten der Bevölkerung aus den neuen Ländern unterschied sich in den ersten Jahren beträchtlich von dem der Westdeutschen ❾, da Inlandsreisen den weitaus größten Anteil ihrer Urlaubsreisen ausmachten. Bei Auslandsreisen wurden räumlich und sprachlich näher gelegene Ziele bevorzugt. 1991 führten noch 10,3% aller Auslandsreisen der Deutschen nach Österreich (Westdeutsche 9,4%) und 11,2% in die traditionellen Ferien- →

New York

6 Soziodemographische Struktur der In- und Auslandsreisenden 1997
sämtliche Urlaubsreisen nach ausgewählten Merkmalen

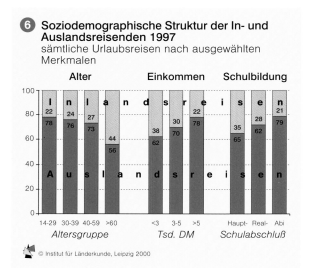

© Institut für Länderkunde, Leipzig 2000

länder der DDR-Bürger nach Osteuropa (Westdeutsche 3,5%), während die außereuropäischen Länder nur einen Anteil von 2,7% erreichten (Westdeutsche 9,1%). In den letzten Jahren hat sich das Reiseverhalten der Ostdeutschen hinsichtlich des Reisezieles weitgehend dem der Westdeutschen angepasst, wenngleich Auslandsreiseintensität und -anteile noch nicht die westdeutschen Werte erreicht haben **7**. Die für die Westdeutschen typische, sich allerdings über 10 bis 20 Jahre erstreckende ringförmige Ausweitung des Reisehorizonts zugunsten stetig weiter entfernt gelegener Destinationen vollzieht sich bei den Ostdeutschen nach dem gleichen Muster, allerdings im Zeitraffertempo von

7

Reiseintensität der Deutschen ins Ausland 1998
nach Ländern

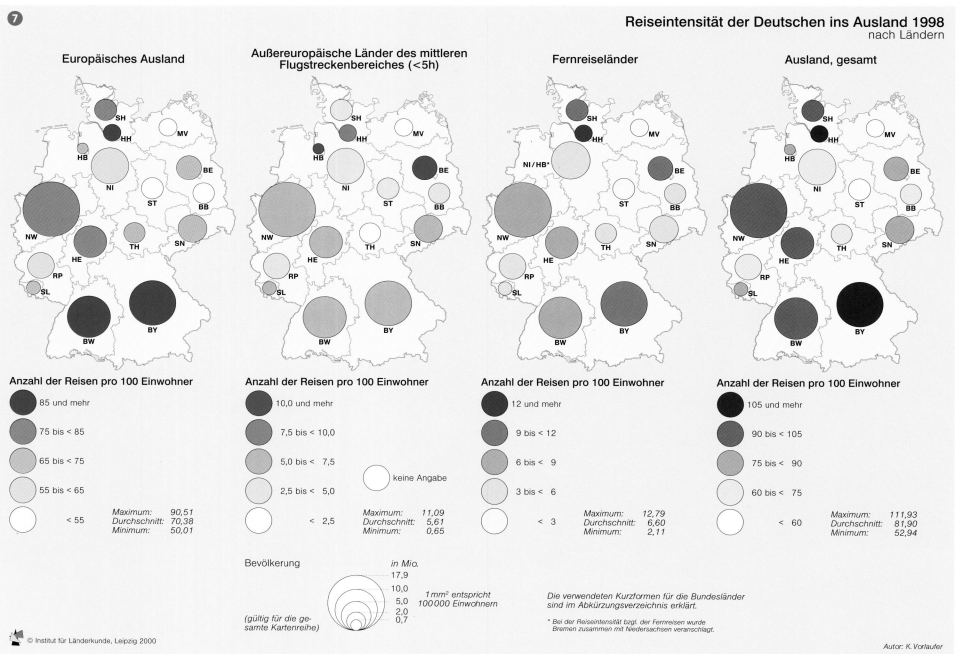

© Institut für Länderkunde, Leipzig 2000

Autor: K. Vorlaufer

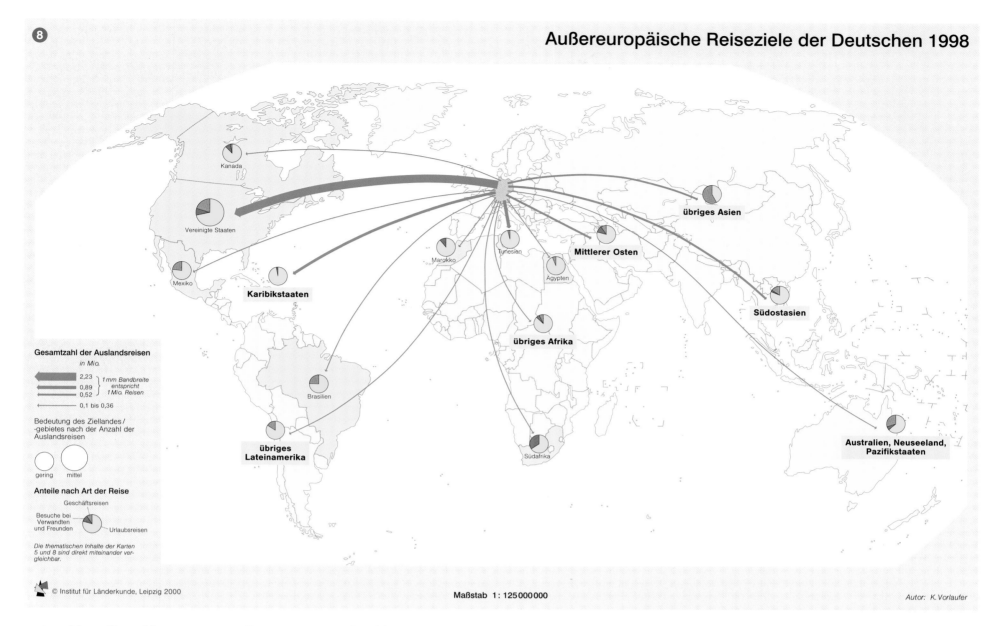

Gesamtzahl der Auslandsreisen
in Mio.

2,23 — 1mm Bandbreite entspricht 1Mio. Reisen
0,89
0,52
0,1 bis 0,36

Bedeutung des Ziellandes/-gebietes nach der Anzahl der Auslandsreisen

gering   mittel

Anteile nach Art der Reise

Geschäftsreisen
Besuche bei Verwandten und Freunden
Urlaubsreisen

Die thematischen Inhalte der Karten 5 und 8 sind miteinander vergleichbar.

© Institut für Länderkunde, Leipzig 2000

Maßstab 1 : 125 000 000

Autor: K. Vorlaufer

---

wenigen Jahren. Dieses Muster weist eine eklatante Ausnahme auf: Urlaubsreisen in osteuropäische Länder haben für die Ostdeutschen aufgrund ihrer spezifischen Reiseerfahrung und -geschichte der letzten 50 Jahre eine deutlich höhere Attraktivität als für Westdeutsche. Die größere räumliche Nähe der neuen Länder zu Osteuropa bestimmt dieses Reiseverhalten mit.

Die Reiseintensität der Bevölkerung der neuen und der alten Ländern hat sich inzwischen ebenfalls weitgehend angenähert, wenngleich die Werte Mecklenburg-Vorpommerns und Sachsen-Anhalts bei den Auslandsreisen sowie speziell bei den Fernreisen noch unter dem Bundesdurchschnitt liegen **⑦** Brandenburg mit dem suburbanen Raum um Berlin sowie Sachsen und Thüringen erreichen dagegen bis auf die Zahl der Reisen in die im mittleren Flugstreckenbereich gelegenen außereuropäischen Länder Werte, die mit denen der alten Länder vergleichbar sind.

Reisedevisenbilanz

Nach den – allerdings deutlich bevölkerungsstärkeren – USA ist Deutschland seit Langem das Land in der Welt mit den zweithöchsten Reisedevisenausgaben. Auch hinsichtlich der Pro-Kopf-Ausgaben im Ausland nimmt es eine

Spitzenposition ein. Sowohl insgesamt als auch hinsichtlich vieler Einzelländer weist Deutschland eine negative Reisedevisenbilanz auf, d.h. es werden für DM mehr Devisen eingetauscht als DM durch ausländische Reisende nachgefragt werden **⑩**. Die negativen Salden mit den Entwicklungsländern sowie den klassischen Reiseländern des europäischen Mittelmeerraumes sind von 1990

bis 1998 überproportional gestiegen. Der Großteil der Devisenausgaben erfolgte sowohl 1990 als auch 1998 innerhalb der EU. Starke prozentuale Zuwächse der Ausgaben entfielen – abgesehen vom „Krisenkontinent" Afrika – auf die Fernreise- und Entwicklungsländer sowie auf die mittel- und osteuropäischen Reformländer, auch aufgrund des zunehmenden ausgabenstarken Geschäftsreiseverkehrs.

Bedingt durch die höheren Anreisekosten und den im Durchschnitt längeren Aufenthalt im Reiseland liegt der Anteil der auf die Fernreiseländer entfallenden Reiseausgaben relativ hoch. Mit wachsender Reichweite der Reisen steigen die Ausgaben zwar überproportional, fließen jedoch nur zu einem Teil dem jeweiligen Reiseland zu, sondern im hohen Maße den Verkehrsträgern sowie den in den Quellgebieten beheimateten großen Reisekonzernen.◆

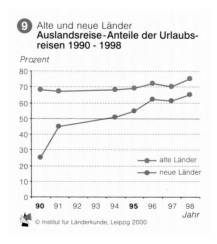

⑨ Alte und neue Länder
Auslandsreise-Anteile der Urlaubsreisen 1990 - 1998

Prozent

© Institut für Länderkunde, Leipzig 2000

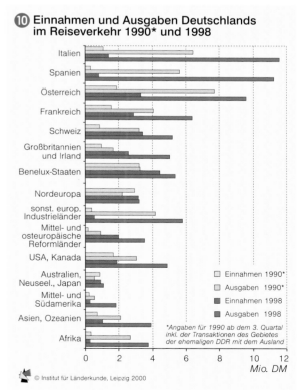

⑩ Einnahmen und Ausgaben Deutschlands im Reiseverkehr 1990* und 1998

© Institut für Länderkunde, Leipzig 2000

Herkunft und Ziele ausländischer Reisender

Michael Horn und Rainer Lukhaup

Die Deutschen verbringen ihren Urlaub in steigendem Maße im Ausland. Gleichzeitig wird aber Deutschland auch zunehmend von Gästen aus anderen Ländern besucht.

Tourismus in Deutschland im internationalen Vergleich

Die weltweiten internationalen Ankünfte verzeichnen ungebrochene Steigerungsraten, so dass der Welttourismus heute einer wahren Völkerwanderung gleicht (DETTMER 1998). 1997 bot die Tourismuswirtschaft weltweit über 262 Millionen Menschen Arbeit, ohne dass dabei vor- und nachgelagerte Betriebe mitgezählt wären. Der Tourismus ist damit nicht nur ein bedeutender Wirtschaftsfaktor, sondern auch die stärkste Wachstumsbranche der Weltwirtschaft. In Europa ist die Tourismuswirtschaft mit einem Beitrag von 8% am Bruttosozialprodukt der größte privatwirtschaftliche Arbeitgeber. Aufgrund der Tatsache, dass die große Mehrheit der Arbeitgeber im Tourismussektor Kleinbetriebe sind, wird die volkswirtschaftliche Bedeutung des Tourismus meistens unterschätzt.

Im weltweiten Vergleich lag Deutschland 1997
- bei Messereisen auf Platz eins,
- bei Kongress- und Veranstaltungsreisen auf dem vierten Rang,
- nach Reisedeviseneinnahmen auf dem sechsten Platz,
- als internationales Reiseziel an vierter Stelle.

Der Stellenwert aufgrund des Messe- und Kongresstourismus ist um so erfreulicher, als sich die sonstigen Reisepräferenzen der Bürger aus den EU-Mitgliedsstaaten auf die europäischen Mittelmeerländer konzentrieren ❷, die 1999 Steigerungsraten bei den Übernachtungszahlen bis zu 12% (Spanien) erzielen konnten.

Die Tourismusstatistik des Jahres 1998 weist für Deutschland mit über 294 Millionen Übernachtungen erstmals seit dem Spitzenjahr 1995 (300 Millionen Übernachtungen) wieder Zuwächse aus (+2,6% im Vergleich zu 1997). Mit Steigerungsraten von 6% erreichen die neuen Länder und Berlin-Ost zwar bessere Ergebnisse als die alten Länder (+1,9%), jedoch von einer weitaus niedrigeren Ausgangsbasis: Für die neuen Länder als Reiseziel entschieden sich 1998 nur 16% aller Reisenden.

▶ Incoming-Tourismus

Der Anteil ausländischer Gäste an der Gesamtzahl der Übernachtungen ist in Deutschland mit 11,7% relativ niedrig. Seit dem deutlichen Einbruch im Jahr 1993 nimmt die Zahl wieder kontinuier-

lich zu und weist für 1998 gegenüber 1997 eine 3,2%-Steigerung auf 34,5 Mio. Übernachtungen aus, womit erstmals der Spitzenwert von 1992 überboten wurde. Dieser positive Trend ist v.a. auf den gestiegenen Zustrom aus

❶ Extreme Veränderungen der Übernachtungen von 1997 zu 1998

Gäste aus ...	Übernachtungen 1998	Veränderung absolut	Veränderung in %
USA	4 Mio.	+ 416 000	+ 11,4
Ungarn	360 000	+ 47 000	+ 11,4
Großbritannien und Nordirland	3,2 Mio.	+ 242 000	+ 8,1
Österreich	1,5 Mio.	+ 89 000	+ 6,5
Dänemark	1,2 Mio.	+ 63 000	+ 5,7
Schweiz	1,8 Mio.	+ 94 000	+ 5,5
Belgien	1,5 Mio.	+ 69 000	+ 4,9
Polen	900 000	- 100 000	- 10,2
Portugal	220 000	- 29 000	- 11,6
Südkorea	200 000	- 91 000	- 49,8

❷ Beliebteste Ziele von Urlaubsreisen* innerhalb der EU 1997

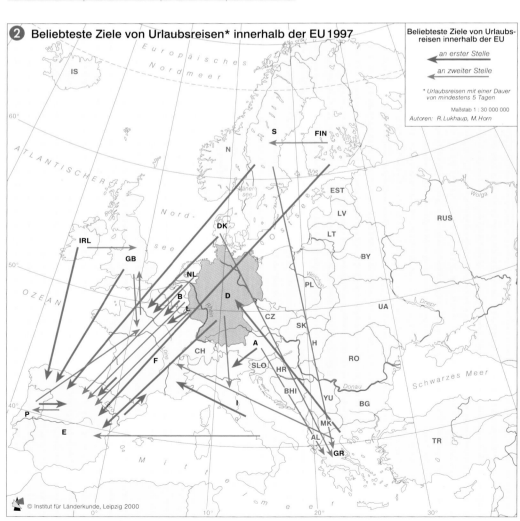

Beliebteste Ziele von Urlaubsreisen innerhalb der EU

← an erster Stelle
← an zweiter Stelle

* Urlaubsreisen mit einer Dauer von mindestens 5 Tagen

Maßstab 1 : 30 000 000
Autoren: R.Lukhaup, M.Horn

© Institut für Länderkunde, Leipzig 2000

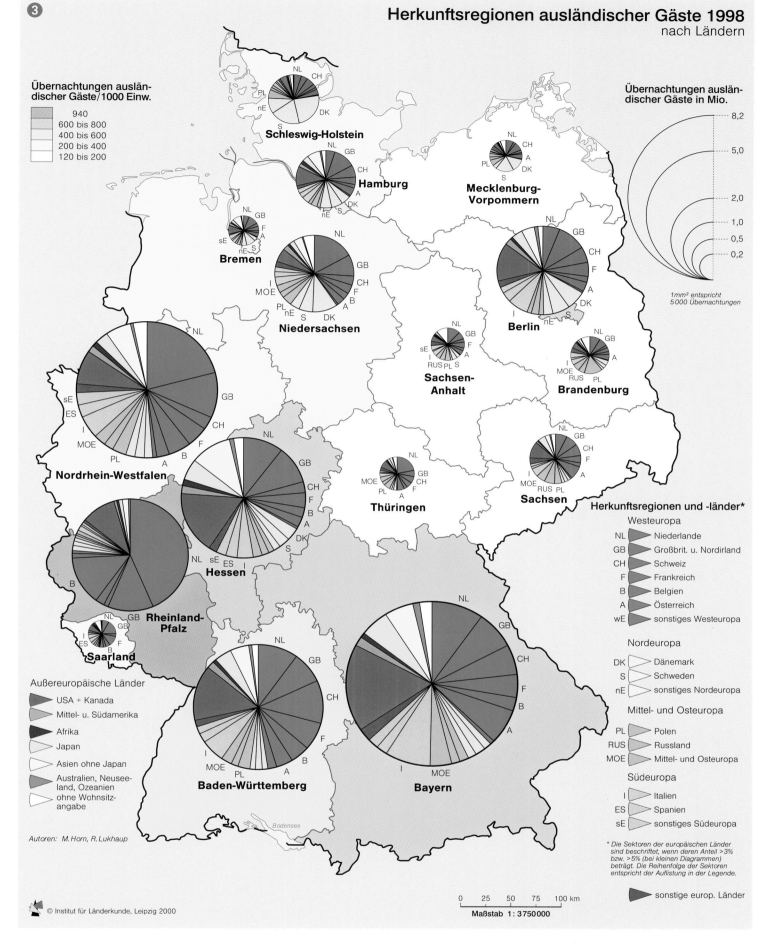

Herkunftsregionen ausländischer Gäste 1998
nach Ländern

3

Übernachtungen auslän-
discher Gäste/1000 Einw.

- 940
- 600 bis 800
- 400 bis 600
- 200 bis 400
- 120 bis 200

Übernachtungen auslän-
discher Gäste in Mio.

- 8,2
- 5,0
- 2,0
- 1,0
- 0,5
- 0,2

1mm² entspricht
5000 Übernachtungen

Schleswig-Holstein

Hamburg

Mecklenburg-
Vorpommern

Bremen

Niedersachsen

Berlin

Sachsen-
Anhalt

Brandenburg

Nordrhein-Westfalen

Hessen

Thüringen

Sachsen

Rheinland-
Pfalz

Saarland

Baden-Württemberg

Bayern

Herkunftsregionen und -länder*

Westeuropa
- NL ▶ Niederlande
- GB ▶ Großbrit. u. Nordirland
- CH ▶ Schweiz
- F ▶ Frankreich
- B ▶ Belgien
- A ▶ Österreich
- wE ▶ sonstiges Westeuropa

Nordeuropa
- DK ▷ Dänemark
- S ▷ Schweden
- nE ▷ sonstiges Nordeuropa

Mittel- und Osteuropa
- PL ▶ Polen
- RUS ▶ Russland
- MOE ▶ Mittel- und Osteuropa

Südeuropa
- I ▶ Italien
- ES ▶ Spanien
- sE ▶ sonstiges Südeuropa

* Die Sektoren der europäischen Länder
sind beschriftet, wenn deren Anteil >3%
bzw. >5% (bei kleinen Diagrammen)
beträgt. Die Reihenfolge der Sektoren
entspricht der Auflistung in der Legende.

▶ sonstige europ. Länder

Außereuropäische Länder
- ▶ USA + Kanada
- ▶ Mittel- u. Südamerika
- ▶ Afrika
- ▷ Japan
- ▷ Asien ohne Japan
- ▶ Australien, Neusee-
land, Ozeanien
- ▷ ohne Wohnsitz-
angabe

Autoren: M. Horn, R. Lukhaup

© Institut für Länderkunde, Leipzig 2000

0 25 50 75 100 km

Maßstab 1 : 3750000

den USA, Großbritannien und Nordirland, der Schweiz, Österreich, Belgien
und Dänemark zurückzuführen ➊.
Deutliche Rückgänge wurden allerdings
aus den Herkunftsländern Polen und
Südkorea festgestellt. Auch wenn große
Teile des asiatischen Wirtschaftsraumes
1997/98 von Krisen erschüttert wurden,
blieben weitere größere Einbußen bei
den Reiseankünften aus den inzwischen
traditionellen Herkunftsländern China,
Japan und Hongkong aus. Erfreulich aus
der Sicht der Tourismuswirtschaft dürfte
auch der ungebrochene Zustrom von
Besuchern aus den zahlungskräftigen
arabischen Golfstaaten sein.

Die Hälfte aller Ausländerübernachtungen entfiel 1998 auf die Gäste aus
sechs Herkunftsländern, wobei die Niederlande mit 5,1 Millionen vor den
USA (3,7 Mio.) und Großbritannien/
Nordirland (3 Mio.) den absoluten
Spitzenplatz einnehmen ➍. Auffallend
ist der vergleichsweise hohe Anteil der
Besucher aus den osteuropäischen Ländern (v.a. Polen und Russland) in den
neuen Ländern ➌.

Räumliche Verteilung und Aufenthaltsdauer

Bei der räumlichen Verteilung der Reisenden nach Stadt- und Landkreisen ➒
sind deutliche Schwerpunkte in den
Verdichtungsräumen und traditionellen
Feriengebieten der alten Länder auszu-
machen. Allein die Länder Bayern,
Nordrhein-Westfalen und Baden-Württemberg haben einen Anteil von über
50% an den Ausländerübernachtungen.
Die neuen Länder können v.a. in den
Oberzentren mit anspruchsvollem Kulturangebot und langer touristischer Tradition (z.B. Dresden und Leipzig) überdurchschnittliche Werte verzeichnen.
Die touristische Gesamtbilanz weist für
die neuen Länder zwar überdurchschnittliche Zuwachsraten aus (1992-
1998 +73%, alte Länder: +2%), diese
resultieren jedoch nur aus den Steigerungsraten im Binnentourismus. Während 1998 11,7% aller Übernachtungen
im ganzen Bundesgebiet auf Ausländer
zurückzuführen waren, waren es in den
neuen Ländern nur 5,8%. Die Zuwächse
bei den Ausländerübernachtungen sind
im Trend der letzten Jahre auf das alte
Bundesgebiet konzentriert. Ursachen
für diese Entwicklung lassen sich teilweise auch aus der Statistik ableiten:
Die hohe Fluktuation der Gäste aus den
osteuropäischen Ländern wie auch die
auslaufenden Zeitarbeitsverträge v.a.

mit Bauarbeitern aus osteuropäischen
Staaten, aber auch aus Frankreich und
von den Britischen Inseln, können für
diese Entwicklung mit verantwortlich
sein.

Die durchschnittliche Verweildauer
der ausländischen Gäste an einem
Übernachtungsort beträgt 2,5 Tage

(STATISTISCHE LANDESÄMTER 1999). Die
durchschnittliche Gesamtaufenthalts-
dauer eines ausländischen Gastes betrug
in Deutschland 1997 6,8 Nächte. Dabei
sind auch Geschäftsreisen und andere
Anlässe eingeschlossen. Reine Urlaubsreisen dauerten im Durchschnitt 7,3
Nächte (DZT 1998). →

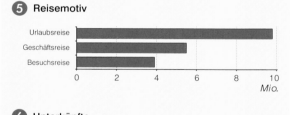

4 **Übernachtungen ausländischer Touristen in Deutschland 1998**
nach Herkunftsländern

Land

Niederlande
USA
Großbritannien Nordirland
Italien
Schweiz
Frankreich
Belgien
Österreich
Japan
Dänemark
Schweden
Polen
Spanien
Russland

0 1 2 3 4 5 6
Mio.

© Institut für Länderkunde, Leipzig 2000

Reisen der Europäer nach Deutschland 1997

5 **Reisemotiv**

Urlaubsreise
Geschäftsreise
Besuchsreise

0 2 4 6 8 10
Mio.

6 **Unterkünfte**

Hotel
privat
Ferienhaus und -wohnung
sonstige Unterkünfte
Camping

0 2 4 6 8 10
Mio.

7 **Urlaubsreisen**

Städtereise
Rundreise
Erholungsurlaub auf dem Land
sonstiger Urlaub
Eventreise, Freizeitpark
Badeurlaub am Meer bzw. See
Winterurlaub und Skiurlaub
Sporturlaub (ohne Winter)

0 0,5 1,0 1,5 2,0 2,5
Mio.

© Institut für Länderkunde, Leipzig 2000

Reisegründe und Unterkunfts- wahl

Bei den Reisemotiven überwiegt die Urlaubsreise, oftmals kombiniert mit Besuchen bei Freunden, Bekannten und Verwandten **5**. Dieses schlägt sich auch in der Unterkunftswahl nieder, wo die (unentgeltlichen) Privatunterkünfte mit 24% einen hohen Wert belegen **6** Die Stärken Deutschlands werden vorwiegend im kulturellen Bereich gesehen: Fast die Hälfte der Urlaubsreisen entfällt auf Städte- und Rundreisen. Badeurlaube oder Wintervergnügen suchen hingegen wenige ausländische Gäste in deutschen Gefilden **7**. Auffallend ist jedoch die hohe Anziehungskraft von Orten mit „tropischen Badeparadiesen" in voll ausgestatteten Ferienzentren für wetterunabhängige Badeurlaube mit integrierten Übernachtungs- und Versorgungsmöglichkeiten, z.B. Medebach und Gunderath **8**. Hier beträgt der Anteil ausländischer Gäste v.a. aus den Niederlanden und aus Belgien teilweise über 90%. Demgegenüber ist der Anteil ausländischer Kurgäste mit 1,5% von insgesamt 68 Millionen (1997) sehr gering, bei abnehmender Tendenz. Während bei den Kurorten insgesamt ein Rückgang von -18% im Vergleich zu 1990 zu verzeichnen war, betrug dieser bei den Seebädern sogar -50%. Ebenfalls starke Einbußen ausländischer Gäste mussten im Zeitvergleich von 1991 und 1997 die Jugendherbergen mit einem Rückgang um 27% hinnehmen (855.000 Übernachtungen), wobei davon vor allem die Standorte in den alten Ländern betroffen waren.

Städte- und Messereisen

Ein Teilsegment des Tourismusmarktes, das bereits seit Jahren stetige Wachstumsraten verzeichnet, ist der Städtetourismus **7** (▶▶ Beitrag Jagnow/Wachowiak). 1998 entfielen ein Drittel aller Ankünfte (In- und Ausländer) und 21% der Übernachtungen im Reiseverkehr auf Großstädte (über 100.000 Einwohner). Die ausländischen Gäste entschieden sich bei der Wahl des Über-

---

Der Dresdner Zwinger

---

8 **Rangliste der Gemeinden nach Gästeübernachtungen in Beherbergungsstätten 1997**

Rang	Inländer (in 1 000)		Ausländer (in 1 000)	
1	Berlin	7 988	München	2 752
2	München	6 428	Berlin	2 190
3	Hamburg	4 347	Frankfurt a. M.	1 876
4	Frankfurt a.M.	3 445	Köln	992
5	Köln	2 735	Hamburg	951
6	Düsseldorf	2 186	Düsseldorf	830
7	Bad Füssing	2 124	Stuttgart	481
8	Oberstdorf	1 932	Medebach	427
9	Dresden	1 804	Nürnberg	388
10	Stuttgart	1 690	Heidelberg	364
11	Nürnberg	1 547	Gunderath	312
12	Norderney	1 367	Hannover	307
13	Borkum	1 330	Mainz	273
14	Cuxhaven	1 305	Dresden	242
15	Bad Kissingen	1 285	Bonn	239
16	Leipzig	1 240	Wiesbaden	232
17	St. Peter-Ording	1 206	Leipzig	228
18	Hannover	1 140	Rothenburg o.d.T.	223
19	Münster	1 131	Bremen	216
20	Westerland	1 125	Freiburg i.Br.	183
21	Bonn	1 118	Mannheim	177

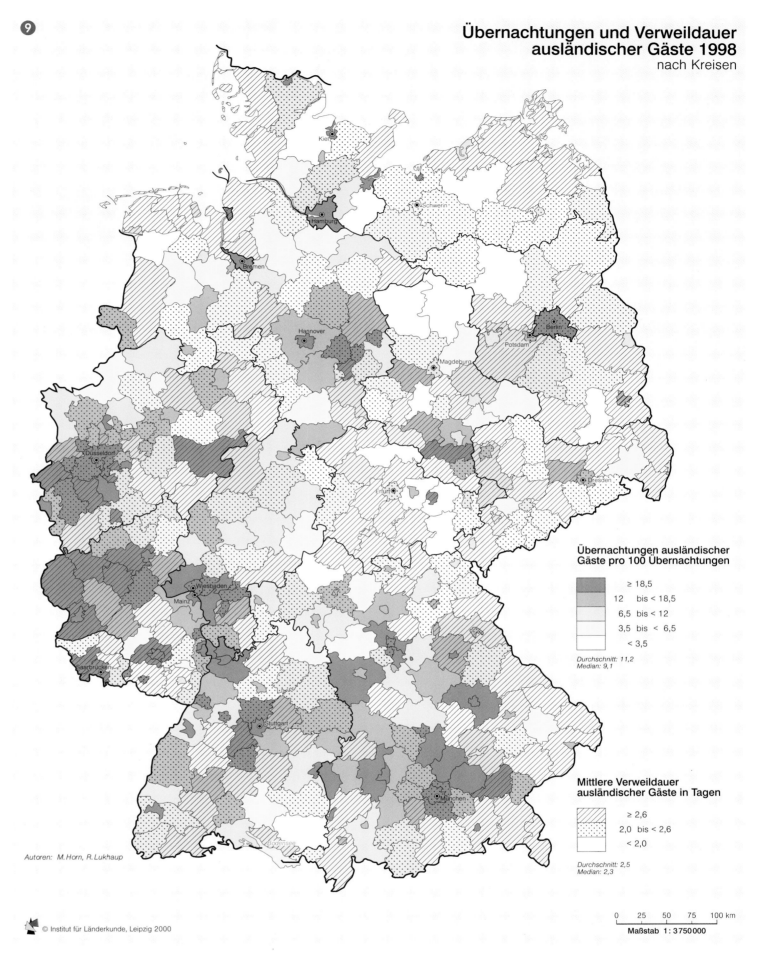

⑨

Übernachtungen und Verweildauer ausländischer Gäste 1998
nach Kreisen

Übernachtungen ausländischer Gäste pro 100 Übernachtungen

- ≥ 18,5
- 12 bis < 18,5
- 6,5 bis < 12
- 3,5 bis < 6,5
- < 3,5

Durchschnitt: 11,2
Median: 9,1

Mittlere Verweildauer ausländischer Gäste in Tagen

- ≥ 2,6
- 2,0 bis < 2,6
- < 2,0

Durchschnitt: 2,5
Median: 2,3

Autoren: M.Horn, R.Lukhaup

© Institut für Länderkunde, Leipzig 2000

0   25   50   75   100 km

Maßstab 1 : 3750000

nachtungsortes sogar etwa zur Hälfte (17 Mio.) für Großstädte. Hier spiegelt sich die große Bedeutung der Städte als Verkehrsknotenpunkte im Luft- und Bahnverkehr sowie als Messe- und Kongressstandorte wider.

Während bei den Inländern die Städteziele Berlin, München, Hamburg, Bad Füssing und Oberstdorf die Hitliste anführen und neben Kulturangeboten auch Landschafts- und gesundheitsorientierte Aspekte im Vordergrund stehen, favorisieren die ausländischen Reisenden nicht nur Städte mit internationalem Flair wie etwa München, Berlin oder Frankfurt a.M., sondern auch solche mit typischem Regionalbezug und Stellvertreterimage für historische Baukunst wie Nürnberg, Heidelberg oder Rothenburg o.d.T. ⑧.

An den Städtetourismus ist der Messetourismus gekoppelt. In Deutschland fanden 1998 129 überregionale Messen statt, die 9,65 Millionen Besucher hatten, davon 18,6% aus dem Ausland (1992: ca. 9 Millionen Besucher, davon 15% Ausländer). Bei den Ausstellern (1998: 154.000) betrug der ausländische Anteil sogar 47%. Gemessen an der Ausstellungsfläche und der Besucherzahl führt Hannover die Rangliste deutscher Messestädte deutlich an vor Frankfurt a.M., Köln, Leipzig, Düsseldorf, München, Berlin, Nürnberg, Essen, Hamburg und Stuttgart.

Ökonomische Bedeutung des Incoming-Tourismus

Eine wichtige Einflussgröße auf die Wahl Deutschlands als Reiseziel ist die Einkommenshöhe der privaten Haushalte in den Herkunftsländern. Die Deviseneinnahmen aus dem grenzüberschreitenden Reiseverkehr betrugen 1997 28,6 Mrd. DM (+8,4% im Vergleich zu 1996). Etwa 60% der Einnahmen entfielen auf lediglich 6 Herkunftsländer, wobei die Reisenden aus Österreich, den Niederlanden und der Schweiz mit jeweils ca. 12% die Spitzenplätze einnahmen, gefolgt von den Ausgaben der Gäste aus Frankreich (10%), Großbritannien (7,5%) und den USA (6,1%). Allerdings ist die Zahlungsbilanz im internationalen Reiseverkehr für den „Reiseweltmeister" Deutschland (13,4% an den Gesamtausgaben im internationalen Reiseverkehr) negativ: Den Einnahmen stehen mit 50,8 Mrd. DM fast doppelt so hohe Devisenausfuhren gegenüber (STATISTISCHES BUNDESAMT 1998).

Der Tourismus ist für Deutschland ein wichtiger Wirtschaftsfaktor. Insbesondere für Regionen, die industriell

schwach entwickelt sind und in größerer Entfernung zu Verdichtungsräumen liegen, kommt den Einnahmen aus dieser Branche für die Sicherung von Ar-

beitsplätzen und für die Förderung der regionalen Wirtschaftskraft eine große Bedeutung zu (BRBS 1997).◆

Städtetourismus zwischen Geschäftsreisen und Events

Evelyn Jagnow und Helmut Wachowiak

Heidelberg, Neckarbrücke und Schloss

Hildesheim, Marktplatz und Rathaus

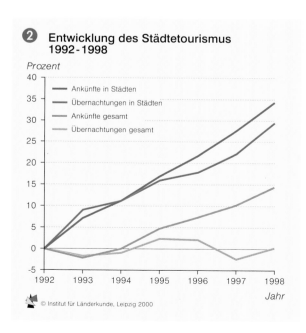

❷ Entwicklung des Städtetourismus 1992-1998

Prozent

Ankünfte in Städten
Übernachtungen in Städten
Ankünfte gesamt
Übernachtungen gesamt

Jahr

© Institut für Länderkunde, Leipzig 2000

Der Städtetourismus ist eines der wichtigsten Marktsegmente im Deutschland-Tourismus. Dabei stellt die Multifunktionalität die besondere Attraktivität von Städten dar: Städte können aus geschäftlichen Anlässen wie auch aus

Varianten des modernen Geschäftsreiseverkehrs

Kongresse dienen der Wissensvermittlung, dem Erfahrungsaustausch, dem Treffen von Verbandsmitgliedern o.ä. Sie behandeln in der Regel innerhalb eines geschlossenen Sachgebietes eine Vielzahl von Einzelthemen. Kongresse erfordern eine lange Planungs- und Vorbereitungszeit, die Dauer der Veranstaltung liegt im Allgemeinen bei mehr als einem Tag. Die Teilnehmerzahl liegt bei über 250 Personen.

Tagungen unterscheiden sich von Kongressen weniger inhaltlich als in der Dauer (i.d. Regel 1-2 Tage) und Teilnehmerzahl (unter 250 Teilnehmer). Außerdem benötigen sie eine kürzere Planungs- und Vorbereitungszeit sowie einen geringeren Organisationsaufwand.

Eine **Konferenz** dient der Erörterung eines speziellen, kurzfristig zu behandelnden Themenbereiches und hat dementsprechend eine allgemeine Dauer von einem Tag oder weniger.

In einem **Seminar** wird den Teilnehmern Wissen zu einem bestimmten Themenfeld vermittelt. Dies erfordert meist eine Dauer von mehreren Tagen und eine begrenzte Teilnehmerzahl.

Messen sind regelmäßig durchgeführte Verkaufs- und Ausstellungsveranstaltungen, die meist einen inhaltlichen Schwerpunkt haben. Als Orte für Handel, Informationsaustausch und Marketing erfüllen Messen bedeutende Funktionen für die Wirtschaft. Sie stellen zugleich einen wichtigen Wirtschaftsfaktor dar, indem sie zusätzliche Kaufkraft binden und erhebliche Beschäftigungseffekte für die Region erzielen. Die Größe einer Messe nach Einzugsgebiet der Messeaussteller und -besucher von lokalen/regionalen Messen bis hin zu bedeutenden internationalen Messen variieren.

Incentive-Reisen sind im weitesten Sinne „Belohnungen" von Unternehmen für besonders engagierte Mitarbeiter. Der Begriff – ursprünglich aus dem amerikanischen Wirtschaftsgeschehen – umfasst alle (Marketing-) Maßnahmen, die die Mitarbeiter zu besonderen Leistungen anspornen sollen. Sie sind ein außergewöhnliches Angebot, für dessen Organisation sich eine eigene Sparte als Anbieter entwickelt hat.

❶ Wie vermarkten sich Großstädte?

© Institut für Länderkunde, Leipzig 2000

Freizeitgründen Ziel einer Reise sein. Diese beiden grundsätzlichen Typen des Städtetourismus lassen sich im Allgemeinen auch nach dem Zeitpunkt der Reise unterscheiden. Die saisonale Verteilung der ▸ Geschäftsreisen konzentriert sich im Unterschied zum Erholungsreiseverkehr auf die Monate Februar bis Juni und September bis November. Im Wochenverlauf konzentrieren sich die Privatreisen auf das Wochenende, während Geschäftsreisen vorrangig an Werktagen stattfinden. Diese zeitliche Ergänzung ist für das Gastgewerbe und andere touristische Leistungsträger ein wichtiger Faktor bezüglich der Auslastung.

Je nach Motiv und Aufenthaltsdauer unterscheidet man privat bedingten Tagesausflugs-/Tagesveranstaltungsverkehr, Städtereiseverkehr und beruflich bedingten Tagesgeschäftsverkehr, Tagungs- und Kongresstourismus, Ausstellungs- und Messebesuche und sonstigen Geschäftsreiseverkehr. Grundsätzlich kann davon ausgegangen werden, dass Städtereisen zum überwiegenden Teil als Kurzreisen mit einer Dauer von maximal vier Tagen durchgeführt werden. In der Regel spricht man von Städtetourismus bei Großstädten mit über 100.000 Einwohnern. Darüber hinaus haben aber auch zahlreiche kleinere Städte eine große Bedeutung für den Deutschlandtourismus, z.B. Trier, Weimar oder Rothenburg o.d.T.

Städte – vom touristischen Quell- zum Zielgebiet

Bis Mitte der 1970er Jahre waren die Städte hauptsächlich Quellgebiete für den Erholungstourismus. Seitdem entwickelte sich der Städtetourismus je-

doch sehr dynamisch und erlebt nach einer Stagnationsphase Mitte der neunziger Jahre wieder deutliche Zuwachsraten. Diese drücken sich nicht nur in wachsenden Ankunfts- und Übernachtungszahlen aus, sondern auch in der Zahl der geplanten Städtereisen. Im Jahr 1983 z.B. planten nur 14,9 % der Deutschen eine Städtereise, 1995 waren es bereits 39,5% ❷.

Städte vereinen die Hälfte des Übernachtungsaufkommens ganz Deutschlands auf sich, bei den ausländischen Gästen waren es 1998 mehr als drei Viertel. Einen wesentlichen Anteil nehmen dabei die Großstädte mit über 20% aller in Deutschland getätigten Übernachtungen ein. Für diesen Boom im Städtetourismus gibt es verschiedene Ursachen. Zum einen ist die angestiegene Urlaubsdauer zu nennen, verbunden mit einem Einkommen, das dem Großteil der Bevölkerung finanziellen Spielraum für Reisen gibt. Hinzu kommt die Tendenz zur Zweit- und Drittreise mit einem Trend zu Kurz- und Erlebnisreisen (▸▸ Beitrag Flohr).

Teilnehmer an Städtereisen zeichnen sich durch eine ausgewogene Altersstruktur aus und haben – gegenüber den Teilnehmern an anderen Urlaubsreisen – meist höhere Einkommen und qualifiziertere Bildungsabschlüsse. Sie halten sich nur relativ kurz in den Städten auf, nämlich durchschnittlich zwei Tage. Generell gilt, dass sich ausländische Gäste im Durchschnitt länger in den Städten aufhalten als deutsche.

Aktivitäten der Städte

In den letzten Jahren haben Städte verstärkt in Maßnahmen zur Förderung des Tourismus investiert. Ein Übriges →

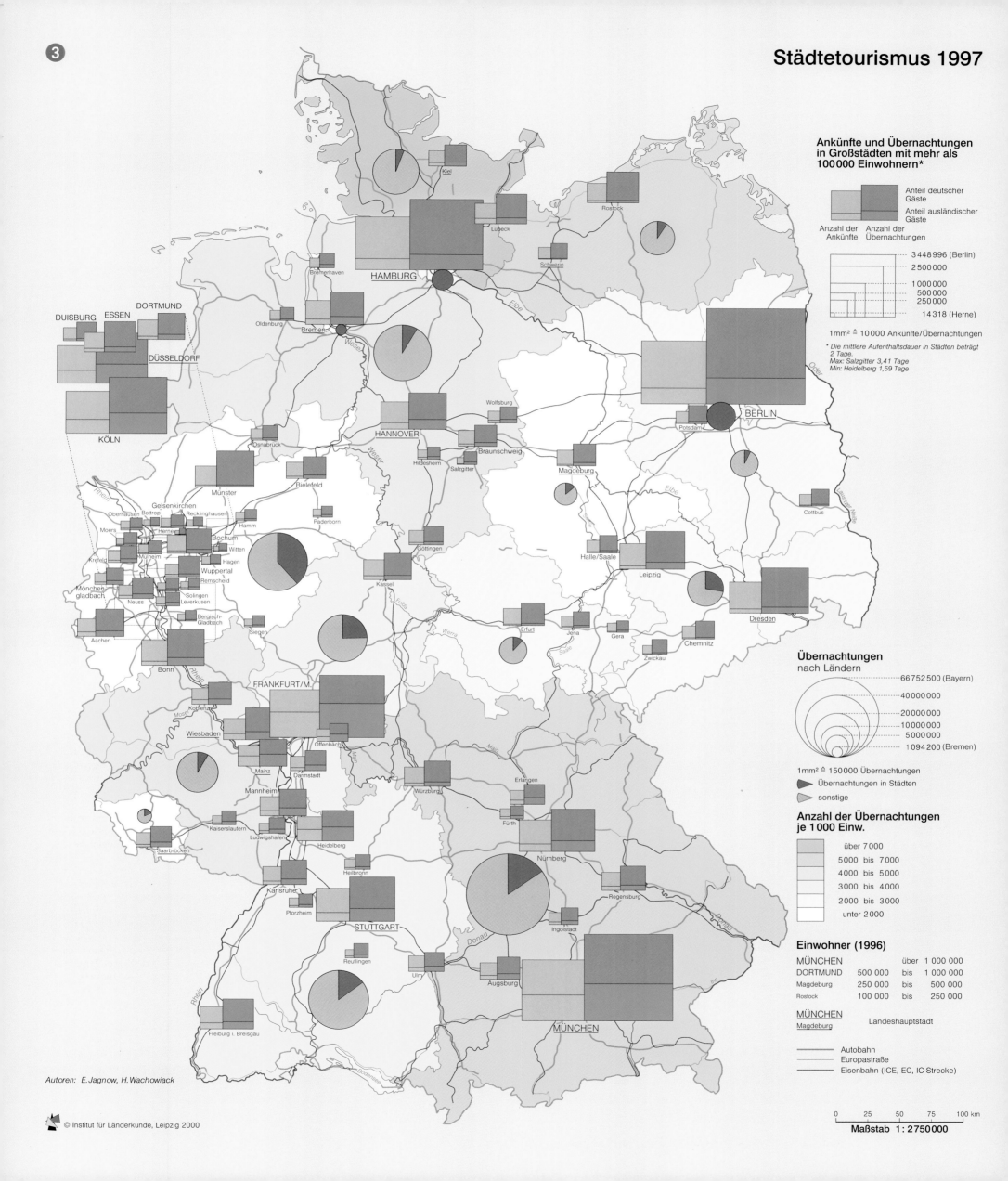

Städtetourismus 1997

3

Ankünfte und Übernachtungen
in Großstädten mit mehr als
100 000 Einwohnern*

Anteil deutscher
Gäste
Anteil ausländischer
Gäste

Anzahl der   Anzahl der
Ankünfte   Übernachtungen

3 448 996 (Berlin)
2 500 000
1 000 000
500 000
250 000

14 318 (Herne)

1mm² ≙ 10 000 Ankünfte/Übernachtungen

*Die mittlere Aufenthaltsdauer in Städten beträgt
2 Tage.
Max: Salzgitter 3,41 Tage
Min: Heidelberg 1,59 Tage

Übernachtungen
nach Ländern

66 752 500 (Bayern)
40 000 000
20 000 000
10 000 000
5 000 000
1 094 200 (Bremen)

1mm² ≙ 150 000 Übernachtungen

Übernachtungen in Städten
sonstige

Anzahl der Übernachtungen
je 1 000 Einw.

über 7 000
5 000 bis 7 000
4 000 bis 5 000
3 000 bis 4 000
2 000 bis 3 000
unter 2 000

Einwohner (1996)

MÜNCHEN		über 1 000 000
DORTMUND	500 000	bis 1 000 000
Magdeburg	250 000	bis 500 000
Rostock	100 000	bis 250 000

MÜNCHEN
Magdeburg   Landeshauptstadt

Autobahn
Europastraße
Eisenbahn (ICE, EC, IC-Strecke)

Autoren: E. Jagnow, H. Wachowiack

© Institut für Länderkunde, Leipzig 2000

0   25   50   75   100 km

Maßstab 1 : 2 750 000

leistete die städtebauliche Erneuerung nach dem Städtebauförderungsgesetz in den siebziger und achtziger Jahren, die mit Maßnahmen zur Sanierung historischer Stadtkerne, zur Durchgrünung und zur Verkehrsberuhigung eine Attraktivitätssteigerung der Städte zur Folge hatte. Auch im Städtetourismus fordert die Konkurrenz der Städte untereinander Wege zur Attraktivitätssteigerung, aber vor allem zur Herausbildung eines Profils, das die jeweilige Stadt von anderen Städten unverkennbar unterscheidet. Dies erfolgt in vielen Städten anhand von Spezialisierungen auf bestimmte Marktsegmente sowie der Vermarktung mit Hilfe von prägnanten Slogans und einem *Corporate Design* (Die Stadt als Marke).

Legt man die Ankunfts- und Übernachtungszahlen deutscher Großstädte zugrunde, so wird deutlich, dass die fünf größten Städte auch die meisten Besucher anziehen ➌. Auch Düsseldorf, Stuttgart, Nürnberg, Dresden und Hannover weisen hohe Werte auf – Städte mit sehr unterschiedlichen Image- und Angebotsschwerpunkten.

Die wirtschaftliche Bedeutung des Städtetourismus

Die konkreten wirtschaftlichen Auswirkungen des Tourismus sind schwer zu bestimmen, da neben den direkten Effekten für Tourismusbetriebe auch die Gesamtwirtschaft einer Stadt durch indirekte Leistungen und Einnahmen profitiert. Zur Messung der wirtschaftlichen Auswirkungen des Tourismus bedient man sich zum einen der Übernachtungszahlen, zum anderen der Tagesausgaben der Besucher. Die Ausgaben bei einer Städtereise sind im Vergleich zu anderen Reisen höher. Sie liegen bei Tagesausflügen in deutsche Großstädten bei im Durchschnitt 47 DM pro Person, das sind über 30% mehr als bei Tagesausflügen zu anderen Zielen.

Städte als Ziele von Geschäftsreisen

Die Zahl der Geschäftsreisen in Deutschland wird auf rund 150 Mio. im Jahr geschätzt, davon 144 Mio. im Inland. Rund 20,6 Mio. Geschäftsreisen

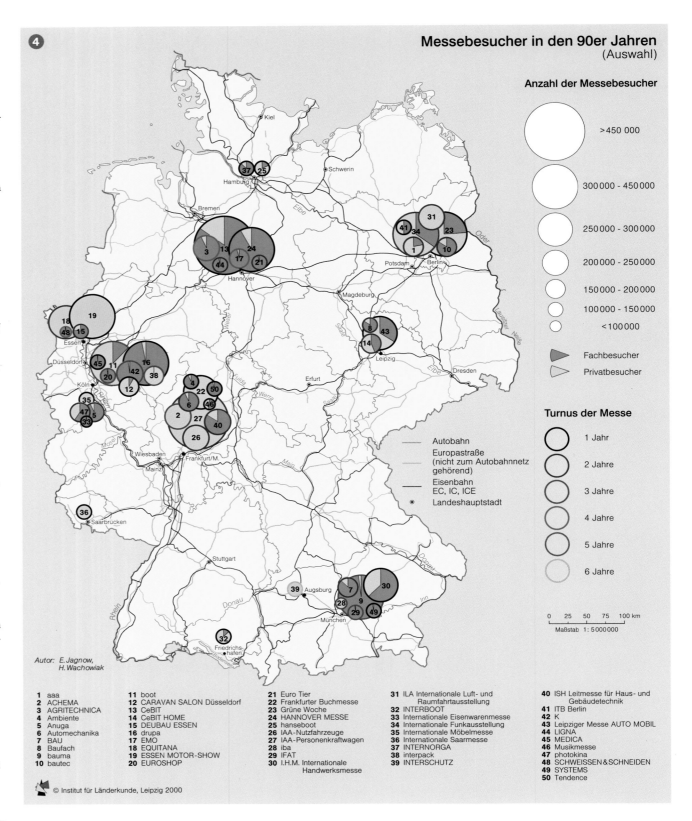

④

Messebesucher in den 90er Jahren
(Auswahl)

Anzahl der Messebesucher

>450 000

300 000 - 450 000

250 000 - 300 000

200 000 - 250 000

150 000 - 200 000

100 000 - 150 000

<100 000

◢ Fachbesucher

◺ Privatbesucher

Turnus der Messe

1 Jahr
2 Jahre
3 Jahre
4 Jahre
5 Jahre
6 Jahre

Autobahn
Europastraße (nicht zum Autobahnnetz gehörend)
Eisenbahn EC, IC, ICE
● Landeshauptstadt

0   25   50   75   100 km
Maßstab 1 : 5 000 000

Autor: E. Jagnow, H. Wachowiak

1 aaa	11 boot	21 Euro Tier	31 ILA Internationale Luft- und	40 ISH Leitmesse für Haus- und
2 ACHEMA	12 CARAVAN SALON Düsseldorf	22 Frankfurter Buchmesse	Raumfahrtausstellung	Gebäudetechnik
3 AGRITECHNICA	13 CeBIT	23 Grüne Woche	32 INTERBOOT	41 ITB Berlin
4 Ambiente	14 CeBIT HOME	24 HANNOVER MESSE	33 Internationale Eisenwarenmesse	42 K
5 Anuga	15 DEUBAU ESSEN	25 hanseboot	34 Internationale Funkausstellung	43 Leipziger Messe AUTO MOBIL
6 Automechanika	16 drupa	26 IAA-Nutzfahrzeuge	35 Internationale Möbelmesse	44 LIGNA
7 BAU	17 EMO	27 IAA-Personenkraftwagen	36 Internationale Saarmesse	45 MEDICA
8 Baufach	18 EQUITANA	28 iba	37 INTERNORGA	46 Musikmesse
9 bauma	19 ESSEN MOTOR-SHOW	29 IFAT	38 interpack	47 photokina
10 bautec	20 EUROSHOP	30 I.H.M. Internationale	39 INTERSCHUTZ	48 SCHWEISSEN&SCHNEIDEN
		Handwerksmesse		49 SYSTEMS
				50 Tendence

© Institut für Länderkunde, Leipzig 2000

sind mit mindestens einer Übernachtung verbunden. Im bundesdeutschen Geschäftsreiseverkehr in Großstädten dominiert der Tagesgeschäftsreiseverkehr mit ca. 58%.

Zu Geschäftsreisen werden alle beruflich motivierten und nicht aus der privaten Kasse bezahlten Reisen gezählt. Aufgeteilt wird der Geschäftsreiseverkehr in die vier Segmente Geschäfts- und Dienstreisen, Messe- und Ausstellungsreisen, Tagungs- und Kongressreisen sowie *Incentive*-Reisen. Die Teilnahme an Tagungen beträgt schätzungsweise 22%, an Messen und Ausstellungen 11% des gesamten Geschäftsreisevolumens in Deutschland.

Deutschland ist Messeplatz Nr. 1 in der Welt ➍. Jährlich finden in der Bun

desrepublik ca. 130 überregionale Messen und Ausstellungen statt, an denen sich über 150.000 Aussteller beteiligen, die rund 10 Mio. Besucher anziehen. Wichtigster Pluspunkt Deutschlands ist seine Internationalität, die nicht zuletzt auf die Lage in der Mitte Europas sowie den Sitz vieler internationaler Unternehmen zurückzuführen ist. Die größten Messeplätze sind auch Ausrichter der bedeutendsten Messen in der Bundesrepublik.

In der Rangliste der internationalen Tagungs- und Kongressdestinationen steht die Bundesrepublik auf Rang vier. Insgesamt verfügt Deutschland über 6800 Tagungsstätten, davon 6300 in Hotels, ca. 350 in Kongresshallen und ca. 160 in Universitäten.

Der ▶ Tagungs-, Kongress- und Messereiseverkehr hat große Auswirkungen auf die Infrastruktur einer Stadt. Dieser Bereich ist daher auch ein wichtiges Instrument der Wirtschaftsförderung sowie ein Mittel zur Imagestärkung einer Stadt, sowohl im nationalen wie auch im internationalen Rahmen.

Insgesamt entstanden der deutschen Wirtschaft aus Geschäftsreisen Reisekosten von rund 150 Mrd. DM, wobei der VDR (Verband Deutsches Reisemanagement) für eine innerdeutsche Reise im Schnitt 884 DM kalkuliert, bei europäischen Zielen 2200 DM und bei Zielen in Übersee 7500 DM. Von den Gesamtkosten einer Reise entfallen laut VDR rund 40% auf Flugtickets, 20-22% auf Hotelübernachtungen, 10-12% auf Mietwagen, 5-8% auf Bahnfahrkarten und der Rest auf Verpflegung, Spesen und Kilometergeld.

Zusätzliche Bedeutung haben mitreisende Angehörige von Geschäftsreisenden – jeder siebte Tagungs- und Kongressteilnehmer reist in Begleitung eines Familienangehörigen. Die Familienangehörigen, die im Allgemeinen nicht an der Veranstaltung teilnehmen, stellen ein weiteres Gästepotenzial für die gastgebende Stadt und damit für deren Freizeit- und Kulturangebot dar.

Standortfaktoren

Zielorte des Geschäftsreiseverkehrs sind hauptsächlich die Großstädte. Dies hat seine Ursache in den günstigen Standortfaktoren für sämtliche Einrichtungen und Veranstaltungen, die bei einer Geschäftsreise von Bedeutung sind. Diese lassen sich in „harte" und „weiche" Standortfaktoren einteilen. Zu den harten Standortfaktoren gehören die Lage und Verkehrsanbindung, Sitze bedeutender Institutionen, Wirtschaftsunternehmen, Bundesstellen, das Vorhandensein moderner Tagungseinrichtungen, ein differenziertes Beherbergungsangebot etc. Nicht zu unterschätzen sind jedoch auch die weichen Standortfaktoren wie das Image einer Stadt, touristische Attraktionen, Kultur- und Unterhaltungsangebote, attraktive Landschaft, Stadtbild, Einkaufsmöglichkeiten etc. Dies schafft angenehme Rahmenbedingungen für eine Veranstaltung. Gerade bei mehrtägigen Veranstaltungen sind meist ein kulturelles Rahmenprogramm oder genug zeitlicher Spielraum davor oder danach zur Besichtigung der jeweiligen Stadt vorgesehen.

Events als Attraktivitätsfaktor von Städten

Einen bedeutenden Faktor im privaten Städtetourismus stellen kulturelle Großveranstaltungen aus den Bereichen Musik, darstellende Kunst, Theater, Religion oder Tradition dar ❻. Im Sprachgebrauch wird dafür auch der Begriff Event verwendet. Jährlich besuchen rund 40% der Bevölkerung mindestens eine Großveranstaltung. Für den Besuch werden weite Entfernungen zurückgelegt.

Unter kulturellen Großveranstaltungen bzw. Events werden speziell inszenierte oder herausgestellte Veranstaltungen von begrenzter Dauer mit touristischer Ausstrahlung verstanden, wobei diese nicht ausschließlich in Städten stattfinden. Veranstaltungen wie „Rock am Ring" (am Nürburgring in der Eifel) sind nicht an die Infrastruktur einer Großstadt gebunden, wenn sie auch die temporäre, mobile Einrichtung einer umfassenden Infrastruktur mit sich bringen.

Zur Definition von Events gehören auch hohe Teilnehmerzahlen, hohe Investitions- und Veranstaltungskosten, ein großer Organisationsaufwand und eine überlokale Öffentlichkeitswirksamkeit. Diese Merkmale können quantitativ festgelegt werden, wobei es für die Abgrenzung sehr unterschiedliche Werte gibt. Die Dauer einer kulturellen Großveranstaltung kann zwischen wenigen Stunden (z.B. Konzerte), mehreren Wochen (z.B. Reichstagsverhüllung in Berlin 1995, Oktoberfest in München) und sogar mehreren Monaten (z.B. Gartenschauen, Weltausstellung EXPO) variieren. Bei länger andauernden Veranstaltungen wie Festivals oder ▶ Themenjahren finden häufig zusätzliche Einzelevents statt.

Touristische Bedeutung für die Städte

Kulturelle Großveranstaltungen haben einen großen Einfluss auf den Tourismus in einer Stadt ❺. Dies zeigt sich auch in der gestiegenen Zahl der inszenierten Events in den letzten Jahren sowie in der immer aufwendigeren und spektakuläreren Durchführung. Mit Hilfe von kulturellen Großveranstaltungen soll zunehmend ein eigenständiges Profil der Städte herausgestellt und ihr Image aufgewertet werden. Die daraus folgende Attraktivitätssteigerung basiert u.a. auf Multiplikatoreffekten durch die Veranstaltung, auf Synergieeffekten bei der Werbung, der Förderung der Stadt- und Regionalentwicklung und dem Aufbau von Kompetenzen. Hinzu kommt die Schaffung von Infrastrukturen im Rahmen der Veranstaltung, die im Nachhinein auch anderweitig genutzt werden können. Durch die Veranstaltung werden Anreize sowohl für private als auch für öffentliche Investoren geschaffen, denn die Besucher stellen auch ein Potenzial für sämtliche andere Einrichtungen in einer Stadt dar.

Auch negative Effekte können durch Großveranstaltungen verursacht werden. Im Bereich der Investitionen besteht vor allem die Gefahr der Spekulation sowie der Schaffung von Überkapazitäten. Findet eine kulturelle Großveranstaltung in regelmäßigen Abständen statt, verstärkt sich dieser Effekt, da evtl. Kapazitäten für maximale Auslastungen geschaffen werden, die in den Zeiten zwischen den Veranstaltungen nur teilweise genutzt werden können. Weitere Belastungen entstehen aufgrund der begrenzten zeitlichen Dauer einer solchen Veranstaltung durch starkes kurzfristiges Besucheraufkommen, z.B. Überlastung von Verkehrswegen, Grünflächen. Hinzu kommen mögliche negative ökologische Auswirkungen durch bauliche Maßnahmen, erhöhte Verkehrsdichte während der Veranstaltung, hohes Abfallaufkommen und Lärmbelästigung.

Insgesamt spielen kulturelle Großveranstaltungen gerade für Städte eine besondere Rolle, da auf diese Weise das Kultur- und Freizeitangebot ausgeweitet und abwechslungsreicher gestaltet werden kann. Für einige Städte, die sich zu großen Teilen über Veranstaltungen im Markt des Städtetourismus definieren, wie z.B. Kassel (documenta) oder Bayreuth (Festspiele), stellen diese zentrale Imagefaktoren dar.◆

Rüdesheim a.Rh. – Kleinstadt mit hohem Besucheraufkommen

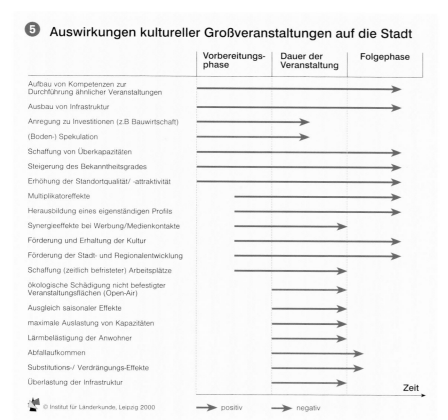

❺ **Auswirkungen kultureller Großveranstaltungen auf die Stadt**

	Vorbereitungsphase	Dauer der Veranstaltung	Folgephase
Aufbau von Kompetenzen zur Durchführung ähnlicher Veranstaltungen			
Ausbau von Infrastruktur			
Anregung zu Investitionen (z.B Bauwirtschaft)			
(Boden-) Spekulation			
Schaffung von Überkapazitäten			
Steigerung des Bekanntheitsgrades			
Erhöhung der Standortqualität/ -attraktivität			
Multiplikatoreffekte			
Herausbildung eines eigenständigen Profils			
Synergieeffekte bei Werbung/Medienkontakte			
Förderung und Erhaltung der Kultur			
Förderung der Stadt- und Regionalentwicklung			
Schaffung (zeitlich befristeter) Arbeitsplätze			
ökologische Schädigung nicht befestigter Veranstaltungsflächen (Open-Air)			
Ausgleich saisonaler Effekte			
maximale Auslastung von Kapazitäten			
Lärmbelästigung der Anwohner			
Abfallaufkommen			
Substitutions-/ Verdrängungs-Effekte			
Überlastung der Infrastruktur			Zeit

© Institut für Länderkunde, Leipzig 2000

→ positiv → negativ

❻ **Ausgewählte kulturelle Großveranstaltungen 1994-1998**

Schleswig-Holstein *Musik-Festival ca. 90000 Bes. jährl.* • Kiel
• Schwerin
• Hamburg
• Bremen
• Hannover
Potsdam • **Berlin** *Reichstagsverhüllung ca. 3 Mio. auswärtige Bes. 1995*
• Magdeburg *Love-Parade ca. 1 Mio. jährl.*
Gelsenkirchen *Bundesgartenschau ca. 1,6 Mio. Bes. 1997*
Kassel *documenta ca. 630000 Bes. 1997*
• Erfurt
Leipzig *Evangelischer Kirchentag ca. 102000 Teiln. 1997*
• Dresden
• Düsseldorf
Lennestadt-Elspe *Karl-May-Festspiele ca. 250000 Bes. jährl.*
Bonn *"Rhein in Flammen" ca. 500000 Bes. jährl.*
• Wiesbaden
• Mainz
Bayreuth *Wagner-Festspiele ca. 60000 Bes. jährl.*
Mannheim *"Körperwelten" ca. 750000 Bes. 1997/98.*
• Saarbrücken
Nürnberg *Christkindlesmarkt ca. 2,5 Mio. Bes. jährl.*
Speyer *"Der Zarenschatz der Romanow" ca. 316000 Bes. 1994*
"Leonardo da Vinci-Künstler, Erfinder u. Wissenschaftler" ca. 337000 Bes. 1995
• Stuttgart
Tübingen *"Auguste Renoir-Retrospektive" ca. 420000 Bes. 1996*
Oberammergau *Passionsfestspiele ca. 500000 Bes. alle 10 Jahre*
München *Oktoberfest ca. 6,6 Mio. Bes. jährl.*
○ *Konzert der 3 Tenöre ca. 67000 Bes. 1998*

1mm² ≙ 25000 Besucher

© Institut für Länderkunde, Leipzig 2000

Autor: E. Jagnow, H. Wachowiak

Urlaub auf dem Land – das Beispiel der Weinanbaugebiete

Michael Horn, Rainer Lukhaup, Christophe Neff

① Attraktivitätsfaktoren von Weinanbauregionen
Gästebefragung in Rheinland-Pfalz;
Mehrfachnennungen

Landschaft	30,9
Wein	13,5
Freizeit	12,9
Ortsbild	12,5
Klima / Wetter	9,1
Gastfreund-schaft	8,3
Ruhe	6,7
Gastronomie	5,6
Kur / Gesundh.	4,9
kulturhist. Sehenswürd.	4,4

Prozent
© Institut für Länderkunde, Leipzig 2000

② Die wichtigsten Weinanbauländer der Erde
nach der Weinerzeugung 1998

Frankreich
Italien
Spanien
USA
Argentinien
Südafrika
Portugal
Deutschland
Rumänien
Australien
China
Ungarn
Griechenland
Chile
Brasilien

in 1000 hl
© Institut für Länderkunde, Leipzig 2000

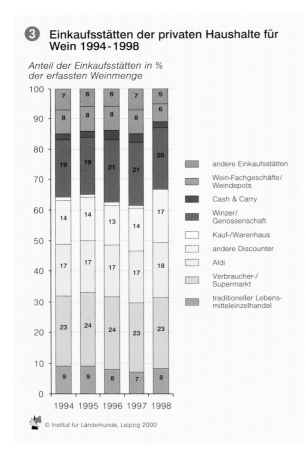

③ Einkaufsstätten der privaten Haushalte für Wein 1994-1998

Anteil der Einkaufsstätten in % der erfassten Weinmenge

andere Einkaufsstätten
Wein-Fachgeschäfte/Weindepots
Cash & Carry
Winzer/Genossenschaft
Kauf-/Warenhaus
andere Discounter
Aldi
Verbraucher-/Supermarkt
traditioneller Lebensmitteleinzelhandel

© Institut für Länderkunde, Leipzig 2000

Rüdesheim/Rhein

Gerade in dicht besiedelten Räumen, zu denen Deutschland größtenteils gehört, sind land- und forstwirtschaftlich genutzte Flächen nicht nur regionales Identitätsmerkmal, sondern gleichzeitig auch Zielgebiete des Freizeit- und Erholungsverkehrs. Der Fortbestand vieler Betriebe der nach wie vor vom Strukturwandel gekennzeichneten Landwirtschaft – zwischen 1981 und 1998 gingen die Betriebszahl um rund 50% zurück – ist zum einen von der Entwicklung der Marktpreise im globalen Wettbewerb abhängig, zum anderen auch von Möglichkeiten, zusätzliche Einnahmequellen am Standort zu erschließen.

In diesem Sinne kann der Ausbau des Fremdenverkehrs zu bedeutenden Verflechtungen mit Teilbereichen des primären Sektors führen. Somit trägt die Intensivierung des Tourismus im ländlichen Raum nicht nur zur Diversifizierung der regionalen Wirtschaftsstruktur und zum Fortbestand bäuerlicher Anwesen bei, sondern auch zur Erhaltung des vielfältigen Kulturlandschaftsbildes.

Wirtschaftsfaktor Fremdenverkehr im ländlichen Raum

Die Entwicklung der Landwirtschaft, das Erscheinungsbild der ländlichen Räume und der naturorientierte Freizeit- und Fremdenverkehr stehen in einer engen Abhängigkeit. Die Land- und Forstwirtschaft bewirtschaftet über 80% der Fläche Deutschlands. Die Bedeutung der Landwirtschaft geht jedoch weit über statistische Werte hinaus. Sie kann nicht alleine an ihrem Beitrag zum Bruttosozialprodukt (1,1%) oder an der Zahl der haupt- und nebenberuflich in der Landwirtschaft arbeitenden Menschen (3%) gemessen werden. Im Vordergrund stehen vielmehr die Funktionen für das Agrarbusiness mit vor- und nachgelagerten Betrieben, wie z.B. der Bedarf an landwirtschaftlichen Maschinen oder die Lieferung von Rohstoffen für die Nahrungsmittelindustrie, die Beiträge zur Erhaltung der Kulturlandschaft und der natürlichen Lebensgrundlagen sowie die Bereithaltung von Siedlungs-, Verkehrs- und Erholungsflächen.

Aus touristischer Sicht kann hauptsächlich auf vier Verflechtungsmöglichkeiten mit landwirtschaftlichen Betrieben verwiesen werden, wobei oftmals mehrere davon gemeinsam auftreten:
- Erhöhung der Flächenrendite durch Flächenumwidmung zu touristischen Zwecken, z.B. Schaffung von Campingplätzen und Abenteuerspielplätzen,
- Vermietung von Produktionsmitteln, z.B. Räume oder Pferde,
- Dienstleistungsangebote, z.B. Weinproben, Fremdenführungen oder Reitlehrgänge,
- Ab-Hof-Verkauf (Direktvermarktung) landwirtschaftlicher Produkte wie Milch und Milchprodukte, Fleisch und Fleischprodukte, Gemüse, Eier, Obst, Wein und Spirituosen.

Als Kriterien zur Wahl eines Urlaubs- oder Ausflugsortes spielt die Naturlandschaft mit ihrem Relief, ihrem Anteil von Wasserflächen an einem Fremdenverkehrsgebiet, den geologische Besonderheiten, der Vegetationsbedeckung usw. eine wichtige Rolle. Ein zweiter bedeutender Faktor ist die Infrastrukturausstattung, d.h. die Verkehrswege, die Ausstattung mit Hotellerie und Gastronomie sowie das kulturelle und sportliche Angebot. Außerdem spielen verstärkt auch kulturlandschaftliche Elemente eine große Rolle ①. Dabei sind die vielfältigen physiognomischen Merkmale von Siedlungen von Bedeutung, d.h. ihre historischen Ortsbilder und Architektur, aber auch das Erscheinungsbild der landwirtschaftlich genutzten Flur. In diesem Sinne zählen zu den touristisch relevanten Beispielen identitätsstiftender Kulturlandschaften auch die Weinanbaugebiete Deutschlands.

Identitätsmerkmal Weinbau

Bei der Weinerzeugung liegt Deutschland im internationalen Vergleich mit knapp 10 Mio. Hektolitern (hl) im langjährigen Durchschnitt an achter Stelle ②. Dass die intensiv genutzte Kulturlandschaft des Weinbaus touristisch bedeutsam ist, mag auch darin begründet liegen, dass das Kulturgut Wein seit alters her nicht nur Ausdruck abendländischen Lebensstils ist, sondern dass ihm auch – in Maßen genossen – gesundheitsfördernde Wirkungen attestiert werden. So befand bereits Plutarch (ca. 45 bis 120 n. Chr.), dass der Wein unter den Getränken das nützlichste und unter den Arzneien die schmackhafteste sei. In den rheinlandpfälzischen Weinanbaugebieten werden beispielsweise in Bad Dürkheim, Bad Bergzabern und Bad Kreuznach Traubenkuren auf Basis von kontrollierter Ernährung in Verbindung mit Traubensaft angeboten, in Bad Marienberg gibt es Schroth-Kuren, bei denen eine Heildiät in Verbindung mit Schroth´schen Kurpackungen und wechselweise dosierten Wein- und weinfreien Tagen verordnet werden.

Deutsche Weine, insbesondere der Riesling, genießen unter Weinkennern ein hohes Ansehen. Klimatische und geologische Standortbedingungen lassen Weine mit besonderen Eigenschaften reifen, die sich vom internationalen Angebot abheben. Die Anbaugebiete in den neuen Ländern an Elbe und Saale-Unstrut konnten sich nach 1990 trotz der vergleichsweise kleinen Fläche von zusammen kaum 900 ha durch hochwertige Produkte ebenfalls auf dem Markt positionieren. Das gemäßigte Klima zwischen dem 47. und dem 50. Breitengrad mit Jahresdurchschnittstemperaturen zwischen 9 und 10,5 Grad Celsius (nördliche klimatische Weinbaugrenze), günstige Niederschlagsverteilungen und eine Vegetationsperiode von Mai bis Oktober bieten gute Voraussetzungen für den Weinanbau (BMELF 1998). Der Erfolgsweg im Qualitätsweinbau, wie er dem Vorbild der weltweit führenden Weinproduzenten Frankreich →

Weinanbaugebiete 1998

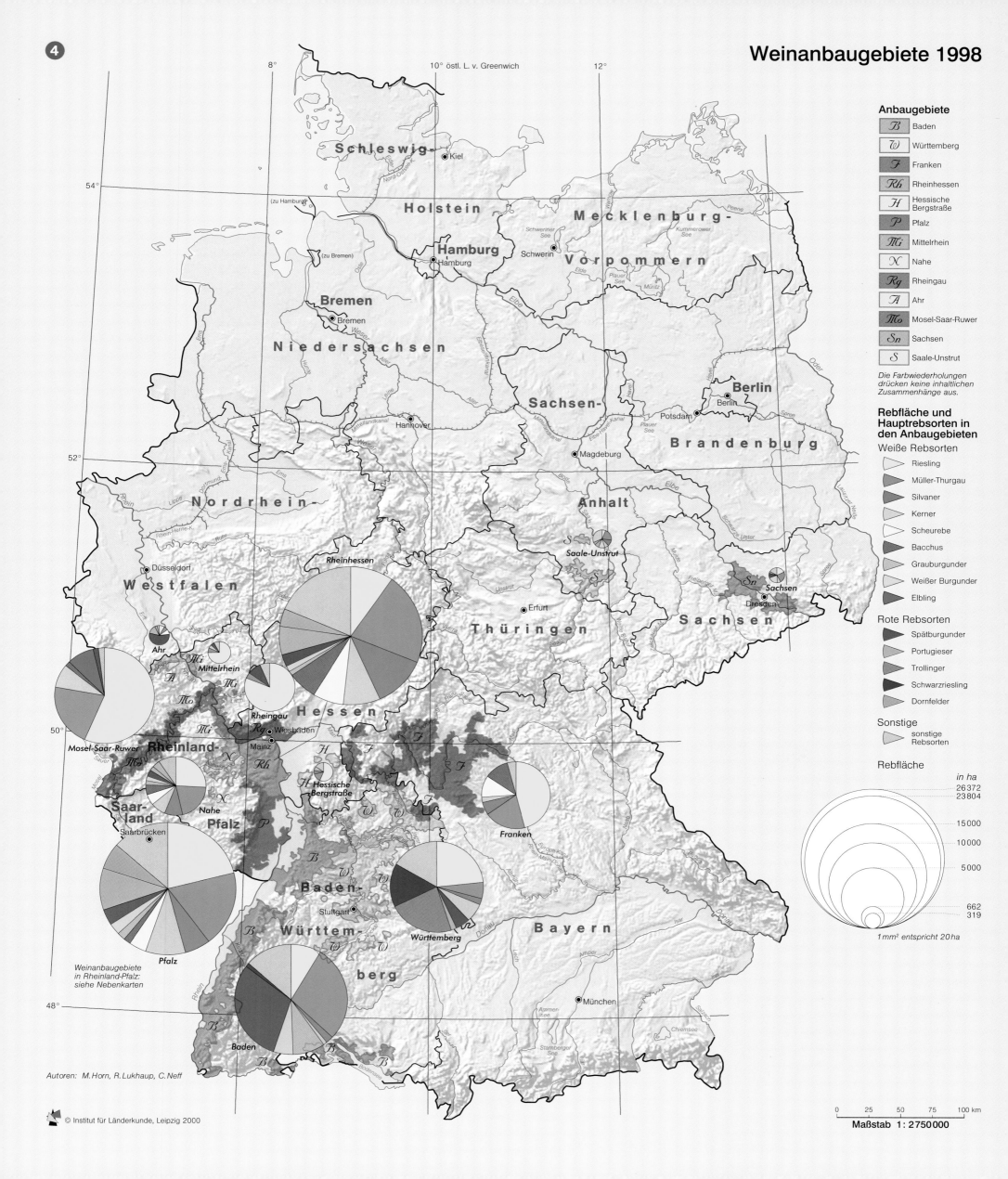

Schleswig-
Holstein
• Kiel

(zu Hamburg)

Mecklenburg-
Vorpommern

Hamburg
• Hamburg

Schwerin •
Schweriner See

Kummerower See

(zu Bremen)

Bremen
• Bremen

Niedersachsen

Berlin
Berlin •

Sachsen-

Potsdam •

Brandenburg

• Hannover

• Magdeburg

Nordrhein-

Anhalt

• Düsseldorf

Westfalen

Saale-Unstrut

Sachsen
Sachsen
Dresden •

Rheinhessen

• Erfurt

Thüringen

Ahr

Mittelrhein
Mittelrhein

Rheingau
Rheingau • Wiesbaden
Mainz •

Hessen

Mosel-Saar-Ruwer

Hessische
Bergstraße

Rheinland-

Nahe

Saar-
land

Nahe

Pfalz

Hessische Bergstraße

Franken
Franken

• Saarbrücken

Baden-

• Stuttgart

Bayern

Württem-

Pfalz

Württemberg
Württemberg

• München

Baden

berg

Weinanbaugebiete
in Rheinland-Pfalz:
siehe Nebenkarten

Autoren: M. Horn, R. Lukhaup, C. Neff

© Institut für Länderkunde, Leipzig 2000

Anbaugebiete

B	Baden
W	Württemberg
F	Franken
Rh	Rheinhessen
H	Hessische Bergstraße
P	Pfalz
Mi	Mittelrhein
N	Nahe
Rg	Rheingau
A	Ahr
Mo	Mosel-Saar-Ruwer
Sn	Sachsen
S	Saale-Unstrut

Die Farbwiederholungen drücken keine inhaltlichen Zusammenhänge aus.

Rebfläche und Hauptrebsorten in den Anbaugebieten

Weiße Rebsorten
- Riesling
- Müller-Thurgau
- Silvaner
- Kerner
- Scheurebe
- Bacchus
- Grauburgunder
- Weißer Burgunder
- Elbling

Rote Rebsorten
- Spätburgunder
- Portugieser
- Trollinger
- Schwarzriesling
- Dornfelder

Sonstige
- sonstige Rebsorten

Rebfläche

in ha

26372
23804
15000
10000
5000

662
319

1 mm² entspricht 20 ha

0   25   50   75   100 km

Maßstab 1 : 2750000

❺ Mitglieder der Verbände für Urlaub auf dem Bauernhof und Landtourismus 1998*

Bayern
Baden-Württemberg
Niedersachsen
Schleswig-Holstein
Rheinland-Pfalz und Saarland
Thüringen
Nordrhein-Westfalen
Hessen
Brandenburg
Sachsen
Mecklenburg-Vorpommern
Sachsen-Anhalt

0   500 1000 1500 2000 2500 3000 3500 4000

* Mitgliederzahlen der Verbände der Bundesarbeitsgemeinschaft für Urlaub auf dem Bauernhof und Landtourismus in Deutschland e.V.; keine Mitglieder in Bremen, Hamburg, Berlin

© Institut für Länderkunde, Leipzig 2000   *Mitglieder*

und Italien folgend auch in Deutschland zunehmend propagiert wird, setzt im Anbau und in der Sortenwahl zunehmend auf das Zusammenspiel von Bodenbeschaffenheit, topographischer Lage, Hangneigung und -exposition sowie (Mikro-) Klima (ROTHE 1998) – regionale und lokale Merkmale, die auch im Tourismus zu den Gunstfaktoren zählen.

Mit dem Reiseboom der späten 1960er Jahre und den daran geknüpften Urlaubserfahrungen gewann nicht nur der Rotwein im traditionellen Riesling-Land Deutschland an Bedeutung, sondern auch der Wunsch nach hochwertigen deutschen Weinen sowie nach Kenntnis über Anbaugebiete und Produktionsverfahren. Die Suche nach Erlebnis und Inszenierung schlägt sich in der Wahl der Einkaufsstätten für deutsche Weine nieder, wo der Direktver-

❻ Die deutschen Qualitätsweinanbaugebiete im Überblick

Anbaugebiete	Bereiche	Landweingebiete	Tafelweingebiete	Tafelweinuntergebiete
Baden	Bodensee, Märkgräferland, Kaiserstuhl, Tuniberg, Breisgau, Ortenberg, Badische Bergstraße/Kraichgau Tauberfranken	Südbadischer Landwein, Unterbadischer Landwein, Taubertäler Landwein	Oberrhein	Römertor, Burgenau
Württemberg	Remstal-Stuttgart, Oberer Neckar, Württembergisch Unterland, Württ. Bodensee, Bayer. Bodensee, Kocher-Jagst-Tauber	Schwäbischer Landwein	Neckar	
Franken	Mainviereck, Maindreieck, Steigerwald	Fränkischer Landwein	Bayern	Main
-	-	Regensburger Landwein, bayer. Bodensee Landwein		Donau Lindau
Pfalz	Südliche Weinstraße, Mittelhaardt/Deutsche Weinstraße	Pfälzer Landwein	Rhein-Mosel	Rhein
Rheinhessen	Bingen, Nierstein, Wonnegau	Rheinischer Landwein		
Nahe	Nahetal	Nahegauer Landwein		
Hessische Bergstraße	Starkenburg, Umstadt	Starkenburger Landwein		
Rheingau	Johannisberg	Altrheingauer Landwein		
Ahr	Walporzheim/Ahrtal	Ahrtaler Landwein		
Mittelrhein	Loreley/Siebengebirge	Rheinburgen Landwein		
Mosel-Saar-Ruwer	Zell/Mosel, Bernkastel, Obermosel, Moseltor, Saar-Ruwer	Landweine der Mosel, der Ruwer und der Saar		Mosel Saar
Sachsen	Meißen, Dresden, Elstertal	Sächsischer Landwein	Albrechtsburg	
Saale-Unstrut	Thüringen, Schloss Neuenburg	Mitteldeutscher Landwein		

trieb über die Erzeuger (Winzer und Weinbaugenossenschaften) einen konstant hohen Wert einnimmt ❸.

Tourismusfaktor Weinanbauregion

Die Konzentrationen des Tourismus im Bereich der ▶ Weinanbaugebiete resultieren aus dem regionalen Zusammenspiel von reichen kulturhistorischen Potenzialen und reizvollen klein gegliederten Landschaften, wie etwa den Steillagen an der Mosel, sowie einer hohen Sonnenscheindauer – führend ist darin das Anbaugebiet um den badischen Kaiserstuhl – und bodenständiger Tradition und Qualität. Als attraktiv werden auch der Kontrast zwischen Reb- und Waldland in der Pfalz entlang der Deutschen Weinstraße oder die romantischen historischen Festungsanlagen im Mittelrheintal empfunden. Auffallend ist die Übereinstimmung von Tourismusaufkommen und den auch für den Weinbau maßgeblichen natürlichen Leitfaktoren Klima und Relief. Die Nähe der Weinanbauregionen zu Verdichtungsräumen ist nicht nur für den Weindirektabsatz, sondern auch für das hohe Besucheraufkommen der Weinfeste ausschlagge-

bend. Somit sind die Rebflächen zwar ein Identitätsmerkmal, als alleiniger Grund für einen Urlaub oder Ausflug können sie jedoch nicht betrachtet werden. Sie sind vielmehr als unverwechselbare, romantische Kulisse anzusehen (AMMER/PRÖBSTL 1991; EISENSTEIN 1996). Daher ist der Weinkauf auch selten ausschließlicher Grund für den Aufenthalt in einem Weinanbaugebiet, sondern in Koppelung mit und in Abhängigkeit von anderen freizeitorientierten Aktivitäten zu sehen, wie z.B. Wandern, Besuch von Kulturdenkmälern oder Gaststätten (vgl. LUKHAUP et al. 1994).

Weinspezifische Veranstaltungen ❽

Der Weinabsatz direkt an den Endverbraucher ist nicht nur Marketingbestandteil von Weinbaubetrieben zur Verbesserung der ökonomischen Betriebsbasis, sondern integrativer Bestandteil von lokalen und regionalen Maßnahmen zur Steigerung des Tourismusaufkommens. Hierzu zählen insbesondere Weinproben mit Keller- und Betriebsbesichtigung, Weinfeste, Weinmessen und -seminare, Weinbergsführungen und die Einkehrmöglichkeiten in den typischen Besen- oder Strauß-wirtschaften, die inzwischen nicht mehr nur die württembergischen Weinbauorte charakterisieren. Als größte Veranstaltung rund um den Wein zählt der „Wurstmarkt" in Bad Dürkheim jeweils im September, der auf eine 583-jährige Tradition zurückblicken kann. 1999 kamen über 630.000 Besucher auf dieses

zählten die ca. 7000 Anbieter für „Urlaub auf dem Bauernhof" in Bayern ca. 1 Mio. Gäste und 9,4 Mio. Übernachtungen, wobei für 30% der Besucher Bayern gleichzeitig auch das Herkunftsland war (LUBB 1999). 1997 boten bundesweit etwa 20.000 landwirtschaftliche Betriebe Urlaub auf dem Bauernhof an (BAG 1999). Dabei profitieren

preisen und einer reizvollen Landschaft auch soziale Kriterien: Integration in die Gastgeberfamilien, Möglichkeiten der Teilnahme an betrieblichen Produktionsabläufen sowie familiengerechte Zimmerausstattungen.◆

Weinberge in der Pfalz

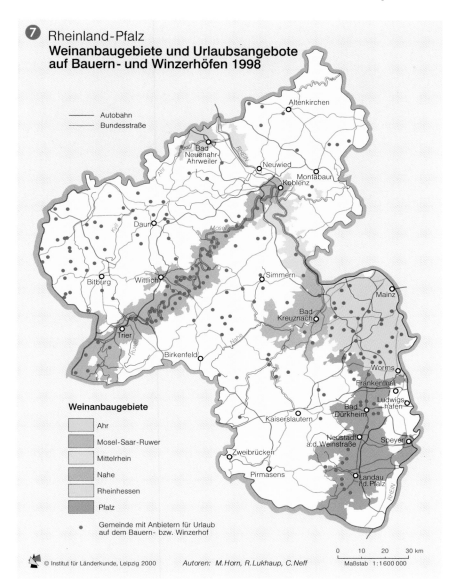

⑦ Rheinland-Pfalz
Weinanbaugebiete und Urlaubsangebote auf Bauern- und Winzerhöfen 1998

— Autobahn
— Bundesstraße

Weinanbaugebiete
- Ahr
- Mosel-Saar-Ruwer
- Mittelrhein
- Nahe
- Rheinhessen
- Pfalz

• Gemeinde mit Anbietern für Urlaub auf dem Bauern- bzw. Winzerhof

0 10 20 30 km

© Institut für Länderkunde, Leipzig 2000   *Autoren: M. Horn, R. Lukhaup, C. Neff*   Maßstab 1 : 1 600 000

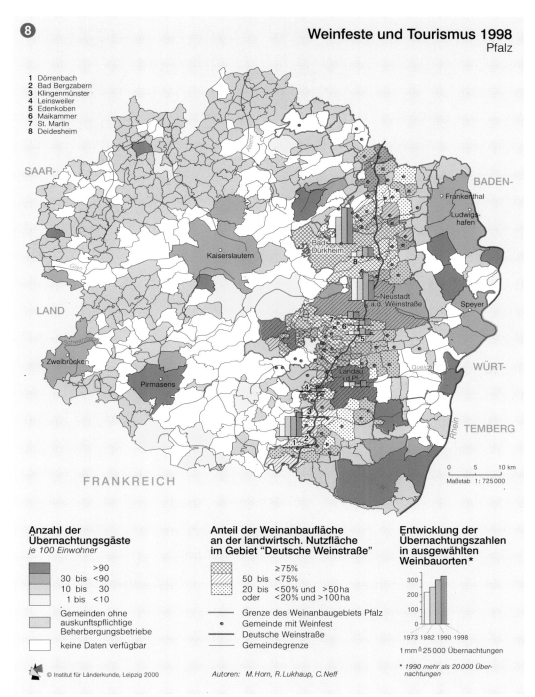

⑧ **Weinfeste und Tourismus 1998**
Pfalz

1 Dörrenbach
2 Bad Bergzabern
3 Klingenmünster
4 Leinsweiler
5 Edenkoben
6 Maikammer
7 St. Martin
8 Deidesheim

Anzahl der Übernachtungsgäste
je 100 Einwohner
- >90
- 30 bis <90
- 10 bis 30
- 1 bis <10
- Gemeinden ohne auskunftspflichtige Beherbergungsbetriebe
- keine Daten verfügbar

Anteil der Weinanbaufläche an der landwirtsch. Nutzfläche im Gebiet "Deutsche Weinstraße"
- ≥75%
- 50 bis <75%
- 20 bis <50% und >50 ha oder <20% und >100 ha
— Grenze des Weinanbaugebiets Pfalz
• Gemeinde mit Weinfest
— Deutsche Weinstraße
— Gemeindegrenze

Entwicklung der Übernachtungszahlen in ausgewählten Weinbauorten*
1973 1982 1990 1998
1 mm ≙ 25 000 Übernachtungen
* 1990 mehr als 20 000 Übernachtungen

0 5 10 km
Maßstab 1 : 725 000

© Institut für Länderkunde, Leipzig 2000   *Autoren: M. Horn, R. Lukhaup, C. Neff*

Weinfest und tranken hier mehr als 300.000 Liter Wein. Alleine für die Anbaugebiete von Rheinland-Pfalz zählen die Veranstaltungskalender über 800 Wein- oder Winzerfeste.

Urlaub auf Bauern- und Winzerhöfen

Zur Diversifizierung ihrer ökonomischen Basis gehen immer mehr bäuerliche Betriebe dazu über, außer eigenen landwirtschaftlichen Erzeugnissen auch Gästezimmer anzubieten. In Abwandlung der altbürgerlichen Sommerfrische, die zwar stark landschaftsbezogen war, aber kaum den Blick in den Betriebskreislauf des Hofes suchte, versteht sich das heutige überwiegend familienorientierte, vergleichsweise kostengünstige Urlaubsangebot auch als Aufklärungs- oder Anschauungshilfe für bäuerliche Wirtschaftsweisen. Der „Urlaub auf dem Bauern- und Winzerhof" verzeichnet steigende Anteile an den inländischen Übernachtungen. 1997

nicht nur die einzelnen Betriebe von den Übernachtungsgästen, sondern auch die touristische Infrastruktur der gesamten Ortschaft bzw. Region. Bereits seit Anfang der 1990er Jahre verzeichnet diese Urlaubsform Steigerungsraten von jeweils ca. 5% pro Jahr. 1997 wurden 23,8 Mio. Übernachtungen registriert. Etwa 5% der deutschen Urlauber gaben für 1997 an, ihren Haupturlaub auf einem Bauern- oder Winzerhof verbracht zu haben (BAG 1999), was einem Anteil von ca. 1,5% am gesamttouristischen Umsatz entspricht. Bevorzugte Reiseziele sind die Urlaubsregionen der süddeutschen Länder und von Schleswig-Holstein ❺. Regionale Konzentrationen zeigen sich in landschaftlich abwechslungsreichen Räumen, wie sie z.B. die rheinland-pfälzischen Weinanbaugebiete darstellen ❼.

Voraussetzungen für den Erfolg dieser Urlaubsform, deren Hauptsaison die Sommer- und Herbstferienzeit ist, sind außer den günstigen Übernachtungs-

Regionalwirtschaftliche Bedeutung des Tourismus

Mathias Feige, Thomas Feil, Bernhard Harrer

Lenggries

Übernachtungs- und Tagesreisen bilden die beiden Hauptsegmente der touristischen Nachfrage. Mit 2,2 Milliarden Fahrten pro Jahr übersteigt der Tagesreiseverkehr (Ausflüge, Tagesgeschäftsreisen) in Deutschland die rund 610 Mio. Übernachtungen (Urlaub, Kur, Verwandtenbesuche, Geschäftsreisen) nahezu um das Vierfache.

Die Ausgaben pro Person und Tag betragen bei den Tagesreisenden im Mittel 39 DM, bei den Übernachtungsreisenden 120 DM. Die deutschen Unternehmen erzielen aus der gesamttouristischen Nachfrage unter Einbezug der Reisekosten im Binnentourismus jährliche Bruttoumsätze in Höhe von mindestens 200 Mrd. DM. Der daraus resultierende Beschäftigungseffekt beträgt ca. 2 Mio. Arbeitsplätze, davon 1,3 Mio. in direkt vom Tourismus abhängigen Wirt-

schaftsbereichen. Dies entspricht einem Anteil von rund 6% aller Erwerbstätigen der Bundesrepublik Deutschland.

Eine länderbezogene Differenzierung zeigt zweierlei: Die quantitative Dominanz des Tagesreiseverkehrs schlägt sich in 13 der 16 Ländern auch in einer entsprechend größeren ökonomischen Bedeutung im Vergleich zum Übernachtungstourismus nieder ❶. Zum Zweiten liegt der relative Stellenwert des Tourismus in der Gesamtwirtschaft touristisch bedeutsamer, aber strukturschwacher Länder wie z.B. Mecklenburg-Vorpommern (7,4%, Spitzenwert) oder Schleswig-Holstein (4,6%) deutlich über dem Wert, den er in wirtschaftlich starken Tourismusländern wie Bayern (3,4%) oder Baden-Württemberg (2,4%) erreicht. Und das, obwohl in diesen Ländern der Einkommensbeitrag aus dem Tourismus in absoluten Zahlen deutlich größer ist als in den strukturschwachen Ländern ❻.

Woher kommt das Geld im Tourismus und wohin fließt es?

Das Gastgewerbe mit Beherbergungssektor und Gastronomie erhält jede zweite Mark, die Touristen ausgeben ❷. Dabei sind es nicht allein die Hotel-, Pensions- und Appartementgäste der gewerblichen Betriebe, durch die Geld in die Region fließt (37%). Der Privatquartiersektor sorgt noch einmal für einen ebenso hohen Umsatz (35%). Auch Beherbergungs- und Tourismusformen, die bei tourismuswirtschaftlichen Betrachtungen häufig übersehen werden, wie die Freizeitwohnsitze, Besuche von Verwandten und Freunden oder der Ausflugsverkehr, spielen ökonomisch durchaus eine Rolle (13,5% der tourismusbedingten Umsätze). Weitere Branchen, die man nicht primär mit dem Tourismus verbindet, leben zumindest teilweise von den Ausgaben der Gäste: Der Einzelhandel sowie zahlreiche Dienstleister – vom Kurmittelbereich über Verkehrsunternehmen bis zu Banken und Friseuren. Ohne diese touristische Nachfrage würde eine Vielzahl von Geschäften und Einrichtungen (Kinos, Schwimmbäder etc.) nicht in der Anzahl, Ausstattung und Qualität existieren, wie man sie heute in den bevölkerungsschwachen, peripher gelegenen Küsten- und Inselorten findet: Ein prosperierender Tourismus erhöht die Lebensqualität der Bevölkerung.

Die Entstehungs- und Verteilungsstrukturen im Tourismus müssen mit Hilfe präziser Einzeldaten stets für jede Gemeinde individuell berechnet werden. An einem regionalen und einem lokalen Beispiel wird die wirtschaftliche Bedeutung des Tourismus im Folgenden im Detail aufgezeigt.

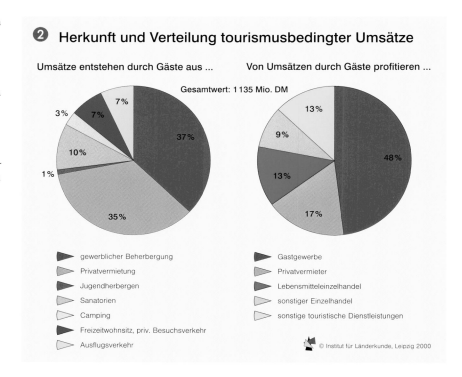

❷ Herkunft und Verteilung tourismusbedingter Umsätze

Umsätze entstehen durch Gäste aus ...

Gesamtwert: 1 135 Mio. DM

7% / 3% / 7% / 10% / 1% / 37% / 35%

- gewerblicher Beherbergung
- Privatvermietung
- Jugendherbergen
- Sanatorien
- Camping
- Freizeitwohnsitz, priv. Besuchsverkehr
- Ausflugsverkehr

Von Umsätzen durch Gäste profitieren ...

13% / 9% / 13% / 48% / 17%

- Gastgewerbe
- Privatvermieter
- Lebensmitteleinzelhandel
- sonstiger Einzelhandel
- sonstige touristische Dienstleistungen

© Institut für Länderkunde, Leipzig 2000

Nordseeküste Schleswig-Holstein

Die Region zwischen Sylt und Elbmündung gehört mit fast 17 Mio. Übernachtungen und 11,2 Mio. Ausflügen zu den bekanntesten Feriengebieten in Deutschland. Hier übersteigt der Übernachtungstourismus aufgrund der relativ großen Ferne zu bevölkerungsstarken Agglomerationen den Tagestourismus. 19,4% des Volkseinkommens dieser Region stammen heute aus dem Tourismus. Durchschnittlich 74 DM betragen die Tagesausgaben eines Übernachtungsgastes, wobei diese je nach Ort bzw. Insel und Quartierart erheblich variieren können, z.B. 44,90 DM in der Stadt Meldorf, 92,10 DM auf der Insel Sylt. Ein Hotelgast in Westerland gibt 180 DM pro Person und Tag aus. Jeder Tagesgast lässt zwischen 24 und 35 DM in der Region, je nachdem, ob er z.B. Strandaufenthalte am Festland oder Schiffsausflüge zu den Halligen unternimmt.

Heute profitiert zwar jede Küsten-, Insel- oder Halliggemeinde vom Tourismus ❺, doch ist die Einkommenswirkung sehr unterschiedlich. Für 40% der Anrainergemeinden handelt es sich nur um eine ergänzende Einkommensquelle (< 5%), vor allem in den Fällen, in denen der Tourismus landwirtschaftlichen Betrieben ein Zusatzeinkommen ermöglicht: Urlaub auf dem Bauernhof, Reitpferdehaltung, Direktvermarktung, Zulieferverträge mit Hotels etc. Das andere Extrem sind die Seebäder auf Sylt, Amrum sowie Wyk auf Föhr, St. Peter-Ording und Büsum, in denen sich der Tourismus längst zur Haupterwerbsquelle entwickelt hat. Diese Orte sind zu-

dem Einpendlergemeinden für viele der rund 9000 Vollzeitbeschäftigten im Tourismus der Westküstenregion, das sind rd. 40% aller Beschäftigten der Dienstleistungsbranche. Dazu kommt eine nicht quantifizierbare Zahl von Neben-, Teilzeit-, Saisonarbeitskräften – von der Raumpflegerin für die Ferienwohnung über den Strandkorbvermieter bis zum Fahrradgeschäft, welches auch einen Fahrradverleih betreibt. Es ist deshalb

❶ Beitrag des Tourismus zum Volkseinkommen 1993

Bundesland	Einkommensbeitrag in %		Insges.
	Tagesreiseverkehr	Übernachtungsreisevk.	
Baden-Württemberg	1,3	1,1	2,4
Bayern	1,7	1,7	3,4
Berlin	1,4	1,4	2,8
Brandenburg	2,4	1,1	3,5
Bremen	1,5	0,4	1,9
Hamburg	1,4	0,7	2,1
Hessen	1,6	1,2	2,8
Mecklenburg-Vorpom.	4,0	3,4	7,4
Niedersachsen	1,8	1,7	3,5
Nordrhein-Westfalen	1,3	0,5	1,8
Rheinland-Pfalz	1,6	1,3	2,9
Saarland	0,9	0,4	1,3
Sachsen	2,9	1,0	3,9
Sachsen-Anhalt	2,5	0,7	3,2
Schleswig-Holstein	2,0	2,6	4,6
Thüringen	2,1	1,5	3,6
Deutschland	1,6	1,2	2,8

die Aussage gerechtfertigt, dass ein Großteil der rd. 30.000 Haushalte an der Nordsee zumindest Teile des Einkommens aus dem Tourismus beziehen.

Ab einer Größenordnung von rd. 20% Beitrag des Tourismus zum Volkseinkommen kann davon gesprochen werden, dass die Existenz einer Kommune entscheidend von der Prosperität des Tourismus abhängt. Die Karte ⑤ zeigt, dass auch die Halligbevölkerung heute längst zu Tourismusdienstleistern geworden ist. Neben den Extremen finden sich auch Gemeinden, die über eine ausgeglichene Wirtschaftsstruktur verfügen – Beispiel Friedrichskoog mit Fischerei und produzierendem Gewerbe – oder in denen der Tourismus noch in der Expansionsphase steckt (Pellworm, Nordstrand, Dagebüll).

Das bayerische Lenggries

Der Luftkurort Lenggries liegt im Reisegebiet Isarwinkel zwischen Tegernsee und Walchensee ④ und hat etwa 9000 Einwohner. Durch das breite Angebotsspektrum für Freizeitaktivitäten in der Sommer- und in der Wintersaison (z.B. Wassersport, Wandern bzw. Skisport) ist die Gästenachfrage relativ gleichmäßig über das Jahr verteilt. Die attraktive Lage im bayerischen Alpenvorland (z.B. Brauneck-Bergbahn, Sylvensteinspeicher) und die Nähe zu München (gut 50 km) ma-

❸ Umsatz nach Wirtschaftszweigen am Beispiel Lenggries

übrige Dienstleistungen 24%
Gastgewerbe 49%
Einzelhandel 20%
Privatvermietung 7%
Gesamtsumme: 60 Mio. DM

© Institut für Länderkunde, Leipzig 2000

chen den Ort sowohl für Tagesbesucher als auch für Übernachtungsgäste interessant. Aus beiden Zielgruppen resultieren etwa gleich hohe Umsätze.

Jedes Jahr kommen etwa 900.000 Tagesgäste in den Ort Lenggries. Im Durchschnitt gibt jeder Besucher 32,60 DM aus, woraus sich Bruttoumsätze in Höhe von 29 Mio. DM ergeben. Die Zahl der Übernachtungen ist mit rund 350.000 (gewerbliche Betriebe, Privatquartiere, Besucherverkehr bei Einheimischen) zwar niedriger, aber bei deutlich höheren Ausgaben von 88,60 DM pro Person und Tag errechnen sich immerhin 31 Mio. DM Umsatz.

Von diesen Umsätzen profitieren unterschiedliche Wirtschaftszweige ❸. Für

die Einheimischen zählt letztendlich das vor Ort verbleibende Einkommen. Dieses ergibt sich nach Abzug der Mehrwertsteuer sowie der Vorleistungen und Abschreibungen vom Bruttoumsatz: 18 Mio. in der ersten und 10 Mio. DM in der zweiten Umsatzstufe.

Der Tourismus ist damit als wichtiger Wirtschaftszweig für Lenggries anzusehen. Er bewirkt einen Beitrag von rund 7,3% zum Volkseinkommen (ohne Vorleistungen der 2. Umsatzstufe, Fahrtkosten, Zweitwohnsitze, Reisen außerhalb, Reisevor- und -nachbereitung). Die direkten Einkommenseffekte können praktisch vollständig dem Ort Lenggries zugerechnet werden, während die indirekten Effekte (z.B. Großhandel, Banken, Baugewerbe) zu einem großen Teil den Leistungslieferanten in den Städten und Gemeinden im Umland zugute kommen.

Aufgrund seiner starken Dienstleistungsorientierung ist der Tourismus eine personalintensive Branche. Dadurch wirken sich die Beschäftigungseffekte stärker als die Einkommenswirkungen aus. In Lenggries ist insgesamt von rund 1000 touristisch abhängigen Beschäftigten auszugehen. Davon sind rund 200 als Vollzeitkräfte und rund 800 als Teilzeitkräfte (z.B. Saisonarbeiter, 630-DM-Jobs, Azubis) tätig.◆

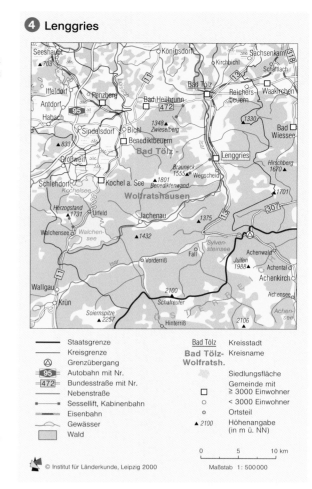

❹ Lenggries

Staatsgrenze
Kreisgrenze
Grenzübergang
Autobahn mit Nr.
Bundesstraße mit Nr.
Nebenstraße
Sessellift, Kabinenbahn
Eisenbahn
Gewässer
Wald

Bad Tölz — Kreisstadt
Bad Tölz-Wolfratsh. — Kreisname

Siedlungsfläche
Gemeinde mit
≥ 3000 Einwohner
< 3000 Einwohner
Ortsteil
Höhenangabe (in m ü. NN)

0   5   10 km
Maßstab 1 : 500000

© Institut für Länderkunde, Leipzig 2000

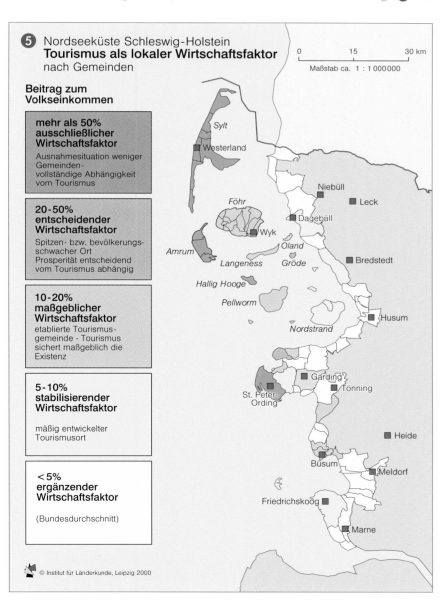

❺ Nordseeküste Schleswig-Holstein
Tourismus als lokaler Wirtschaftsfaktor
nach Gemeinden

0   15   30 km
Maßstab ca. 1 : 1 000 000

Beitrag zum Volkseinkommen

mehr als 50% ausschließlicher Wirtschaftsfaktor
Ausnahmesituation weniger Gemeinden - vollständige Abhängigkeit vom Tourismus

20–50% entscheidender Wirtschaftsfaktor
Spitzen- bzw. bevölkerungsschwacher Ort - Prosperität entscheidend vom Tourismus abhängig

10–20% maßgeblicher Wirtschaftsfaktor
etablierte Tourismusgemeinde - Tourismus sichert maßgeblich die Existenz

5–10% stabilisierender Wirtschaftsfaktor
mäßig entwickelter Tourismusort

<5% ergänzender Wirtschaftsfaktor
(Bundesdurchschnitt)

© Institut für Länderkunde, Leipzig 2000

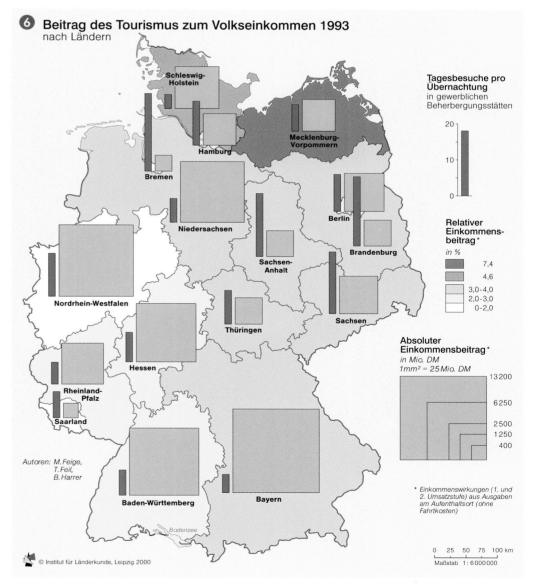

❻ Beitrag des Tourismus zum Volkseinkommen 1993
nach Ländern

Autoren: M. Feige, T. Feil, B. Harrer

Tagesbesuche pro Übernachtung
in gewerblichen Beherbergungsstätten
20
10
0

Relativer Einkommensbeitrag*
in %
7,4
4,6
3,0–4,0
2,0–3,0
0–2,0

Absoluter Einkommensbeitrag*
in Mio. DM
1mm² = 25 Mio. DM
13200
6250
2500
1250
400

* Einkommenswirkungen (1. und 2. Umsatzstufe) aus Ausgaben am Aufenthaltsort (ohne Fahrtkosten)

0 25 50 75 100 km
Maßstab 1 : 6 000 000

© Institut für Länderkunde, Leipzig 2000

Tourismusförderung als Aufgabe der Raumentwicklung

Hans Hopfinger

Die räumliche Ordnung so zu gestalten, dass in allen Teilen des Landes gleichwertige Lebensbedingungen existieren, gehört zu den im Grundgesetz verankerten Oberzielen von Raumordnung und Regionalpolitik. In diesem Sinne ist in einer historisch beispiellosen Anstrengung seit der deutschen Einheit versucht worden, die ökonomische Situation in den neuen Ländern entscheidend zu verbessern. Dort sind inzwischen überall beachtliche Fortschritte sichtbar, wenn auch das übergreifende Ziel, leistungsfähige Strukturen aufzubauen, die aus eigener Kraft am Markt bestehen können, noch nicht erreicht ist. Die bisherigen Erfolge wären jedoch ohne öffentliche Förderpolitik nicht möglich gewesen.

Zentrales Instrument der Förderpolitik ist die Gemeinschaftsaufgabe "Verbesserung der Regionalen Wirtschaftsstruktur" (GRW), die 1969 zur Lösung struktur- und regionalpolitischer Probleme eingerichtet wurde. Sie ist jedoch nicht das einzige Instrument, das Unternehmen und Kommunen nutzen können, wenn sie für ihre Investitionen im Tourismus öffentliche Hilfe erhalten wollen. Der Tourismussektor ist ein Querschnittsbereich mit vielen Bezügen

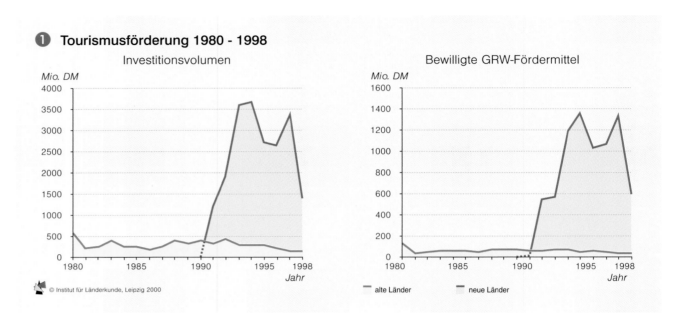

❶ Tourismusförderung 1980 - 1998

Investitionsvolumen

Bewilligte GRW-Fördermittel

© Institut für Länderkunde, Leipzig 2000

— alte Länder   — neue Länder

zu anderen ökonomischen Sektoren. Insbesondere wegen des ausgeprägten kleinteiligen Charakters der Tourismuswirtschaft – so gut wie alle Unternehmen zählen zum mittelständischen Gewerbe mit weniger als 100 Mio. DM Umsatz – ist Tourismusförderung ausgesprochene Mittelstandspolitik. Im Rahmen des Programms Aufbau Ost zum Beispiel profitiert der Sektor auch von der Förderung der Verkehrsinfrastruktur, des Städtebaus und der Denkmalpflege. Hinzu kommt, dass Tourismusförderung grundsätzlich zum Aufgabenbereich der Länder gehört. Entsprechend schwierig gestalten sich nicht nur Identifizierung und Zuordnung der Maßnahmen zu bestimmten Fachressorts, sondern auch ihre Erfolgskontrolle.

Instrumente und Maßnahmen

Die Instrumente der GRW zur Förderung von Investitionen in der Tourismuswirtschaft werden bevorzugt in strukturschwachen Regionen eingesetzt. Ziel ist, die einkommen- und arbeitsplatzschaffende Wirkung des Tourismus zu nutzen, um regionale Entwicklungsprozesse zu induzieren.

- **Förderung wie in der gewerblichen Wirtschaft**
  Mit dem 24. Rahmenplan für die GRW (1995) sind die bisher für Tourismusunternehmen geltenden einschränkenden Sonderregelungen abgeschafft worden. Unternehmen können seitdem in den Genuss öffentlicher Hilfen gelangen, wenn sie, wie die übrige gewerbliche Wirtschaft, bestimmte Anforderungen erfüllen. Beispielsweise sind die vorhandenen Arbeitsplätze um mindestens 15% zu erhöhen. In den A-Fördergebieten der GRW (strukturschwächste ostdeutsche Regionen) beträgt der Förderhöchstsatz für kleine und mittlere Unternehmen 50%, für große 35%. In den B-Regionen (strukturstärkere ostdeutsche Regionen mit besonders schwerwiegenden Problemen) reduziert er sich auf 43% bzw. 28%. In den C-Regionen der alten Länder gilt ein Höchstsatz von 28% bzw. 18%.
- **Förderung nicht-investiver Maßnahmen**
  Seit 1995 können Mittel auch für nicht-investive Maßnahmen gewährt werden. Hilfen gibt es beispielsweise für qualitative Verbesserungen der

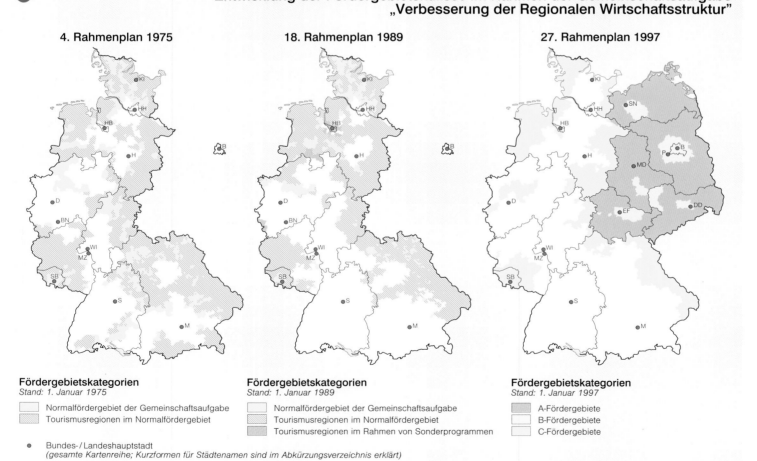

❷ Entwicklung der Fördergebietskulisse im Rahmen der Gemeinschaftsaufgabe "Verbesserung der Regionalen Wirtschaftsstruktur"

4. Rahmenplan 1975

18. Rahmenplan 1989

27. Rahmenplan 1997

Fördergebietskategorien
Stand: 1. Januar 1975

☐ Normalfördergebiet der Gemeinschaftsaufgabe
▨ Tourismusregionen im Normalfördergebiet

● Bundes-/Landeshauptstadt
(gesamte Kartenreihe; Kurzformen für Städtenamen sind im Abkürzungsverzeichnis erklärt)

© Institut für Länderkunde, Leipzig 2000

Fördergebietskategorien
Stand: 1. Januar 1989

☐ Normalfördergebiet der Gemeinschaftsaufgabe
▨ Tourismusregionen im Normalfördergebiet
▩ Tourismusregionen im Rahmen von Sonderprogrammen

Autor: H. Hopfinger

Fördergebietskategorien
Stand: 1. Januar 1997

▩ A-Fördergebiete
☐ B-Fördergebiete
☐ C-Fördergebiete

0   100   200 km
Maßstab 1 : 10000000

Personalstruktur in touristischen Unternehmen wie auch für Beratungsleistungen und Schulungen, welche die Wettbewerbsfähigkeit der Unternehmen erhöhen.

• **Förderung der Infrastruktur**
Tourismusnahe Infrastruktur wird in zwei Bereichen gefördert: Maßnahmen zur Geländeerschließung, die zur Erhöhung der Leistungsfähigkeit von Tourismusunternehmen beitragen, sowie öffentliche Einrichtungen wie Kurhäuser und -parks, Rad- und Wanderwege, aber auch Spaß- und Erlebnisbäder, sofern sie überwiegend von Touristen genutzt werden. Seit dem 24. Rahmenplan können bestimmte Beratungs- und Planungsleistungen ebenso gefördert werden wie die Erstellung integrierter regionaler Entwicklungskonzepte für den Tourismus.

Ergebnisse im Überblick

Zwischen 1972 und 1991 ist in den alten Ländern ein Investitionsvolumen von 7,5 Mrd. DM im Tourismus mit gut 1,7 Mrd. DM aus GRW-Mitteln gefördert worden ❷. Das entsprach einem Anteil von 5,5% aller Investitionen, die von der GRW angeregt wurden, und von 11,3% bei den Fördergeldern. Mit 8144

Anträgen stammten zwar 23,2% aller Vorhaben aus dem Tourismus, aber mit 17.639 Stellen belief sich deren Anteil nicht einmal auf 2% aller neu entstandenen oder gesicherten Arbeitsplätze.

In den Jahren 1990–1998 ❸ wurden für den Tourismus, aus dem mit 9324 Vorhaben fast 20% aller Förderanträge stammten, knapp 7,7 Mrd. DM Fördermittel bereitgestellt, was einem Anteil von 10,9% entsprach. An den Gesamtinvestitionen war der Sektor mit 8,4%, d.h. mit 20 Mrd. DM beteiligt. Trotz dieser beachtlichen Anteile ist der kleinteilige Charakter der Branche unverkennbar geblieben: Während in der gewerblichen Wirtschaft im Durchschnitt pro Vorhaben fast 5 Mio. DM investiert werden, sind es im Tourismus kaum mehr als 2 Mio. DM; mit GRW-Hilfe wurden zwar fast 45.000 Stellen neu geschaffen oder gesichert, doch das entspricht nur 3,4% aller in den neuen Ländern geförderten Arbeitsplätze.

Fazit

Der Tourismus hat sich in Deutschland von einem Verkäufer- zu einem Käufermarkt entwickelt. Damit haben sich wichtige Parameter vor allem hinsichtlich der Professionalität und Qualität des

Das Kurhaus von Binz, Rügen, mit GRW-Mitteln renoviert

Angebots verändert, so dass im Westen der Bundesrepublik ein weiterer Ausbau der Kapazitäten schon seit Jahren nicht mehr erforderlich ist. Eine eher zaghafte Anpassung an diese Entwicklung hat es im Rahmen der GRW jedoch erst mit der Aufnahme nicht-investiver Maßnahmen in die Tourismusförderung seit dem 24. Rahmenplan gegeben.

Nachdem es in den ersten Jahren nach der deutschen Einheit unumgänglich war, das touristische Angebot in den

neuen Ländern grundlegend zu erneuern, drohen dort inzwischen gewaltige Überkapazitäten, während die Überalterung des Angebots im restlichen Bundesgebiet zum Problem werden könnte. Die Erfolge in der ostdeutschen Tourismuswirtschaft spiegeln sich in der zunehmenden Beliebtheit der Reiseziele wider. So ist Mecklenburg-Vorpommern nach Bayern und Baden-Württemberg auf Platz 3 in der Rangliste der beliebtesten innerdeutschen Reiseziele gerückt.◆

❸ **Investitionen im Tourismus und Förderung im Rahmen der Gemeinschaftsaufgabe „Verbesserung der Regionalen Wirtschaftsstruktur" (GRW) 1990 - 1998**
Neue Länder (ohne Berlin) nach Kreisen

Investitionen im Tourismus 1990 - 1998

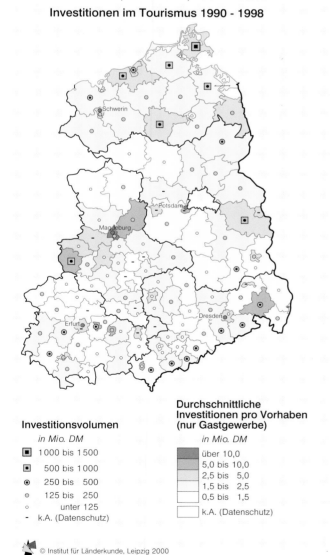

Fördermittel insgesamt 1990 - 1998

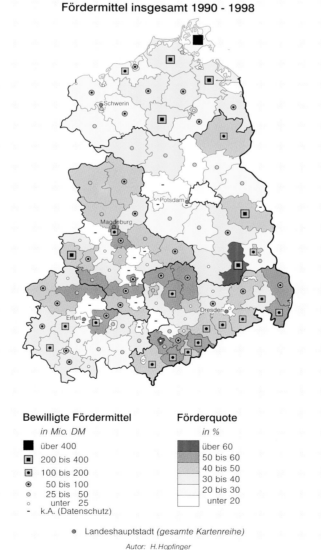

Geförderte Dauerarbeitsplätze 1990 - 1998

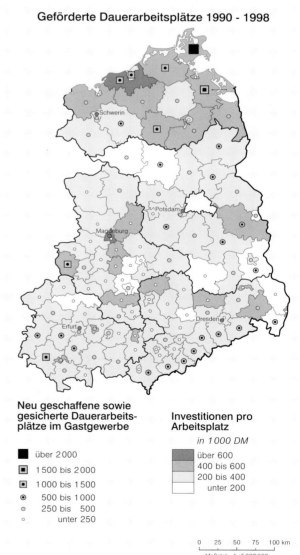

Investitionsvolumen
in Mio. DM
- ▣ 1000 bis 1500
- ▣ 500 bis 1000
- ◉ 250 bis 500
- ○ 125 bis 250
- ○ unter 125
- - k.A. (Datenschutz)

Durchschnittliche Investitionen pro Vorhaben (nur Gastgewerbe)
in Mio. DM
- über 10,0
- 5,0 bis 10,0
- 2,5 bis 5,0
- 1,5 bis 2,5
- 0,5 bis 1,5
- k.A. (Datenschutz)

Bewilligte Fördermittel
in Mio. DM
- ■ über 400
- ▣ 200 bis 400
- ▣ 100 bis 200
- ◉ 50 bis 100
- ○ 25 bis 50
- ○ unter 25
- - k.A. (Datenschutz)

Förderquote
in %
- über 60
- 50 bis 60
- 40 bis 50
- 30 bis 40
- 20 bis 30
- unter 20

Neu geschaffene sowie gesicherte Dauerarbeitsplätze im Gastgewerbe
- ■ über 2000
- ▣ 1500 bis 2000
- ▣ 1000 bis 1500
- ◉ 500 bis 1000
- ○ 250 bis 500
- ○ unter 250

Investitionen pro Arbeitsplatz
in 1000 DM
- über 600
- 400 bis 600
- 200 bis 400
- unter 200

● Landeshauptstadt *(gesamte Kartenreihe)*

Autor: H.Hopfinger

0   25   50   75   100 km

Maßstab 1 : 5 000 000

Organisationsstrukturen im deutschen Tourismus

Christoph Becker und Martin L. Fontanari

Die Internationale Tourismus Börse in Berlin

Die Strukturen des Tourismus in Deutschland bieten auf den ersten Blick eine verwirrende Vielfalt ❶. Immer wieder wird die Frage gestellt, warum so viele Verbände nebeneinander bestehen müssen, dazu oft mit einer so tiefen regionalen Untergliederung wie beim Deutschen Tourismusverband (DTV) und seinen Mitgliedern oder beim Deutschen Hotel- und Gaststättenverband (DEHOGA). Diese Vielfalt erklärt sich aus dem Zusammenwirken der verschiedensten Anbieter, das für den Tourismus charakteristisch ist. Den stärksten Eindruck von der vielfältigen Zusammensetzung des touristischen Angebotes vermittelt die Internationale Tourismus Börse (ITB) in Berlin, auf der sich 8800 Aussteller aus teilweise extrem spezialisierten Unternehmen mit 60.000 Fachbesuchern und 6500 Journalisten treffen. Auf der regionalen Ebene gibt es im öffentlichen Tourismus jedoch auch einige Organisationen, die

sich überlebt haben oder nur noch dem Befriedigen von Eitelkeiten dienen.

Der DTV als Spitzenorganisation der öffentlichen Tourismusorganisationen hat eine personell und finanziell vergleichsweise schwache Position. Seine Mitglieder, vor allem die Länder und die Fremdenverkehrsgemeinden, konzentrieren sich insbesondere auf die eigene Vermarktung. Die klein- bis mittelständischen Strukturen des deutschen Tourismus mindern das Interesse an nationalen Spitzenorganisationen. Dementsprechend hat das Deutsche Fremdenverkehrspräsidium auch nur eine formale Bedeutung und unterhält keine eigene Geschäftsstelle.

Eine relativ starke Position besitzt die Deutsche Zentrale für Tourismus, die – unterstützt mit Bundesmitteln – vor allem für die deutsche Tourismuswerbung im Ausland zuständig ist. Seit einigen Jahren betreibt sie auch die lange Jahre vernachlässigte Werbung für den Inlandstourismus.

❶ **Gliederung der Fremdenverkehrsorganisationen**

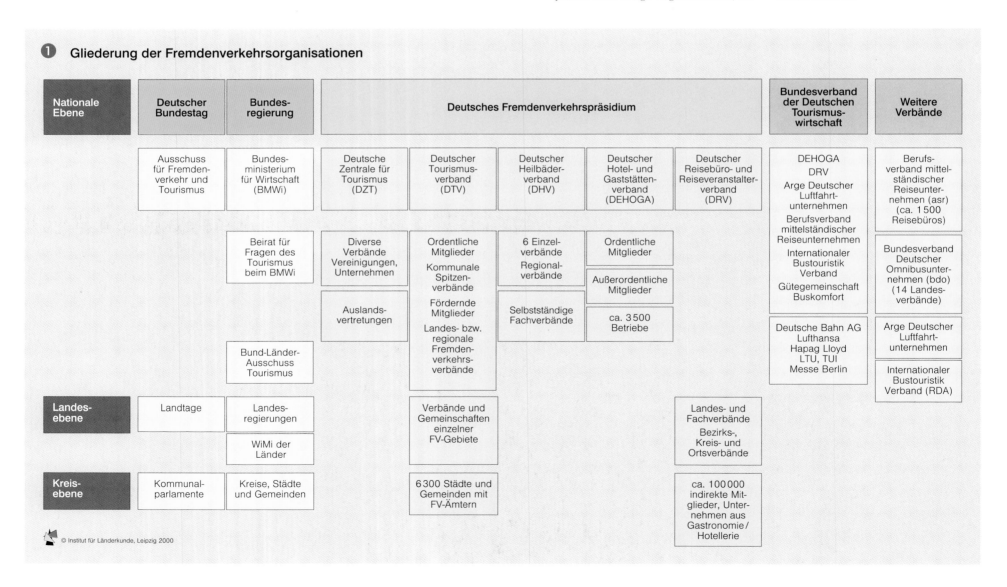

	Deutscher Bundestag	Bundes-regierung	Deutsches Fremdenverkehrspräsidium					Bundesverband der Deutschen Tourismus-wirtschaft	Weitere Verbände
Nationale Ebene	Ausschuss für Fremdenverkehr und Tourismus	Bundes-ministerium für Wirtschaft (BMWi)	Deutsche Zentrale für Tourismus (DZT)	Deutscher Tourismus-verband (DTV)	Deutscher Heilbäder-verband (DHV)	Deutscher Hotel- und Gaststätten-verband (DEHOGA)	Deutscher Reisebüro- und Reiseveranstalter-verband (DRV)	DEHOGA; DRV; Arge Deutscher Luftfahrt-unternehmen; Berufsverband mittelständischer Reiseunternehmen; Internationaler Bustouristik Verband; Gütegemeinschaft Buskomfort	Berufs-verband mittel-ständischer Reiseunter-nehmen (asr) (ca. 1500 Reisebüros)
	Beirat für Fragen des Tourismus beim BMWi	Diverse Verbände Vereinigungen, Unternehmen	Ordentliche Mitglieder; Kommunale Spitzen-verbände; Fördernde Mitglieder; Landes- bzw. regionale Fremden-verkehrs-verbände	6 Einzel-verbände; Regional-verbände	Ordentliche Mitglieder; Außerordentliche Mitglieder; Selbstständige Fachverbände	ca. 3500 Betriebe			Bundesverband Deutscher Omnibusunter-nehmen (bdo) (14 Landes-verbände)
		Auslands-vertretungen						Deutsche Bahn AG; Lufthansa; Hapag Lloyd; LTU, TUI; Messe Berlin	Arge Deutscher Luftfahrt-unternehmen; Internationaler Bustouristik Verband (RDA)
	Bund-Länder-Ausschuss Tourismus								
Landes-ebene	Landtage	Landes-regierungen; WiMi der Länder	Verbände und Gemeinschaften einzelner FV-Gebiete					Landes- und Fachverbände; Bezirks-, Kreis- und Ortsverbände	
Kreis-ebene	Kommunal-parlamente	Kreise, Städte und Gemeinden	6300 Städte und Gemeinden mit FV-Ämtern					ca. 100000 indirekte Mit-glieder, Unter-nehmen aus Gastronomie/ Hotellerie	

© Institut für Länderkunde, Leipzig 2000

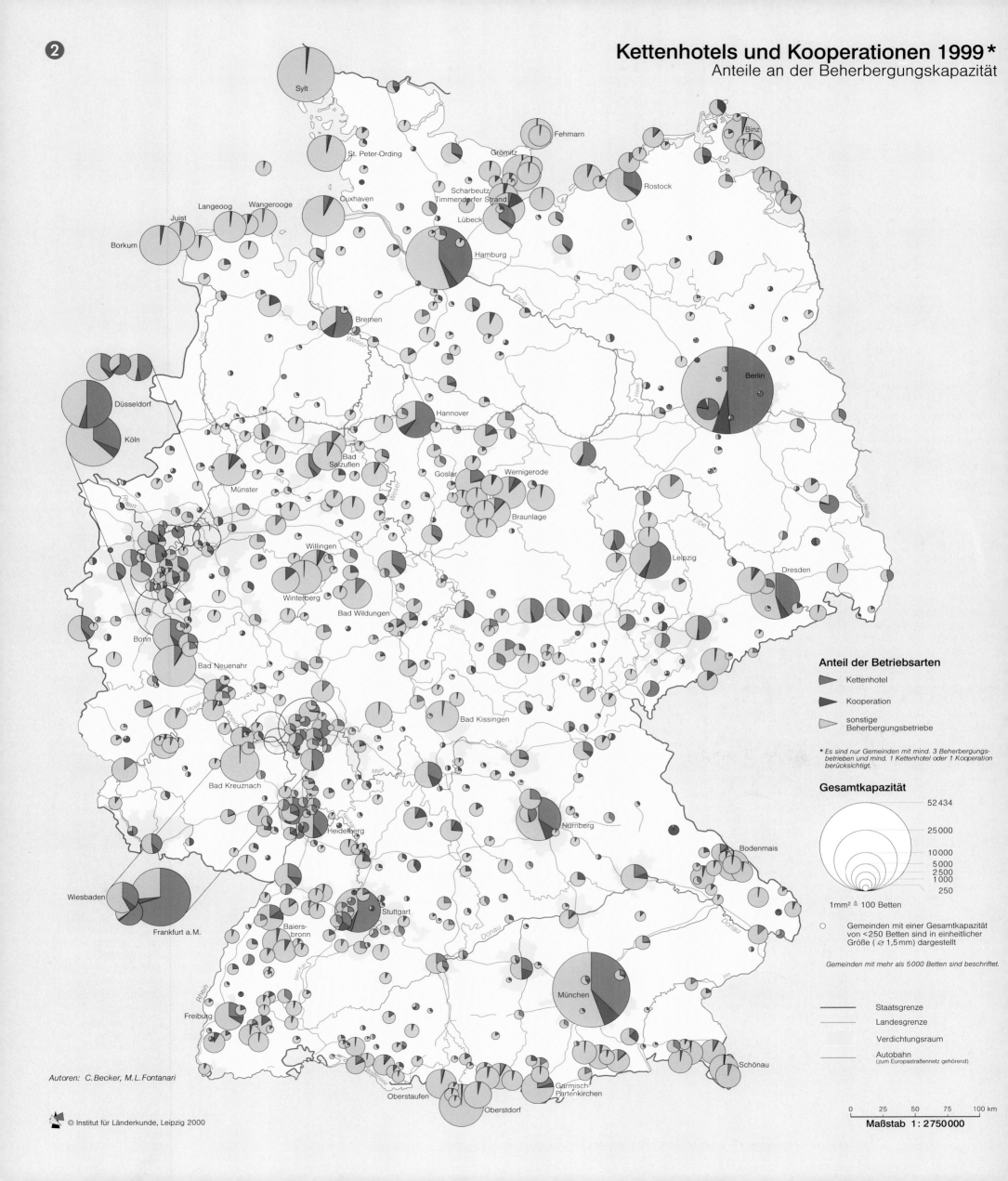

❷

Kettenhotels und Kooperationen 1999*
Anteile an der Beherbergungskapazität

Anteil der Betriebsarten

- Kettenhotel
- Kooperation
- sonstige Beherbergungsbetriebe

* Es sind nur Gemeinden mit mind. 3 Beherbergungs-betriebe und mind. 1 Kettenhotel oder 1 Kooperation berücksichtigt.

Gesamtkapazität

52 434
25 000
10 000
5 000
2 500
1 000
250

1 mm² ≙ 100 Betten

○ Gemeinden mit einer Gesamtkapazität von <250 Betten sind in einheitlicher Größe (⌀ 1,5 mm) dargestellt.

Gemeinden mit mehr als 5000 Betten sind beschriftet.

— Staatsgrenze
— Landesgrenze
— Verdichtungsraum
— Autobahn (zum Europastraßennetz gehörend)

Autoren: C. Becker, M.L. Fontanari

© Institut für Länderkunde, Leipzig 2000

0   25   50   75   100 km

Maßstab 1 : 2 750 000

Tourismusorganisationen der Länder und Regionen

Jedes deutsche Land verfügt über einen eigenen Tourismusverband, der – unterstützt durch Landesmittel – das eigene Land zentral vermarktet **4**. Nur in Nordrhein-Westfalen gab es bislang zwei Landesverbände, die jetzt aber durch einen zentralen Tourismusverband und mehrere regionale Teilverbände abgelöst werden sollen.

Die Länder außer Bayern und Rheinland-Pfalz besitzen flächendeckende Regionalverbände. Sie unterhalten Arbeitsgemeinschaften, die inzwischen auch über eigene finanzielle Mittel verfügen, und daneben einige vor allem von den Landkreisen finanzierte touristische Organisationen, die einzelne Landschaften gezielt vermarkten.

Hierin spiegelt sich der Trend zum Destinationsmarketing wider: einer Vermarktung von Landschaften oder Fremdenverkehrsgebieten, wie der Tourist sie wahrnimmt und kennen lernt. Dieser

Der Tourismusverband Mecklenburg-Vorpommern auf der ITB

③ Die größten Hotelketten und -kooperationen in Deutschland
nach der Anzahl der Häuser

Gesellschaft	Betriebsstruktur	Haupt-sitz	Hotels in Deutschland
Utell	Kooperation, z.T. Franchise (Golden Tulip, Tulip Inn)	GB	260
Accor (mit den Marken Ibis, Etap, Novotel, (hauptsächlich) Mercure, Sofitel, Formule 1)	Management	F	174
Ringhotels	Kooperation	D	150
Best Western	Franchise	USA	132
Akzent	Kooperation	D	106
Flair	Kooperation	D	122
Select Marketing	Kooperation	D	85
Romantik	Kooperation	D	84
Treff	Eigenbetriebe, Pacht (hauptsächl.)	D	76
Top International	Kooperation	D	72
Minotel	Kooperation	CH	72

④ Tourismusverbände nach Ländern

Tourismusverband Schleswig-Holstein e.V.

Tourismusverband Mecklenburg-Vorpommern e.V.

Tourismus-Zentrale Hamburg GmbH

Bremer Touristik Zentrale GmbH

Tourismusverband Niedersachsen e.V.

Tourismusverband Land Brandenburg e.V.

Berlin Tourismus Marketing GmbH

Tourismusverband Sachsen-Anhalt e.V.

Landesverkehrsverband Westfalen

Tourismusverband Nordrhein-Westfalen e.V.

Landesverkehrsverband Rheinland

Landestourismusverband Sachsen e.V.

Thüringer Landesfremden-Verkehrsverband e.V.

Hessen Touristik Service e.V.

Fremdenverkehrs- und Heilbäderverband

Tourismus-Zentrale Saarland

Rheinland-Pfalz e.V.

Tourismus-Zentrale Saarland GmbH

Bayerischer Tourismusverband e.V.

Tourismus-Verband Baden-Württemberg GmbH

Landesverband

Regionalverband*

Region*

* Es sind keine Grenzen dargestellt.

Autoren: C. Becker, M. L. Fontanari

© Institut für Länderkunde, Leipzig 2000

0 25 50 75 100 km

Maßstab 1:5 000 000

---

sucht bestimmte Fremdenverkehrsgebiete auf, nicht aber künstliche Gebilde wie Nordrhein-Westfalen oder Rheinland-Pfalz. Idealerweise wird Destinationsmarketing für Fremdenverkehrsgebiete betrieben, die dem üblichen Aktionsraum eines Urlaubers mit allen seinen Ausflügen entsprechen. Insofern sind viele Fremdenverkehrsregionen zu groß, doch werben sie in der Regel immerhin für einen charakteristischen Landschaftsraum.

Ein weiterer wichtiger Trend besteht im Wechsel vom Fremdenverkehrsverband e.V. hin zur Tourismus-Marketing GmbH. Die neuen Begriffe stehen für eine zielgerichtete Vermarktung; vor allem bietet die privatwirtschaftliche Rechtsform die Möglichkeit,

• mit Pauschalen marktfähige Angebote auf den Markt zu bringen;
• mehr Eigeneinnahmen – auch durch den Einbezug der Hotels als Leistungsträger – zu erzielen und
• den Handlungsspielraum und die Schlagkraft der Organisationen zu erhöhen.

Um den Übergangsprozess vom e.V. zur GmbH deutlich zu machen, gibt die Karte **4** für die Landesverbände auch die jeweilige Rechtsform an.

Hotelketten und Hotelkooperationen

Bis in die siebziger Jahre bestanden in Deutschland nur wenige Hotelketten mit meist nur wenigen Hotelbetrieben – das Hotelgewerbe war ausgesprochen mittelständisch geprägt und von Einzelbetrieben gekennzeichnet. In den letzten Jahrzehnten haben sich vor allem angloamerikanische und zunehmend französische Hotelketten in den deutschen Markt gedrängt: Sie wollen im Rahmen ihres weltweiten Angebotes einerseits auch in Deutschland präsent sein, andererseits erwarten sie im deutschen Hotelsektor eine günstige Entwicklung, wofür auch das relativ hohe Preisniveau spricht. Inzwischen gehört jedes dritte Hotelzimmer zu einer Hotelkette, jedes sechste ist einer Kooperation angeschlossen **3**.

Im Zuge dieser Entwicklung haben sich auch verschiedene deutsche Hotelketten und Kooperationen entwickelt. Wie aus Karte **2** zu entnehmen ist, haben die 120 Hotelketten vor allem in den größeren Städten erhebliche Marktanteile gewonnen. Dadurch sind die Privathotels häufig in Bedrängnis geraten, vor allem wenn nicht regelmäßig Reinvestitionen getätigt wurden. Um den Konkurrenzkampf besser zu bestehen, haben sich inzwischen zahlreiche Privathoteliers zu Kooperationen zusammengeschlossen. Diese Kooperationen betreiben in der Regel für die Gruppe gemeinsam Werbung und Reservierung. Teilweise werden auch die Weiterbildung für die Mitarbeiter, der Einkauf oder die Buchhaltung zentral durchgeführt. Im Übrigen wird jeder Betrieb eigenständig weitergeführt; das

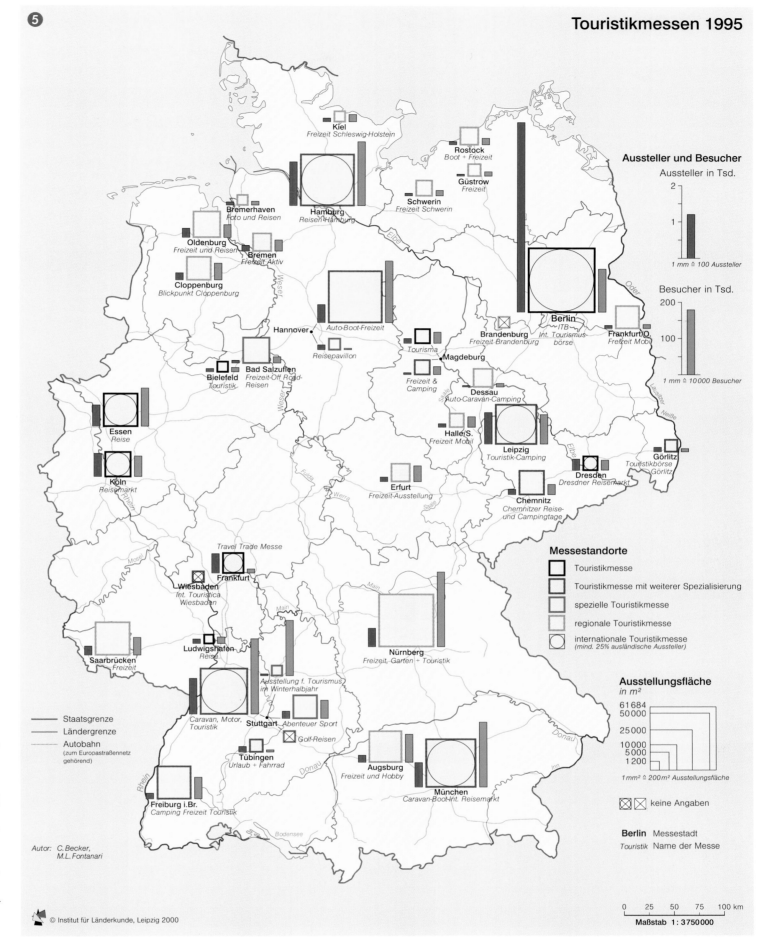

Ausstelier und Besucher

Aussteller in Tsd.

2

1

1 mm ≙ 100 Aussteller

Besucher in Tsd.

200

100

1 mm ≙ 10000 Besucher

Messestandorte

☐ Touristikmesse

☐ Touristikmesse mit weiterer Spezialisierung

☐ spezielle Touristikmesse

☐ regionale Touristikmesse

◯ internationale Touristikmesse
(mind. 25% ausländische Aussteller)

Ausstellungsfläche
in m²

61684
50000

25000

10000
5000
1200

1 mm² ≙ 200 m² Ausstellungsfläche

⊠ ⊠ keine Angaben

Berlin Messestadt

Touristik Name der Messe

— Staatsgrenze

— Ländergrenze

--- Autobahn
(zum Europastraßennetz
gehörend)

Autor: C. Becker,
M.L. Fontanari

© Institut für Länderkunde, Leipzig 2000

0   25   50   75   100 km

Maßstab 1 : 3750000

Angebot bleibt individuell – im Gegensatz zu den standardisierten Kettenhotels, deren Zimmer meist weltweit die gleiche Ausstattung besitzen. Auch bei den Kooperationen bestehen bestimmte Mindestqualitätskriterien, z.T. sehr spezifische, wie etwa bei der Kooperation European Castle-Hotels, in die nur Hotels in Schlössern und Burgen aufgenommen werden.

Ohnehin gehören die Kettenhotels und Kooperationen in der Regel zu den Luxus- oder zumindest zu den Mittelklassehotels. Die Kette signalisiert eine gewisse Qualität, was den nichtorganisierten Hotels das Geschäft zusätzlich erschwert. Während die Hotels bislang meistens ihren Standort in den Kernstädten hatten, suchen die neuen Mittelklassehotels wegen der spezifischen Klientel und der niedrigeren Grundstückspreise zunehmend auch Gewerbegebiete auf.

In einigen Städten wie in München und Freiburg haben sich die mittelständischen Hoteliers mit 25 bzw. 6 Mitgliedern jeweils zu einer lokalen Kooperation zusammengeschlossen. Als Beispiel für eine regionale Kooperation können die 'Kiek In' Hotels in Norddeutschland betrachtet werden. In den ostdeutschen Städten gibt es gegenüber Westdeutschland auffallend hohe Anteile an Gästebetten in Kettenhotels ❷. Nur fünf kleinere Hotelketten haben dagegen ihren Sitz in Ostdeutschland. In den Heilbädern und Kurorten bleibt der Anteil der Kettenhotels eher gering. Ihr Anteil wird durch die meist vorhandenen Sanatorien und Kurkliniken niedrig gehalten.

Touristikmessen

Größere Touristikmessen finden in allen Agglomerationsräumen statt, darüber hinaus auch in zahlreichen Verdichtungsgebieten ❺. Oft versuchen sich die einzelnen Messeplätze besonders zu profilieren, um nationalen oder gar internationalen Rang zu erreichen, etwa durch Hinzunahme des Sportboot- oder Caravan-Sektors bzw. durch die Konzentration auf z.B. Golf- oder Wintertourismus.

Unangefochtener Spitzenreiter bleibt jedoch die Internationale Tourismus Börse in Berlin. Sie gilt als die weltgrößte Touristikmesse und wurde bereits 1966 gegründet. Sie beeindruckt durch die Vielzahl und Vielfalt der Aussteller und Fachbesucher, davon allein ein Drittel aus dem Ausland. Andere Touristikmessen erreichen nach Angaben des Ausstellungs- und Messe-Ausschusses der Deutschen Wirtschaft e.V. (AUMA) zwar höhere Besucherzahlen, aber eben weniger Fachbesucher. In Ostdeutschland haben sich bislang noch keine großen Touristikmessen etabliert. Sie sprechen vor allem den Konsumenten an.◆

Reiseveranstalter und Reisemittler

Claudia Kaiser

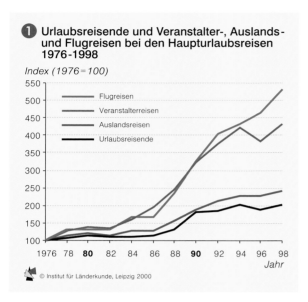

① Urlaubsreisende und Veranstalter-, Auslands- und Flugreisen bei den Haupturlaubsreisen 1976-1998

Index (1976=100)

Flugreisen
Veranstalterreisen
Auslandsreisen
Urlaubsreisende

© Institut für Länderkunde, Leipzig 2000

Gut 45% aller Urlaubsreisen mit mindestens 4 Übernachtungen wurden 1998 in Deutschland über einen ▶ Reiseveranstalter gebucht. Vor allem für Reisen ins Ausland und für Flugreisen greifen die meisten Urlauber auf Pauschalreiseangebote zurück. Seit den 1970er Jahren ist die Zahl der gebuchten Pauschalreisen in der Bundesrepublik bei einem steigenden Anteil von Auslands- und Flugreisen rasant angestiegen. Machten 1976 noch nur 53% der westdeutschen Bevölkerung eine Urlaubsreise, so verreisten 1998 bereits 76% aller Deutschen. Die Zahl der Urlaubsreisenden stieg durch die Wiedervereinigung und die gestiegene Reiseintensität von 24 auf 48,5 Millionen. Von den Haupturlaubsreisen führten 1976 57% und 1998 bereits 70% ins Ausland (▶▶ Einleitungsbeitrag). Flugreisen machten 1976 noch 12% aus, während ihr Anteil bis 1998 auf 33% anstieg. Dies bedeutet für Flugreisen eine Verfünffachung, für Ver-

③ Die größten europäischen Reiseveranstalter mit ihren ausländischen Tochterunternehmen in den Jahren 1996/97 und 1997/98

Veranstalter

TUI (D) — 8,6
Airtours (UK) — 8,3
C&N (D) — 7,2
Thomson Travel (UK) — 6,8
Kuoni (CH) — 3,8
First Choice (UK) — 3,6
LTU (D) — 2,9
Nouv. Frontières (F) — 2,8
Club Med (F) — 2,5
Scandinavian Leisure (S) — 2,4
Hotelplan (CH) — 1,8
DER Tour (D) — 1,6

■ 1997/98
□ 1996/97

Umsatz in Mrd. DM

© Institut für Länderkunde, Leipzig 2000

anstalterreisen eine Vervierfachung ihrer Zahl ①

Die größten Reiseveranstalter

Der Pauschalreisemarkt entwickelte sich in den vergangenen Jahren sehr dynamisch ①. Nicht nur die Nachfrage stieg beträchtlich an, auch die Angebotsstrukturen haben sich erheblich verändert. Hinter einer auf den ersten Blick unüberschaubaren Vielfalt von Pauschalreiseangeboten und Veranstaltern verbirgt sich eine immer geringere Zahl von zunehmend international eingebundenen und ▶ horizontal wie ▶ vertikal hochintegrierten Touristik-Großkonzernen.

Die 56 größten deutschen Reiseveranstalter erreichten im Touristikjahr 1997/98 bei insgesamt 23,8 Mio. Teilnehmern einen Umsatz von 24,8 Mrd. DM. Von dieser Summe, die etwa 70% des gesamten Marktes für organisierte Urlaubsreisen ausmacht, vereinen sieben Großveranstalter mehr als 80% und die drei Branchenführer HTU (Hapag-Lloyd und TUI), C&N Touristic (Condor und NUR) und LTU Touristik allein 61% auf sich. Im Touristikjahr 1997/98 buchten gut 5 Mio. Teilnehmer eine Reise bei der TUI (Touristik Union International) und knapp 4 Mio. bei NUR/Neckermann. Es folgen das Deutsche Reisebüro (DER) mit 2,6 Mio., die LTU mit 2,2 Mio., Frosch Touristik mit 1,5 Mio. und ITS mit 1,3 Mio. Teilnehmern. Während die Branchenriesen ein breites Spektrum an Pauschalreisen anbieten, haben sich kleinere Veranstalter mit einem geringeren Umsatz und deutlich geringeren Teilnehmerzahlen oft stark spezialisiert, zum Beispiel auf bestimmte Zielgebiete, auf bestimmte Reisearten (Studienreisen, Kreuzfahrten, Jugend- und Abenteuerreisen) oder auf die Vermittlung von Ferienwohnungen und -häusern.

Im Durchschnitt erreichten die Reiseveranstalter 1997/98 einen Umsatz von 1046 DM pro Teilnehmer, wobei Anbieter von Ferienwohnungen und Bahn- und Busreiseveranstalter oft nur 200 bis 500 DM, Kreuzfahrtspezialisten sowie Studienreiseveranstalter dagegen bis zu 7000 DM Umsatz pro Teilnehmer erwirtschafteten.

Die Unternehmenssitze der führenden Reiseveranstalter liegen fast ausschließlich in Westdeutschland, vor allem in der Region Frankfurt/M., in Hannover, Düsseldorf und München ⑤ Angesichts des überwiegend staatlich-zentralistisch und planwirtschaftlich organisierten Erholungswesens in der DDR und der damit verbundenen Transformationsprobleme hat sich nach der Wende in den neuen Ländern kaum ein größerer eigenständiger Reiseveran-

stalter auf dem gesamtdeutschen Markt etablieren können.

Deutsche Reiseveranstalter auf dem europäischen Markt ③

Der massive Konzentrationsprozess in der Reisebranche ist nicht nur innerhalb Deutschlands zu beobachten. In den letzten Jahren bildeten sich v.a. durch die Übernahme von Marktkonkurrenten im In- und zunehmend auch im Ausland international verflochtene Großkonzerne heraus. Der europäische Reisemarkt wird somit ähnlich wie der deutsche von nur wenigen Großkonzernen geprägt. Bemerkenswert ist, dass sich 1997/98 unter den 12 größten europäischen Reiseveranstaltern vier deutsche Konzerne auf den Rängen 1, 3, 7 und 12 befinden. Allen voran steht die TUI mit einem jährlichen Umsatz von rund 8,6 Mrd. DM, gefolgt von dem britischen Veranstalter Airtours (8,3 Mrd. DM), der C&N (7,2 Mrd.) und der britischen Thomson Travel (6,8 Mrd.). Vor allem die größeren Konzerne konnten eine beachtliche Umsatzsteigerung innerhalb eines Jahres verzeichnen.

Mit der Strategie der horizontalen Konzentration – gleichzeitig Motor und Folge der Globalisierung – verfolgen die Unternehmen das Ziel, neue Märkte zu erschließen und die eigene Position auf dem internationalen Markt zu stärken. Dazu dienen zum einen Kooperationen mit ausländischen Veranstaltern (z.B. HTU und Kuoni, HTU und Thomas Cook sowie Airtours und Frosch-Touristik) und zum anderen der Aufbau von

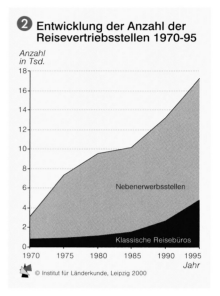

② Entwicklung der Anzahl der Reisevertriebsstellen 1970-95

Anzahl in Tsd.

Nebenerwerbsstellen

Klassische Reisebüros

© Institut für Länderkunde, Leipzig 2000

Tochterunternehmen im benachbarten Ausland. TUI besitzt z.B. Tochterunternehmen in Österreich, den Niederlanden und Polen, Neckermann darüber hinaus in Belgien.

Die Reiseziele der deutschen Veranstalter ④

Die internationale Ausrichtung des deutschen Veranstaltermarktes zeigt sich auch, wenn man die wichtigsten Destinationen der Veranstalterreisen des Touristikjahres 1996/97 betrachtet. Die meisten Pauschalreisen aus Deutschland führten mit knapp 5 Mio. Teilnehmern nach Spanien. Damit ist Spanien nach wie vor mit Abstand die wichtigste Zielregion und gehört derzeit

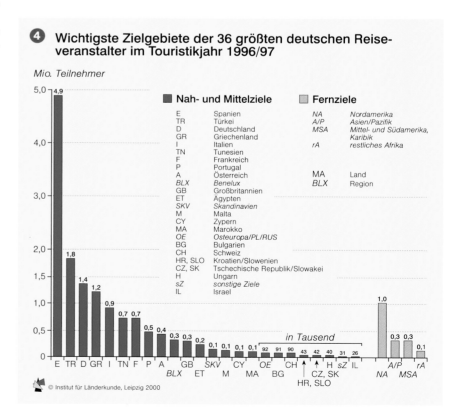

④ Wichtigste Zielgebiete der 36 größten deutschen Reiseveranstalter im Touristikjahr 1996/97

Mio. Teilnehmer

■ Nah- und Mittelziele   ■ Fernziele

E	Spanien	NA	Nordamerika
TR	Türkei	A/P	Asien/Pazifik
D	Deutschland	MSA	Mittel- und Südamerika, Karibik
GR	Griechenland		
I	Italien	rA	restliches Afrika
TN	Tunesien		
F	Frankreich		
P	Portugal		
A	Österreich	MA	Land
BLX	Benelux	BLX	Region
GB	Großbritannien		
ET	Ägypten		
SKV	Skandinavien		
M	Malta		
CY	Zypern		
MA	Marokko		
OE	Osteuropa/PL/RUS		
BG	Bulgarien		
CH	Schweiz		
HR, SLO	Kroatien/Slowenien		
CZ, SK	Tschechische Republik/Slowakei		
H	Ungarn		
sZ	sonstige Ziele		
IL	Israel		

in Tausend

© Institut für Länderkunde, Leipzig 2000

mit stetigen Wachstumsraten zu den von den Reiseveranstaltern am stärksten umkämpften Zielregionen der Welt. Weit weniger bedeutend waren die Türkei (1,8 Mio. Teilnehmer), Griechenland (1,2 Mio.), Italien (0,9 Mio.) sowie Tunesien und Frankreich (beide

Reiseveranstalter fassen eigene Angebote und/oder solche von rechtlich selbstständigen Leistungsträgern (Transport-, Unterkunfts- und Sonderleistungen) zur sog. Pauschal- bzw. Veranstalterreise zusammen.

Reisemittler übernehmen Verkauf und Buchung von Reiseangeboten, insbesondere von Pauschalreisen. Hierzu zählen Agenturen, Verkaufs- und Buchungsstellen sowie Reisebüros.

Reisebüroketten bestehen aus mindestens fünf standörtlich getrennten Verkaufsstellen (Filialen) mit einer stark zentralisierten Organisations- und Entscheidungsstruktur.

Reisebüro-Franchise-Systeme sind vertraglich fest verbundene Systeme von rechtlich selbstständigen Unternehmen, bei denen die Reisebüros als Franchisenehmer eigenes Kapital einbringen und vom Franchisegeber gegen Gebühr Rechte und Güter (z.B. Markenname, Know-how, Verwaltung, Inventar etc.) zur Verfügung gestellt bekommen. Dafür räumen sie dem Franchisegeber weitgehende Weisungs- und Kontrollrechte ein.

Reisebürokooperationen sind vertraglich lockerer verbundene Systeme von rechtlich selbstständigen Reisebüros mit dem Ziel verbesserter Einkaufskonditionen, höherer Provisionen und günstigerer Vermarktungsbedingungen.

Horizontale Konzentration: durch Fusionen und Übernahmen von Mitbewerbern auf dem Markt werden der Wettbewerbsdruck reduziert und die eigene Position gestärkt.

Vertikale Integration: durch Übernahmen von Firmen aus vor- und nachgelagerten Bereichen des Tourismus (v.a. Hotels, Fluggesellschaften, Incoming-Agenturen und Vertriebsfirmen) wird die Ertragslage des Gesamtkonzerns optimiert.

Call Center sind zentralisierte Serviceeinrichtungen, die telefonisch von ganz Deutschland aus zu erreichen sind.

etwa 0,7 Mio.). Fernreisen mit Zielen außerhalb Europas buchten insgesamt knapp 1,8 Mio. Teilnehmer über einen Reiseveranstalter; diese Zahl ist halb so hoch wie die der 1998 allein auf der Ferieninsel Mallorca gezählten deutschen Urlauber. Eine relativ geringe Bedeutung auf dem Veranstaltermarkt haben Ziele innerhalb Deutschlands, in Österreich und anderen Nachbarregionen, da diese sehr viel häufiger individuell organisiert aufgesucht werden.

Reisebüros als ▶ Reisemittler

Um die von den Reiseveranstaltern zusammengestellten Urlaubsreiseprodukte an die Kunden verkaufen zu können, sind Reiseveranstalter auf effiziente Vertriebswege angewiesen. Dies sind bislang in der Regel Reisebüros und Reisevertriebsstellen. Damit diese auch erfolgreich im Sinne des Veranstalters verkaufen, kommen ausgeklügelte Provisionssysteme zum Einsatz. Die Provisionszahlungen sind durch sogenannte Superprovisionen um so höher, je mehr Umsatz ein Reisebüro für einen bestimmten Veranstalter erzielt.

Das Netz der Reisevertriebsstellen in Deutschland hat sich parallel zur rasanten Expansion der Pauschalreisen flächendeckend ausgeweitet und seit 1970 mehr als verfünffacht ❷. Allerdings verbergen sich dahinter ganz unterschiedliche Arten von Reisevertriebsstellen. Nur knapp 30 Prozent von ihnen sind klassische Reisebüros, die über mindestens eine der beiden Lizenzen der Deutschen Bahn oder der IATA verfügen und damit die Berechtigung zur Erstellung von Bahn- bzw. Flugtickets

haben. Die übrigen Reisevertriebsstellen sind reine Touristik-Reisebüros, hinter denen sich auch zahlreiche kleine Nebenerwerbsbetriebe verbergen.

Eine offizielle Statistik der Reisebürobranche wird in Deutschland nicht geführt. Derzeit gibt es etwa 16.200 Reisebüros. Beinahe jedes zweite ist in eine Vertriebsorganisation einge-→

---

❺ **Die größten deutschen Reiseveranstalter im Touristikjahr 1997/98**
Umsatz, Teilnehmer und Umsatz je Teilnehmer

ADAC	ADAC Reise GmbH
AIRM	Air Marin
ALL	Alltours
AM	Ameropa
ANG	Anton Graf GmbH
ARK	Arkona Touristik
ATS	ATS-Reisen
ATT	Attika
CA	Cherdo Armoric
DAN	Dansommer
DELS	Delphin Seereisen
DER	DER Tour
ET	Eberhard Travel
EVS	EVS Euro Vacances
FERIA	FERIA Internationale Reisen
FI	Fischer
FRAN	Frantour FTS
FROT	Frosch Touristik
GEB	Gebeco mit Dr. Tigges
GTI	GTI Travel
HAF	Hafermann
HAPL	Hapag-Lloyd Seetouristik
HE	Hauser Exkursionen
HR	Hirsch-Reisen
IKAT	Ikarus Tours
INCF	Inter Chalet Ferienhaus
INSR	Isaria Nord Süde Reisen

IT	Island Tours
ITS	ITS Reisen
K	Kipferl's
KIWI	KIWI Tours
KT	Kreutzer Touristik
LI	Lernidee
LTU	LTU Touristik
MP	Marco Polo
MR	Medina Reisen
NAZAR	NAZAR Holiday Reiseveranstaltung
NFN	Nordisk Ferie Novasol
NUR	NUR Touristik
ÖT	Öger-Tours GmbH
OLMR	Olimar Reisen
OR	Olympia Reisen
	Ott Reisen
PR	Phoenix Reisen
RUF	RUF Jugendreisen
SIL	Schauinsland
SCHR	Schumann Reisen
SMR	Stella Musical Reisen
STUDR	Studiosus Reisen
TIR	Tischler Reisen
TO	Transocean
TOT	Transorient Touristik
TRD	TRD-Reisen
TUI	TUI Deutschland
UFO	UFO-Reisen
W	Wikinger

Staatsgrenze
Landesgrenze

Autorin: C. Kaiser

© Institut für Länderkunde, Leipzig 2000

Teilnehmer in Tsd.
5060
2500
200
50
20
3
(volumenproportionale Berechnung, Darstellung nur einer Würfelseite)

Umsatz in Mio. DM
6560
2500
1000
500
200
10
(volumenproportionale Berechnung, Darstellung nur einer Würfelseite)

München ○ Sitz des Reiseveranstalters

Umsatz je Teilnehmer in DM
ab 4000
1500 bis < 4000
1000 bis < 1500
500 bis < 1000
0 bis < 500

0 25 50 75 100 km
Maßstab 1 : 3750000

bunden . Dabei sind 29% Teil einer ▶ Reisebürokette oder eines ▶ Franchise-Systems und etwa 24% Teil einer Kooperation. Die in die eine der beiden Formen eingebundenen Reisebüros (53%) tragen etwa 80% (1990 nur 40%) zum Gesamtumsatz des deutschen Reisebüromarktes bei. Die nicht eingebundenen Reisebüros (47%) müssen sich 20% des Gesamtumsatzes teilen. Für sie wird es damit immer schwieriger, am Markt zu

alle Teile Deutschlands. Mittlerweile ist kein Unterschied mehr zwischen Ost- und Westdeutschland zu erkennen. In beiden Teilen Deutschlands kommen etwa 6100 Einwohner auf ein Reisebüro. Deutlich wird jedoch, dass die städtische Bevölkerung, besonders in den Oberzentren und den sie umgebenden Kragenkreisen, sehr viel besser mit Reisebüros versorgt ist als die ländliche. In Kernstädten von Agglomerationsräumen

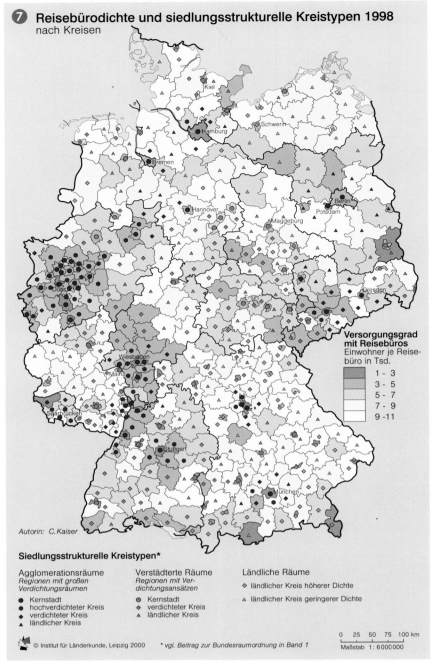

6 Touristische Vertretungen des Auslandes 1995

7 Reisebürodichte und siedlungsstrukturelle Kreistypen 1998
nach Kreisen

kommen durchschnittlich 3650 Einwohner auf ein Reisebüro, in ländlichen Kreisen dagegen 7700 Einwohner. Ausnahmen bilden die Kreise Spree-Neiße, Berchtesgadener Land und Garmisch-Patenkirchen, die eine überdurchschnittliche Dichte aufweisen. Der Reisebüro-

markt wird mittlerweile trotz wachsender Nachfrage nach Pauschalreiseangeboten als weitgehend gesättigt eingestuft.

Neue Vertriebsformen
Im Zuge der technologischen Entwicklungen im Bereich neuer Medien setzen

bestehen. Unter ihnen dominieren zudem die kleineren Nebenerwerbs-Reisebüros und reinen Touristikvermittler.

Mit einem Umsatz von jeweils mindestens 2,8 Mrd. DM sind die Reisebüroketten FIRST, Hapag-Lloyd, Lufthansa City Center und DER und die Kooperationen RTK und DER PART branchenführend. Die Zahl der Vertriebsstellen je Unternehmen unterscheidet sich sehr. Die meisten bundesweiten Vertriebsstellen besitzen die Kooperation RTK (1083) und RCE (541) sowie FIRST (585). Die Standortverteilung der Verwaltungssitze der Unternehmen ähnelt derjenigen der Reiseveranstalter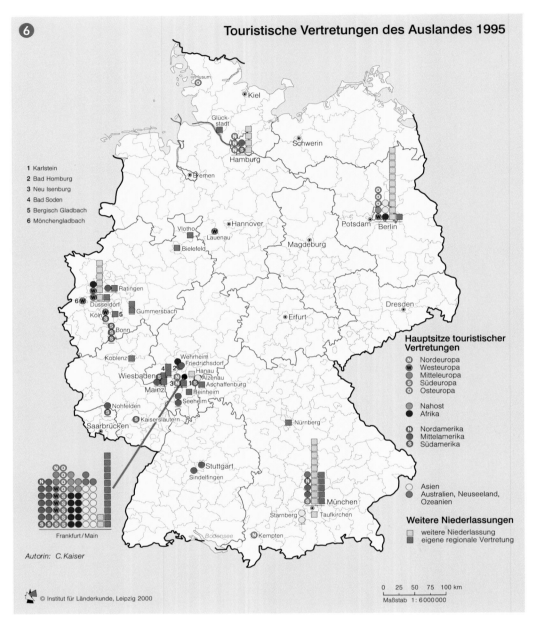

Die Verteilung der Reisebüros 7
Die insgesamt etwa 16.200 Reisebüros verteilen sich recht gleichmäßig über

8 Konzernstrukturen der Branchenriesen der Touristik 1999

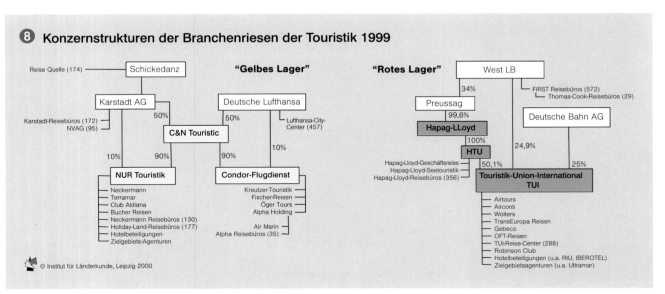

Veranstalter zunehmend auf den Direkt-vertrieb ihrer Produkte, zum einen über das Internet und zum anderen über ▶ Call Center. Derzeit werden etwa 12% aller Veranstalterreisen direkt vertrie-ben, mit deutlichen Steigerungsraten. Das traditionelle Provisionssystem für Reisebüros unterliegt daher momentan bereits Veränderungen. Lufthansa be-gann als erstes Unternehmen, die Provi-sionen drastisch zu reduzieren. Das Provisionssystem wird somit teilweise, wie in anderen Ländern schon üblich, durch vom Kunden zu tragende Bera-tungsgebühren ersetzt.

Ein anderer Weg, den Vertrieb der Produkte effektiv kontrollieren und steuern zu können, ist der Aufbau von eigenen Vertriebssystemen. Die meisten der großen Reiseveranstalter verfügen über Unternehmensteile oder Tochter-unternehmen, die die Reisevermittlung übernehmen. Dies sind zum Beispiel TUI Reise Center, Hapag-Lloyd-Reise-büros oder Lufthansa City Center.

Diese Strategie ist Teil einer überge-ordneten Unternehmensphilosophie, der sogenannten vertikalen Integration. Diese ist dadurch gekennzeichnet, dass Unternehmen in immer stärkerem Maße Firmen in ihren Konzern integrie-ren, die in der Wertschöpfungskette des touristischen Produkts vor- oder nach-gelagert sind. Dies können zum Beispiel Reisebüros sein, aber auch Fluggesell-schaften, Beherbergungsbetriebe und Incoming- bzw. Zielgebietsagenturen. Mit der vertikalen Integration steht ne-ben dem Ziel der Gewinnmaximierung zusätzlich die Sicherung von Qualitäts-standards und die Profilbildung der ei-genen Marke im Vordergrund. Spürba-res Resultat dieses Prozesses in Deutsch-land ist bereits eine ausgeprägte Lager-bildung um die beiden Branchenriesen HTU und C&N. Beide Großkonzerne bilden jeweils einen Zusammenschluss von Reiseveranstalter und Flugkonzern mit finanzkräftigen Gesellschaften im Hintergrund. Sie verfügen zusätzlich über ein potentes Vertriebsnetz, zahlrei-che eigene Hotelbeteiligungen und In-coming-Agenturen **8**

Touristische Vertretungen des Auslandes **6**

Beinahe jedes Land der Welt ist mit ei-nem Tourismusbüro in Deutschland ver-treten. Diese haben zum Ziel, ihre Ur-laubsregionen zu vermarkten, und ste-hen in engem Kontakt zu den Zentralen der deutschen Reiseveranstalter. Das Standortmuster der touristischen Ver-tretungen gleicht daher weitgehend demjenigen der Unternehmenssitze der Reiseveranstalter und Reisebüroverbün-de. Allen dreien ist wiederum gemein-sam, dass sie die räumliche Nähe zu tourismusrelevanten Verbänden und In-stitutionen suchen. So ist Frankfurt a.M. seit 1902 Sitz des Deutschen Tou-rismusverbandes, des früheren Deut-schen Fremdenverkehrsverbandes, und seit mehr als 40 Jahren Sitz der Deut-schen Zentrale für Tourismus (▶▶ Bei-trag Becker/Fontanari). Dies zeigt, dass

neben historischen Zufälligkeiten vor allem Fühlungsvorteile durch die räum-liche Nähe zu Kooperationspartnern, Branchenführern und Interessenverbän-den über die Standorte in der Touris-musbranche entscheiden. Die einmal entstandenen Standortmuster weisen eine erhebliche Trägheit und Kontinui-

tät auf, so dass sowohl die Wiederverei-nigung als auch der Regierungsumzug in die neue Bundeshauptstadt Berlin am Standortgefüge wenig verändert haben und wohl auch in Zukunft wenig verän-dern werden.♦

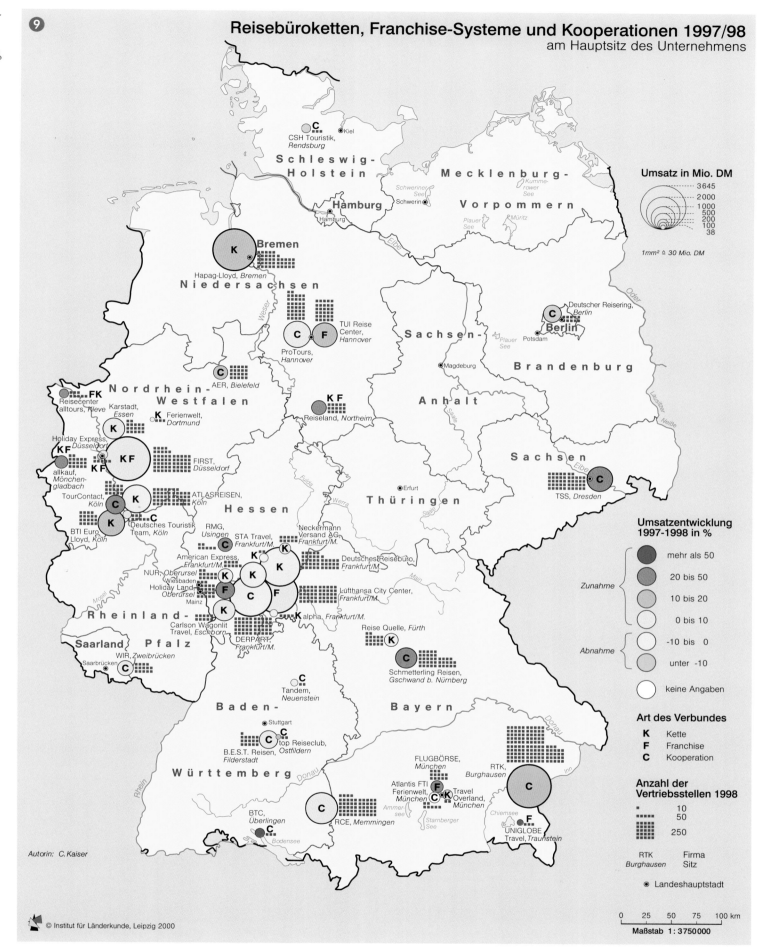

9 **Reisebüroketten, Franchise-Systeme und Kooperationen 1997/98**
am Hauptsitz des Unternehmens

Autorin: C. Kaiser

© Institut für Länderkunde, Leipzig 2000

Umsatz in Mio. DM
3645
2000
1000
500
200
100
38
1mm² ≙ 30 Mio. DM

Umsatzentwicklung 1997-1998 in %
Zunahme
mehr als 50
20 bis 50
10 bis 20
0 bis 10
Abnahme
-10 bis 0
unter -10
keine Angaben

Art des Verbundes
K Kette
F Franchise
C Kooperation

Anzahl der Vertriebsstellen 1998
10
50
250

RTK   Firma
Burghausen Sitz

⊙ Landeshauptstadt

0   25   50   75   100 km
Maßstab 1 : 3750000

Aus-, Fort- und Weiterbildung im Tourismus

Kristiane Klemm

Die Tourismusbranche zeichnet sich weltweit durch große Wachstumsraten aus. In den letzten 20 Jahren führte dies nicht nur zur Entwicklung neuer Berufsbilder, sondern auch zu einer ständigen Zunahme von Aus- und Weiterbildungsangeboten. Die klassischen Tätigkeitsfelder liegen bei Reisebüros, Reiseveranstaltern und Transportunternehmen, bei touristischen Organisationen in Zielgebieten, bei Beratungsunternehmen sowie bei kommunalen oder kommerziellen Kultur- und Freizeiteinrichtungen. Die zunehmende Technisierung hat zudem zu neuen Vertriebswegen geführt, die Qualifikationen im Umgang mit elektronischen Buchungs- und Reservierungssystemen erforderlich machen. Gleichzeitig sind die Ansprüche der Erholungssuchenden gestiegen, die umfassende Kenntnisse über Zielgebiete und Urlaubsangebote voraussetzen.

Aus-, Weiter- und Fortbildungsangebote können in die betriebliche Ausbildung, die Berufsfachschulausbildung und in akademische Studienangebote untergliedert werden. Darüber hinaus gibt es eine Vielzahl von ein- bis dreitägigen Fortbildungsseminaren, die hier im Einzelnen nicht aufgeführt werden können.

Um einige Größenordnungen der touristischen Ausbildung zu nennen: Es werden jährlich ca. 40.000 betriebliche Ausbildungen im Tourismussektor zum Abschluss gebracht sowie rund 1600 Weiterbildungen bei der IHK; dabei sind private Ausbildungseinrichtungen nicht berücksichtigt. Fachhochschulen und Universitäten entlassen jährlich rund 800 Absolventen mit Tourismusschwerpunkt.

Betriebliche Ausbildung

Die klassische betriebliche Ausbildung ist die zum/zur Reiseverkehrskaufmann/-frau, die in Reisebüros, bei Reiseveranstaltern oder in Verwaltungen von Kur- und Fremdenverkehrsorten absolviert werden kann. Zu den wesentlichen Ausbildungsinhalten und damit auch späteren Tätigkeitsfeldern gehören Kenntnisse der Beratung und Information von Kunden über Zielgebiete, über die Angebote von Reiseveranstaltern, Transportunternehmen und Unterkünften sowie über Sport-, Kultur- und Gesundheitsangebote. Darin eingebunden sind vielfältige Verwaltungsarbeiten, der Umgang mit Buchungs-, Reservierungs- und Tarifsystemen, das Erstellen von

Statistiken, Kenntnisse des Rechnungswesens und der Buchhaltung, aber auch die Entwicklung von Werbematerialien und Fremdenverkehrskonzepten sowie Öffentlichkeitsarbeit.

Aus- und Weiterbildung an Berufsfachschulen

Vor allem an den privaten Berufsfachschulen gibt es ein relativ breites Angebot für die berufliche Erstausbildung. In den meisten Fällen erfolgt eine staatliche Anerkennung des Abschlusses. Die Ausbildungsgänge führen zu Qualifikationen als:

- Wirtschaftsassistent/-in mit Schwerpunkt Fremdsprachen/Touristik
- Touristikassistent/-in
- Internationale/r Touristikassistent/-in
- Touristik-Management-Assistent/-in
- Internationale/r Management-Assistent/-in
- Touristik-Fachkraft
- Assistent/-in für Fremdenverkehr

Die wesentlichen Unterschiede bei diesen Ausbildungsgängen bestehen zum einen in den Zugangsvoraussetzungen (mittlerer Bildungsabschluss, Fachhochschulreife, allg. Hochschulreife, abgeschlossene kaufmännische Lehre) und damit eng verbunden in der Ausbildungsdauer, die bis zu drei Jahre betragen kann. Hinzu kommen unterschiedliche Schwerpunktsetzungen bei den Lehrinhalten.

Die klassische Weiterbildungsmaßnahme nach mehrjähriger Tätigkeit in einem touristischen Unternehmen ist die zum/zur Touristikfachwirt/-in (IHK), die sowohl bei den Berufsfachschulen als auch bei der IHK absolviert werden kann. In den meisten Fällen wird diese Weiterbildung berufsbegleitend durchgeführt und kann zwischen 16 und 24 Monaten dauern. Wesentlich seltener wird eine Weiterbildung zum/zur „staatlich geprüften Betriebswirt/-in, Fachrichtung Reiseverkehr/Touristik" angeboten.

Neben den genannten Weiterbildungsangeboten gibt es Fortbildungsmaßnahmen zur Touristik-Fachkraft, zur Messe- und Tagungshostess sowie zum/zur Touristik-Referenten/-in.

Studienangebote

In Deutschland gibt es heute vier Wege des akademischen Aus- und Weiterbildungssystems für den Tourismussektor:

- **Berufs- und Wirtschaftsakademien**
  Bei den Bildungsangeboten der Be-

Seminar zur Fremdenverkehrsgeographie, Universität Trier

rufs- und Wirtschaftsakademien handelt es sich um das sog. duale Bildungssystem, d.h. alle Studierenden haben gleichzeitig einen Arbeitsvertrag mit einem Betrieb. Die dreijährige Ausbildung wechselt im jeweils zwei- bis dreimonatigen Zyklus zwischen der praktischen Tätigkeit im Betrieb und dem Studium an der Akademie. Die gesamte Ausbildung dauert in der Regel drei Jahre. Der Vorteil besteht vor allem im hohen Praxisbezug und in der Aussicht, nach Abschluss des Studiums vom Ausbildungsbetrieb in eine feste Stellung übernommen zu werden. Die späteren Tätigkeitsfelder liegen im mittleren Management innerhalb der breit gefächerten Tourismusbranche.

- **Fachhochschulausbildung mit Schwerpunkt Betriebswirtschaftslehre**
  Tourismus als Studiengang wird am häufigsten von Fachhochschulen angeboten. Dabei steht in allen Fällen das Studium der Betriebswirtschaft im Mittelpunkt. Grundsätzlich kann man Studiengänge der Tourismuswirtschaft und mit Schwerpunkt Tourismus/ Tourismuswirtschaft unterscheiden, wobei vor allem der Stellenwert, den die Wirtschaft in den beiden Modellen einnimmt, unterschiedlich stark ausgeprägt ist. Berufserfahrung vor und während des Studiums spielt eine maßgebliche Rolle. So gehören in der Regel zwei Praxissemester zum achtsemestrigen Fachhochschulstudium. Der Erwerb von Fremdsprachenkenntnissen wird in allen Studiengängen zur Voraussetzung gemacht.

- **Universitätsausbildung**
  An den Universitäten wird das Fach Tourismus/ Fremdenverkehr/ Freizeitpädagogik im Rahmen der Studiengänge Betriebs- und Volkswirtschaft,

der Geographie, der Pädagogik oder in kultur- und umweltwissenschaftlichen Studiengängen angeboten. Die Vermittlung theoretisch-wissenschaftlicher Kenntnisse steht im Vordergrund. Unerlässlich sind auch hier praktische Erfahrungen in Form von Berufspraktika oder von angewandten Studienprojekten, die eine Verbindung zwischen Theorie und Praxis darstellen. In der Regel studiert man eines der o.g. Studienfächer und spezialisiert sich bereits im Grund- und Hauptstudium auf Tourismusmanagement, Tourismuswirtschaft, Fremdenverkehrsgeographie, Kulturwissenschaft oder Freizeitpädagogik.

- **Ergänzungs-, Aufbau- oder Postgraduierten-Studien**
  Ziel dieser Fort- und Weiterbildungsangebote ist der Erwerb von zusätzlichen Qualifizierungen und Spezialisierungen für das Tätigkeitsfeld Tourismus sowohl für Hochschulabsolventen (Berlin und Heilbronn) als auch für Praktiker, die über eine längere Berufserfahrung verfügen (Fernuniversität Hagen). Die Studiendauer beträgt in Berlin und Heilbronn zwei Semester, in Hagen ist sie variabel. Die Lehrinhalte konzentrieren sich nicht nur auf die Vermittlung von betriebswirtschaftlichen Kenntnissen, sondern umfassen auch Regionalplanung und Reiseleitung (Berlin), Kulturtourismus (Hagen) oder internationale Aspekte und Sprachen (Heilbronn).◆

Aus-, Fort- und Weiterbildung im Tourismus 1999

Bildungs- und Studienangebote

- ● berufliche Erstausbildung
- ● berufliche Fort- und Weiterbildung
- ● akademische Aus-, Fort- und Weiterbildung*
- ▪ sonstige Bildungsmaßnahme

Anzahl der Ausbildungsgänge

- □ 6 - 41 Seminare
- ○ >2
- ○ 2
- ○ 1

Studierende von Tourismus-studiengängen nach Ländern

- über 120
- 81 bis 120
- 51 bis 80
- 21 bis 50
- 1 bis 20

Berufliche Erstausbildung

TF	Touristik-Fachkraft
TMA	Touristik-Management-Assistent(in)
AF	Assistent(in) für Fremdenverkehr
WA	Wirtschaftsassistent(in)- Schwerpunkt Sprachen/Touristik
TA	Touristik-Assistent(in)
iTkA	internationale Touristik-Assistent(in)
iTM	internationale Touristik-Management-assistent(in)
iTsA	internationale Tourismus-Assistent(in)
BIT	Betriebswirt(in) für internationalen Tourismus
iMA	internationale/r Managementassistent(in)

Berufliche Fort- und Weiterbildung

tfw	Touristikfachwirt(in)
TFW	Touristikfachwirt(in) (IHK)
BW	Staatlich geprüfte/r Betriebswirt(in)- Fachrichtung Reiseverkehr/Touristik
RTM	Referent(in) im Touristik-Management
H	Messehostess, Kongresshostess, Hostess
Tgf	Tagungsfachmann/-frau
TF	Touristikfachkraft
TR	Touristik-Referent(in)/Touristik-Assistent

Akademische Aus-, Fort- und Weiterbildung

BA	Berufsakademie/Wirtschaftsakademie
FHT	Fachhochschule (Eigenständiger Studiengang Touristik/Tourismus)
FHW	Fachhochschule (Studiengang Betriebswirtschaftslehre/Wirtschaft mit Schwerpunkt Tourismus
AW	akademisches Weiterbildungsangebot (Aufbaustudium Tourismus/Management)
UW	Universität-Bereich Wirtschaftswissenschaften
UU	Universität-Bereich Umwelt
UG	Universität-Bereich Geographie
UK	Universität-Bereich Kultur
UF	Universität-Bereich Freizeitpädagogik

Sonstige Bildungsmaßnahmen (1- bis 3-tägige Seminare)

DSF	DSF-Seminare
SSI	SSI-Seminare
F	Forum-Seminare

Die Anzahl der Ausbildungsgänge ist nicht bekannt.

- —— Staatsgrenze
- —— Ländergrenze
- ◉ Landeshauptstadt
- — Autobahn (zum Europastraßennetz gehörend)

Autorin: K. Klemm

© Institut für Länderkunde, Leipzig 2000

0 25 50 75 100 km

Maßstab 1 : 2750000

Soziokulturelle Belastungen durch den Fremdenverkehr

Heiko Faust und Werner Kreisel

Art und Intensität des Fremdenverkehrs haben Auswirkungen auf das soziokulturelle Gefüge der Zielregion. Veränderungen durch den Kontakt mit Touristen, ihre Ansprüche und Gewohnheiten können zur Aufgabe hergebrachter sozialer Strukturen und kultureller Traditionen führen und eine Angleichung an von außen kommende Wertvorstellungen bewirken. Zur Belastung kommt es, wenn die Gastgeberregion ihre eigenen Vorstellungen gegenüber einem übermächtigen Tourismus nicht mehr durchsetzen oder behaupten kann. Dann besteht die Gefahr, dass die kulturelle und soziale Identität der besuchten Region Schaden leidet und die Möglichkeit zur Selbstbestimmung schwindet.

Belastung – ein subjektiver Wert

Im Vergleich zu ökologischen Problemen, die durch den Fremdenverkehr entstehen, sind soziokulturelle Belastungen schwieriger zu erfassen. Es ist höchst kompliziert, einen „Grenzwert" zu bestimmen, bei dessen Überschreiten das gesellschaftliche und kulturelle Gefüge eines Raumes beeinträchtigt wird, da dieser Punkt von subjektiven Empfindungen abhängt.

Es gibt eine Reihe von Kriterien, die es ermöglichen, die soziokulturelle Belastung durch den Fremdenverkehr festzustellen. Oftmals besteht eine enge Verbindung mit ökologischen Belastungen. Gängig ist die Ermittlung der Zahl der Übernachtungen pro Einwohner ❺ Ein qualitativer Aspekt ist dagegen, ob die ansässige Bevölkerung im Zuge der touristischen Entwicklung die Fähigkeit zur Selbstbestimmung erhalten konnte. Damit hängt die kulturelle Identität zusammen, die um so stärker gestört sein wird, je mehr Auswärtige in der Gemeinde oder der Region ihren Wohnsitz nehmen.

Eine Vielzahl von Variablen spielen für den Belastungsgrad eine Rolle, z.B.
- Verhältnis von Einwohnerzahl zur Besucherzahl
- Demographische Struktur der ansässigen Bevölkerung und der Besucher
- Saisonalität und Dauer des Aufenthaltes
- Herkunft der Gäste (Inland oder Ausland)
- Anzahl der Übernachtungsmöglichkeiten
- Rolle von Tradition und Brauchtum
- Zahl der Zweitwohnsitze
- Innen- oder Außensteuerung des Fremdenverkehrs
- Bewahren von Selbstbestimmung und kultureller Identität.

Aspekte soziokultureller Belastungen

Die soziokulturellen Belastungen im Tourismus entstehen in erster Linie durch das hohe Besucheraufkommen. Die absolute Zahl der Übernachtungen erreicht in den klassischen Fremdenverkehrsgebieten an der Nordsee- und Ostseeküste, in den Alpen und im Alpenvorland sowie in den Mittelgebirgen Höchstwerte ❺, sieht man einmal von den großen städtischen Zentren mit Städtetourismus und Geschäftsreiseverkehr ab. Die Berechnung der Übernachtungen pro Einwohner unterstreicht

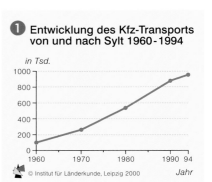

❶ Entwicklung des Kfz-Transports von und nach Sylt 1960-1994

❷ Nebenwohnsitze auf Amrum, Föhr und Sylt 1998
nach Gemeinden

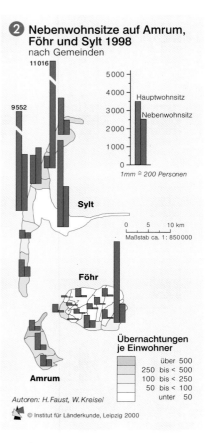

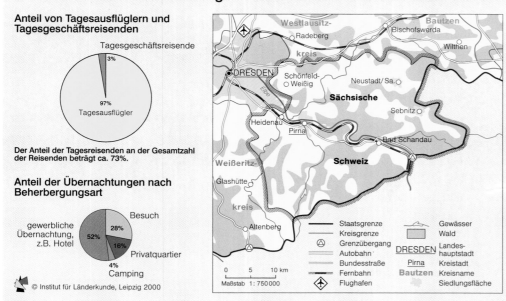

❸ Reisende und Übernachtungen im Landkreis Sächsische Schweiz 1997

Anteil von Tagesausflüglern und Tagesgeschäftsreisenden

Der Anteil der Tagesreisenden an der Gesamtzahl der Reisenden beträgt ca. 73%.

Anteil der Übernachtungen nach Beherbergungsart

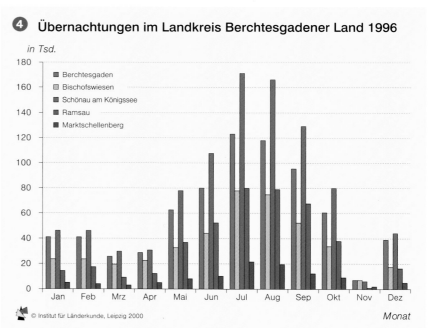

❹ Übernachtungen im Landkreis Berchtesgadener Land 1996

dieses Bild. Oft haben die Fremdenverkehrsregionen eine vergleichsweise geringe Einwohnerdichte, so dass das Verhältnis von Übernachtungen zu Einwohnern besonders krass ausfällt.

Der Tagesausflugsverkehr ist eine andere Form der intensiven Beeinflussung einer Region durch ein – überwiegend an Wochenenden – hohes Besucheraufkommen. Dieses Phänomen bringt zudem beträchtliche ökologische Probleme bei eher geringen wirtschaftlichen Effekten mit sich. In der Sächsischen Schweiz sind z.B. beinahe drei Viertel der Besucher Tagesausflügler ❸

In vielen Fremdenverkehrsregionen sind die Besucherzahlen saisonal sehr unterschiedlich. In Oberbayern zeigt sich eine deutliche Spitze in den Sommermonaten Juni bis September, während die Auslastung im Winter und im Frühjahr gering ist ❹. Die soziale Konsequenz ist, dass die Arbeitskräfte oftmals nicht ganzjährig beschäftigt werden, ein Problem, das sich nur dann nicht so gravierend stellt, wenn Familienbetriebe ein zweites wirtschaftliches Standbein wie die Landwirtschaft besitzen. Die Saisonalität bedeutet zudem, dass man die erforderliche Infrastruktur auf die maximale Belegung ausrichten muss, sie aber während eines Großteils des Jahres nicht auslasten kann.

Überfremdung und Identitätsverlust

Übervölkerung an Stränden oder an Skiabfahrten, an Aussichtspunkten und auf Wanderwegen sind Aspekte, die mit dem Massentourismus einhergehen und die Lebensumstände der ansässigen Bevölkerung beeinträchtigen können, ebenso wie Verkehrsstaus auf Zufahrtswegen und innerhalb des Fremdenverkehrsgebietes. Dies bedeutet nicht nur eine ökologische Belastung, sondern das gesamte gesellschaftliche System kann in Mitleidenschaft gezogen werden. Auf der Insel Sylt haben z.B. die Kfz-Transporte über den Hindenburgdamm beinahe eine Million erreicht ❶. In der Gemeinde Kampen auf Sylt beträgt die Anzahl der Zweitwohnsitze inzwischen ein Vielfaches der Hauptwohnsitze ❷.

Durch den Tourismus können Orte ihre dörfliche Eigenart und ihr regionaltypisches Gepräge verlieren. Zersiedlung, die Bebauung von landschaftlich attraktiven Arealen, Aussichtslagen und Seeufern oder landesunübliche Bauformen sind mögliche äußerliche Einflüsse. Zudem dringen neue oder ungewohnte Verhaltens- und Lebensweisen in die Region ein. Hatten bestimmte Gebäude oder historische Ensembles vor der touristischen Inwertsetzung eine bestimmte Bedeutung für die Identifikation der ansässigen Bevölkerung, kann dieses Bewusstsein im Zuge der Kommerzialisierung in Vergessenheit geraten. Diese Störung der kulturellen Identität kann eine Veränderung der Menschen und ihrer Werte zur Folge haben, wie die Abkehr von der angestammten Sprache oder dem Dialekt, Veränderungen der religiösen Grundüberzeugungen

und die Aufgabe von Brauchtum oder der regionalen Gastronomie.

Fazit

Fremdenverkehr bringt immer Veränderungen, die aber nicht a priori gut oder schlecht zu beurteilen sind. Oft ist er trotz möglicher soziokultureller Belastungen die einzige Chance einer wirt-

schaftlichen Entwicklung für eine Region. Eine frühzeitige Analyse der Situation zum Ergreifen entsprechender Maßnahmen kann negative Auswirkungen verhindern oder kontrollierbar machen. Ein richtig betriebener, auf den regionaltypischen Potenzialen fußender Tourismus wird alles tun, um – im eigenen Interesse – die Landschaft, die sein

Kapital darstellt, zu bewahren und sogar aufzuwerten.◆

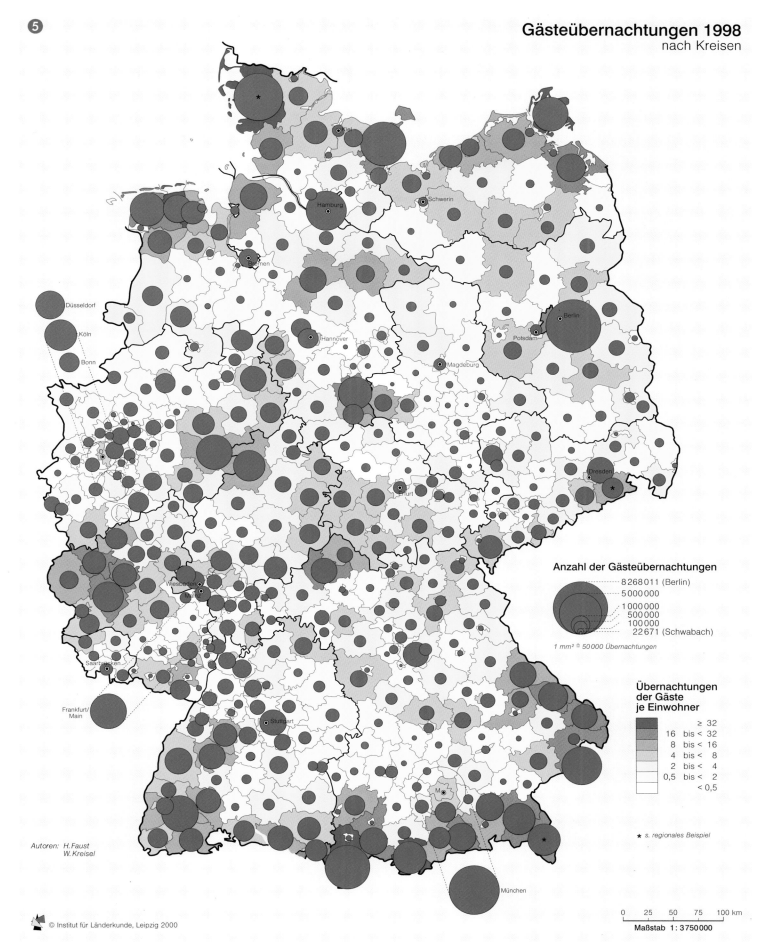

❺

Gästeübernachtungen 1998
nach Kreisen

Anzahl der Gästeübernachtungen
8268011 (Berlin)
5000000
1000000
500000
100000
22671 (Schwabach)

1 mm² ≙ 50 000 Übernachtungen

Übernachtungen der Gäste je Einwohner
≥ 32
16 bis < 32
8 bis < 16
4 bis < 8
2 bis < 4
0,5 bis < 2
< 0,5

★ s. regionales Beispiel

Autoren: H. Faust
W. Kreisel

© Institut für Länderkunde, Leipzig 2000

0   25   50   75   100 km

Maßstab 1 : 3 750 000

Landschaftszerschneidung durch Infrastrukturtrassen

Ulrich Schumacher und Ulrich Walz

Unsere heutige Kulturlandschaft in Mitteleuropa besteht aus einem Mosaik verschiedener mehr oder weniger scharf voneinander abgegrenzter Lebensräume. Dies lässt sich nur zum Teil auf die unterschiedlichen natürlichen, insbesondere geologisch-bodenkundlichen Ausgangsbedingungen zurückführen. In immer stärkerem Maße bewirken menschliche Nutzungsformen – vor allem Infrastrukturmaßnahmen – eine ▶ Zerschneidung der Landschaft in Flächen unterschiedlicher Größe.

Problematisch erscheinen einige direkte und indirekte Folgen der Verkehrsentwicklung, speziell unter dem Blickwinkel des Natur- und Landschaftsschutzes sowie der ▶ naturnahen Erholung:

• Flächenverlust durch Versiegelung,
• Lärm- und Schadstoffemissionen,
• Störung des Landschaftshaushaltes durch Veränderung des Mikroklimas,
• Verinselung der Lebensräume von

Tierarten durch Zerschneidung ihrer Wanderungslinien,
• kollisionsbedingte Todesfälle bei Tieren,
• Verkleinerung von Gebieten für die naturnahe Erholung des Menschen,
• Störung der Eigenart von Landschaftsbildern.

Untersucht man die Entwicklung der Verkehrsinfrastruktur in den beiden deutschen Staaten von 1960 bis 1989 und die gemeinsame Entwicklung ab 1990, so fällt beispielsweise bei den Autobahnen der starke Zuwachs in den alten Ländern bis 1989 auf, während in der DDR nur eine geringe Zunahme zu verzeichnen war ❺ Entsprach die Länge des Autobahnnetzes vor Beginn des Mauerbaus noch etwa den Flächenproportionen zwischen beiden Teilen Deutschlands im Verhältnis von 2 zu 1, liegt dieses Verhältnis heute bei 5 zu 1. Der Nachholprozess in Ostdeutschland, der mit notwendigen Lückenschließun-

gen durch die „Verkehrsprojekte Deutsche Einheit" begonnen hat, droht zu einer ähnlich starken Freiraumzerschneidung mit all ihren Folgen wie in großen Teilen Westdeutschlands zu führen.

Landschaftszerschneidung durch Infrastrukturtrassen

Zur Bestimmung der Landschaftszerschneidung im gesamten Bundesgebiet werden zunächst die Trassen von Autobahnen, Bundesstraßen und Landesstraßen betrachtet. Die höchsten Dichten auf Kreisbasis ❸ werden in den kreisfreien Städten sowie in den Verdichtungsgebieten Rhein-Ruhr und Rhein-Main erreicht. Es existiert ein deutliches West-Ost-Gefälle, welches von einem Mitte-Nord- bzw. Mitte-Süd-Gefälle überlagert wird. Außerdem sind für die Landschaftszerschneidung die Fernstrecken der Eisenbahn (ICE-, IC/EC- und IR-Strecken der Deutschen Bahn) von Bedeutung, besonders wenn es sich

um Neubau- oder Ausbautrassen handelt.

Da innerhalb größerer Siedlungsbereiche das Verkehrsnetz zu dicht für das Verbleiben nennenswerter Freiräume →

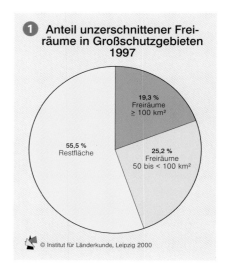

❶ Anteil unzerschnittener Freiräume in Großschutzgebieten 1997

55,5 % Restfläche
19,3 % Freiräume ≥ 100 km²
25,2 % Freiräume 50 bis < 100 km²

© Institut für Länderkunde, Leipzig 2000

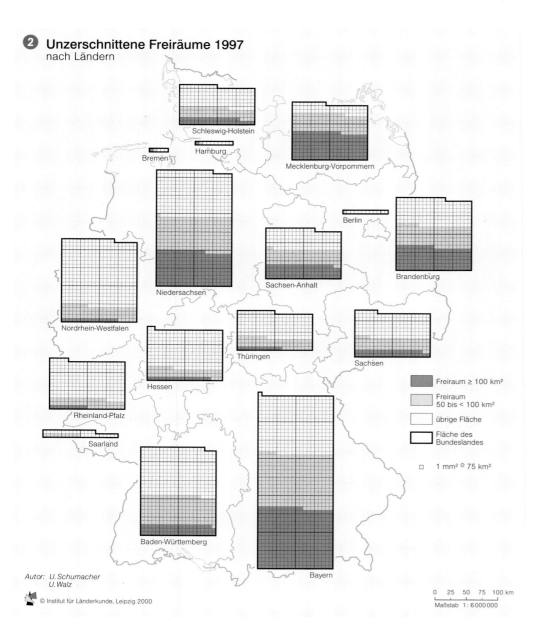

❷ Unzerschnittene Freiräume 1997
nach Ländern

Schleswig-Holstein
Bremen
Hamburg
Mecklenburg-Vorpommern
Berlin
Niedersachsen
Sachsen-Anhalt
Brandenburg
Nordrhein-Westfalen
Thüringen
Sachsen
Hessen
Rheinland-Pfalz
Saarland
Baden-Württemberg
Bayern

Freiraum ≥ 100 km²
Freiraum 50 bis < 100 km²
übrige Fläche
Fläche des Bundeslandes

☐ 1 mm² ≙ 75 km²

Autor: U. Schumacher, U. Walz

© Institut für Länderkunde, Leipzig 2000

0 25 50 75 100 km
Maßstab 1 : 6 000 000

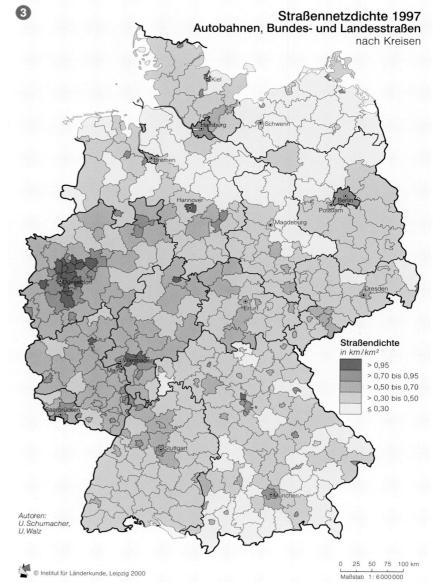

❸ Straßennetzdichte 1997
Autobahnen, Bundes- und Landesstraßen
nach Kreisen

Kiel
Hamburg
Schwerin
Bremen
Hannover
Berlin
Potsdam
Magdeburg
Düsseldorf
Dresden
Erfurt
Wiesbaden
Mainz
Saarbrücken
Stuttgart
München

Straßendichte
in km/km²
> 0,95
> 0,70 bis 0,95
> 0,50 bis 0,70
> 0,30 bis 0,50
≤ 0,30

Autoren:
U. Schumacher,
U. Walz

© Institut für Länderkunde, Leipzig 2000

0 25 50 75 100 km
Maßstab 1 : 6 000 000

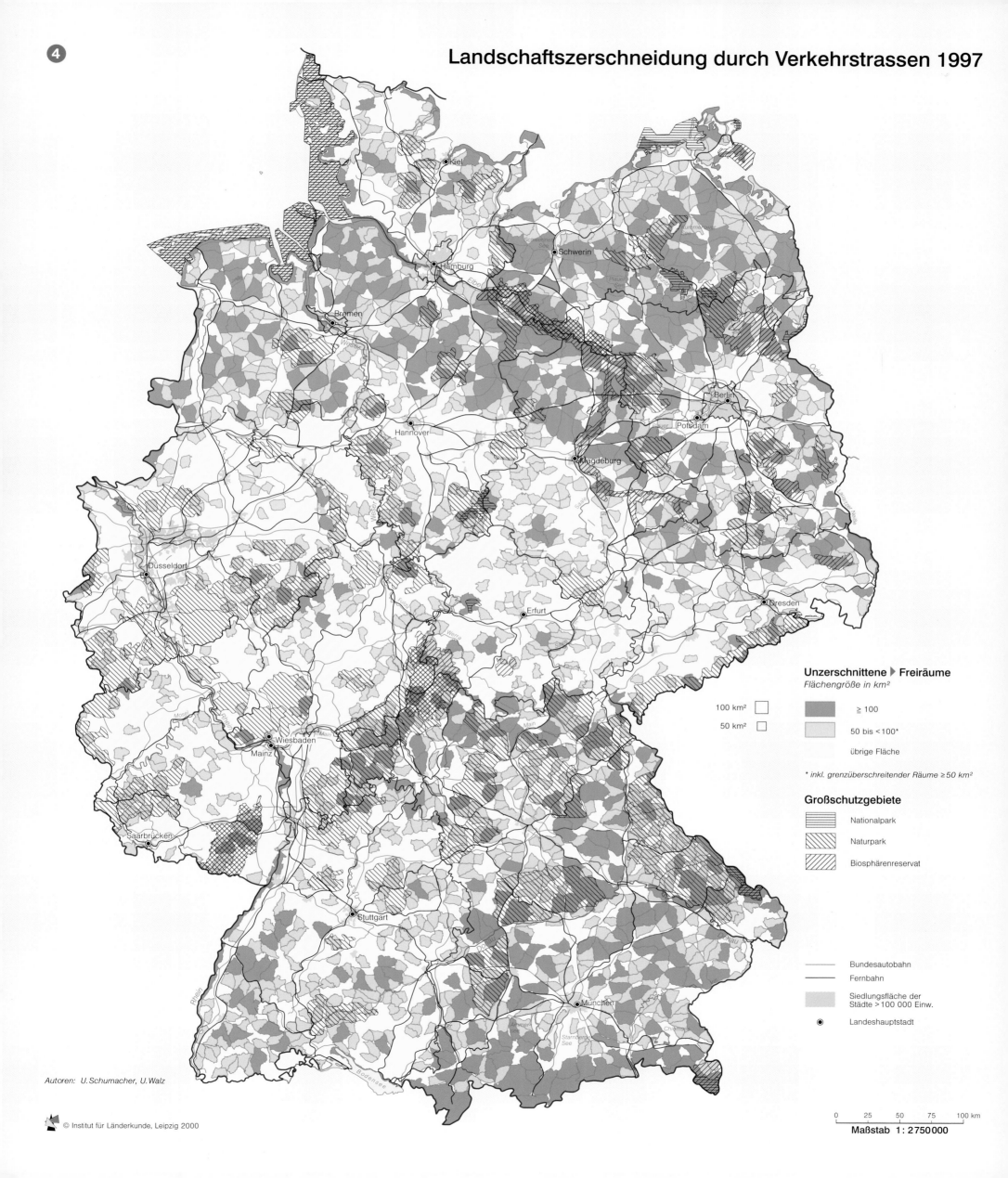

Landschaftszerschneidung durch Verkehrstrassen 1997

Unzerschnittene ▶ Freiräume
Flächengröße in km²

100 km² ☐
50 km² ☐

≥ 100
50 bis <100*
übrige Fläche

* inkl. grenzüberschreitender Räume ≥50 km²

Großschutzgebiete

Nationalpark
Naturpark
Biosphärenreservat

Bundesautobahn
Fernbahn
Siedlungsfläche der Städte > 100 000 Einw.
Landeshauptstadt

Autoren: U. Schumacher, U. Walz

© Institut für Länderkunde, Leipzig 2000

0   25   50   75   100 km

Maßstab 1 : 2750000

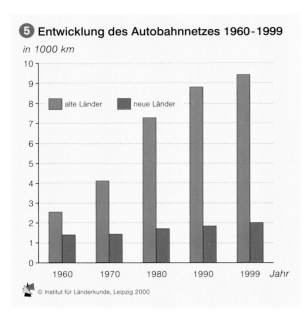

5 Entwicklung des Autobahnnetzes 1960-1999

in 1000 km

Legende: alte Länder / neue Länder

© Institut für Länderkunde, Leipzig 2000

---

ist, wurden alle zusammenhängenden Siedlungsflächen größer als 5 km² *a priori* ausgeschlossen. Die Abgrenzung der Siedlungen erfolgte mit Hilfe von ▶ CORINE Bodenbedeckungsdaten. Aufgrund ihres Generalisierungsgrades mit 10 ha als kleinster Fläche lassen diese Daten zwar nur großräumige Aussagen zu, sind aber für Vergleiche unterschiedlich strukturierter Räume gut geeignet.

Unter Nutzung eines Geographischen Informationssystems (GIS) wurden durch Verarbeitung o.g. topographischer und thematischer Daten die Flächengrößen der verbleibenden Freiräume als Maß für die Landschaftszerschneidung durch Infrastrukturtrassen ermittelt **4** Die Verteilung der unzerschnittenen Freiräume ist in Deutschland recht ungleichmäßig: Während in Nordwest- und Süddeutschland derartige Räume zahlreich sind, ist in den großen Ballungsgebieten aber auch in einigen Fremdenverkehrsregionen ein solches Potenzial kaum mehr vorhanden **2**

Naturnahe Erholung

Der gegenwärtige Trend im Freizeitverhalten ist durch eine Spezialisierung von Freizeitaktivitäten sowie eine zunehmende Kommerzialisierung gekennzeichnet, was vielfach zu einer verstärkten Freizeitmobilität führt. So wird inzwischen mindestens die Hälfte aller Personenkilometer auf dem Weg in die Freizeit oder in den Urlaub zurückgelegt, der größte Teil davon mit dem Pkw.

Die Qualität einer Landschaft für naturnahe Erholung hängt von der freizeitinfrastrukturellen Erschließung sowie vom Landschaftsbild ab. Eine dichte Verkehrsinfrastruktur erweist sich zwar für die Erreichbarkeit als günstig, bringt aber negative Einflüsse wie Lärm und Schadstoffemissionen mit sich. So setzt man für eine von Hauptverkehrsströmen unberührte Tageswanderung eine Fläche von mindestens 100 km²

an, ein Richtwert, der andere wichtige Parameter wie Flächenform oder vorherrschende Nutzungsart noch nicht berücksichtigt.

Die Karte zur Eignung für naturnahe Erholung **8** enthält zusätzliche Informationen über die Flächennutzung innerhalb der beiden Größenkategorien unzerschnittener Freiräume. Dabei wurde nach dem Flächenanteil erholungsrelevanter Nutzungstypen differenziert, wobei die CORINE-Daten der Hauptklassen Wald, Grünland, naturnahe Fläche, Feuchtfläche und Gewässer Verwendung fanden. Durch diese qualitative Bewertung treten die wertvollen unzerschnittenen Freiräume noch deutlicher hervor als in der Hauptkarte **4**. Es fällt auf, dass in den benachteiligten Regionen wie dem Münsterland oder der Magdeburger Börde oftmals Nutzungstypen dominieren, die eine geringe Erholungseignung aufweisen, z.B. intensive Landwirtschaft.

Das Regionalbeispiel Sachsen **6 7** liefert Aussagen über die Korrelation mit den im Landesentwicklungsplan ausgewiesenen Fremdenverkehrs- bzw. Erholungsgebieten. Für den Straßenverkehr wurden hier zusätzlich die Verkehrsstärken, d.h. die DTV-Werte (durchschnittliche tägliche Verkehrsmenge) pro Straßenabschnitt (Zählung 1995), als Kriterium für die Einbeziehung herangezogen. Als Untergrenze wurde ein DTV-Richt-

wert von 1000 Kfz/Tag angenommen, wobei dieser Wert nicht nur auf Autobahnen und Bundesstraßen, sondern auch auf nahezu allen Staatsstraßen erreicht wird. Die Karte zeigt eine Konzentration unzerschnittener Freiräume nordöstlich von Leipzig, wo der Naturpark Dübener Heide liegt, nordöstlich von Dresden in der Gegend des Biosphärenreservats Oberlausitzer Heide- und Teichlandschaft sowie im Bereich des Erzgebirgskammes, vorzugsweise auf tschechischem Staatsgebiet.

Natur- und Landschaftsschutz

Eine wichtige Rolle spielen die ▶ Großschutzgebiete zur Bewahrung von biologischer Vielfalt und von dazu notwendigen großflächigen Freiräumen. Da diese Gebiete häufig die letzten größeren ▶ Refugialräume innerhalb intensiv genutzter Landschaft darstellen, sind sie auch wichtig für die naturnahe Erholung. Die Darstellung der unzerschnittenen Freiräume erfolgte deshalb im Zusammenhang mit den Großschutzgebieten von nationaler bzw. internationaler Bedeutung, um auf ein Problem aufmerksam zu machen: Mehr als die Hälfte der Fläche aller Großschutzgebiete (vor allem Naturparke) in Deutschland befindet sich in Räumen, die eine starke Zerschneidung und damit Beeinflussung durch stark frequentierte Verkehrstrassen aufweisen **1** (▶▶ Beitrag Job).

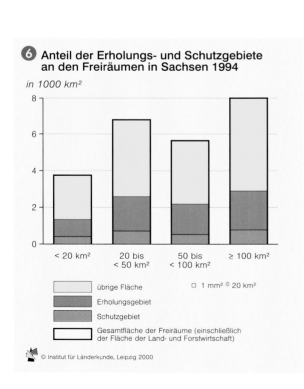

6 Anteil der Erholungs- und Schutzgebiete an den Freiräumen in Sachsen 1994

in 1000 km²

Kategorien: < 20 km² / 20 bis < 50 km² / 50 bis < 100 km² / ≥ 100 km²

Legende:
- übrige Fläche
- Erholungsgebiet
- Schutzgebiet
- Gesamtfläche der Freiräume (einschließlich der Fläche der Land- und Forstwirtschaft)

□ 1 mm² ≙ 20 km²

© Institut für Länderkunde, Leipzig 2000

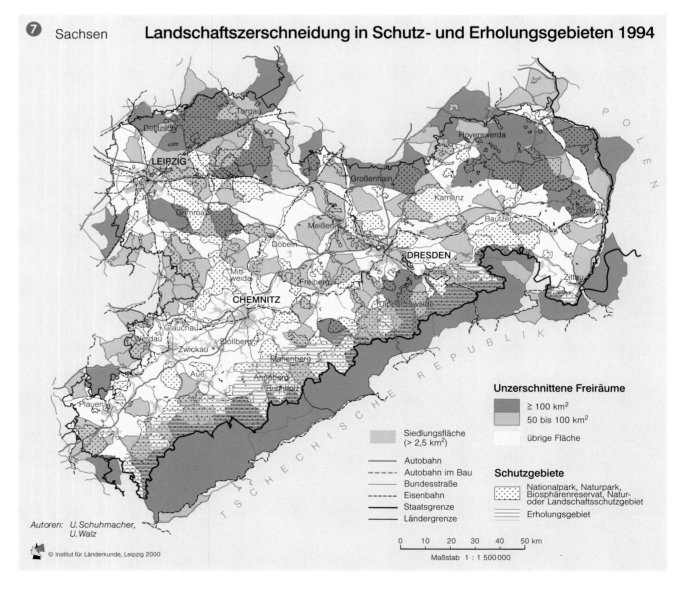

7 Sachsen — Landschaftszerschneidung in Schutz- und Erholungsgebieten 1994

Autoren: U. Schuhmacher, U. Walz

© Institut für Länderkunde, Leipzig 2000

Unzerschnittene Freiräume
- ≥ 100 km²
- 50 bis 100 km²
- übrige Fläche

- Siedlungsfläche (> 2,5 km²)
- Autobahn
- Autobahn im Bau
- Bundesstraße
- Eisenbahn
- Staatsgrenze
- Ländergrenze

Schutzgebiete
- Nationalpark, Naturpark, Biosphärenreservat, Natur- oder Landschaftsschutzgebiet
- Erholungsgebiet

0 10 20 30 40 50 km

Maßstab 1 : 1 500 000

CORINE Land Cover

CORINE ist die Abkürzung für **CO**o**R**dination de l'**IN**formation sur l'**E**nvironment, ein Programm zur Erfassung der **Bodenbedeckung** in den EU-Mitgliedsstaaten. Auf der Grundlage von Daten des US-amerikanischen Fernerkundungssatelliten Landsat-TM und ergänzenden topographischen Karten und Luftbildern wurde eine europaweit flächendeckende digitale Datenbasis geschaffen.

Freiräume

Als Freiräume werden großflächige Gebiete bezeichnet, die außerhalb der dicht besiedelten Räume liegen. Sie erfüllen wichtige Funktionen als ökologische Ausgleichsräume und großflächige Erholungsgebiete.

Großschutzgebiete

Sammelbegriff für **Nationalparke, Naturparke** und **Biosphärenreservate** ▶▶ Beitrag Job.

Monitoring

Die laufende Beobachtung eines Prozesses zur Kontrolle der Einflussfaktoren und Wirkungen. Das **Umweltmonitoring** ist eine begleitende Schutzmaßnahme für ökologisch gefährdete Räume.

Naturnahe Erholung

Freizeitaktivitäten, die naturbezogen sind und der körperlichen und geistigen Wiederherstellung der Kräfte dienen, wie Wandern oder Radfahren. Dafür werden unverlärmte und vielfältig strukturierte Natur- und Kulturlandschaften als besonders attraktiv empfunden.

Refugialräume

Rückzugsflächen ohne menschliche Besiedelung, Industrie- oder Verkehrsbelastung für gefährdete Tier- und Pflanzenarten.

Zerschneidung

Mit Zerschneidung bezeichnet man linienhafte vom Menschen geschaffene Strukturen oder Materialströme, von denen Barriere-, Emissions-, Kollisionseffekte oder ästhetische Beeinträchtigungen ausgehen. Als **unzerschnittene Freiräume** werden Bereiche bezeichnet, die zwischen Hauptverkehrsstrassen liegen, jedoch von kleineren Straßen bzw. Bahnstrecken angeschnitten sein können.

Die existenzielle Bedeutung von großflächig unzerschnittenen Freiräumen für zahlreiche Tierarten ist bekannt. Durch einen weiteren Ausbau des (Straßen-) Verkehrsnetzes würden nicht nur solche Refugialräume reduziert oder ganz verschwinden, sondern es würde auch das Potenzial der Landschaft zur naturnahen Erholung beeinträchtigt werden.

Fazit

In einer zunehmend zersiedelten und großräumig durch Lärm, Schadstoffe und andere Belastungen beeinträchtigten Umwelt gewinnt der Schutz großer Freiräume zweifellos an Bedeutung und findet in der Raumplanung wachsende Beachtung. Die regelmäßige Bilanzierung und Analyse der Entwicklung der Freiflächenzerschneidung besitzt im Rahmen der Umweltbeobachtung eine erhebliche Bedeutung, da strukturelle Veränderungen schleichend verlaufen und in ihrem Ausmaß aus individueller Sicht nur schwer wahrgenommen werden können. Erst ein ▶ Monitoring über

größere Räume und Zeitabschnitte hinweg ist in der Lage, das Ausmaß und die Folgen von Veränderungen zu objektivieren. Die Erfassung und Bewertung der Landschaftszerschneidung durch Infrastruktur muss deshalb integrierter Bestandteil eines Umweltmonitorings sein.

Dabei reicht es als Zielstellung nicht aus, den Kfz-Verkehr aus verkehrlich hochbelasteten und gleichzeitig ökologisch sensiblen Räumen herauszunehmen. Vielmehr sollte der Hebel an den Ursachen für die ständige Steigerung der Verkehrsleistung sowie an der Verkehrsmittelwahl angesetzt werden, was letztlich vom persönlichen Denken und Handeln eines jeden abhängt.◆

8 Eignung für naturnahe Erholung 1997

Anteil erholungsrelevanter Nutzungstypen an unzerschnittenen Freiräumen

Flächenanteile in %

- > 75 bis 100
- > 50 bis 75
- > 25 bis 50
- 0 bis 25
- übrige Fläche

— Bundesautobahn
— Fernbahn
Siedlungsfläche der Städte > 100 000 Einw.
⊙ Landeshauptstadt

Autoren: U. Schumacher, U. Walz

© Institut für Länderkunde, Leipzig 2000

0 25 50 75 100 km
Maßstab 1 : 3 750 000

Luftschadstoffe und Erholung

Thomas Littmann

Freizeitaktivitäten und Erholung in der Natur und im Freien stellen besonders hohe Anforderungen an die Luftqualität. Reine, trockene Luft besteht zu 78% Volumenanteilen aus Stickstoff, zu 21% aus Sauerstoff und zu 1% aus einigen natürlichen Spurengasen. Alle anderen partikel- und gasförmigen Beimengungen stellen Luftschadstoffe meist menschlichen Ursprungs dar und führen zur Beeinträchtigung des Erholungswertes von Landschaften und Freizeiteinrichtungen. Dieser Beitrag stellt die regionalen Unterschiede in der Belastung durch einige wichtige Luftschadstoffe in Deutschland vor und diskutiert die wesentlichen Ursachen und Hintergründe.

Beeinträchtigungen der Erholungsfunktion durch Luftschadstoffe

Die beeinträchtigenden Wirkungen der Luftschadstoffe beziehen sich neben den wahrnehmbaren Belästigungen (z.B. Rauchwolken und Gerüche) auf die Schädigung der menschlichen Gesundheit, der Vegetation und von Materialien. Schwebstaub als partikelförmige Luftbeimengung wird je nach Korngrösse in verschiedenen Teilen des menschlichen Atemtraktes deponiert, wobei Feinstäube (> 2 μm) irreversibel in die Lunge gelangen. Gasförmige Schadstoffe wirken als Reizgase und werden je nach Wasserlöslichkeit im oberen Atemtrakt oder ebenfalls in der Lunge (insbesondere Ozon) deponiert. Schwefeldioxid (SO_2) wirkt bei wiederholter Exposition und hohen Konzentrationen stark reizend, wobei ein besonderes Risiko chronischer Atemwegserkrankungen gegeben ist, wenn es an lungengängige Feinstäube adsorbiert ist und im Atemtrakt schweflige Säure gebildet wird. Stickstoffoxide (NO_x), insbesondere Stickstoffdioxid (NO_2), führten neben Geruchsbelästigungen zu einer erhöhten Anfälligkeit gegenüber Atemwegsinfekten und das Ozon (O_3) darüber hinaus durch die Oxidation von Proteinen und anderen körpereigenen Stoffen zu Beeinträchtigungen der Lungenfunktion.

Zum Schutz der menschlichen Gesundheit und der Umwelt sind Grenzwerte für die Immissionsbelastung durch einige wichtige Schadstoffe verbindlich. Da allerdings die Wirkung der Schadstoffe zumeist auf dem wiederholten Auftreten von Belastungsspitzen beruht, ist die Beurteilung der Immissionssituation in einem Gebiet auf der Basis von Jahresmittelwerten (TA Luft) oder anderen Zeitmitteln mit einer gewissen Unsicherheit behaftet.

Auch die Vegetation kann durch Luftschadstoffe nachhaltig geschädigt werden. Die Wirkungen von Schadgasen auf die Laub- und Nadelwaldbestände in Deutschland sind im Zusammenhang der neuartigen Waldschäden, die insbesondere die Hochlagen der Mittelgebirge betreffen, intensiv diskutiert worden. Alle Schadgase werden von den Pflanzen beim Gaswechsel aufgenommen, wobei SO_2 und NO_2 zu Stoffwechselstörungen führen und O_3 zusätzlich starke Gewebeschäden bewirkt. SO_2-bedingte saure Niederschläge stören darüber hinaus den Stoffhaushalt von Waldbeständen ganz erheblich.

Quellen und Entstehung von Luftschadstoffen

Außer Ozon und Schwebstaub entstehen alle hier betrachteten Luftschadstoffe bei Verbrennungsprozessen in industriellen und häuslichen Feuerungsanlagen, in Kraftwerken und Verbrennungsmotoren ❸. Schwebstaub wird überwiegend bei industriellen Prozessen emittiert, z.B. in Kokereien, bei der Zement-, Stahl- und Düngemittelproduktion. SO_2 entsteht bei der Verbrennung fossiler Energieträger, die Schwefelverbindungen enthalten. Dies betrifft in erster Linie Kohlekraftwerke und industrielle Anlagen, aber auch Hausheizfeuerungen.

NO_x entstehen durch Stickstoffoxidation bei Verbrennungsprozessen unter hohen Temperaturen, wie in Ottomotoren und Steinkohle-Staubfeuerungen von Kraftwerken. Stickstoffoxide entstehen auf diesem Wege zunächst als Stickstoffoxid (NO). NO ist bereits im Abgas, besonders aber in der Luft nicht stabil, sondern wird in Quellnähe mit Luftsauerstoff und Ozon zum giftigeren NO_2 oxidiert. Deswegen wird die Stickstoffoxid-Immission zumeist als NO_2-Konzentration ausgedrückt. Darüber hinaus bestehen wichtige Zusammenhänge zwischen der Emission von NO und der luftchemischen Bildung von NO_2 und Ozon.

Ozon (O_3) bildet sich in der bodennahen Luftschicht bevorzugt bei intensiver Sonnenstrahlung in einer photochemischen Reaktion aus NO_2 und Luftsauerstoff. Bei ständiger NO-Nachlieferung, z.B. in der Umgebung vielbefahrener Strassen, wird O_3 zur Oxidation von NO_2 verbraucht, und die Ozonbelastung ist relativ gering. In Quellferne, etwa in verkehrsarmen Erholungsgebieten des ländlichen Raumes, liegt jedoch immer mehr NO_2 als NO vor, und die Ozonbelastung kann dort besonders bei sommerlichen Strahlungswetterlagen erheblich werden. Bei der Beurteilung der Immissionsbelastung durch SO_2 ist zu berücksichtigen, dass das Gas

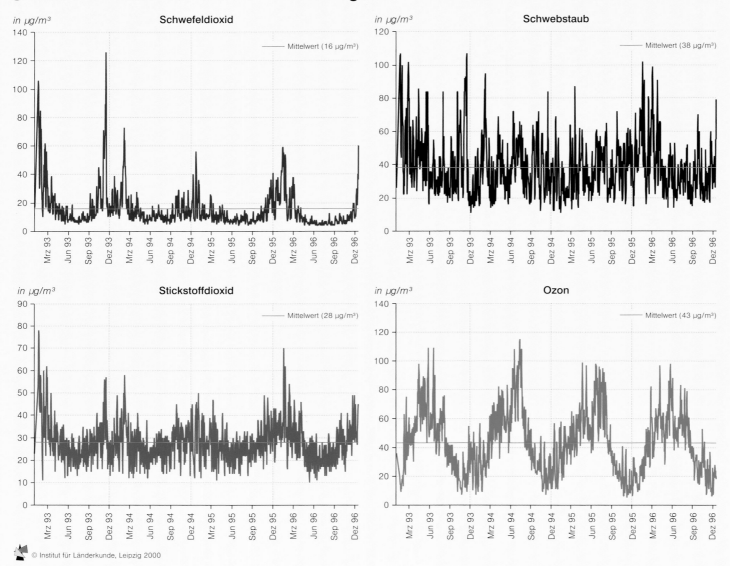

❶ **Zeitlicher Verlauf der Immissionsbelastung durch Schadstoffe 1993-1996 in Deutschland**

Schwefeldioxid · in μg/m³ · Mittelwert (16 μg/m³)

Schwebstaub · in μg/m³ · Mittelwert (38 μg/m³)

Stickstoffdioxid · in μg/m³ · Mittelwert (28 μg/m³)

Ozon · in μg/m³ · Mittelwert (43 μg/m³)

© Institut für Länderkunde, Leipzig 2000

Emissionen sind die von Anlagen, Fahrzeugen oder Produkten an die Umwelt abgegebenen Luftverunreinigungen in Form von Gasen und Stäuben.

Immissionen sind die Einwirkungen von Emissionen auf Menschen, Tiere, Pflanzen und Sachgüter. In diesem Zusammenhang werden die Konzentrationen von Luftschadstoffen auch als Immissionskonzentration oder Immissionsbelastung bezeichnet.

Deposition ist die Ablagerung von gas- oder partikelförmigen Luftschadstoffen auf Oberflächen oder im Organismus.

Schwebstaub sind Partikel mit aerodynamischem Durchmesser < 10 µm, als Feinstaub sogar < 2 µm. Solche Partikel, die durch verschiedene industrielle Prozesse als Flugaschen oder von Bodenoberflächen emittiert werden, haben geringe Depositionsgeschwindigkeiten und können somit über mehrere Tage und über größere Strecken in der Luft transportiert werden.

Schwefeldioxid (SO$_2$) ist ein farbloses, stechend riechendes Gas, das bei der vollständigen Verbrennung des Schwefels in Brennstoffen (Kohle, Heizöl) entsteht.

Stickstoffoxide (NO$_x$) bilden sich bei hohen Verbrennungstemperaturen (Kraftwerke, Motoren) durch die Oxidation des Luft- und Brennstoff-Stickstoffs. Stickstoffmonoxid (NO) ist farblos und nicht reizend, wird aber in der Luft schnell zu Stickstoffdioxid (NO$_2$) oxidiert, und dieses ist ein beklemmend riechendes braunes Reizgas.

Ozon (O$_3$) bildet sich in einer photochemischen Reaktion aus NO$_2$ und Luftsauerstoff. Es ist ein farbloses, stark riechendes Gas mit starker Reizwirkung.

Adsorbieren bedeutet das Anlagern von in Gasen gelösten Stoffen an feste Oberflächen.

Großwetterlagen sind für den mitteleuropäischen Raum zusammengefasste, typische synoptische Situationen, die durch den Transport bestimmter Luftmassen gekennzeichnet sind. Die Herkunft und die Zugrichtung dieser Luftmassen hat große Bedeutung für die Immissionssituation.

TA Luft: Die Technische Anleitung zur Reinhaltung der Luft (Erste Allgemeine Verwaltungsvorschrift zum Bundesimmissionsschutzgesetz) legt für immissionsrechtliche Genehmigungsverfahren Richtlinien fest, nach denen Immissionskonzentrationen bestimmt werden sowie Grenzwerte für die Immissionsbelastung. Diese Immissionswerte werden als Langzeitwert (IW1, arithmetischer Mittelwert über ein Jahr) bzw. als Kurzzeitwert (IW2, definiert durch den 98%-Wert einer Summenhäufigkeitsverteilung) angegeben.

MIK-Werte (Maximale Immissions-Konzentration) des Vereins Deutscher Ingenieure (VDI) zielen darauf ab, nachteilige Wirkungen von Luftverunreinigungen auf den Menschen und seine Umwelt zu verhindern, und sind in der VDI-Richtlinie 2310 festgelegt. Anders als bei der TA Luft beziehen sich die MIK-Werte auf kurzzeitige Mittelwerte (0,5 Stunden und 24 Stunden).

nur eine kurze Verweildauer in der Außenluft hat (etwa 1 Tag), die schädigende Wirkung aber auch nach Umwandlung in Nebel- und Regentröpfchen zu schwefliger Säure über längere Zeiträume gegeben ist. Im Winter ist diese temperaturabhängige chemische Umwandlung eingeschränkt, wodurch gasförmiges SO$_2$ über große Entfernungen transportiert werden kann.

Die Datenlage

Für diesen Beitrag wurden die Messwerte aller Stationen der für den Immissionsschutz zuständigen Behörden der Länder und des Bundes für die Jahre 1993 bis 1996 ausgewertet. Die Grafiken ❶ zeigen die für die gesamte Bundesrepublik Deutschland gemittelten täglichen Konzentrationen von Schwebstaub, SO$_2$, NO$_2$ und O$_3$ in diesem Zeitraum. Diese Art der Mittelung bewirkt, dass Einzelstationen nicht berücksichtigt werden und somit Situationen, in denen die gesetzlichen Grenzwerte im Einzelfall überschritten wurden, nicht mehr in Erscheinung treten. Die Schwefeldioxid-Immission zeigt deutliche jahreszeitliche Unterschiede – 21% der Werte in dieser Mittelwertsreihe werden durch die Jahreszeit erklärt –, wobei die Wintermonate mit wesentlich höheren Belastungen regelmäßig hervortreten. Die Ursachen hierfür sind einerseits in der dann höheren Quellaktivität, andererseits in den günstigeren Ferntransportbedingungen in der kalten Jahreszeit zu suchen. Aufgrund ihrer recht deutlichen saisonalen Gemeinsamkeiten korrelieren die Immissionen von Schwebstaub, NO$_2$ und SO$_2$ signifikant positiv, d.h. die Wintermonate weisen eine höhere Immissionsbelastung durch alle drei Schadstoffe auf, während das Ozon nur mit NO$_2$ eine deutlich negative Korrelation zeigt.

Die Darstellung der regionalen Unterschiede der Immissionssituation (❹ bis ❼) berücksichtigt die Homogenisierung der Datengrundlage aller 255 Messstationen in Deutschland. Da die Stationsdichte in den Bundesländern sehr unterschiedlich ist, wurden in Relation zur Gesamtfläche Rasterflächen gebildet (Kantenlänge etwa 37 km), für die jeweils die Daten einer im Rasterfeld liegenden Station verwendet wurden. Bei mehreren Stationen im Rasterfeld (in den Verdichtungsräumen) wurde eine Mittelwertsreihe der Stationen verwendet. Für weite Flächen in Norddeutschland und Bayern können somit wegen der dort geringen Stationsdichte keine Aussagen getroffen werden.

Regionale Unterschiede

Die räumliche Struktur der mittleren Schwefeldioxid-Konzentrationen lässt eine deutliche Zuordnung zu den Quellgebieten erkennen ❹. Besonders tritt dabei der mitteldeutsche Raum mit hohen Belastungen hervor. Mittlere Belastungen liegen in den nord- und westdeutschen Stadtregionen vor, während für die süddeutschen Verdichtungsräume im Mittel nur geringe Belastungen feststellbar sind. Die Bereiche mit mittleren und höheren Belastungen stimmen im Wesentlichen mit der Umgebung von Standorten der Stein-, Braunkohle- und Mischfeuerungskraftwerke überein. Als größere Waldgebiete sind – vornehmlich durch Ferntransporte – der Thüringer Wald, das Fichtelgebirge und der Oberpfälzer Wald betroffen.

Aufgrund ähnlicher Emittentengruppen zeigt die Verteilung der Schwebstaub-Immission ❺ eine gewisse Ähnlichkeit zu der der Schwefeldioxid-Belastung. Auch hier treten die höheren Belastungen in den Gebieten mit einer hohen Konzentration von Großfeuerungsanlagen auf, zusätzlich jedoch in der Umgebung staubemittierender Industriebetriebe, wovon auch Standorte im süddeutschen Raum betroffen sind. Mittlere Schwebstaub-Immissionen sind allerdings wesentlich flächenhafter verteilt als die SO$_2$-Immissionen. Dies betrifft mehrere Wald- und Erholungsgebiete in Mittelgebirgen.

Die räumliche Struktur der Stickstoffdioxid-Immission ❻ lässt eine enge Bindung an die Quellgruppe des Straßenverkehrs erkennen. So treten die meisten Verdichtungsgebiete und Verkehrsknotenpunkte mit sehr hohem Verkehrsaufkommen hervor. Rings um die →

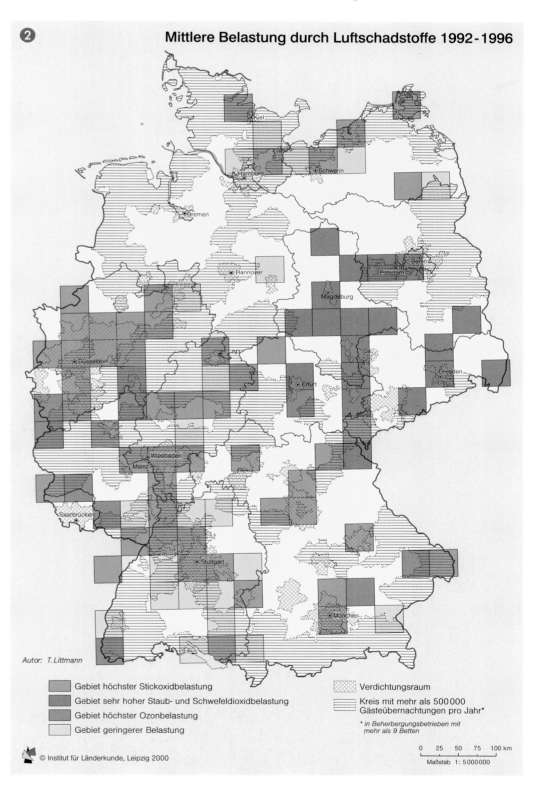

❷ **Mittlere Belastung durch Luftschadstoffe 1992-1996**

Autor: T. Littmann

Gebiet höchster Stickoxidbelastung

Gebiet sehr hoher Staub- und Schwefeldioxidbelastung

Gebiet höchster Ozonbelastung

Gebiet geringerer Belastung

Verdichtungsraum

Kreis mit mehr als 500 000 Gästeübernachtungen pro Jahr*

* in Beherbergungsbetrieben mit mehr als 9 Betten

© Institut für Länderkunde, Leipzig 2000

0 25 50 75 100 km

Maßstab 1 : 5 000 000

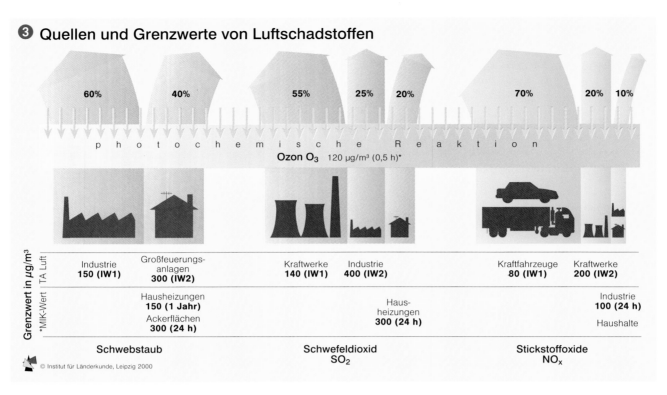

❸ Quellen und Grenzwerte von Luftschadstoffen

60% 40% 55% 25% 20% 70% 20% 10%

p h o t o c h e m i s c h e   R e a k t i o n

Ozon O₃ 120 µg/m³ (0,5 h)*

Grenzwert in µg/m³ TA Luft					
Industrie **150 (IW1)**	Großfeuerungs-anlagen **300 (IW2)**	Kraftwerke **140 (IW1)**	Industrie **400 (IW2)**	Kraftfahrzeuge **80 (IW1)**	Kraftwerke **200 (IW2)**
	Hausheizungen **150 (1 Jahr)**		Haus-heizungen **300 (24 h)**		Industrie **100 (24 h)**
	Ackerflächen **300 (24 h)**				Haushalte

*MIK-Wert

Schwebstaub **Schwefeldioxid SO₂** **Stickstoffoxide NOₓ**

© Institut für Länderkunde, Leipzig 2000

se zum Teil linienhaften Hauptquellen der Stickstoffoxide liegen Bereiche mittlerer Belastung, wobei der ländliche Raum entweder geringe Konzentrationen aufweist oder wegen fehlender Stationen nicht erfasst ist. Eine Ausnahme bildet auch hier das Gebiet zwischen Fichtelgebirge und Oberpfälzer Wald. Die höchsten mittleren Ozon-Immissionen ❼ treten aufgrund der genannten Entstehungsprozesse im Umland der städtischen Gebiete mit hoher NO₂-Emission auf. Besonders betroffen sind mit sommerlichen Spitzenbelastungen Erholungs- und Naturschutzgebiete in Nordostdeutschland wie auch die meisten Mittelgebirge.

Veränderung durch Luftmassentransporte

Bei verschiedenen Wetterlagen lassen sich zum Teil stark veränderte räumliche Muster der Immissionsbelastung feststellen, die auch in quellfernen Erholungsgebieten zu erheblichen Konzentrationen von Luftschadstoffen führen können. Wetterlagen, in generalisierter Form als Großwetterlagen in Mitteleuropa klassifiziert, zeichnen sich im Hinblick auf die Ausbreitungsbedingungen für gas- und partikelförmige Schadstoffe in der Luft dadurch aus, dass sie durch großräumige Luftmassentransporte für eine Verfrachtung der Schadstoffe über große Distanzen sorgen, eine Konzentrationsverdünnung durch einen großen Luftmassendurchsatz erreichen können oder als austauscharme Wetterlage zu einer quellnahen Anreicherungen der Schadstoffe führen. In einer Darstellung der prozentualen Abweichungen der Immissionsbelastung durch Schwebstaub, SO₂, NO₂ und O₃ vom jeweiligen Mittelwert, bezogen auf ganz Deutschland ❽, ist zu erkennen, dass die hier als Großwettertypen aggregierten, zumeist atlantischen

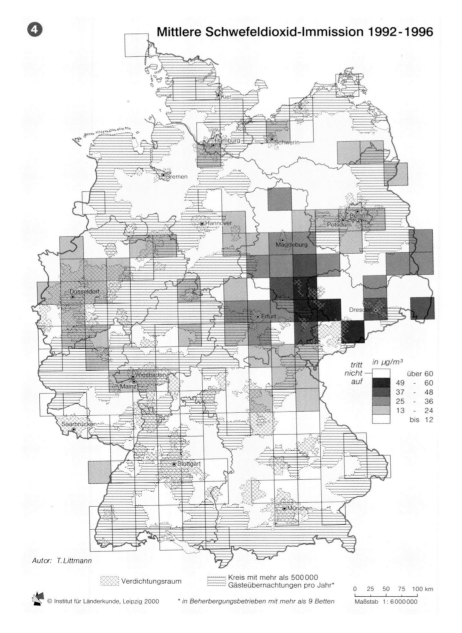

❹ Mittlere Schwefeldioxid-Immission 1992-1996

in µg/m³

tritt nicht auf
über 60
49 - 60
37 - 48
25 - 36
13 - 24
bis 12

Autor: T. Littmann

Verdichtungsraum   Kreis mit mehr als 500000 Gästeübernachtungen pro Jahr*

0 25 50 75 100 km   Maßstab 1:6000000

© Institut für Länderkunde, Leipzig 2000   * in Beherbergungsbetrieben mit mehr als 9 Betten

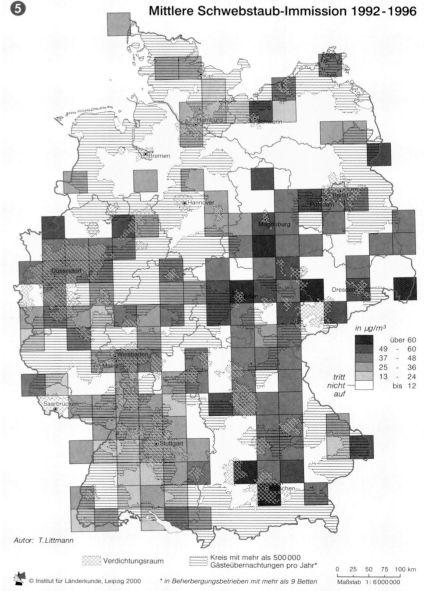

❺ Mittlere Schwebstaub-Immission 1992-1996

in µg/m³

über 60
49 - 60
37 - 48
25 - 36
13 - 24
tritt nicht auf
bis 12

Autor: T. Littmann

Verdichtungsraum   Kreis mit mehr als 500000 Gästeübernachtungen pro Jahr*

0 25 50 75 100 km   Maßstab 1:6000000

© Institut für Länderkunde, Leipzig 2000   * in Beherbergungsbetrieben mit mehr als 9 Betten

Luftmassentransporte aus südlichen und insbesondere westlichen Richtungen in den meisten Fällen zu einer Abnahme der Belastungen führen, vor allem bei SO$_2$ und Schwebstaub. Ähnliches gilt auch für Nordlagen, die zu allen Jahreszeiten relativ unbelastete Luft vom Nordatlantik heranführen, und für die seltenen sommerlichen Tiefdrucklagen über Mitteleuropa, bei denen es zu einer effektiven Durchmischung kommt.

Diesen Großwettertypen stehen jene gegenüber, bei denen es zu einer großräumigen Zunahme der Immissionsbelastung kommt. Dieses ist wiederum von der Jahreszeit und somit von der schadstoffspezifischen Quellaktivität abhängig. Austauscharme Hochdrucklagen führen im Winter und insbesondere im durch stärkere Reliefs geprägten süddeutschen Raum zu einer deutlichen Zunahme der regionalspezifischen Belastung durch SO$_2$, Schwebstaub und NO$_2$, im Sommer zu hohen O$_3$-Konzentrationen in ländlichen Räumen aufgrund der dann hohen Strahlungsintensität. Extreme Belastungssituationen für SO$_2$, Schwebstaub und NO$_2$ im nord- und ostdeutschen Raum bringen im Winter Ost- und besonders Südostlagen. In diesen Fällen liegt wegen der dann zumeist kalten Witterung nicht

nur eine verstärkte Heizaktivität vor, sondern es kommt auch zu großräumigen Verfrachtungen dieser Schadstoffe aus osteuropäischen Quellgebieten mit enorm hohen Emissionen (Russland, Polen, Tschechien). Nordostlagen treten mit trockener Witterung bevorzugt im Sommer auf und führen zu einem extremen Anstieg der Ozonkonzentrationen. Aufgrund dieser Zusammenhänge können die täglichen Fluktuationen der Schadstoffbelastung durch SO$_2$ zu 21% und durch Schwebstaub zu 32% durch Luftmassentransporte erklärt werden, während großräumige Verfrachtungen für NO$_2$ (10% Erklärung durch Großwettertypen) und insbesondere O$_3$ (5%) keine Rolle spielen.

Fazit

Ungeachtet derzeit geltender gesetzlicher Grenzwerte stellt die Immissionsbelastung durch Luftschadstoffe einen wichtigen humanökologischen Belastungsfaktor für die Erholung dar. Im Mittel werden die höchsten Belastungen ❷ in den Verdichtungsräumen und angrenzenden Gebieten erreicht, wobei bei Schwefeldioxid und Schwebstaub der ostdeutsche Raum besonders hervortritt. Die höchsten Stickstoffdioxid-Belastungen werden im Umfeld der

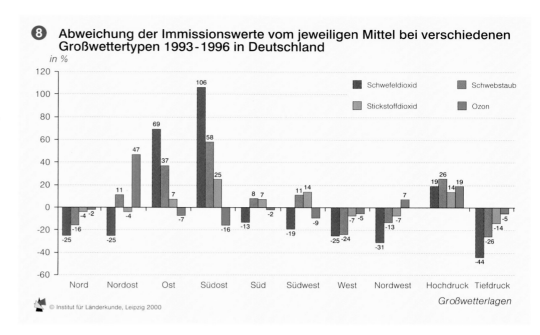

❽ Abweichung der Immissionswerte vom jeweiligen Mittel bei verschiedenen Großwettertypen 1993-1996 in Deutschland

© Institut für Länderkunde, Leipzig 2000

Hauptverkehrsachsen beobachtet. Alle drei Schadstoffe haben ein ausgesprochenes Maximum in den Wintermonaten, während die Ozonimmission auf die Sommermonate und auf relative Reinluftgebiete des ländlichen Raumes beschränkt ist. Durch Schadstoffverfrachtung im Zusammenhang mit Luftmassentransporten kann es aber gerade

in den Erholungsgebieten der Bundesrepublik Deutschland zu erheblichen Zunahmen der Immissionsbelastung durch SO$_2$, Schwebstaub und NO$_2$ im Winter und durch Ozon im Sommer kommen. Dabei treten Ost- und Südostlagen sowie Hochdrucklagen besonders hervor.◆

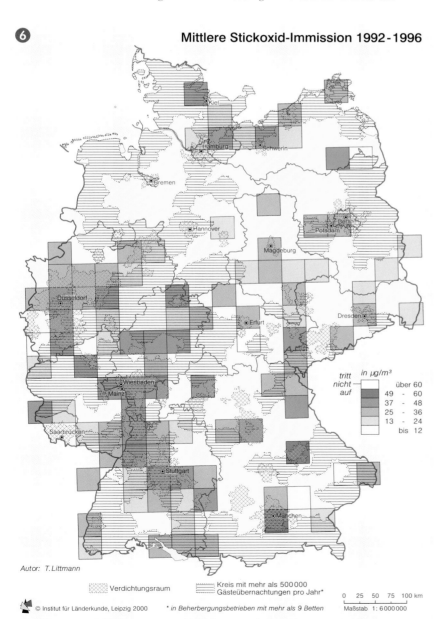

❻ Mittlere Stickoxid-Immission 1992-1996

tritt nicht auf

in µg/m³
über 60
49 - 60
37 - 48
25 - 36
13 - 24
bis 12

Autor: T. Littmann

Verdichtungsraum

Kreis mit mehr als 500 000 Gästeübernachtungen pro Jahr*

0 25 50 75 100 km

© Institut für Länderkunde, Leipzig 2000   * in Beherbergungsbetrieben mit mehr als 9 Betten   Maßstab 1: 6 000 000

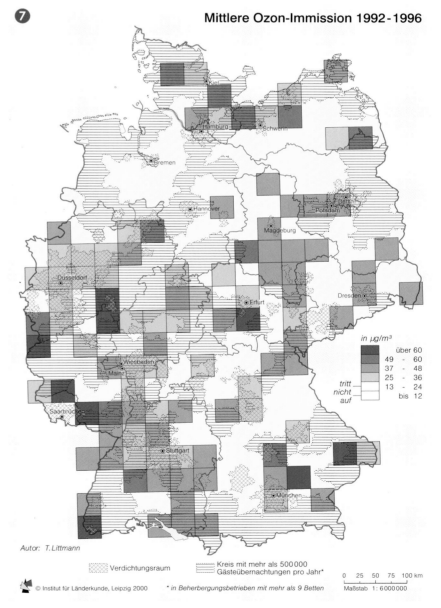

❼ Mittlere Ozon-Immission 1992-1996

in µg/m³
über 60
49 - 60
37 - 48
25 - 36
13 - 24
bis 12

tritt nicht auf

Autor: T. Littmann

Verdichtungsraum

Kreis mit mehr als 500 000 Gästeübernachtungen pro Jahr*

0 25 50 75 100 km

© Institut für Länderkunde, Leipzig 2000   * in Beherbergungsbetrieben mit mehr als 9 Betten   Maßstab 1: 6 000 000

Umweltgütesiegel und Produktkennzeichnung im Tourismus

Eric Losang

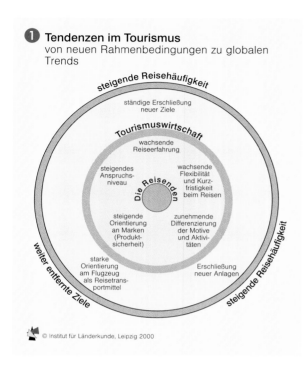

① Tendenzen im Tourismus
von neuen Rahmenbedingungen zu globalen Trends

© Institut für Länderkunde, Leipzig 2000

Angesichts eines ungebremsten Wachstums des internationalen Tourismus und der Tendenz zu immer häufigeren und kürzeren Reisen zu immer weiter entfernten Urlaubszielen (▶▶ Einleitungsbeitrag C. Becker) ① ist die Problematik des Umweltschutzes mittlerweile ein fester Bestandteil in den Überlegungen zur touristischen Weiterentwicklung geworden – sowohl auf Seiten der Anbieter als auch, zumindest teilweise, auf der Seite der Urlauber selbst ② geworden. Es gibt Bestrebungen zur Einführung einer einheitlichen Kennzeichnung touristischer Dienstleistungen im Hinblick auf ökologische, ökonomische und soziopolitische Auswirkungen von Reisen. Gegenläufig wirken Tendenzen wie die verstärkte Individualisierung der Urlaubsentscheidung angesichts des stetig wachsenden Angebotes an Zielen, Urlaubsformen und Spielarten touristischer Freizeitkultur sowie die zunehmende Flexibilität und Kurzfristigkeit der Reiseentscheidungen.

Nachhaltige Tourismusentwicklung

Spätestens seit der Konferenz für Umwelt und Entwicklung 1992 in Rio de Janeiro ist das Paradigma einer „nachhaltigen Entwicklung" (*sustainable development*) in den Mittelpunkt der öffentlichen wie wissenschaftlichen Diskussion gerückt. Dieses Konzept stellt die Verbesserung der Qualität menschlichen Lebens ohne gleichzeitige Überschreitung der Kapazitäten des globalen Ökosystems in den Mittelpunkt. Dabei sollen sowohl eine weltweit gerechtere Wohlstandsverteilung (Befriedigung der Grundbedürfnisse heutiger Generationen) als auch die Sicherung der Lebensgrundlagen zukünftiger Generationen gewährleistet werden.

Eine Entwicklung, die sich am Nachhaltigkeitspostulat orientiert, ist nur mit einem ganzheitlichen Ansatz unter Berücksichtigung ökologischer, ökonomischer und sozialer Aspekte zu realisieren. Räumlich sind dabei die jeweils relevanten Maßstabsebenen zu unterscheiden, die lokale, die regionale, die nationale und die globale ④. Als weltweit größte wirtschaftliche Wachstumsbranche kann sich der Tourismus den Anforderungen einer nachhaltigen Entwicklung nicht entziehen.

Gütesiegel als Lösungsstrategie

Im Hinblick auf eine nachhaltige Tourismusentwicklung wurden in den letzten Jahren zahlreiche Instrumente zur Beurteilung von Umweltaspekten touristischer Leistungen entwickelt, z.B.

- die Berechnung von Kennzahlen zur Beurteilung des innerbetrieblichen Umweltschutzes (z.B. Öko-Audit),
- unternehmensinterne Ansätze zur Beurteilung von Reisen bzw. Reisekomponenten für die Reisenden (z.B. Reiseenergiekennwerte),
- Checklisten, Kennziffern und Kriterienkataloge für Beherbergungsbetriebe, Kommunen und Regionen (z.B. Kriterienkatalog des DEHOGA) sowie
- Gütesiegel für einzelne Leistungskomponenten wie Beherbergung, Gastronomie oder Strand- und Wasserqualität (z.B. „Silberdistel" im Kleinwalsertal).

Allen gemein ist die freiwillige Verpflichtung der Tourismusbetriebe, sich den jeweils festgelegten Auflagen (Grenzwerten) zu stellen. Aus der kritischen Betrachtung dieser Ansätze hinsichtlich ihrer Anwendbarkeit in der Öffentlichkeits- und Umweltbildungsarbeit lassen sich die Anforderungen für die Gestaltung eines umfassenden touristischen Labels ableiten ③

Gütesiegel in Deutschland ⑤

Von den im Jahr 2000 in Europa existierenden ca. 50 touristischen Umweltkennzeichnungen sind allein 24 deutschen Ursprungs ⑥. Dabei steht insbesondere die Bewertung deutscher Beherbergungs- und Gastronomiebetriebe im Vordergrund (18 Kenn- →

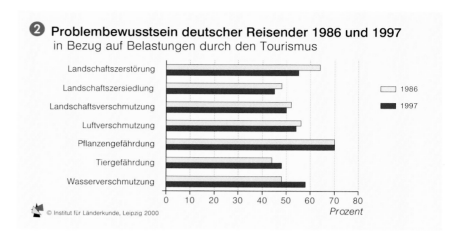

② Problembewusstsein deutscher Reisender 1986 und 1997
in Bezug auf Belastungen durch den Tourismus

© Institut für Länderkunde, Leipzig 2000

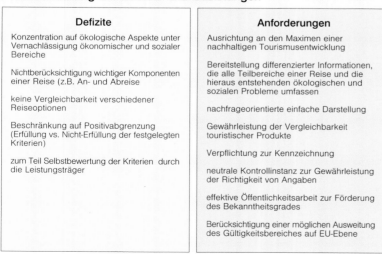

③ Defizite bisheriger Gütesiegel und Anforderungen an eine umfassende Kennzeichnung touristischer Dienstleistungen

Defizite	Anforderungen
Konzentration auf ökologische Aspekte unter Vernachlässigung ökonomischer und sozialer Bereiche	Ausrichtung an den Maximen einer nachhaltigen Tourismusentwicklung
Nichtberücksichtigung wichtiger Komponenten einer Reise (z.B. An- und Abreise)	Bereitstellung differenzierter Informationen, die alle Teilbereiche einer Reise und die hieraus entstehenden ökologischen und sozialen Probleme umfassen
keine Vergleichbarkeit verschiedener Reiseoptionen	nachfrageorientierte einfache Darstellung
Beschränkung auf Positivabgrenzung (Erfüllung vs. Nicht-Erfüllung der festgelegten Kriterien)	Gewährleistung der Vergleichbarkeit touristischer Produkte
zum Teil Selbstbewertung der Kriterien durch die Leistungsträger	Verpflichtung zur Kennzeichnung
	neutrale Kontrollinstanz zur Gewährleistung der Richtigkeit von Angaben
	effektive Öffentlichkeitsarbeit zur Förderung des Bekanntheitsgrades
	Berücksichtigung einer möglichen Ausweitung des Gültigkeitsbereiches auf EU-Ebene

© Institut für Länderkunde, Leipzig 2000

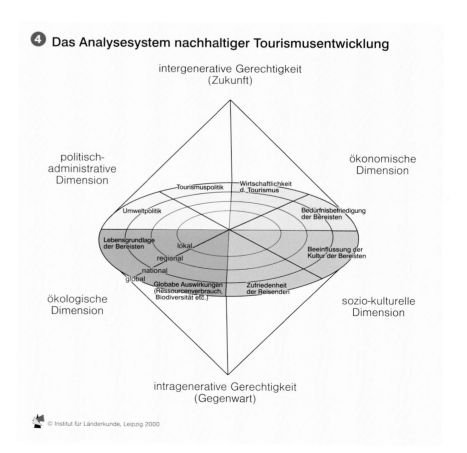

④ Das Analysesystem nachhaltiger Tourismusentwicklung

© Institut für Länderkunde, Leipzig 2000

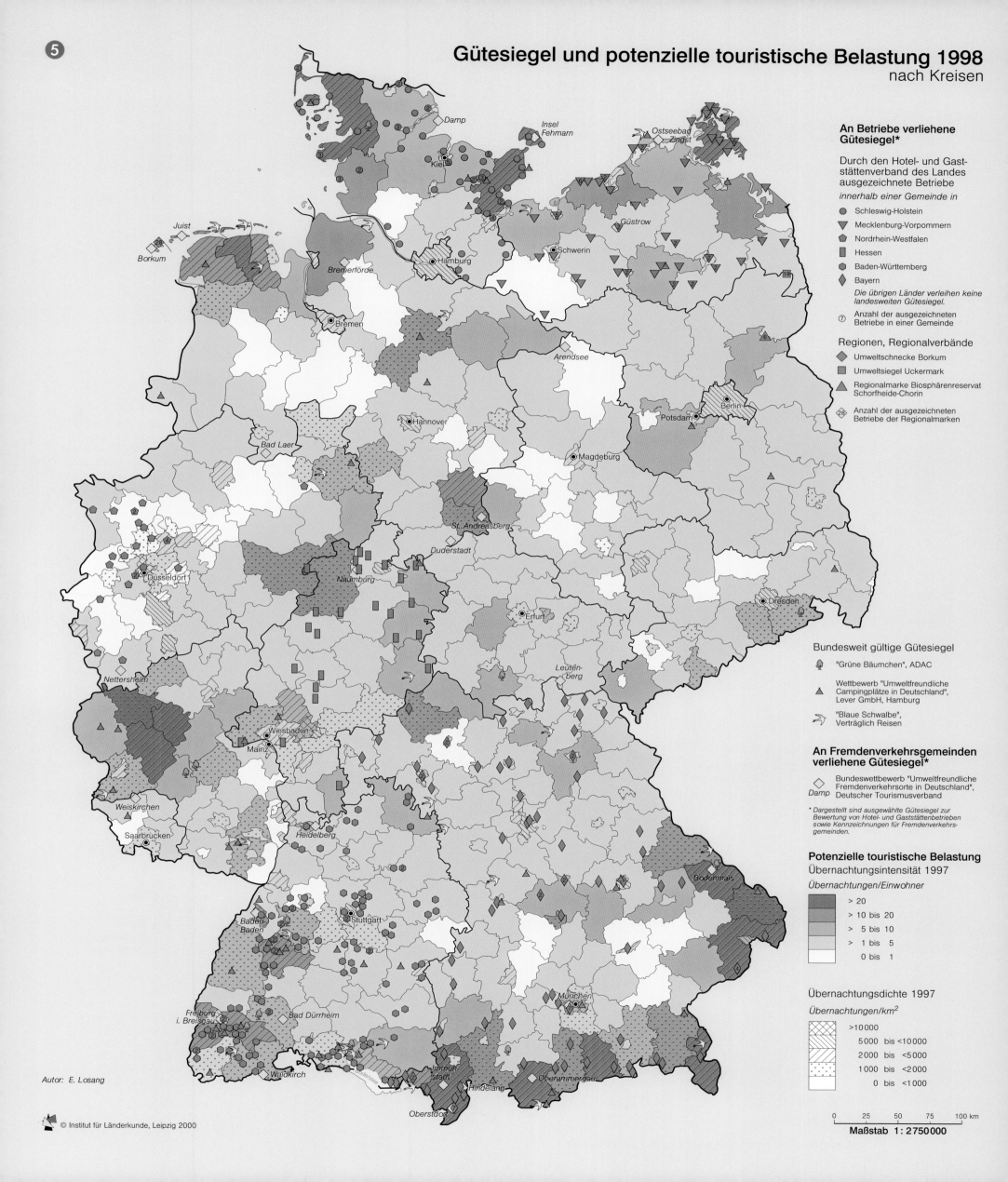

Gütesiegel und potenzielle touristische Belastung 1998
nach Kreisen

An Betriebe verliehene Gütesiegel*

Durch den Hotel- und Gaststättenverband des Landes ausgezeichnete Betriebe
innerhalb einer Gemeinde in

- ● Schleswig-Holstein
- ▽ Mecklenburg-Vorpommern
- ⬠ Nordrhein-Westfalen
- ▢ Hessen
- ⬡ Baden-Württemberg
- ◇ Bayern

Die übrigen Länder verleihen keine landesweiten Gütesiegel.

⑦ Anzahl der ausgezeichneten Betriebe in einer Gemeinde

Regionen, Regionalverbände

- ◆ Umweltschnecke Borkum
- ◼ Umweltsiegel Uckermark
- ▲ Regionalmarke Biosphärenreservat Schorfheide-Chorin

㉘ Anzahl der ausgezeichneten Betriebe der Regionalmarken

Bundesweit gültige Gütesiegel

- 🌳 "Grüne Bäumchen", ADAC
- △ Wettbewerb "Umweltfreundliche Campingplätze in Deutschland", Lever GmbH, Hamburg
- ⤳ "Blaue Schwalbe", Verträglich Reisen

An Fremdenverkehrsgemeinden verliehene Gütesiegel*

- ◇ Bundeswettbewerb "Umweltfreundliche Fremdenverkehrsorte in Deutschland", *Damp* Deutscher Tourismusverband

* Dargestellt sind ausgewählte Gütesiegel zur Bewertung von Hotel- und Gaststättenbetrieben sowie Kennzeichnungen für Fremdenverkehrsgemeinden.

Potenzielle touristische Belastung
Übernachtungsintensität 1997

Übernachtungen/Einwohner

- > 20
- > 10 bis 20
- > 5 bis 10
- > 1 bis 5
- 0 bis 1

Übernachtungsdichte 1997

Übernachtungen/km²

- > 10 000
- 5 000 bis < 10 000
- 2 000 bis < 5 000
- 1 000 bis < 2 000
- 0 bis < 1 000

Autor: E. Losang

© Institut für Länderkunde, Leipzig 2000

0   25   50   75   100 km
Maßstab 1 : 2 750 000

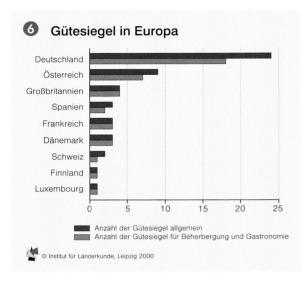

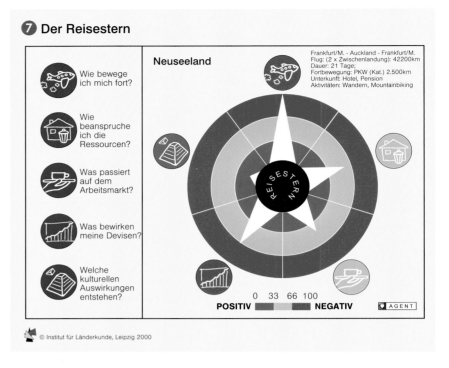

tenverbänden der jeweiligen Länder gewährleistet ist, die sich am Zeichen „Wir führen einen umweltfreundlichen Betrieb, Deutschland" des Deutschen Hotel- und Gaststättenverbandes (DEHOGA) orientieren. Allerdings wurde diese Bezeichnung bisher nur von den Landesverbänden Schleswig-Holstein, Mecklenburg-Vorpommern, Hessen, Nordrhein-Westfalen, Baden-Württemberg und Bayern eingeführt.

Außer den Initiativen auf Länderebene existieren einige deutschlandweite (Blaue Schwalbe) und regional gültige Zeichen (Uckermark), deren Bedeutung mangels Vergleichbarkeit eher als gering einzustufen ist. Eine repräsentative Verteilung ausgezeichneter Betriebe über ganz Deutschland ist wegen der Vielfalt nicht zu ermitteln, obwohl deutlich wird, dass traditionelle Fremdenverkehrsgebiete wie der Schwarzwald eine hohe Konzentration aufweisen **5**. Beim Vergleich mit den Übernachtungs- und Ankunftzahlen wird

zeichnungen). Die hierfür verwendeten Kriterienkataloge sind weitestgehend auf regionaler oder Länderebene gültig, wobei eine annähernde Vergleichbarkeit nur bei den Hotel- und Gaststät-

deutlich, dass eine Kennzeichnung von Betrieben nicht an das jeweilige Tourismusaufkommen gekoppelt ist, obschon es auf der Hand liegt, dass gerade eine hohe Frequentierung Maßnahmen hinsichtlich ökologischer Wirtschaftsweisen erfordert.

Hohe Anzahl, geringe Wirkung

Obwohl die Relevanz der Kennzeichnung von Reisen erkannt wurde, scheint die Vielfalt vorhandener Kennzeichen eine eher gegenläufige Wirkung zu haben (MÜLLER 1998). Zudem hat keines der Kennzeichen eine annähernd bevölkerungsweite Bekanntheit, was die Grundvoraussetzung für eine breite Bewusstseinsbildung der Urlauber wäre. Die Kriterien zur Vergabe von Umweltkennzeichnungen bewerten zumeist nur Teilbereiche des touristischen Angebotes – eine vernetzte Betrachtung der ökologischen, ökonomischen und sozialen Auswirkungen existiert nicht (LOSANG 1998). Ob daran die auf Initiative des Bundesumweltministeriums und Umweltbundesamtes ins Leben gerufene Dachmarke für „Nachhaltigen Tourismus in Deutschland" etwas ändern kann, hängt im Wesentlichen von der Wahl der Vergabekriterien und der betrieblichen Breitenwirkung ab.

Der Reisestern – eine touristische Nachhaltigkeitsbilanz

Zur ganzheitlichen Beurteilung von Reisen i.S. einer nachhaltigen Tourismusentwicklung wurde von der *Arbeitsgemeinschaft für Eigenständigkeit und Nachhaltigkeit Trier* (AGENT) eine weitergehende Kennzeichnung entwickelt – der Reisestern **7**. Fünf Schlüsselindikatoren decken die von Reisen ausgehenden ökologischen, ökonomischen und sozialen Effekte ab, wobei die jeweiligen Bestandteile einer Reise (An- und Abreiseweg, Wege im Zielgebiet, Beherbergung, ausgeübte Aktivitäten) betrachtet werden **8**. Um den unterschiedlichen

Ausgangsbedingungen der einzelnen Reiseziele hinsichtlich Wirtschaft, Kultur und Naturraumpotenzial gerecht zu werden, finden sich im Modell korrigierende Parameter, welche auf einer geographischen Raumkategorisierung beruhen. Diese Differenzierung erfolgt zunächst stark generalisierend auf der Basis von Nationalstaaten. Aufgrund des hierdurch bedingten sehr hohen räumlichen Aggregationsniveaus ergeben sich teilweise erhebliche Nivellierungseffekte, die das Ergebnis verzerren können. Diese Schwäche des bisherigen Konzeptes erfordert eine Weiterentwicklung hin zu einer optimalen Maßstabebene (Regionalisierung).

Ökologische Dimension

Diese Dimension erfährt im Modell eine stärkere Gewichtung aufgrund ihrer Bedeutsamkeit hinsichtlich globaler und regionaler Umweltprobleme, insbesondere angesichts des steigenden touristischen (Flug-) Verkehrsaufkommens (STOCK 1998).

Raumüberwindungsindikator: Die Reise wird nach dem notwendigen Energieaufwand (MJ/km) bzw. den hieraus resultierenden Emissionen (CO_2/NO_x/km) pro Person in Abhängigkeit von der zurückgelegten Distanz (in km) und dem genutzten Transportmittel beurteilt. Für Wege im Urlaubsgebiet wird zusätzlich die ökologische Sensibilität (Assimilations-/Regenerationsvermögen) betrachtet **9**.

Wohlstandsindikator: Die Belastungen der Umwelt während des Aufenthaltes im Zielgebiet werden anhand der Komponenten Beherbergung und Reisezweck/Freizeitaktivitäten eingeschätzt. Differenziert nach der Unterkunftsart wird dabei die Belastung durch Wasserverbrauch, Abfallaufkommen und Flächenbedarf erfasst. Der Wasserverbrauch wird je nach der hydrographischen Situation differenziert, der jeweilige Flächenbedarf nach der ökologischen Sensibilität (= Biodiversität und

8 Schema zur Operationalisierung des Reisesterns
im Hinblick auf die Grundforderungen nachhaltiger Entwicklung

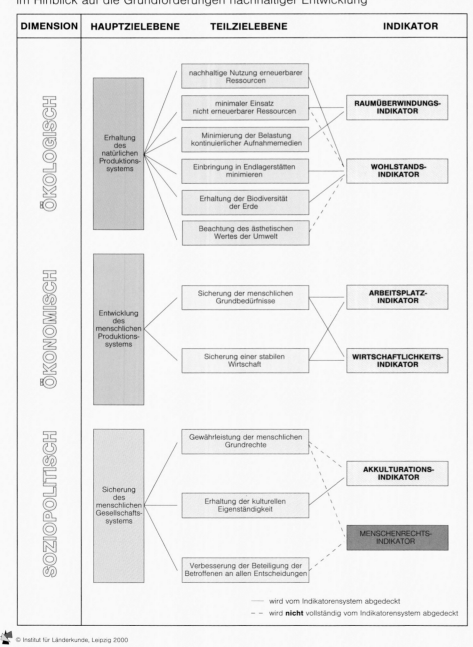

Landschaftsästhetik) des Zielgebietes gewichtet.

Ökonomische Dimension

Die ökonomischen Auswirkungen einer Urlaubsreise werden ausschließlich auf die volkswirtschaftlichen Effekte für die Zielregion bezogen. Damit rücken insbesondere Entwicklungsgesichtspunkte unter dem Leitmotiv einer global gerechteren Wohlstandsverteilung in den Mittelpunkt.

Arbeitsplatzindikator: Die Beschäftigungswirkung des Tourismus wird anhand des tourismusabhängig beschäftigten Bevölkerungsanteils im Urlaubsgebiet bewertet. Der Indikator wird über die Bettenzahl und das entsprechend differenzierte nationale Beschäftigungsäquivalent (Angestellte/Bett) errechnet und durch die Saisonlänge gewichtet.

Wirtschaftlichkeitsindikator: Die allgemeine volkswirtschaftliche Bedeutung des Tourismus im Reisezielgebiet ergibt sich durch den Anteil der touristischen Deviseneinnahmen am Exporterlös. Korrigiert wird dieser Wert durch die Sickerrate, also den Anteil der für touristische Leistungen notwendigen, mit Devisenabflüssen verbundenen Importe ❾.

Soziopolitische Dimension

Im Mittelpunkt der sozialen Dimension touristischer Entwicklung stehen die Auswirkungen auf die Gesellschaft der Zielregion, wobei drei Tendenzen von besonderer Bedeutung sind:
- Abwanderung (besonders von Jugendlichen) aus strukturschwachen Gebieten in die touristischen Zentren,
- Kommerzialisierung der Kultur,

Berechnung und Visualisierung der Nachhaltigkeitsbilanz

Zur Berechnung der Nachhaltigkeitsbilanz wurden, entsprechend den klassifizierten Ausprägungen der Subindikatoren, Kennwerte vergeben, wobei sich eine maximal erreichbare Kennwertzahl von 100 ergibt, die sich zur Hälfte auf die ökologische Dimension und zu je einem Viertel auf die ökonomische und die soziale Dimension verteilt.

Als Grundlage für die graphische Umsetzung werden die für jeden Schlüsselindikator erfassten Kennwerte nach dem Rangsummenverfahren addiert und ergeben so den Prozentanteil an der maximal erreichbaren Punktzahl des Indikators.

Die Visualisierung der Ergebnisse erfolgt über den **Reisestern**. Die Strahlenlänge gibt für den jeweiligen Schlüsselindikator die zu erwartenden negativen Auswirkungen einer bestimmten Reise in Prozentpunkten der maximal möglichen Ausprägung an.

Der im bekannten Verkehrsampelschema gehaltene Hintergrund kennzeichnet mit dem inneren grünen Gürtel die Unbedenklichkeitszone, mit dem mittleren gelben Gürtel die Vorsicht-Zone und mit dem äußeren roten Gürtel die Stopp-Zone. Die Bezeichnungen der Schlüsselindikatoren wurden durch assoziative Piktogramme ersetzt.

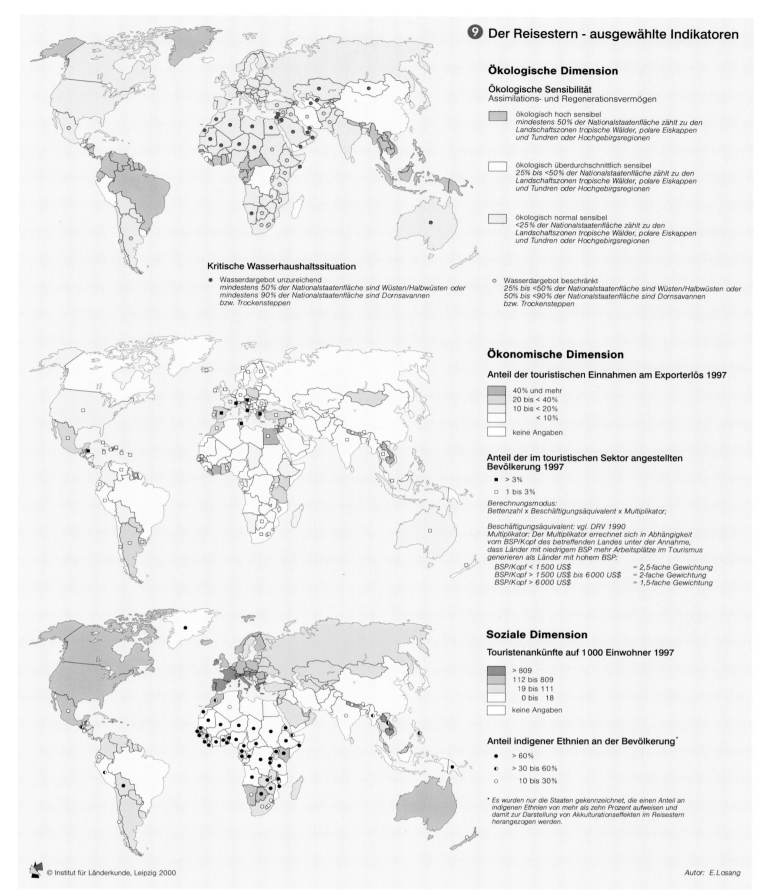

❾ Der Reisestern - ausgewählte Indikatoren

Ökologische Dimension

Ökologische Sensibilität
Assimilations- und Regenerationsvermögen

ökologisch hoch sensibel
mindestens 50% der Nationalstaatenfläche zählt zu den Landschaftszonen tropische Wälder, polare Eiskappen und Tundren oder Hochgebirgsregionen

ökologisch überdurchschnittlich sensibel
25% bis <50% der Nationalstaatenfläche zählt zu den Landschaftszonen tropische Wälder, polare Eiskappen und Tundren oder Hochgebirgsregionen

ökologisch normal sensibel
<25% der Nationalstaatenfläche zählt zu den Landschaftszonen tropische Wälder, polare Eiskappen und Tundren oder Hochgebirgsregionen

Kritische Wasserhaushaltssituation

● Wasserdargebot unzureichend
mindestens 50% der Nationalstaatenfläche sind Wüsten/Halbwüsten oder mindestens 90% der Nationalstaatenfläche sind Dornsavannen bzw. Trockensteppen

○ Wasserdargebot beschränkt
25% bis <50% der Nationalstaatenfläche sind Wüsten/Halbwüsten oder 50% bis <90% der Nationalstaatenfläche sind Dornsavannen bzw. Trockensteppen

Ökonomische Dimension

Anteil der touristischen Einnahmen am Exporterlös 1997

40% und mehr
20 bis < 40%
10 bis < 20%
< 10%
keine Angaben

Anteil der im touristischen Sektor angestellten Bevölkerung 1997

■ > 3%
□ 1 bis 3%

Berechnungsmodus:
Bettenzahl x Beschäftigungsäquivalent x Multiplikator;

Beschäftigungsäquivalent: vgl. DRV 1990
Multiplikator: Der Multiplikator errechnet sich in Abhängigkeit vom BSP/Kopf des betreffenden Landes unter der Annahme, dass Länder mit niedrigem BSP mehr Arbeitsplätze im Tourismus generieren als Länder mit hohem BSP:

BSP/Kopf < 1500 US$ = 2,5-fache Gewichtung
BSP/Kopf > 1500 US$ bis 6000 US$ = 2-fache Gewichtung
BSP/Kopf > 6000 US$ = 1,5-fache Gewichtung

Soziale Dimension

Touristenankünfte auf 1000 Einwohner 1997

> 809
112 bis 809
19 bis 111
0 bis 18
keine Angaben

Anteil indigener Ethnien an der Bevölkerung[*]

● > 60%
◑ > 30 bis 60%
○ 10 bis 30%

* Es wurden nur die Staaten gekennzeichnet, die einen Anteil an indigenen Ethnien von mehr als zehn Prozent aufweisen und damit zur Darstellung von Akkulturationseffekten im Reisestern herangezogen werden.

© Institut für Länderkunde, Leipzig 2000

Autor: E. Losang

- Aufgabe traditioneller Lebensweisen durch Nachahmung des Konsumverhaltens der Touristen.

Die Messbarkeit der sozialen Dimension stellt ein zentrales Problem des Modells dar. Einerseits ist eine Quantifizierung dieser Wirkungen kaum möglich, andererseits treten bei einer qualitativen Bewertung unweigerlich ideologische Komponenten auf. Eine Unterscheidung nach exogen (Akkulturation) und endogen induzierten Veränderungen erscheint in jedem Fall notwendig.

Akkulturationsindikator: Er wird aus den Subindikatoren Tourismusintensität (Ankünfte pro 1000 Einwohner) sowie der soziokulturellen Sensibilität (Anteil indigener Ethnien an der Gesamtbevölkerung) gebildet ❾.

Der *Menschenrechtsindikator* basiert auf der Einhaltung der UN-Menschenrechts-Charta und gibt auf der Basis der jährlichen Berichte von Amnesty International Auskunft darüber, welche Länder aufgrund überproportional häufiger Verstöße nicht bereist werden sollten.

Auf eine Umsetzung des Indikators wurde zunächst verzichtet, da der Tourismus nur indirekt damit in Zusammenhang steht.◆

Anhang

Ein Nationalatlas für Deutschland

Konzeptkommission

Was ist ein Nationalatlas und für wen wird er gemacht?

Die Alltagserfahrung konfrontiert die meisten Menschen mit Schulatlanten und Straßenatlanten, die jeweils ihrem spezifischen Zweck entsprechend über die Länder der Welt oder über Straßen und Orte einer Region informieren. Ein Nationalatlas dagegen macht es sich zur Aufgabe, ein Land in allen seinen Dimensionen darzustellen. Dazu zählen die natürlichen Grundlagen, die Gesellschafts- und die Bevölkerungsstruktur, die Verteilung von Ressourcen, Siedlungen, Verkehrsnetzen und Wirtschaftskraft sowie weitere Elemente der Landesausstattung und Landesentwicklung. Ein Nationalatlas dient der räumlich differenzierten Information über das gesamte Land für seine Bewohner und Gäste, aber auch der Repräsentation eines Landes nach außen. Für diesen ersten deutschen Nationalatlas ist es darüber hinaus ein wichtiges Ziel zu dokumentieren, wie die über 40 Jahre getrennten zwei ehemaligen deutschen Teilstaaten zusammenwachsen.

Das Besondere eines Atlas ist es, die vielfältigen Inhalte in thematischen Karten darzustellen. Karten sind die ideale Form, von pauschalen zu räumlich differenzierten Aussagen zu gelangen. Eine Karte zeigt anschaulich regionale Unterschiede und vermag auch Zusammenhänge und Hintergründe aufzuzeigen. Durch die notwendige Zeichenerklärung, durch ergänzende Grafiken und erläuternde Texte wird das Lesen und Verstehen der Karten als Abbildung der räumlichen Strukturen und Prozesse erleichtert.

Der Atlas will an Deutschland Interessierte im In- und Ausland ansprechen. Er möchte Diskussionsstoff für Schulen und Universitäten bieten und als Nachschlagewerk in Familien und Bibliotheken dienen. Die räumliche Perspektive soll Staunen erwecken und neue Fragen aufwerfen. Als Schnittstelle zwischen Wissenschaft und Öffentlichkeit will er das Verständnis für die räumliche Differenzierung sozialer, wirtschaftlicher und naturräumlicher Strukturen und Prozesse schärfen, ein Interesse für Kartographie und Geographie wecken und als fundierte Informationsquelle für breite Bevölkerungskreise dienen. Deshalb ist es ein Anliegen, die wissenschaftlichen Inhalte für Laien zu erläutern, Begriffe zu definieren und die Themen anschaulich in Bild, Grafik und Karte darzustellen. Weiterführende Literaturangaben im Anhang ermöglichen interessierten Laien und Fachleuten eine Vertiefung der Themen.

Wie kam es zum Projekt Nationalatlas?

Fast alle europäischen und auch viele außereuropäische Länder besitzen einen Na-

tionalatlas. Seit im Jahr 1899 Finnland den ersten Nationalatlas herausgegeben hat, um damit sein Streben nach Unabhängigkeit von Russland zu dokumentieren, gehören Nationalatlanten zu den Insignien souveräner Staaten. Aufgrund der ständig wechselnden Grenzen Deutschlands und der territorialen Ansprüche der verschiedenen deutschen Staatsführungen hat es nie einen Nationalatlas für Deutschland gegeben. In der DDR erschien in den Jahren 1976-81 der anspruchsvolle „Atlas Deutsche Demokratische Republik". In der Bundesrepublik Deutschland gab es zwei thematische Atlaswerke: „Die Bundesrepublik Deutschland in Karten" (Statistisches Bundesamt, Institut für Landeskunde und Institut für Raumforschung 1965-70) sowie den „Atlas zur Raumentwicklung" (Bundesforschungsanstalt für Landeskunde und Raumordnung 1976-87). Beide beanspruchen jedoch nicht den Status eines Nationalatlas.

Die Wiedervereinigung der beiden deutschen Teilstaaten im Jahr 1990 erschien deshalb als geeigneter Zeitpunkt, die Erstellung eines gesamtdeutschen Atlaswerkes zu konzipieren. Der Versuch, nach ersten Planungen eine staatliche Finanzierung des Projektes zu erzielen, schlug fehl. Im Jahr 1995 beschlossen die Dachverbände der deutschen Geographen und Kartographen[1] sowie die Deutsche Akademie für Landeskunde, das Projekt zusammen mit dem Institut für Länderkunde in Leipzig (IfL) auch ohne staatlichen Auftrag zu verwirklichen.

Nach dem Erscheinen des Pilotbandes (1997) begann das IfL mit der Realisierung des Projektes aus institutionellen Mitteln, die das Institut von seinen Zuwendungsgebern erhielt, dem Bundesministerium für Verkehr, Bau- und Wohnungswesen sowie dem Sächsischen Staatsministerium für Wissenschaft und Kunst. Darüber hinaus konnten für einzelne Bände Projektmittel und Fördersummen eingeworben werden.

Wer wirkt am Nationalatlas mit?

Das Institut für Länderkunde als Forschungsinstitut der Wissenschaftsgemeinschaft Gottfried Wilhelm Leibniz ist Herausgeber des Nationalatlas Bundesrepublik Deutschland. Es konzipiert das Gesamtwerk und koordiniert die Mitarbeit einer Vielzahl von Wissenschaftlern, die als Koordinatoren für einzelne Bände wirken oder als Autoren die Inhalte und Entwürfe der Karten sowie die Textbeiträge erarbeiten.

Das Projekt steht unter Schirmherrschaft des derzeitigen Präsidenten des Deutschen Bundestages Wolfgang Thierse.

Die Deutsche Gesellschaft für Geographie, die Deutsche Gesellschaft für Kartographie und die Deutsche Akademie für Landeskunde unterstützen das Projekt als **Trägerverbände**.

Vertreter dieser Verbände und des IfL bilden eine **Konzeptkommission**, die das Vorhaben konzeptionell unterstützt und bei der Ausarbeitung von Inhalt und Aufbau der einzelnen Bände zu Rate gezogen wird.

Zahlreiche Bundesbehörden und deutschlandweit tätige gesellschaftlich relevante Institutionen begleiten das Projekt darüber hinaus in einem **Beirat**, der beratende und unterstützende Funktion hat. In diesem Gremium sind besonders diejenigen Einrichtungen vertreten, deren Aufgaben das Gesamtwerk betreffen, während andere Bundesämter und Institutionen themenspezifisch für Einzelbände eingebunden sind.

Auf Anraten der Deutschen Gesellschaft für Kartographie wurde eine **kartographische Beratergruppe** gebildet, die dem Institut für Länderkunde in Fragen der grafischen Darstellung zur Seite steht.

Schließlich ist die **Atlasredaktion** im Institut für Länderkunde zu nennen, das sich für einige Jahre überwiegend auf dieses Vorhaben konzentriert. Lektorat, Gestaltung, Redaktion und computergrafische Bearbeitung der Karten, Abbildungen und Texte bis hin zum Layout und zu den Druckvorlagen erfolgen im Institut für Länderkunde.

Wie ist das Gesamtwerk aufgebaut?

Nationalatlanten anderer Länder aus den letzten Jahrzehnten zeigen, dass Atlanten nicht mehr ausschließlich aus analytischen und komplexen Karten bestehen, sondern multimedial mit Fotos, Grafiken und erläuterndem Text versehen sind. Außerdem sind bereits die ersten elektronischen Nationalatlanten erschienen. Der deutsche Nationalatlas erscheint in einer gedruckten wie auch in einer elektronischen Ausgabe. Das Konzept für die elektronische Ausgabe beruht darauf, die Inhalte der Druckausgabe in elektronischer Form vollständig wiederzugeben. Darüber hinaus ermöglicht das elektronische Medium, mit den im Atlas verarbeiteten Daten interaktiv Karten zu generieren und zu gestalten.

Die Konzeptkommission hat die Vielfalt der Themen, die zusammen das komplexe Deutschlandbild ergeben, in zwölf Bereiche eingeteilt. Dabei wurde auf innere Zusammenhänge von Themenkomplexen geachtet, doch mussten auch pragmatische Gesichtspunkte berücksichtigt werden. Die Einzelbände dürfen nicht als unabhängige Einheiten gesehen werden, da das Gesamtwerk die Vernetzung der verschiedenen

Natur- und Lebensbereiche berücksichtigt. Dabei kommt es bei Einzelthemen notwendigerweise auch zu Doppelungen. Das Zusammenspiel von Natur und Gesellschaft, von Siedlungsentwicklung und Bevölkerung, von Landwirtschaft und Ökologie kann immer von mehreren Seiten aus betrachtet werden, so dass viele Themen mit unterschiedlicher Schwerpunktsetzung und Blickrichtung in mehreren Bänden aufgegriffen werden. Durch die Vielzahl der Einzelthemen komplettiert sich das Gesamtbild Deutschlands in zwölf thematischen Bänden, die in etwa halbjährigem Turnus innerhalb von sechs Jahren (1999 - 2005) erscheinen werden.

- **Gesellschaft und Staat**
Der erste Band stellt die historischen und organisatorischen Hintergründe des Staatswesens der Bundesrepublik dar, geht auf die wichtigsten Elemente der Gesellschaft ein, thematisiert die verschiedenen Ebenen der administrativen Einteilung, die Deutschland in Länder, Kreise und Gemeinden untergliedert, sowie von anderen Instanzen definierte Regionen, wie z.B. Wahlbezirke, Bistümer und Landeskirchen oder Kammern.

- **Relief, Boden und Wasser**
Die naturräumlichen Grundlagen des Landes werden in zwei Bänden dargestellt, deren Leitthema das Zusammenwirken von Mensch und Natur ist. In dem ersten Band wird auf die naturräumliche Gliederung und Landschaftsnamen eingegangen, auf Veränderungen in Relief und Bodenbeschaffenheit und auf Qualität und Verteilung von Wasser und Gewässern.

- **Klima, Pflanzen- und Tierwelt**
Der zweite Band beschäftigt sich mit klimatischen Unterschieden in den verschiedenen Landesteilen und über längere Beobachtungszeiträume sowie mit der Verbreitung von Tier- und Pflanzenarten und mit Aspekten des Naturschutzes und der Landschaftspflege.

- **Bevölkerung**
Der Band befasst sich mit der in Deutschland lebenden Bevölkerung in ihrer vielfältigen Zusammensetzung und räumlichen Verteilung, mit ihren Veränderungen und den Faktoren, die dazu führen, wie Geburten und Sterbefälle, Zu- und Wegzüge, Einwanderungen aus dem Ausland und Auswanderungen in andere Länder.

- **Dörfer und Städte**
Das Siedlungssystem Deutschlands ist ein Kontinuum zwischen Stadt und Land, in dem städtische Lebensformen dominieren und ländliche Lebensformen auch in Städten in angepasster Form aufgegriffen werden. Der Band dokumentiert die für die deutsche Kulturlandschaft typische Vielfalt von Groß-, Mittel- und Kleinstädten mit ihren historischen Ortskernen und ihren Veränderungsprozessen.

• **Bildung und Kultur**
Der Band befasst sich mit Schule und Hochschule, Wissenschaft und Forschung, Berufsausbildung und Fortbildung sowie Kulturangeboten und -förderung von der Hochkultur bis zur Sozio- und Jugendkultur. Die regionale Differenzierung von Ausstattung und Nutzung von Kultur und Bildung stellt zugleich Komponenten des weltweiten Wettbewerbs um Wirtschaftsstandorte sowie eine Dimension von Lebensqualität in den Teilräumen Deutschlands dar, die nicht zuletzt auch zur Identifikation der Bevölkerung mit ihrer Region beiträgt.

• **Arbeit und Lebensstandard**
Die Welt der Arbeit, besonders der differenzierte Arbeitsmarkt, zu dem heutzutage auch die Arbeitslosigkeit mit dem speziellen Problem der Langzeitarbeitslosigkeit gehört, bilden einen wichtigen Aspekt des Lebensstandards der Menschen in Deutschland. Arbeit integriert oder schließt aus; sie ist der Schlüssel zur Teilhabe am Konsum, an Wohn- und Freizeitangeboten sowie zur Ausstattung mit Statussymbolen, die immer größere Bedeutung zu erlangen scheinen.

• **Unternehmen und Märkte**
Die Volkswirtschaft eines Landes bildet das Rückgrat seines Wohlstands. Zu ihr gehören die großen und die multinationalen Unternehmen sowie die unzähligen Klein- und Mittelbetriebe, die im ganzen Land Investitionen tätigen und Arbeitsplätze bieten, aber auch die Landwirtschaft, die sich längst vom traditionellen Bild des familiären Subsistenzbetriebes gelöst und in das Spektrum von Unternehmen eingereiht hat.

• **Verkehr und Kommunikation**
Der reibungslose Ablauf von Verkehr, Arbeits- oder Schulweg, Warentransport, Nachrichtenübermittlung und Energieübertragung ist Grundlage für das Funktionieren von Wirtschaft und Alltagsleben. Die moderne Gesellschaft ist undenkbar ohne Internet und Online-Banking, ohne den Flugverkehr für Fernreisen und die Geschäftsverbindungen zwischen den großen deutschen und europäischen Städten durch Flüge und Hochgeschwindigkeitszüge. Das, was als reiner Servicebereich im Hintergrund zu stehen scheint, ist ein umfangreicher Wirtschaftssektor, der mit allen Lebensbereichen und allen Teilräumen des Landes verbunden ist.

• **Freizeit und Tourismus**
Kaum ein anderes Volk reist so viel wie die Deutschen. Deutschland ist aber auch in jedem Jahr ein Reiseziel für Millionen von Touristen aus aller Welt. Zu Ferien, Kurzurlauben, Geschäftsreisen und Wochenendaufenthalten erhalten Landschaften und Städte Besucher aus allen Landesteilen. Die Gestaltung der Tages- und Wochenend-Freizeit wirkt sich auch kleinräumig auf Städte und Naherholungsgebiete aus.

• **Deutschland in der Welt**
Deutschland muss auch unter dem Blickwinkel der Globalisierung gesehen werden: die internationale Vernetzung und die Vereinheitlichung von Märkten, Werten und Lebensformen sowie die Verkürzung von Distanzen durch den Fortschritt der Verkehrstechnik und der Kommunikationsme-

dien machen sich im Leben jedes Einzelnen bemerkbar. Das Resultat ist eine enge internationale Verknüpfung fast aller Lebensbereiche. Ein Aspekt davon ist das Zusammenwachsen Europas, das für Deutschland mit neun Nachbarländern eine besondere Bedeutung hat.

• **Deutschland im Überblick**
Der Abschlussband will die wichtigsten Themen aller vorangegangenen Bände zu einem Überblick zusammenfassen und in aktualisierter Form darstellen.

Wie sind die Bände konzipiert?
Die wichtigsten Grundsätze für das Atlaswerk betreffen eine breite fachliche Einbindung durch Bandkoordinatoren und Autoren sowie inhaltliche Aktualität und Selektivität.

• **Bandkoordination**
Die Koordination der einzelnen Bände wurde an Fachleute übertragen, die über Erfahrung und Vernetzung in der Wissenschaft verfügen. Damit wird gewährleistet, dass das jeweilige Bandthema in einer dem neuesten wissenschaftlichen Stand entsprechenden Form aufgearbeitet wird und die Spezialisten für einzelne Teilthemen zu Wort kommen. Die Verankerung in Arbeitskreisen der Geographie ist dafür ein weiterer Garant.

• **Autoren**
Alle Bände bestehen aus zahlreichen Beiträgen von einer oder zwei Doppelseiten, deren Autoren jeweils benannt sind. Auf diese Weise ist die Verantwortlichkeit für wissenschaftliche Arbeiten eindeutig gekennzeichnet. Es ist erklärtes Ziel des Herausgebers, junge Wissenschaftler und Fachleute auch von außerhalb der wissenschaftlichen Institutionen zur Mitarbeit zu ermutigen sowie neben Geographen und Kartographen auch Repräsentanten anderer Raumwissenschaften und Disziplinen zu Wort kommen zu lassen.

• **Inhalte**
Das ausschlaggebende Kriterium für die Auswahl von einzelnen Themen der Atlasbände besteht in der Ausgewogenheit zwischen Aktualität und Zeitlosigkeit, zwischen der oft von kurzlebigen Einzelereignissen geweckten Aufmerksamkeit der Öffentlichkeit und langlebigen wissenschaftlichen Forschungsinteressen, zwischen Alltagsfragen und Grundlagenforschung. Für das Gesamtwerk ist eine gewisse konzeptionelle Vollständigkeit der Themen im Sinn einer umfassenden Landeskunde angestrebt, wobei Themenkomplexe oft nur durch Beispiele repräsentiert werden. Für deren Auswahl sind die bewusste Entscheidung der Herausgeber und Koordinatoren, aber auch die Verfügbarkeit von Daten und Autoren entscheidend.

• **Darstellungsformen**
Das Wesen eines Atlas ist die Darstellung durch Karten auf der Grundlage einer fachwissenschaftlich fundierten Kartographie. Die abstrakte Darstellungsform von Karten soll in ihrer Aussage jedoch anschaulich durch Bild und Grafik unterstützt werden. Hintergrundinformationen und Interpretationshinweise können zusätzlich durch Text vermittelt werden. Der Nationalatlas will diese Ausdrucksformen in dem Maß einsetzen, wie sie zur Verdeutlichung von

Inhalten notwendig sind und helfen, dem Leser ein Thema interessant und verständlich vorzustellen. Das Konzept sieht dabei Anteile von ca. 50% Karten, 25% Abbildungen und 25% Text vor.

Was ist von der elektronischen Ausgabe zu erwarten?
Die elektronische Ausgabe ist für einen großen Nutzer- und Interessentenkreis konzipiert und besteht aus der Kombination einer illustrativen und einer interaktiven Komponente. Die Atlasthemen sind für das Medium entsprechend aufbereitet und mit einem breiten Spektrum an multimedialen Karten und Abbildungen illustriert. Zusätzlich hat der Nutzer die Möglichkeit, die thematischen Informationen der Atlasthemen auch in interaktiv veränderbaren Karten aufzurufen, selbst zu gestalten und auszudrucken. Hier wird eine Möglichkeit zur regelmäßigen Aktualisierung von Daten gegeben sein.

Wie sieht die Zukunft des Nationalatlas aus?
Viele Daten und Informationen, die in Karten, Texten und Grafiken dargestellt und interpretiert werden, sind schon in kurzer Zeit veraltet. Die Schnelllebigkeit unserer Zeit verändert nicht nur soziale Verhältnisse, Einwohnerzahlen oder den Grad der Luftverschmutzung innerhalb kürzester Fristen. Selbst die für zeitlos gehaltenen naturräumlichen Bedingungen ändern sich schneller, als man glaubt. Innerhalb von wenigen Jahren entstehen Seenplatten, wo früher riesige Braunkohlegruben waren,

Landstriche werden aufgeforstet oder Moore trocknen aus. Ein Nationalatlas erfasst einen Status quo, der in der Zukunft als Messlatte dienen kann, an dem Veränderungen erkannt und ihr Ausmaß erfasst werden können. Es wird sich zeigen, ob weitere Auflagen mit aktualisierten Karten und Beiträgen auf Interesse stoßen. In der elektronischen Ausgabe wird dagegen eine Aktualisierung eines Teils der Datensätze regelmäßig erfolgen können.

Es ist schwer abzuschätzen, wie sich gesellschaftliche Anforderungen und die Technik innerhalb der nächsten Jahre verändern werden. Über die weitere Zukunft des Atlas über das Erscheinungsjahr des letzten Bandes hinaus soll hier nicht spekuliert werden. Vielleicht wird dann schon ein virtueller Nationalatlas im Internet präsentiert werden.

Leipzig, im Mai 2000
   U. Freitag (Berlin)
   K. Großer (Leipzig)
   C. Lambrecht (Leipzig)
   G. Löffler (Würzburg)
   A. Mayr (Leipzig)
   G. Menz (Bonn)
   N. Protze (Halle)
   S. Tzschaschel (Leipzig)
   H.-W. Wehling (Essen)

Thematische Karten – ihre Gestaltung und Benutzung

Konrad Großer und Birgit Hantzsch

Thematische Karten

Im Unterschied zu den meisten Hand- und Hausatlanten dominieren in Nationalatlanten *thematische Karten*. Ihr Inhalt geht stets über die reine Orts- und Lagebeschreibung zum Zwecke der Orientierung oder der allgemeinen Information hinaus. Thematische Karten vermitteln vornehmlich Vorstellungen, Einsichten und Zusammenhänge über die Verbreitung und Verteilung der zur Darstellung ausgewählten Erscheinungen, Sachverhalte und Entwicklungen im geographischen Raum.

Die thematische Darstellung kann hierbei *qualitativen* oder *quantitativen* (*absolut* oder *relativ*) Charakter haben, aber auch *Veränderungen* in einem gegebenen Zeitraum zeigen.

Für einen solchen Zweck reichen einfache orts- und lagebeschreibende Kartenzeichen nicht aus. Daher hat die Kartographie im Verlaufe ihrer Herausbildung zur eigenständigen Wissenschaft Methoden entwickelt, die eine dem Charakter jedes Gegenstandes angemessene graphische Wiedergabe erlauben (s.u. sowie ❸).

Karten als Modelle

Bedingt durch den Fortschritt von Wissenschaft und Technik stellt sich stets aufs neue die Frage: *Was überhaupt ist eine Karte?* Die Karte wird heute als *Mittel der Information und Kommunikation* oder als eine besondere Art von *Informationsspeicher* angesehen. Andere theoretische Ansätze heben Aspekte der *Semiotik* (der Theorie der Zeichen) hervor und gehen davon aus, dass eine besondere Zeichensprache, die sog. *Kartensprache*, existiert.

Weithin anerkannt und praxisbezogen ist es, ▶ Karten als grafische Modelle des Georaums zu betrachten. In Fachkreisen wird die Bearbeitung von Karten daher häufig als *kartographische Modellierung* bezeichnet. Einige ihrer wichtigsten theoretischen Grundlagen werden nachfolgend skizziert.

Graphische Grundelemente und graphische Variablen

Punkte, *Linien* und *Flächen* sind die Bausteine jeglichen graphischen Ausdrucks (❶ links). Ihre visuelle Wahrnehmung beruht auf den Unterschieden ihrer Helligkeit bzw. Farbe zum Hintergrund, z.B. dem Weiß des Papiers.

Eine theoretisch gestaltlose Fläche von bestimmter *Helligkeit* und *Farbe* lässt sich in ihrer *Form* sowie in *Muster*, *Orientierung* und *Größe* verändern ❷. Diese Möglichkeiten der graphischen Abwandlung bezeichnete der französische Kartograph J. Bertin 1967 als *graphische bzw. visuelle Variablen*. Er zeigte, dass die graphischen Variablen unterschiedliche Wahrnehmungseigenschaften aufweisen. Sie wirken *trennend*, *ordnend* oder *quantitativ*. In diesem Sinne sind sie bei der Gestaltung von

Graphiken und Karten zu nutzen, um *qualitative* oder *quantitative* Unterschiede oder den *geordneten* Charakter der Sachmerkmale auszudrücken. Dabei ist die Zahl der praktisch verwendbaren Abwandlungen von Variable zu Variable verschieden.

Außerdem ist für den graphischen Ausdruck die Anordnung der Zeichen in den beiden Richtungen der Darstellungsebene von Bedeutung. In Diagrammen wird diese von den dargestellten Daten definiert; in Karten hingegen entspricht sie dem verkleinerten, grundrisslich bestimmten und abstrahierenden Abbild der Objekte an der Erdoberfläche.

Karten und Computer

Die Bearbeitung und Herstellung von Karten ist heute kaum mehr vorstellbar ohne die Verwendung von Computern. Auch für die Kartennutzung steht der Bildschirm zur Verfügung. Beides erfordert eine digitale Beschreibung der graphischen Grundelemente. Diese erfolgt überwiegend nach zwei Prinzipien, denen Datenformate entsprechen:
1. durch Punkte und Linien im *xy*-Koordinatensystem, wobei Linien auf Geraden oder Kurven zwischen zwei Punkten (Stützpunkten) und Flächen auf den geschlossenen Linienzug ihres Umrisses zurückgeführt werden (*Vektorprinzip bzw. -format*, ❶ Mitte);
2. durch Zerlegung der als Bild im allgemeinen Sinne aufzufassenden Graphik in matrix- bzw. rasterartig angeordnete Bildpunkte, sog. *Pixel* (Abk. für *picture element*). Pixel mit je zwei gleichartigen Nachbarpixeln in horizontaler, vertikaler oder diagonaler Richtung ergeben Linien, während die Pixel innerhalb von Flächen bis zu den Randpixeln gleiche Eigenschaften aufweisen (*Rasterprinzip bzw. -format*, ❶ rechts).

Das Vektorformat wird derzeit vor allem für die *Bearbeitung und Speicherung* der Karten genutzt, während das Rasterformat für die *Digitalisierung* von Vorlagen (*Scannen*) und die *Visualisierung*, d.h. die Ausgabe auf den Bildschirm, direkt auf Papier und die Herstellung der Druckvorlagen, Bedeutung hat.

Kartographische Darstellungsmethoden ❸

Bei der Abbildung von georäumlichen Strukturen und Prozessen oder darauf bezogener Sachverhalte sind kartographiespezifische Grundsätze und Regeln einzuhalten. Man bezeichnet diese als *kartographische Darstellungsmethoden* und *-prinzipien* oder – mit Blick auf das Ergebnis der kartographischen Modellierung – als *kartographisches Gefüge*.

Über die anzuwendende *Darstellungsmethode* wird unter Beachtung des *Maßstabs* und des *Verwendungszwecks* der Karte sowie einer Reihe weiterer Aspekte entschieden. Diese Aspekte sind unten als „Checkliste" zusammengestellt, die auch für das Verständnis thematischer Karten hilfreich sein kann. Es ist zu fragen:
• Sind die Objekte, Erscheinungen oder Sachverhalte

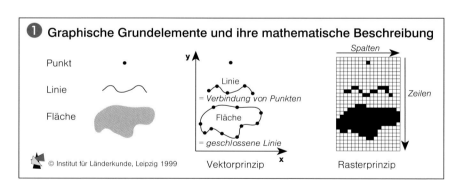

❶ **Graphische Grundelemente und ihre mathematische Beschreibung**

Punkt
Linie
Fläche

Linie = Verbindung von Punkten
Fläche
geschlossene Linie

Vektorprinzip

Spalten
Zeilen

Rasterprinzip

© Institut für Länderkunde, Leipzig 1999

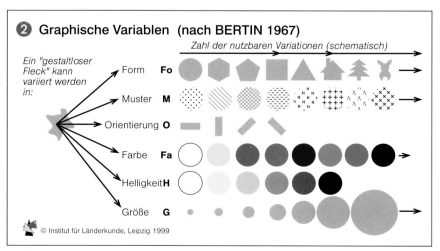

❷ **Graphische Variablen** (nach BERTIN 1967)

Zahl der nutzbaren Variationen (schematisch)

Ein "gestaltloser Fleck" kann variiert werden in:

Form **Fo**
Muster **M**
Orientierung **O**
Farbe **Fa**
Helligkeit **H**
Größe **G**

© Institut für Länderkunde, Leipzig 1999

- im Georaum als sog. *Diskreta* eindeutig abgrenzbar, gestreut verteilt *(dispers)* oder als *Kontinua* stetig verbreitet?
- *konkret* oder abstrakt als *Raumgliederung* dargestellt?
- in ihrem *Zustand*, ihrer *Entwicklung* oder als *Ortsveränderung* abgebildet?
- *qualitativ* oder durch statistische Werte, d.h. *quantitativ*, dargestellt?
- als *absolute* oder *relative* Werte wiedergegeben?
- Beziehen sich die Kartenzeichen auf Objekte, die in der extremen Verkleinerung der Karte zu *Punkten* oder *Linien* werden, oder auf solche, die als *Flächen* erhalten bleiben?
- Handelt es sich um eine *lagetreue*, eine weitgehend *lagewahrende* oder eine *raumwahrende* Darstellung?

Alle Methodensysteme der Kartographie bauen auf den genannten Aspekten auf. Jedoch existieren *keine einheitlichen Bezeichnungen* für die kartographischen Darstellungsmethoden. In dieser Übersicht werden deshalb für jede Methode mehrere gleichbedeutende Begriffe angeführt. Dabei bezeichnet der Begriff *Signatur* vornehmlich Kartenzeichen in lagetreuer Darstellung, während die Verbindung mit *Kartogramm* die raumwahrende Wiedergabe kennzeichnet.

Zwischen einer Reihe von kartographischen Darstellungsmethoden gibt es keine starren Grenzen. Auf entsprechende Übergänge und Ähnlichkeiten wird hingewiesen. Auch lassen sich manche Methoden miteinander kombinieren, was in den Atlaskarten überwiegend praktiziert wird.

Verwendbarkeit der graphischen Variablen im Rahmen der kartographischen Darstellungsmethoden (Abkürzungen)

Variable	uneingeschränkt	eingeschränkt
Form	Fo	fo
Muster	M	m
Orientierung	O	o
Farbe	Fa	fa
Helligkeit	H	h
Größe	G	g

❸ [a] *Positionssignaturen, Standortsignaturen, lokale Gattungssignaturen*: kleine, kompakte und daher lagetreue Kartenzeichen, die sich auf ein im Kartenmaßstab punkthaftes Objekt oder eine sehr kleine Fläche beziehen; vielgestaltige Signaturformen (Fo): geometrisch, symbol- bis bildhaft; signatureigener Bezugspunkt im Mittelpunkt oder Fußpunkt; variierbar in fa, h, O und zwei bis drei Größenstufen (g); Charakter der Darstellung qualitativ.

❸ [b] *Mengensignaturen, Wertsignaturen*: größenvariable Kartenzeichen einfacher geometrischer Form (fo): Kreis, Quadrat, Dreieck; geometrischer Bezug wie [a], i.d.R. deutlich größere Flächen einnehmend als [a] (lagewahrend); variierbar in Fa, o, M (Qualitäten ausdrückend) sowie H (für Relativwerte); quantitative, absolute Darstellung; Größenvariation (G) entsprechend einem kontinuierlichen oder gestuften, flächenproportionalen oder vermittelnden Signaturmaßstab (Wertmaßstab); methodisch zwischen [a] und [c].

❸ [c] *Positionsdiagramme, Ortsdiagramme, lokalisierte Diagramme, Diagrammsignaturen*: Diagramme unterschiedlichster Arten (Kreissektoren-, Säulen-, Balken-, Kurven-, Richtungsdiagramme u.a.) oder von *bildstatistischem* Charakter; wesentliches Merkmal: diagrammeigenes Koordinatensystem (xy oder polar) bzw. Zusammensetzung aus mehreren Elementen; geometrischer Bezug wie [a]; diagrammeigener Bezugspunkt zentrisch oder im Fußpunkt (Säulen); quantitative, absolute und/oder relative Darstellung; Wertmaßstab (G) linear (Säulen) oder wie [b]; zu unterscheiden von Kartodiagrammen! [n].

❸ [d] *Punktmethode, Wertpunkte*: kleine kreisförmige Punkte (0,5-10 mm²), selten anderer fo (Quadrat, Dreieck, Strichel), in großer Anzahl, die jeweils einen nicht eindeutig lokalisierbaren Wert repräsentieren; u.U. in 2-3 Größen (g) oder Farben (fa) für Qualitäten verwendet; lagewahrende, absolute Darstellung von Verteilungen und Dichten; quantitativer Charakter der Darstellung; bei regelhafter Anordnung in Bezugsflächen Übergang zur Dichtedarstellung mittels [k].

❸ [e] *Liniensignaturen, lineare Signaturen, Objektlinien, Netze linearer Elemente*: topographisch lagerichtige Linien, meist Bestandteil netz- oder baumartiger Strukturen (Straßen-, Flussnetz); Darstellung qualitativ; variierbar sind fa, Breite (g) sowie im Linienverlauf fo und M, z.B. doppel- oder dreilinig, gerissen, punktiert oder anders strukturiert; als breitere Linien (> 1 mm) in [f] übergehend; als *Grenzlinie* (Umriss von Flächen) vermittelnd zu [i].

Bändern,
1. *Objektbänder, Bandsignaturen* [f]: auf lineare topographische Objekte bezogen; Breite (G) variabel (1-20 mm), häufig logarithmischer *Signaturmaßstab*; ggf. in sich 2-3mal gegliedert (z.B. für Niedrig-, Mittel- und Hochwasser); lagewahrend, u.U. breite Streifen entlang des Bezugsobjekts überdeckend; oft Darstellung der Intensität gegenläufiger Bewegung (Pendler); auch qualitativ (Gewässerqualität); in Fa, H und m abwandelbar;
2. *Bandkartogramme* [g], *Banddiagramme*: schematische Darstellung durch geradlinige Verbindung von Punkten im Sinne georaumbezogener Graphen (raumwahrend); bei Angabe von Ausgangs- und Zielpunkt bzw. der Richtung Analogie zu [h].

❸ [h] *Pfeile, Vektoren, Bewegungslinien, Bewegungssignaturen*: vielgestaltige Mittel zur Darstellung von Richtung und Ortsveränderung; Bezug auf punkthaftes Einzelobjekt (Reiseroute), verstreute Objekte, linienhafte Objekte (längs: Flüsse, Verkehrswege; quer: Fronten) oder Kontinua (Strömungen, z.B. Wind, Meeresströmungen); Ausdruck der Geschwindigkeit oder Intensität durch Breite und/oder Länge (G) des Pfeilschaftes oder Scharung kleiner Pfeile; variierbar in Fo (vielfältige Pfeilformen), auch in fa und h.

❸ [i] *Flächenmethode, Arealmethode, Gattungsmosaik*: durch den Umriss (Kontur) und/oder eine Füllung ausgewiesene Flächen; Variation der Kontur ähnlich [e]; als Flächenfüllung Farben (Fa, h), Flä-chenmuster (M, O, h), Schrift oder Symbole; qualitative Darstellung; zu unterscheiden ist die Wiedergabe von
1. *konkreten* Flächen [i] (z.B. Bebauung, Wald, Gesteine),
2. *abstrakten raumgliedernden* Flächen [i] (Verwaltungseinheiten, Landschaften, Wirtschaftsregionen),
3. von sog. *Pseudoarealen* [j] (*Pseudoflächen, Flächenmittelwertmethode, qualitative Flächenfüllung*), d.h. Verbreitungsgebieten gestreuter Einzelobjekte bzw. nicht eindeutig abgrenzbarer Erscheinungen und Sachverhalte (z.B. Pflanzenarten, Sprachen); unscharfe Abgrenzung ausgedrückt durch Wegfall der Kontur oder als Flächenmuster (m).

❸ [k] *Flächenkartogramm, Choroplethendarstellung*: auf reale oder abstrakte Flächen (vgl. [i]) bezogene quantitative Darstellung von *Relativwerten* durch Flächenfüllung; zu unterscheiden:
1. echte *Dichtedarstellung (Dichtemosaik)*: Bezug statistischer Werte auf die *Flächengröße* (z.B. Bevölkerungsdichte in Ew./km²),
2. *statistische Mosaike anderer Relativwerte* (z.B. Anteil der Kinder an der Gesamtbevölkerung); wegen extremer Größenunterschiede der Bezugsflächen ist bei nicht dargestellter Bezugsgröße *Fehlinterpretation* möglich; anders bei einheitlichen *geometrischen* Bezugsflächen der *Felder-* oder *Quadratrastermethode* [l]; nutzbare Variable vor allem H, ggf. unterstützt durch fa, o und m.

[m,n] *Kartodiagramm, Gebietsdiagramm*: gleicher *flächenhafter* (!) Bezug wie [k], jedoch absolute quantitative Darstellung durch größenvariable (G) Figuren oder Diagramme, die zusätzlich Relativwerte ausweisen können; diagrammeigener Bezugspunkt wie [c], fiktiver Hilfspunkt für Raumbezug im visuellen Schwerpunkt der Bezugsfläche; *Verwechslungsmöglichkeit* mit [b] und [c].

❸ [o] *Isolinien (Linien gleicher Werte)*: traditionelle Methode zur Darstellung der *Wertefelder* georäumlicher *Kontinua* (Temperatur, Höhen, Potentiale, flächige Bewegungen); Linienkonstruktion durch Interpolation der Daten von Messpunkten oder mathematische Modellierung; Linienbreite (g) geringfügig variierbar; besonders anschaulich bei Füllung der Flächen zwischen den Isolinien [p] mit Farben (Fa, H) als *Höhenschichten* oder *thematische Schichtstufen*.

→

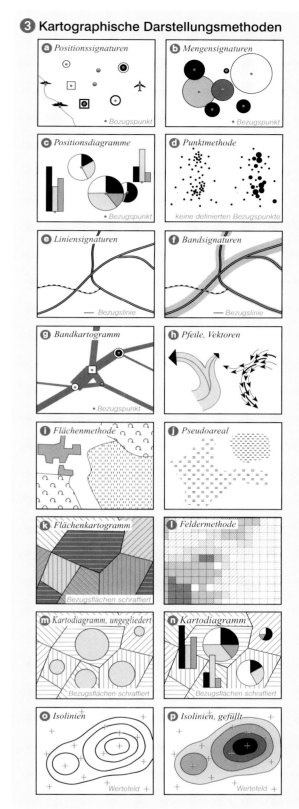

❸ **Kartographische Darstellungsmethoden**

a *Positionssignaturen* · *Bezugspunkt*
b *Mengensignaturen* · *Bezugspunkt*
c *Positionsdiagramme* · *Bezugspunkt*
d *Punktmethode* · keine definierten Bezugspunkte
e *Liniensignaturen* — *Bezugslinie*
f *Bandsignaturen* — *Bezugslinie*
g *Bandkartogramm* · *Bezugspunkt*
h *Pfeile, Vektoren*
i *Flächenmethode*
j *Pseudoareal*
k *Flächenkartogramm* · *Bezugsflächen schraffiert*
l *Feldermethode*
m *Kartodiagramm, ungegliedert* · *Bezugsflächen schraffiert*
n *Kartodiagramm* · *Bezugsflächen schraffiert*
o *Isolinien* · *Wertefeld*
p *Isolinien, gefüllt* · *Wertefeld*

Grundlagenkarten

Aufgaben der topographischen Grundlage von thematischen Karten

Topographische bzw. allgemeingeographische Kartenelemente sind sowohl bei der Herstellung als auch bei der Nutzung einer thematischen Karte unverzichtbar. Während des Entwurfs einer Karte durch den Autor und bei der Bearbeitung durch den Kartographen dienen sie als Gerüst, in das der thematische Inhalt eingebunden wird.

Dem Kartennutzer liefert die Kartengrundlage den notwendigen räumlichen Hintergrund, an dem er sich in der Karte orientieren kann. Des Weiteren haben die Grundlagenelemente eine erklärende Funktion. Das Erkennen und Verstehen der Lage und der räumlichen Muster der Objekte und Erscheinungen wird durch das Wechselspiel zwischen Topographie und Thema unterstützt.

Für den vorliegenden Nationalatlas wurden die Grundlagen für die Deutschland-, Europa- und Weltkarten neu erarbeitet.

Konzeption und kartographische Bearbeitung der Grundlagenkarten

Auf der Basis des Spaltenlayouts von 4 Spalten plus Randspalte benutzt der Atlas ein System von fünf Grundlagenkarten bzw. Maßstäben. Die Grundlagenelemente Gewässer und Verkehr stehen auch über die Staatsgrenzen hinaus bis zum Bearbeitungsrahmen zur Verfügung. Dadurch wird bei Bedarf die Darstellung von Themen mit grenzüberschreitendem

4 **Maßstabsübersicht**

1 cm =		
27,5 km	1 : 2 750 000	50 km
37,5 km	1 : 3 750 000	50 km
50 km	1 : 5 000 000	100 km
60 km	1 : 6 000 000	100 km
85 km	1 : 8 500 000	100 km

Charakter in einer Rahmenkarte möglich.

Ausgangsmaterial
Die Wahl des Ausgangsmaterials für die Herstellung der Grundlagenkarten des Atlas war an bestimmte Voraussetzungen gebunden. Es sollte
- dem Hauptmaßstab möglichst nahekommen,
- in digitaler Form vorliegen und damit die automatische Konstruktion thematischer Inhaltselemente am Computer unterstützen,
- vollständig, aktuell und schnell verfügbar sein.

Unter den verschiedenen digitalen Datenbases von Deutschland erfüllt das DLM 1000 (Digitales Landschaftsmodell im Maßstab 1 : 1.000.000) des Bundesamtes für Kartographie und Geodäsie (BKG) die genannten Forderungen am besten; ausgenommen die Vorgabe hinsichtlich des Maßstabs. Eine maßstabsgerechte Generalisierung war erforderlich (s.u.). Das Modell und die daraus abgeleiteten Grundlagen für den Atlas basieren auf Lamberts winkeltreuer Kegelabbildung

(2 längentreue Bezugsbreitenkreise 48°40' und 52°40').

Da der Blattschnitt des DLM 1000 nicht dem Blattschnitt des Hauptmaßstabs 1 : 2.750.000 entspricht, wurden die Grundlagenelemente für die Rahmenkarte am äußeren Rand aus anderen, meist analogen Vorlagen ergänzt. Auch die Grundlagen der Europa- und Weltkarten in vermittelnden Kartennetzentwürfen wurden nach analogem Material zusammengestellt.

Auswahl und Klassifizierung der Grundlagenelemente
Die Grundlagenkarte für Deutschland enthält die Elemente Gewässer (einschließlich Küstenlinie), Grenzen, Verkehr, Wald und Relief.

5 **Gewässer**

6 **Kreise**

Das Gewässernetz **5** wurde in 5 Klassen unterteilt und durch Ergänzung weiterer Gewässer verdichtet. Seine Klassifizierung berücksichtigt im wesentlichen die Länge der Flussläufe. Flüsse, deren Verlauf identisch mit einer Staats- oder Ländergrenze ist, sind höheren Klassen zugeordnet worden.

Die Flächen der Verwaltungsgliederung mit den dazugehörigen Grenzen sind die wichtigsten Bezugseinheiten für die Darstellung der Themen **6**.

Dazu gehören in den Deutschlandkarten (Stand 1997):
- Länder,
- Regierungsbezirke,
- Landkreise und kreisfreie Städte;
- Raumordnungsregionen,
- Wahlkreise und
- siedlungsstrukturelle Kreistypen;
in regionalen Darstellungen:
- Gemeinden;
in den Europakarten:
- Staaten und
- NUTS-Regionen *(nomenclature des unités territoriales statistiques – Erfassungseinheiten der Territorialstatistik der EU)*;
in den Weltkarten:
- Staaten.
Das Element Siedlung umfasst die Signaturen und Namen der Verwaltungssitze der Länder und Kreise sowie einer Auswahl von Städten, geordnet nach ihrer Bevölkerungsgröße. Städte mit mehr als 100.000 Einwohnern sind ggf. zusätzlich durch ihre Siedlungsfläche dargestellt **7**.

7 **Siedlung und Verkehr**

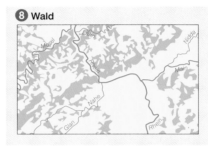

Der Verkehr enthält die Elemente Autobahnen, Europastraßen und Eisenbahnen. Das Eisenbahnnetz ist nach dem aktuellen Kursbuch der DB in ICE-, EC- und IC-Strecken bzw. IR-Linien untergliedert. Flughäfen sind nach ihrer Bedeutung für den internationalen und überregionalen Flugverkehr, See- und Binnenhäfen nach der Menge der umgeschlagenen Güter unterschieden.

Als Element der Bodenbedeckung wird der Wald ab einer Fläche von 10 km² wiedergegeben **8**.

8 **Wald**

Das Relief wird in der Übersichtskarte durch eine Höhenschichtenfärbung **9**

9 **Höhenschichten**

und/oder durch eine schattenplastische Reliefschummerung **10** dargestellt. Die Klassifizierung der Höhenschichten und ihre Farbgebung lehnen sich an die gängigen Schulatlanten an.

10 **Reliefschummerung**

Grundzüge der Bearbeitung
Die genannten Elemente wurden dem DLM 1000 einzeln entnommen, verkleinert und über mehrere Zwischenschritte in das Graphikprogramm FreeHand 8.0 importiert.

Dort dienten sie als Hintergrund für die Digitalisierung bzw. Plazierung von Linien und Signaturen. Während des Nachzeichnens wurde eine Generalisierung (Verein-

fachung) und die Abstimmung auf bereits bearbeitete Kartenelemente vorgenommen.

Daran schloss sich die Ergänzung der Elemente Gewässer und Verkehr bis zum Kartenrahmen an.

Die Grundlagen für Folgemaßstäbe, d.h. die kleinermaßstäbigen Karten, entstanden durch Verkleinerung des Hauptmaßstabs mit anschließender Generalisierung der Elemente.

Ebenenkonzept
Inhalt und Anordnung der 110 Ebenen der digitalen Karte wurden so konzipiert, dass die Grundlagenelemente
- vollständig wiedergegeben,
- inhaltlich an die Thematik angepasst und
- flexibel kombiniert
werden können.

Dies erlaubt die notwendige Abstimmung der Inhaltsdichte der Grundlage auf die Thematik.

Für Elemente außerhalb der Staatsgrenze bis zum Kartenrahmen stehen gesonderte Ebenen zur Verfügung, wodurch die Wahl zwischen Insel- und Rahmenkarte gewährleistet wird.

Beschriftung
Um eine gute Lesbarkeit der Karten zu sichern, beschränkt sich die Beschriftung in den thematischen Karten auf ein Minimum. Beschriftet sind i.d.R. die Gewässer, Länder und Landeshauptstädte; andere Verwaltungseinheiten und Verwaltungssitze, die thematischen Signaturen und Diagramme aber nur dann, wenn im Text darauf verwiesen wird. Entsprechende Verweise betreffen meist Extremwerte oder in anderer Weise typische Regionen.

Für die Entnahme von Einzelinformationen sind dem Atlas Folienkarten unterschiedlicher Maßstäbe beigelegt, die die Kreisnamen enthalten.

Layout und Legende

Die Karten sind vorrangig Inselkarten; d.h. die kartographische Darstellung beschränkt sich auf das Staatsgebiet der Bundesrepublik Deutschland. Sie wird nur in Ausnahmefällen bis zum Blattrand geführt, da die Beschaffung und Abgleichung von Material und Daten für das angrenzende Ausland sehr hohen Aufwand bedeuten würde.

Kartenlayout
Mit dem Ziel der möglichst einfachen Handhabung des Atlas wurde das Kartenlayout weitgehend vereinheitlicht. Sein Grundschema geht aus ⑪ hervor.

Die Abbildungsnummer steht in allen Karten, Diagrammen und Grafiken in der linken oberen Ecke.

Der Kartentitel (oben rechts oder links) gibt kurz und prägnant das Thema der Karte und – soweit erforderlich – das Bezugsjahr oder den Bezugszeitraum an. Gleiches trifft für die Diagramme zu. Der Titel kann durch einen Untertitel ergänzt sein, der die verwendete Bezugseinheit ausweist (z.B. „nach Kreisen") oder aber erläuternden Charakter hat. Die Bezugseinheiten gehen u.U. auch aus den Zwischentiteln der Legende hervor.

Die in Einzelkarten zum Kartentitel gehörende Angabe des dargestellten Raumes erübrigt sich im Nationalatlas für alle Deutschlandkarten. In Karten, die eine ausgewählte Region Deutschlands wiedergeben, ist die Gebietsangabe Bestandteil des Titels.

In der *Legende* am *rechten* und/oder am *unteren Blattrand* werden die verwendeten Kartenzeichen erklärt. Sind sehr viele Kartenzeichen zu erklären, stehen Teile der Legende ggf. *links* von der Karte.

Die Aufteilung der Legende in Blöcke und die Verwendung verschiedener Schriftgrößen und Schriftschnitte (halbfett, kursiv) spiegeln die *Gliederung des Karteninhalts* wider. Halbfett überschriebene Legendenblöcke entsprechen zugleich weitgehend den *thematischen Schichten* im Kartenbild. Meist wird eine Zwei-, seltener eine Dreigliederung vorgenommen.

Für *Maßeinheiten* und *ergänzende Erläuterungen* (z.B. Fußnoten) wird *kursive Schrift* verwendet. Blaue Pfeile (▶) kennzeichnen *Verweise* auf die blau unterlegten *Glossarkästen* oder *Grafiken* im Text, die für das Verständnis des Karteninhalts wichtig sind.

Der **Maßstab** (*rechts unten*) wird sowohl *grafisch* (Maßstabsleiste) als auch in *Zahlenform* angegeben; letzteres, um einen schnellen Vergleich innerhalb des Atlas und ggf. mit anderen Karten zu ermöglichen.

Der oder die **Kartenautoren** werden *links unten* über dem **Copyrightvermerk** genannt. Nicht immer sind die Autoren der Textbeiträge mit den Kartenautoren identisch. Die an der Gestaltung, Redaktion und Bearbeitung der Karten beteiligten Kartographen sind im Anhang aufgeführt.

Farben und Flächenmuster ⑫
Liegende Rechtecke in der Legende erklären **flächenhaft dargestellte Karteninhalte** (Flächenfarben, Flächenmuster, Schraffuren) [a]. Diese Kästchen sind unmittelbar *aneinandergereiht*, wenn es sich um *Flächenkartogramme / Choroplethen* handelt, welche Klassen relativer Zahlenwerte wiedergeben. *Lücken* in der betreffenden Werteskala werden durch *voneinander abgerückte Legendenkästchen* ausgedrückt. Auch bei der Erklärung *qualitativer Merkmale* (Flächenmethode) werden entsprechende *Abstände* eingehalten (vgl. Abschnitt „Darstellungsmethoden").

Die Erklärung der **Farbfüllungen** von *Mengensignaturen* und *Positions-* und *Kartodiagrammen* (s. ebd.) wiederholt die in der Karte auftretende *Grundform des Kartenzeichens* bzw. von Diagrammteilen (z.B. Kreissektoren). [b]

Die **Farbgebung** der Kartenzeichen folgt dem Grundsatz: *Dunkle, intensive* Farben stehen für *hohe Werte*, unabhängig davon, ob sie positiv oder negativ sind; *helle Farben* drücken *geringe Werte* aus. Zeitbezogenen Darstellungen (Altersangaben) liegt das Prinzip zugrunde, *je älter umso dunkler* [c].

Sind in einer Karte sowohl positive als auch negative Werte dargestellt, wird eine **zweipolige Farbskala** [d] verwendet, die der *Thermometerskala* entspricht: *warme* Farben (Rot, Orange) für *positive* und *kalte* Farben (Blau, Blaugrün) für *negative Werte*.

Des Weiteren werden für die **kombinierte Darstellung** [e] zweier quantitativer Merkmale *Mischfarben* benutzt. Hierbei ist jedem Merkmal eine *Farbreihe* zugeordnet, z.B. von Gelb nach Rot und von Gelb nach Grün. Diese Art der Farbanwendung wird in *Matrixform* erklärt.

Flächenmuster und *Schraffuren* [f] werden *getrennt* erklärt, wenn sie eine *selbständige Darstellungsschicht* bilden. Auch für sie gilt die Regel, je dichter das Muster, umso höher der Wert. Drücken die Flächenmuster jedoch in Verbindung mit der darunter liegenden Flächenfarbe einen bestimmten *Typ* aus, wird dieser als *eine Legendeneinheit* aufgefasst und erklärt.

Signaturgrößen ⑬
Der Erklärung der *Signaturgrößen* dient die grafische Darstellung des *Signaturmaßstabs* (Wertmaßstabs). Aus Platzgründen sind die Vergleichsfiguren ineinander gestellt und nur die Größen für runde Werte sowie für den größten und den kleinsten auftretenden Wert angegeben. In der Regel werden *kontinuierliche flächenproportionale Wertmaßstäbe* benutzt, bei denen eine Einheitsfläche (z.B. 1 mm²) einer bestimmten Werteinheit (z.B. 1000 Einwohnern) entspricht. Dieses Verhältnis ist zusätzlich in Zahlen ausgewiesen (z.B. 1 mm² = 1000 Einwohner). Die Verwendung *anderer Wertmaßstäbe* ist durch einen entsprechenden *Hinweis* vermerkt.

Diagramme
Es werden vorwiegend folgende **Diagrammtypen** verwendet: Kreissektoren-, Säulen- (gegliedert oder gruppiert), Balken- und Kurvendiagramme.

Die Diagrammelemente (Linien, Flächen) sind weitgehend im Diagramm selbst beschriftet. Kann auf eine Erklä-

rung in Legendenform nicht verzichtet werden, ist diese der Richtung und Abfolge der zu erklärenden Flächen, Linien und dgl. angepasst. Vertikal gegliederte Säulen werden z.B. in vertikaler Anordnung erklärt.

Die **Beschriftung der Diagrammachsen** ist differenziert nach:
- den *Achsenbezeichnungen (kursiv)*; das sind Merkmale bzw. Maßeinheiten,
- den *Zahlenwerten (normal)* an den Teilstrichen.

Vielstellige Zahlen werden durch die Angabe entsprechender Einheiten vermieden, z.B. in Tsd. oder in Mio. (s.a. Verzeichnis der Abkürzungen).

Zeitachsen sind *gleichabständig* unterteilt, auch wenn die zugehörigen Daten nur für ungleichabständige Perioden zur Verfügung standen. Die mit Daten belegten Zeitpunkte sind i.d.R. graphisch gekennzeichnet (z.B. durch Punkte auf den Kurven).

In Einzelfällen liegen die dargestellten Achsen nicht im **Nullpunkt** des diagrammeigenen Koordinatensystems (*abgeschnittene Diagramme*).

In vergleichenden Darstellungen von *alten und neuen Ländern* wird wie folgt unterschieden:
- alte Länder:
  linke Säule,
  dunkel,
  blau,
- neue Länder:
  rechte Säule,
  hell,
  rot.◆

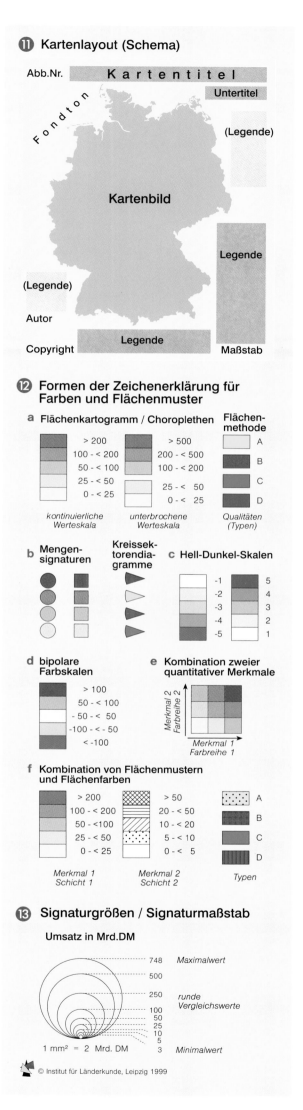

⑪ **Kartenlayout (Schema)**

Abb.Nr. · Kartentitel · Untertitel · Fondton · (Legende) · Kartenbild · Legende · (Legende) · Autor · Copyright · Legende · Maßstab

⑫ **Formen der Zeichenerklärung für Farben und Flächenmuster**

a Flächenkartogramm / Choroplethen — Flächenmethode

> 200	> 500	A
100 - < 200	200 - < 500	B
50 - < 100	100 - < 200	C
25 - < 50	25 - < 50	D
0 - < 25	0 - < 25	

kontinuierliche Werteskala · *unterbrochene Werteskala* · *Qualitäten (Typen)*

b Mengensignaturen · Kreissektorendiagramme **c** Hell-Dunkel-Skalen

-1 · 5 / -2 · 4 / -3 · 3 / -4 · 2 / -5 · 1

d bipolare Farbskalen

> 100 / 50 - < 100 / – 50 - < 50 / -100 - < - 50 / < -100

e Kombination zweier quantitativer Merkmale

Merkmal 2 Farbreihe 2 · Merkmal 1 Farbreihe 1

f Kombination von Flächenmustern und Flächenfarben

> 200	> 50	A
100 - < 200	20 - < 50	B
50 - <100	10 - < 20	C
25 - < 50	5 - < 10	D
0 - < 25	0 - < 5	

Merkmal 1 Schicht 1 · *Merkmal 2 Schicht 2* · *Typen*

⑬ **Signaturgrößen / Signaturmaßstab**

Umsatz in Mrd.DM

748 — *Maximalwert*
500
250 — *runde Vergleichswerte*
100
50
25
10
5
1 mm² = 2 Mrd. DM
3 — *Minimalwert*

© Institut für Länderkunde, Leipzig 1999

Abkürzungen für Kreise, kreisfreie Städte und Länder

Länder der Bundesrepublik Deutschland

BB	Brandenburg	MV	Mecklenburg-Vorpommern
BE	Berlin	NI	Niedersachsen
BW	Baden-Württemberg	NW	Nordrhein-Westfalen
BY	Bayern	RP	Rheinland-Pfalz
HB	Bremen	SH	Schleswig-Holstein
HE	Hessen	SL	Saarland
HH	Hamburg	SN	Sachsen
		ST	Sachsen-Anhalt
		TH	Thüringen

Kreis / kreisfreie Stadt / Landkreis

A	Augsburg (Stadt und Land)
AA	Ostalbkreis (Aalen)
AB	Aschaffenburg (Stadt und Land)
ABG	Altenburger Land (Altenburg)
AC	Aachen (Stadt und Land)
AIC	Aichach-Friedberg
AK	Altenkirchen/Westerwald
AM	Amberg
AN	Ansbach (Stadt und Land)
ANA	Annaberg- (Annaberg-Buchholz)
AÖ	Altötting
AP	Weimarer Land (Apolda)
AS	Amberg-Sulzbach
ASL	Aschersleben-Staßfurt
ASZ	Aue – Schwarzenberg
AUR	Aurich
AW	Ahrweiler (Bad Neuenahr-Ahrweiler)
AZ	Alzey – Worms
AZE	Anhalt – Zerbst
B	Berlin
BA	Bamberg (Stadt und Land)
BAD	Baden-Baden
BAR	Barnim (Eberswalde)
BB	Böblingen
BBG	Bernburg
BC	Biberach an der Riss
BGL	Berchtesgadener Land (Bad Reichenhall)
BI	Bielefeld
BIR	Birkenfeld, Idar-Oberstein
BIT	Bitburg – Prüm
BL	Zollernalbkreis (Balingen)
BLK	Burgenlandkreis (Naumburg)
BM	Erftkreis (Bergheim)
BN	Bonn
BO	Bochum
BOR	Borken
BOT	Bottrop
BRA	Wesermarsch (Brake/Unterweser)
BRB	Brandenburg
BS	Braunschweig
BT	Bayreuth (Stadt und Land)
BTF	Bitterfeld
BÜS	Kreis Konstanz (Büsingen am Hochrhein)
BZ	Bautzen
C	Chemnitz
CB	Cottbus
CE	Celle
CHA	Cham
CLP	Cloppenburg
CO	Coburg (Stadt und Land)
COC	Cochem – Zell
COE	Coesfeld
CUX	Cuxhaven
CW	Calw
D	Düsseldorf
DA	Darmstadt, Darmstadt-Dieburg
DAH	Dachau
DAN	Lüchow – Dannenberg
DAU	Daun
DBR	Bad Doberan
DD	Dresden, Dresden-Land
DE	Dessau
DEG	Deggendorf
DEL	Delmenhorst
DGF	Dingolfing – Landau
DH	Diepholz
DL	Döbeln
DLG	Dillingen an der Donau
DM	Demmin
DN	Düren
DO	Dortmund
DON	Donau – Ries (Donauwörth)
DU	Duisburg
DÜW	Bad Dürkheim, Weinstraße
DW	Weißeritzkreis (Dippoldiswalde)
DZ	Delitzsch
E	Essen
EA	Eisenach
EBE	Ebersberg
ED	Erding
EE	Elbe – Elster (Herzberg)
EF	Erfurt
EI	Eichstätt
EIC	Eichsfeld (Heiligenstadt)
EL	Emsland (Meppen)
EM	Emmendingen
EMD	Emden
EMS	Rhein – Lahn – Kreis (Bad Ems)
EN	Ennepe-Ruhr-Kreis (Schwelm)
ER	Erlangen
ERB	Odenwaldkreis (Erbach)
ERH	Erlangen-Höchstadt
ES	Esslingen am Neckar
ESW	Werra – Meißner – Kreis (Eschwege)
EU	Euskirchen
F	Frankfurt/M.
FB	Wetteraukreis (Friedberg/Hessen)
FD	Fulda
FDS	Freudenstadt
FF	Frankfurt/O.
FFB	Fürstenfeldbruck
FG	Freiberg
FL	Flensburg
FN	Bodenseekreis (Friedrichshafen)
FO	Forchheim
FR	Freiburg im Breisgau, Breisgau-Hochschwarzwald
FRG	Freyung – Grafenau
FRI	Friesland (Jever)
FS	Freising
FT	Frankenthal/Pfalz
FÜ	Fürth (Stadt und Land)
G	Gera
GAP	Garmisch – Partenkirchen
GC	Chemnitzer Land (Glauchau)
GE	Gelsenkirchen
GER	Germersheim
GG	Groß-Gerau
GI	Gießen
GL	Rheinisch-Bergischer Kreis (Bergisch Gladbach)
GM	Oberbergischer Kreis (Gummersbach)
GÖ	Göttingen
GP	Göppingen
GR	Görlitz
GRZ	Greiz
GS	Goslar
GT	Gütersloh
GTH	Gotha
GÜ	Güstrow
GZ	Günzberg
H	Hannover (Stadt und Land)
HA	Hagen
HAL	Halle/ Saale
HAM	Hamm
HAS	Haßberge (Haßfurt)
HB	Bremen/Bremerhaven
HBN	Hildburghausen
HBS	Halberstadt
HD	Heidelberg
HDH	Heidenheim an der Brenz
HE	Helmstedt
HEF	Hersfeld – Rotenburg (Bad Hersfeld)
HEI	Dithmarschen (Heide)
HER	Herne
HF	Herford
HG	Hochtaunuskreis (Bad Homburg v.d. Höhe)
HGW	Hansestadt Greifswald
HH	Hansestadt Hamburg
HI	Hildesheim
HL	Hansestadt Lübeck
HM	Hameln – Pyrmont
HN	Heilbronn (Stadt und Land)
HO	Hof (Stadt und Land)
HOL	Holzminden
HOM	Saar-Pfalz-Kreis (Homburg/Saar)
HP	Bergstraße (Heppenheim an der Bergstraße)
HR	Schwalm-Eder-Kreis (Homburg/ Efze)
HRO	Hansestadt Rostock
HS	Heinsberg
HSK	Hochsauerlandkreis (Meschede)
HAST	Hansestadt Stralsund
HU	Main-Kinzig-Kreis (Hanau)
HVL	Havelland (Rathenow)
HWI	Hansestadt Wismar
HX	Höxter
HY	Hoyerswerda
IGB	Sankt Ingbert
IK	Ilm-Kreis (Arnstadt)
IN	Ingolstadt
J	Jena
JL	Jerichower Land (Burg bei Magdeburg)
K	Köln
KA	Karlsruhe (Stadt und Land)
KB	Waldeck-Frankenberg (Korbach)
KC	Kronach
KE	Kempten/ Allgäu
KEH	Kelheim
KF	Kaufbeuren
KG	Bad Kissingen
KH	Bad Kreuznach
KI	Kiel
KIB	Donnersbergkreis (Kirchheimbolanden)
KL	Kaiserslautern (Stadt und Land)
KLE	Kleve
KM	Kamenz
KN	Konstanz
KO	Koblenz
KÖT	Köthen
KR	Krefeld
KS	Kassel (Stadt und Land)
KT	Kitzingen
KU	Kulmbach
KÜN	Hohenlohekreis (Künzelsau)
KUS	Kusel
KYF	Kyffhäuserkreis (Sondershausen)
L	Leipzig, Leipziger Land
LA	Landshut (Stadt und Land)
LAU	Nürnberger Land (Lauf an der Pegnitz)
LB	Ludwigsburg
LD	Landau in der Pfalz.
LDK	Lahn-Dill-Kreis (Wetzlar)
LDS	Dahme-Spreewald (Lübben)
LER	Leer/ Ostfriesland
LEV	Leverkusen
LG	Lüneburg
LI	Lindau/ Bodensee
LIF	Lichtenfels
LIP	Lippe (Detmold)
LL	Landsberg am Lech
LM	Limburg – Weilburg
LÖ	Lörrach
LOS	Oder –Spree (Beeskow)
LU	Ludwigshafen am Rhein (Stadt und Land)
LWL	Ludwigslust
M	München (Stadt und Land)
MA	Mannheim
MB	Miesbach
MD	Magdeburg
ME	Mettmann
MEI	Meißen
MEK	Mittlerer Erzgebirgskreis (Marienberg)
MG	Mönchengladbach
MH	Mülheim (Ruhr)
MI	Minden – Lübbecke

MIL	Miltenberg		(Husum)	OL	Oldenburg (Stadt und Land)
MK	Märkischer Kreis (Lüdenscheid)	NI	Nienburg/ Weser	OPR	Ostprignitz – Ruppin (Neuruppin)
ML	Mansfelder Land (Eisleben)	NK	Neunkirchen/ Saar	OS	Osnabrück (Stadt und Land)
MM	Memmingen	NM	Neumarkt in der Oberpfalz	OSL	Oberspreewald – Lausitz (Senftenberg)
MN	Unterallgäu (Mindelheim)	NMS	Neumünster	OVP	Ostvorpommern (Anklam)
MOL	Märkisch – Oderland (Seelow)	NOH	Grafschaft Bentheim (Nordhorn)	P	Potsdam
MOS	Neckar – Odenwald – Kreis (Mosbach)	NOL	Niederschlesischer Oberlausitzkreis (Niesky)	PA	Passau (Stadt und Land)
MQ	Merseburg – Querfurt	NOM	Northeim	PAF	Pfaffenhofen an der Ilm
MR	Marburg – Biedenkopf	NR	Neuwied/ Rhein	PAN	Rottal – Inn (Pfarrkirchen)
MS	Münster	NU	Neu – Ulm	PB	Paderborn
MSP	Main – Spessart – Kreis (Karlstadt)	NVP	Nordvorpommern (Grimmen)	PCH	Parchim
MST	Mecklenburg – Strelitz (Neustrelitz)	NW	Neustadt an der Weinstraße	PE	Peine
MTK	Main –Taunus – Kreis (Hofheim am Taunus)	NWM	Nordwestmecklenburg (Grevesmühlen)	PF	Pforzheim, Enzkreis
MTL	Muldentalkreis (Grimma)	OA	Oberallgäu (Sonthofen)	PI	Pinneberg
MÜ	Mühldorf am Inn	OAL	Ostallgäu (Marktoberdorf)	PIR	Sächsische Schweiz (Pirna)
MÜR	Müritz (Waren)	OB	Oberhausen	PL	Plauen
MW	Mittweida	OC	Bördekreis (Oschersleben)	PLÖ	Plön/ Holstein
MYK	Mayen – Koblenz	OD	Stormarn (Bad Oldersloe)	PM	Potsdam – Mittelmark (Belzig)
MZ	Mainz – Bingen	OE	Olpe	PR	Prignitz (Perleberg)
MZG	Merzig – Wadern	OF	Offenbach am Main (Stadt und Land)	PS	Pirmasens
N	Nürnberg	OG	Ortenaukreis (Offenburg)	QLB	Quedlinburg
NB	Neubrandenburg	OH	Ostholstein (Eutin)	R	Regensburg (Stadt und Land)
ND	Neuburg-Schrobenhausen	OHA	Osterode am Harz	RA	Rastatt
NDH	Nordhausen	OHV	Oberhavel (Oranienburg)	RD	Rendsburg – Eckernförde
NE	Neuss	OHZ	Osterholz (Osterholz – Schwarmbeck)	RE	Recklinghausen
NEA	Neustadt an der Aisch – Bad Windsheim	OK	Ohrekreis	REG	Regen
NES	Rhön – Grabfeld (Bad Neustadt an der Saale)			RG	Riesa – Großenhain
NEW	Neustadt an der Waldnaab			RH	Roth
NF	Nordfriesland			RO	Rosenheim

ROW	Rotenburg/ Wümme	SP	Speyer	VS	Schwarzwald – Baar – Kreis (Villingen – Schwenningen)
RS	Remscheid	SPN	Spree – Neiße (Forst)	W	Wuppertal
RT	Reutlingen	SR	Straubing, Straubing-Boden	WAF	Warendorf
RÜD	Rheingau – Taunus – Kreis (Bad Schwalbach)	ST	Steinfurt	WAK	Wartburgkreis (Bad Salzungen)
RÜG	Rügen (Bergen)	STA	Stamberg	WB	Wittenberg
RV	Ravensburg	STD	Stade	WE	Weimar
RW	Rottweil	STL	Stollberg	WEN	Weiden i.d. Opf.
RZ	Herzogtum Lauenburg (Ratzeburg)	SU	Rhein – Sieg Kreis (Siegburg)	WES	Wesel
		SW	Schweinfurt (Stadt und Land)	WF	Wolfenbüttel
		SZ	Salzgitter	WHV	Wilhelmshaven
S	Stuttgart			WI	Wiesbaden
SAD	Schwandorf	TBB	Main – Tauber – Kreis (Tauber-bischofsheim)	WIL	Bernkastel – Wittlich
SAW	Altmarkkreis Salzwedel	TF	Teltow – Fläming (Luckenwalde)	WL	Harburg (Winsen/ Luhe)
SB	Saarbrücken	TIR	Tirschenreuth	WM	Weilheim – Schongau
SBK	Schönebeck	TO	Torgau – Oschatz	WN	Rems – Murr – Kreis (Waiblingen)
SC	Schwabach	TÖL	Bad Tölz – Wolfratshausen	WND	Sankt Wendel
SDL	Stendal	TR	Trier	WO	Worms
SE	Segeberg (Bad Segeberg)	TS	Traunstein	WOB	Wolfsburg
SFA	Soltau – Fallingbostel	TÜ	Tübingen	WR	Wernigerode
SG	Solingen	TUT	Tuttlingen	WSF	Weißenfels
SHA	Schwäbisch Hall	UE	Uelzen	WST	Ammerland (Westerstede)
SHG	Schaumburg (Stadthagen)	UER	Uecker – Randow (Pasewalk)	WT	Waldshut (Waldshut – Tiengen)
SHL	Suhl	UH	Unstrut – Hainich – Kreis (Mühlhausen/ Thüriingen)	WTM	Wittmund
SI	Siegen – Wittgenstein	UL	Ulm, Alb – Donau – Kreis	WÜ	Würzburg (Stadt und Land)
SIG	Sigmaringen	UM	Uckermark (Prenzlau)	WUG	Weißenburg – Gunzenhausen
SIM	Rhein – Hunsrück – Kreis (Simmern)	UN	Unna	WUN	Wunsiedel i. Fichtelgebirge
SK	Saalkreis (Halle/ Saale)	V	Vogtlandkreis (Plauen)	WW	Westerwaldkreis (Montabaur)
SL	Schleswig – Flensburg	VB	Vogelsbergkreis (Lauterbach/ Hessen)	Z	Zwickau, Zwickauer Land
SLF	Saalfeld – Rudolstadt	VEC	Vechta	ZI	Löbau – Zittau
SLS	Saarlouis	VER	Verden (Verden/ Aller)	ZW	Zweibrücken
SM	Schmalkalden – Meiningen	VIE	Viersen		
SN	Schwerin	VK	Völklingen		
SO	Soest				
SÖM	Sömmerda				
SOK	Saale – Orla – Kreis (Schleiz)				
SON	Sonneberg				

Länder

A	Österreich	CR	Costa Rica		Königreich
AL	Albanien	CZ	Tschechische Republik	GCA	Guatemala
AND	Andorra	D	Deutschland	GH	Ghana
ARM	Armenien	DK	Dänemark	GR	Griechenland
AZ	Aserbaidschan	DOM	Dominikanische Republik	GUY	Guyana
B	Belgien	DY	Benin	H	Ungarn
BF	Burkina Faso	E	Spanien	HN	Honduras
BG	Bulgarien	ES	El Salvador	HR	Kroatien
BH	Belize	EST	Estland	I	Italien
BIH	Bosnien-Herzegowina	F	Frankreich	IL	Israel
BRN	Bahrein	FIN	Finnland	IRL	Irland
BU	Burundi	FL	Liechtenstein	IS	Island
BY	Weißrußland	GB	Großbritannien, Vereinigtes	J	Japan
CH	Schweiz			JA	Jamaika
CI	Côte d'Ivoire			JOR	Jordanien
				KN	St. Kitts und

	Nevis	PL	Polen	SYR	Syrien
KS	Kirgisistan	Q	Katar	TJ	Tadschikistan
KWT	Kuwait	RG	Guinea	TM	Turkmenistan
L	Luxemburg	RH	Haiti	TR	Türkei
LS	Lesotho	RL	Libanon	UA	Ukraine
LT	Litauen	RO	Rumänien	UAE	Vereinigte Arabische Emirate
LV	Lettland	RSM	San Marino	USA	Vereinigte Staaten von Amerika
MC	Monaco	RT	Togo		
MD	Moldau	RUS	Russische Föderation	UZB	Usbekistan
MK	Makedonien	RWA	Ruanda	WL	St. Lucia
MW	Malawi	S	Schweden	WV	St. Vincent und die Grenadinen
N	Norwegen	SK	Slowakische Republik	YU	Jugoslawien
NIC	Nicaragua	SLO	Slowenien		
NL	Niederlande	SME	Suriname		
P	Portugal				
PA	Panama				

Quellenverzeichnis

Verwendete Abkürzungen

ADAC	Allgemeiner Deutscher Automobil-Club
ADFC	Allgemeiner Deutscher Fahrrad-Club e.V.
AGIT	Aachener Gesellschaft für Innovation und Technologietransfer
aktual.	aktualisierte
ARL	Akademie für Raumforschung und Landesplanung
AUMA	Ausstellungs- und Messe-Ausschuss der Deutschen Wirtschaft e.V.
BAG	Bundesarbeitsgemeinschaft für Urlaub auf dem Bauernhof und Landtourismus in Deutschland e.V.
BAT	British American Tobacco (Germany)
BBR	Bundesamt für Bauwesen und Raumordnung
Bearb.	Bearbeitung
BfLR	Publikationen des BBR vor 1998, Bundesforschungsanstalt für Landeskunde und Raumordnung
BfN	Bundesamt für Naturschutz
BISp	Bundesinstitut für Sportwissenschaft
BKG	Bundesamt für Kartographie und Geodäsie (ehem. IfAG)
BMELF	Bundesministerium für Ernährung, Landwirtschaft und Forsten
BMRBS	Bundesministerium für Raumordnung, Bauwesen und Städtebau (bis 1999)
BTE	Büro für Tourismus und Erholungsplanung
DCC	Deutscher Camping-Club
DeGefest e.V	Deutsche Gesellschaft zur Förderung und Entwicklung des Seminar- und Tagungswesens e.V.
DEHOGA	Deutscher Hotel- und Gaststättenverband
DFB	Deutscher Fußballbund
DGF	Deutsche Gesellschaft für Freizeit
DIW	Deutsches Institut für Wirtschaftsforschung
DWIF	Deutsches Wirtschaftswissenschaftliches Institut für Fremdenverkehr
DZT	Deutsche Zentrale für Tourismus
eidg.	eidgenössisch
erweit.	erweiterte
ETI	Europäisches Tourismus Institut
FIFA	Fédération Internationale de Football Association
FUR	Forschungsgemeinschaft für Urlaub und Reisen (auch F.U.R.)
IfL	Institut für Länderkunde
IÖR	Institut für Ökologische Raumentwicklung
IPK	Institut für Planungskybernetik
Konstr.	Konstruktion
Red.	Redaktion
StBA	Statistisches Bundesamt
StÄdBL	Statistische Ämter des Bundes und der Länder
StÄdL	Statistische Ämter der Länder
unveröff.	unveröffentlicht(e)
VDF	Verband Deutscher Freilichtbühnen
VDN	Verband Deutscher Naturparke
versch.	verschiedene

Nationalatlas Bundesrepublik Deutschland

Herausgeber: Institut für Länderkunde, Schongauerstr. 9, 04329 Leipzig
Projektleitung: Prof. Dr. A. Mayr, Dr. S. Tzschaschel

Verantwortliche
für Redaktion: Dr. S. Tzschaschel
für Kartenredaktion: Dr. Ing. K. Großer

Mitarbeiter
Redaktion: Dipl.-Geogr. V. Bode, F. Gränitz (M.A.), D. Hänsgen (M.A.) unter Mitarbeit von: G. Mayr, C. Fölber, Dr. K. Wiest
Kartenredaktion: Dipl.-Ing. f. Kart. B. Hantzsch, Dipl.-Ing. (FH) W. Kraus, Dipl.-Geogr. C. Lambrecht, Dipl.-Ing. (FH) A. Müller
Kartographie: Kart. R. Bräuer, Dipl.-Ing. (FH) S. Dutzmann, Dipl.-Ing. f. Kart. B. Hantzsch, Dipl.-Geogr. U. Hein, Dipl.-Ing. (FH) W. Kraus, Dipl.-Geogr. E. Losang, Dipl.-Ing. (FH) A. Müller, R. Richter, Stud.-Ing. O. Schnabel, Kart. M. Zimmermann
Elektr. Ausgabe: Dipl.-Geogr. C. Lambrecht, Dipl.-Geogr. E. Losang
Satz, Gesamtgestaltung und Technik: Dipl.-Ing. J. Rohland
Bildauswahl: Dipl.-Geogr. V. Bode
Repro.-Fotografie: K. Ronniger

S. 10-11: Deutschland auf einen Blick
Autoren: D. Hänsgen, M.A. (Text), Dipl.-Ing. f. Kart. B. Hantzsch (Karte) und Dipl.-Geogr. U. Hein (Karte), Institut für Länderkunde, Schongauerstr. 9, 04329 Leipzig
Kartographische Bearbeiter
Abb. 1: Konstr.: U. Hein; Red.: U. Hain; Bearb.: U. Hein
Abb. 2: Red.: B. Hantzsch; Bearb.: B. Hantzsch, R. Bräuer
Literatur
BREITFELD, K. u.a. (1992): Das vereinte Deutschland. Eine kleine Geographie. Leipzig.
FRIEDLEIN, G. u. F.-D. GRIMM (1995): Deutschland und seine Nachbarn. Spuren räumlicher Beziehungen. Leipzig.
SPERLING, W. (1997): Germany in the Nineties. In: HECHT, A. u. A. PLETSCH (Hrsg.): Geographies of Germany and Canada. Paradigms, Concepts, Stereotypes, Images. Hannover (= Studien zur internationalen Schulbuchforschung. Band 92), S. 35-49.
STBA (jährlich): Statistisches Jahrbuch der Bundesrepublik Deutschland. Wiesbaden.
StBA: Basisdaten Geographie online im Internet unter: http://www.statistik-bund.de
UMWELTBUNDESAMT: Umweltrelevante Aktivitäten: Bevölkerung, Flächennutzung online im Internet unter: http://www.umweltbundesamt.de
Quellen von Karten und Abbildungen
Abb. 1: Bevölkerungsdichte: StBA
Abb. 2: Geographische Übersicht: DLM 1000 des BKG

S. 12-21: Freizeit und Tourismus in Deutschland – eine Einführung
Autor: Prof. Dr. Christoph Becker, Fachbereich VI – Geographie/Geowissenschaften der Universität Trier, Universitätsring 15, 54286 Trier
Kartographische Bearbeiter
Abb. 1, 2, 3, 4, 6, 7, 10, 15, 16, 19, 20, 23, 24: Red.: K. Großer; Bearb.: R. Bräuer
Abb. 8, 11, 27, 28: Red.: K. Großer; Bearb.: M. Zimmermann
Abb. 12: Konstr.: E. Losang; Red.: E. Losang, W. Kraus; Bearb.: W. Kraus

Abb. 5, 13, 14, 17, 26: Red.: K. Großer; Bearb.: K. Ronniger
Abb. 18: Red.: S. Tzschaschel; Bearb.: S. Dutzmann
Abb. 21: Konstr.: U. Hein; Red.: B. Hantzsch; Bearb.: B. Hantzsch
Abb. 9, 22, 25: Red.: B. Hantzsch; Bearb.: R. Richter
Literatur
ARL (Hrsg.) (1970): Handwörterbuch der Raumforschung und Raumordnung. Hannover.
BECKER, C. (Hrsg.) (1995): Ansätze für eine nachhaltige Regionalentwicklung mit Tourismus. Berlin (= Institut für Tourismus der Freien Universität Berlin. Berichte und Materialien. Nr. 14).
BECKER, C. (Hrsg.) (1997): Beiträge zur nachhaltigen Regionalentwicklung mit Tourismus. Berlin (= Institut für Tourismus der Freien Universität Berlin. Berichte und Materialien. Nr. 16).
BECKER, C. (Hrsg.) (1999): Forschungsergebnisse zur nachhaltigen Tourismusentwicklung.

Trier (= Materialien zur Fremdenverkehrsgeographie. Heft 52).
BECKER, C. u.a. (Hrsg.) (1975): Freizeitverhalten in verschiedenen Raumkategorien. Trier (= Materialien zur Fremdenverkehrsgeographie. Heft 3).
BECKER, C., H. JOB u. A. WITZEL (1996): Tourismus und nachhaltige Entwicklung. Grundlagen und praktische Ansätze für den mitteleuropäischen Raum. Darmstadt.
BECKER, C. u. A. STEINECKE (Hrsg.) (1993): Kulturtourismus in Europa: Wachstum ohne Grenzen? Trier (= ETI-Studien. Band 2).
BONERTZ, J. (1983): Die Planungstauglichkeit von Landschaftsbewertungsverfahren in der Landes- und Regionalplanung. Trier (= Materialien zur Fremdenverkehrsgeographie. Heft 7).
CHRISTALLER, W. (1955): Beiträge zu einer Geographie des Fremdenverkehrs. In: Erdkunde 9, S. 1-19.
DEHOGA (Hrsg.) (1991): So führen Sie einen umweltfreundlichen Betrieb. Tips für das Gastgewerbe, die sich rechnen. Bonn.
DGF (Hrsg.) (1993): Freizeit in Deutschland

1993. Aktuelle Daten – Fakten – Aussagen. Erkrath.
DGF (Hrsg.) (1995): Freizeit in Deutschland 1993/1995. Aktuelle Daten – Fakten – Aufsätze. Erkrath.
DGF (Hrsg.) (1998): Freizeit in Deutschland 1998. Aktuelle Daten und Grundinformation. Erkrath.
DWIF (1995): Tagesreisen der Deutschen. München (= Schriftenreihe des DWIF. Heft 46).
EGGERT, A. (2000): Tourismuspolitik. Trier (= Trierer Tourismus Bibliographien. Band 13).
FRANCK, J., S. PETZOLD u. C. O. WENZEL (1997): Freizeitparks, Ferienzentren, virtuelle Attraktionen: die Ferien- und Freizeitwelt von morgen? In: STEINECKE, A. u. M. TREINEN (Hrsg.), S. 174-187.
FREYER, W. (1997): Tourismus-Marketing. München, Wien.
FUR (1999): Urlaub und Reisen 1998. Die Reiseanalyse. Kurzfassung. Hamburg.
GEIGANT, F. (1962): Die Standorte des Fremdenverkehrs. München (= Schriftenreihe des DWIF. Heft 17).
HAEDRICH, G. u.a. (Hrsg.) (1998): Tourismus-Management. Tourismus-Marketing und Fremdenverkehrsplanung. 3. Aufl. Berlin, New York.
JÄTZOLD, R. (1993): Differenzierungs- und Förderungsmöglichkeiten des Kulturtourismus und die Erfassung seiner Potentiale am Beispiel des Ardennen-Eifel-Saar-Moselraumes. In: BECKER, C. u. A. STEINECKE (Hrsg.), S. 135-144.
JOB, H. (1996): Modell zur Evaluation der Nachhaltigkeit im Tourismus. In: Erdkunde 50, S. 112-132.
JUNGK, R. (1980): Wieviel Touristen pro Hektar Strand? In: GEO. Heft 10, S. 154-156.
KASPAR, C. (1996): Die Tourismuslehre im Grundriß. 5. Aufl. Bern, Stuttgart.
KRIPPENDORF, J. (1975): Die Landschaftsfresser. Bonn, Stuttgart.
LARRABEE, E. u. R. MEYERSOHN (Hrsg.) (1960): Mass Leisure. 2. Aufl. Glencoe.
MONHEIM, R. (1975): Die Stadt als Fremdenverkehrs- und Freizeitraum. In: BECKER, C. u.a. (Hrsg.), S. 7-44.
OPASCHOWSKI, H. E. (1997a): Deutschland 2010. Wie wir morgen leben – Voraussagen der Wissenschaft zur Zukunft unserer Gesellschaft. Hamburg.
OPASCHOWSKI, H. E. (1997b): Einführung in die Freizeitwissenschaft. 3. Aufl. Opladen.
PARTZSCH, D. (1970): Daseinsgrundfunktionen. In: ARL (Hrsg.), S. 424-430.
POSER, H. (1939): Geographische Studien über den Fremdenverkehr im Riesengebirge. Göttingen (= Abhandlungen der Gesellschaft der Wissenschaften zu Göttingen. Heft 20).
ROMEISS-STRACKE, F. (1998): Freizeit- und Tourismusarchitektur. In: HAEDRICH, G. u.a. (Hrsg.), S. 477-484.
STBA (Hrsg.) (1991): Tourismus in der Gesamtwirtschaft. Ergebnisse des 4. Wiesbadener Gesprächs am 28./29. März 1990. Wisbaden (= Schriftenreihe Forum der Bundesstatistik. Band 17).
STBA (1999): Tourismus in Zahlen 1999. Wiesbaden.
STEINECKE, A. u. M. TREINEN (Hrsg.) (1997): Inszenierung im Tourismus. Trier (= ETI-Studien. Band 3).

Quellen von Karten und Abbildungen

Abb. 1: Arbeitszeit und Freizeit 1840-2000: Entwurf C. Becker.
Abb. 2: Bezahlte Urlaubstage im Jahr 1950-1997 (Durchschnitt): DGF (Hrsg.) (1998), S. 31.
Abb. 3: Zeitverwendung je Tag: DGF (Hrsg.) (1998), S. 13.
Abb. 4: Bevölkerungsanteil, der den Urlaub zum Reisen nutzt 1954-1998: STUDIENKREIS FÜR TOURISMUS (Hrsg.) (versch. Jahrgänge bis 1992): Urlaubsreisen (versch. Jahre). Kurzfassung der Reiseanalyse (versch. Jahrgänge). Starnberg. FUR (1999).
Abb. 5: Wandel gesellschaftlicher Werte: OPASCHOWSKI, H. E. (1987): Wie leben wir nach dem Jahr 2000? Hamburg, S. 16.
Abb. 6: Aktivitäten bei Ausflügen 1995: DWIF (1995).
Abb. 7: Freizeitaktivitätenspektrum 1992 und 1996: OPASCHOWSKI, H. E. (1992): Freizeit 2001. Ein Blick in die Zukunft unserer Freizeitwelt. Hamburg. OPASCHOWSKI, H. E. (1997b), S. 39.
Abb. 8: Ordnungsschema der Typen von Freizeit- und Fremdenverkehr: MONHEIM, R. (1975).
Abb. 9: Die beliebtesten Reiseziele im In- und Ausland 1998: FUR (1999).
Abb. 10: Aktivitäten während der Urlaubsreisen 1998: FUR (1999).
Abb. 11: In- und Auslandsreise-Anteile der Haupturlaubsreisen der Deutschen 1954-1998: FUR (1999).
Abb. 12: Reisen und Energieverbrauch deutscher Urlauber 1994: BECKER, C. (1997): Der Energieverbrauch für die Urlaubsreisen der Deutschen. In: BECKER, C. (Hrsg.), S. 90.
Abb. 13: Gliederung des Kulturtourismus: JÄTZOLD, R. (1993), S. 138.
Abb. 14: Virtuelle Freizeitmöglichkeiten: DGF (Hrsg.) (1998), S. 119.
Abb. 15: Besuch von Großveranstaltungen 1997: DGF (Hrsg.) (1998), S. 50.
Abb. 16: Gastronomisches Angebot in Deutschland 1993: STBA (1999), S. 184.
Abb. 17: Touristische Infrastruktur in Deutschland: DGF (Hrsg.) (1998), S. 125ff.
Abb. 18: Regionaler touristischer Multiplikator-Effekt: Entwurf C. Becker.
Abb. 19: Beschäftigte und Umsatz nach Branchen 1998: DEUTSCHER TOURISMUS VERBAND (1999): Der Tourismus in Deutschland. Bonn.
Abb. 20: Freizeitausgaben 1998: STBA (1999), S. 56.
Abb. 21: Touristische Großräume und Reisegebiete: StÄdL.
Abb. 22: Das Übernachtungsvolumen in touristischen Großräumen 1988 und 1998: StÄdBL.
Abb. 23: Übernachtungen 1985-1998: STBA (versch. Jahrgänge): Statistisches Jahrbuch. Wiesbaden.
Abb. 24: Verkehrsmittel bei Ausflügen und für den Urlaub 1995: Nach DWIF (1995). FUR (1999). DIW (1997): Verkehr in Zahlen 1997. Bonn, Berlin.
Abb. 25: Verteilung des Übernachtungsvolumens auf touristische Großräume 1998: StÄdBL.
Abb. 26: Hartes und Sanftes Reisen nach R. Jungk: JUNGK, R. (1980), S. 156.
Abb. 27: Konzept der Nachhaltigkeit: BECKER (1995). BECKER (1997). BECKER (1999).
Abb. 28: Daseinsgrundfunktionen: PARTZSCH, D. (1970), S. 429.

Bildnachweis

S. 12: „Urlaubsgeld erschließt die Welt", Plakat des DGB 1956: copyright DGB
S. 13: Wandern in den Weinbergen am Rhein: copyright Verkehrsamt Rüdesheim a. Rhein
S. 14: Im Spreewald: copyright S. Tzschaschel
S. 15: Im Wattenmeer an der Nordseeküste: copyright Oswald Eckstein/OKAPIA
S. 17: Appartementbauten auf Sylt: copyright J. Newig
S. 18: Auf dem Großen Zernsee (Havel): copyright S. Tzschaschel
S. 20: Schlittenhunderennen im Vogtland: copyright S. Tzschaschel

S. 22-23: Fremdenverkehr vor dem Zweiten Weltkrieg

Autoren: Oliver Kersten und Dr. habil. Hasso Spode, Willy Scharnow-Institut für Tourismus der FU Berlin, Malteser Str. 74-100, 12249 Berlin

Kartographische Bearbeiter

Abb. 1: Red.: K. Großer; Bearb.: R. Bräuer
Abb. 2: Konstr.: U. Hein; Red.: O. Schnabel; Bearb.: O. Schnabel

Literatur

BRENNER, P. J. (Hrsg.) (1997): Reisekultur in Deutschland. Von der Weimarer Republik zum „Dritten Reich". Tübingen.
CANTAUW, C. (Hrsg.) (1995): Arbeit, Freizeit, Reisen: Die feinen Unterschiede im Alltag. Münster, New York.
HAHN, H. u. J. H. KAGELMANN (Hrsg.) (1993): Tourismuspsychologie und Tourismussoziologie: ein Handbuch zur Tourismuswissenschaft. München.
HENNIG, C. (1997): Reiselust. Touristen, Tourismus und Urlaubskultur. Frankfurt a. M., Leipzig.
KEITZ, C. (1997): Reisen als Leitbild. Die Entstehung des modernen Massentourismus in Deutschland. München.
Saison am Strand. Badeleben an Nord- und Ostsee (1986). Unter Mitarbeit von Hedinger, B. u.a. Herford.
SPODE, H. (1982): Arbeiterurlaub im Dritten Reich. In: Angst, Belohnung, Zucht und Ordnung: Herrschaftsmechanismen im Nationalsozialismus. Opladen (= Schriften des Zentralinstituts für Sozialwissenschaftliche Forschung der Freien Universität Berlin 41).
SPODE, H. (1987): Zur Geschichte des Tourismus. Starnberg.
SPODE, H. (Hrsg.) (1991): Zur Sonne, zur Freiheit! Beiträge zur Tourismusgeschichte. Berlin.
SPODE, H. (Hrsg.) (1996): Goldstrand und Teutonengrill. Kultur- und Sozialgeschichte des Tourismus in Deutschland. Berlin.
SPODE, H. (1999): Der Tourist. In: HAUPT, H.-G. u. U. FREVERT (Hrsg.): Der Mensch im 20. Jahrhundert. Frankfurt a. M., New York.
Voyage. Jahrbuch für Reise- & Tourismusforschung 1997/1ff.
ZIMMERS, B. (Bearb.) (1995): Geschichte und Entwicklung des Tourismus. Trier (= Trierer Tourismus Bibliographien. Band 7).

Quellen von Karten und Abbildungen

Abb. 1: Gründungsjahre deutscher Seebäder,
Abb. 2: Tourismus vor dem Zweiten Weltkrieg: HEDINGER, B. (Bearb.) (1986): Saison am Strand. Badeleben an Nord- und Ostsee, 200 Jahre. Herford. KAISERLICHES GESUNDHEITSAMT (Hrsg.) (1900): Deutschlands Heilquellen und Bäder. Berlin. Reichs-Handbuch der deutschen Fremdenverkehrsorte. Wegweiser durch Deutschland für Kur, Reise und Erholung (1938). 10. Aufl. Berlin. STATISTISCHES REICHSAMT (Hrsg.) (1941): Amtliches Gemeindeverzeichnis für das Deutsche Reich auf Grund der Volkszählung 1939. 2. Aufl. Berlin. Vierteljahrshefte zur Statistik des Deutschen Reichs 47f. (1938f.). Willy Scharnow-Institut für Tourismus. Historisches Archiv: versch. Prospekte.

Bildnachweis

S. 22: Familienurlaub auf Rügen 1911: Postkarte (Archiv IfL)

S. 24-25: Urlaub in der DDR

Autor: Dipl.-Geogr. Volker Bode, Institut für Länderkunde, Schongauerstr. 9, 04329 Leipzig

Kartographische Bearbeiter

Abb. 1, 2, 3: Red.: V. Bode; Bearb.: R. Bräuer
Abb. 4: Konstr.: U. Hein; Red.: V. Bode, W. Kraus; Bearb.: W. Kraus, M. Zimmermann

Literatur

AKADEMIE DER WISSENSCHAFTEN DER DEUTSCHEN DEMOKRATISCHEN REPUBLIK (Hrsg.) (1981): Atlas der Deutschen Demokratischen Republik. Leipzig.
AKADEMIE FÜR STAATS- U. RECHTSWISSENSCHAFTEN DER DDR (Hrsg.) (1989): Erholungswesen: Leitung, Organisation, Rechtsfragen. Berlin.
BÜTOW, M. (1996): Abenteuerurlaub Marke DDR: Camping. In: HAUS DER GESCHICHTE DER BUNDESREPUBLIK DEUTSCHLAND (Hrsg.), S. 101-105.
JACOB, G. (1983): Die Darstellung von Erholungswesen und Tourismus im Atlas DDR. In: Geographische Berichte. Heft 3, S. 183-185.
BUNDESMINISTERIUM FÜR INNERDEUTSCHE BEZIEHUNGEN (Hrsg.) (1985): DDR Handbuch. 2 Bände. 3. Aufl. Bonn.
DIEMER, S. (1996): Reisen zwischen politischem Anspruch und Vergnügen. DDR-Bürgerinnen und -Bürger unterwegs. In: HAUS DER GESCHICHTE DER BUNDESREPUBLIK DEUTSCHLAND (Hrsg.), S. 83-92.
GROSSMANN, M. (1996): „Boten der Völkerfreundschaft"? DDR-Bürger im sozialistischen Ausland. In: HAUS DER GESCHICHTE DER BUNDESREPUBLIK DEUTSCHLAND (Hrsg.), S. 77-82.
HAUS DER GESCHICHTE DER BUNDESREPUBLIK DEUTSCHLAND (Hrsg.) (1996): Endlich Urlaub! Die Deutschen Reisen. Köln (= Begleitbuch zur Ausstellung im Haus der Geschichte der Bundesrepublik Deutschland, Bonn 6. Juni bis 13. Oktober 1996).
KRUSE, J. (1996): Nische im Sozialismus. In: HAUS DER GESCHICHTE DER BUNDESREPUBLIK DEUTSCHLAND (Hrsg.), S. 106-111.
LEXIKONREDAKTION DES VEB BIBLIOGRAPHISCHES INSTITUT LEIPZIG (Hrsg.) (1984): Handbuch Deutsche Demokratische Republik. 2. Aufl. Leipzig.
NOACK, S., H. KUGLER u. H. MÜLLER (1981): Erholungswesen und Tourismus. In: Atlas der Deutschen Demokratischen Republik. Karte 47.
SELBACH, C.-U. (1996): Reise nach Plan. Der Feriendienst des Freien Deutschen Gewerkschaftsbundes. In: HAUS DER GESCHICHTE DER BUNDESREPUBLIK DEUTSCHLAND (Hrsg.), S. 65-76.
STAATSVERLAG DER DDR (Hrsg.) (1988): Damit sich die Bürger gut erholen. Berlin (= Kommunalpolitik aktuell). Berlin.
Statistisches Jahrbuch der Deutschen Demokratischen Republik. Jahrgänge 1964 bis 1990. Berlin.
VEB VERLAG ENZYKLOPÄDIE LEIPZIG (Hrsg.) (1979) (1984): Handbuch Deutsche Demokratische Republik. Leipzig.

Quellen von Karten und Abbildungen

Abb. 1: Übernachtungsangebot 1989: Statistisches Jahrbuch der DDR (1981, 1990).
Abb. 2: Vom Reisebüro der DDR vermittelte Auslandsreisen 1964-1989: Statistische Jahrbücher der DDR (1965-1990).
Abb. 3: Übernachtungsplätze und Gäste in Fremdenverkehrseinrichtungen 1989: Statistisches Jahrbuch der DDR (1989, 1990).
Abb. 4: Fremdenverkehrsgebiete in der DDR 1989: LEXIKONREDAKTION DES VEB BIBLIOGRAPHISCHES INSTITUT LEIPZIG (Hrsg.) (1984). STAATLICHE ZENTRALVERWALTUNG FÜR STATISTIK DER DDR (1990): Verzeichnis der Gemeinden der DDR. Ausgabe 1989. VEB TOURIST VERLAG (1986): Campingkarte der DDR. Maßstab 1:600.000. Berlin, Leipzig.

Bildnachweis

S. 24: Montagsdemonstration am 23. Oktober 1989 in Leipzig: copyright Josef Liedke, Borsdorf

S. 26-29: Fremdenverkehrsgebiete und naturräumliche Ausstattung

Autoren: stud. rer. reg. Yin-Lin Chen, Prof. Dr. Dr. h. c. Jörg Maier, Dipl.-Geogr. Nadine Menchen, Dipl.-Geogr. Thomas Sieker und stud. rer. reg. Michael Stoiber, Geographisches Institut der Universität Bayreuth, Universitätsstr. 30, 95447 Bayreuth

Kartographische Bearbeiter

Abb. 1: Red.: K. Großer; Bearb.: R. Richter
Abb. 2, 3: Red.: K. Großer; Bearb.: K. Ronniger
Abb. 4, 6: Konstr.: U. Hein, T. Sieker, M.

Stoiber; Red.: K. Großer; Bearb.: R. Bräuer, T. Sieker, M. Stoiber
Abb. 5: Red.: K. Großer; Bearb.: M. Zimmermann

Literatur
ARL (Hrsg.) (1972): Zur Landschaftsbewertung für die Erholung. Hannover (= ARL Forschungs- und Sitzungsberichte. Band 76).
EIDG. AMT FÜR VERKEHR, FREMDENVERKEHRSDIENST, UMWELTUMFRAGE (1978): Reisemarkt Schweiz 1976/77. Bern.
HARZER VERKEHRSVERBAND (1971): Harzlandschaft und Freizeit. Goslar (= Schriftenreihe des Harzer Verkehrsverbandes. Heft 4a).
KEMPER, F.-J. (1977): Inner- und außerstädtische Naherholung am Beispiel der Bonner Bevölkerung. Bonn (= Arbeiten zur Rheinischen Landeskunde. Heft 42).
KIEMSTEDT, H. (1967): Zur Bewertung der natürlichen Landschaftselemente für die Erholung. Hannover.
KIEMSTEDT H. u.a. (1975): Landschaftsbewertung für Erholung im Sauerland. Dortmund.
KLEMM, K. u. E. KREILKAMP (1993): Das Ausflugsverhalten der Berliner. In: FREIE UNIVERSITÄT BERLIN, INSTITUT FÜR TOURISMUS (Hrsg.): Raumansprüche durch Freizeitaktivitäten. Berlin (= Berichte und Materialien. Nr. 13).
KNEUBÜHL, U. (1987): Die Umweltqualität der Tourismusorte im Urteil der Schweizer Bevölkerung. Bern (= Geographica Bernensia: Reihe P. 14).
KOLB, H. (1982): Freizeitraum Fichtelgebirge – Eine regionale Strukturanalyse unter Berücksichtigung landschaftsbewertender Verfahren als Grundlage raumplanerischer Aussagen. Bayreuth (= Arbeitsmaterialien zur Raumordnung und Raumplanung. Heft 8).
MAIER, J. (1977): Natur- und kulturgeographische Raumpotentiale und ihre Bewertung für Freizeitaktivitäten. In: Geographische Rundschau. Heft 6, S. 186-195.
MAIER, J. u. K. RUPPERT (1976): Freizeitraum Oberstaufen. In: WIRTSCHAFTSGEOGRAPHISCHES INSTITUT MÜNCHEN (Hrsg.): Berichte zur Regionalforschung. Band 13. München.
MENCHEN, N. (1998): Touristische Umfeldplanung nach dem Prinzip der Nachhaltigkeit – Das Beispiel Obernsees. Bayreuth (= Arbeitsmaterialien zur Raumordnung und Raumplanung. Heft 178).
NIEDERSÄCHSISCHER MINISTER DES INNERN (Hrsg.) (1974): Grundlage für die Entwicklung des Naturparks Ostfriesische Inseln und Küste. Hannover (= Schriften der Landesplanung Niedersachsen).
WEICHERT, K.-H. (1980): Das Fremdenverkehrspotential und die Erscheinungsformen des Fremdenverkehrs als Untersuchungsgegenstand der Fremdenverkehrsgeographie – dargestellt am Planungsraum Westeifel. Trier (= Trierer Geographische Studien. Heft 4).
WIEMANN, A. (1985): Eine erholungs- und aktivitätsspezifische Freiraumbewertung Südhessens. Frankfurt a. M. (= Rhein-Mainische Forschungen. Heft 102).
Quellen von Karten und Abbildungen
Abb 1: Bewertung von Tourismusorten: Bildertest: EIDG. AMT FÜR VERKEHR, FREMDENVERKEHRSDIENST, UMWELTUMFRAGE (1978).
Abb. 2: Semantisches Differenzial des Westerwaldes und des Siebengebirges im Vergleich:KEMPER, F.-J. (1977).
Abb. 3: Imagevergleich zwischen der Märkischen Schweiz und dem Spreewald: KLEMM, K. u. E. KREILKAMP (1993).
Abb. 4: Landschaftliche Attraktivität und Fremdenverkehrsorte: BFLR (1995):

Strukturschwäche in ländlichen Räumen. In: Arbeitspapiere der BfLR. Nr. 15, S. 8.
DEUTSCHER BÄDERVERBAND E.V. (1995): Deutscher Bäderkalender. Gütersloh. StÄdL.
Abb. 5: Mittelmaßstäbige Landschaftsbewertung für den Tourismus 1997: MENCHEN, N. (1998).
Abb. 6: Fremdenverkehr und räumliche Ausstattung: Alexander Weltatlas. Ausgabe 1996, S. 144. DEUTSCHER BÄDERVERBAND E.V. (1995): Deutscher Bäderkalender. Gütersloh. Diercke Weltatlas. 3. Aufl. 1992, S. 60. STÄDL (Hrsg.): Statistische Berichte der Bundesländer zum Fremdenverkehr im Jahr 1997.

S. 30-31: Bioklimatische Eignung und Fremdenverkehr
Autoren: PD Dr. Hans-Joachim Fuchs und Prof. Dr. Heinz-Dieter May, Geographisches Institut der TU Darmstadt, Schnittspahnstr. 9, 64287 Darmstadt
Kartographische Bearbeiter
Abb. 1: Konstr.: A. Kistner; Red.: K. Großer; Bearb.: R. Bräuer, A. Kistner
Abb. 2: Red.: K. Großer; Bearb.: M. Zimmermann
Abb. 4: Red.: K. Großer; Bearb.: M. Zimmermann
Abb. 5: Konstr.: A. Kistner; Red.: K. Großer; Bearb.: R. Bräuer, A. Kistner
Literatur
BECKER, F. (1972): Bioklimatische Reizstufen für eine Raumbeurteilung zur Erholung. In: Zur Landschaftsbewertung für die Erholung. Forschungsbericht des Forschungsausschusses „Raum und Fremdenverkehr" der ARL. Hannover (= ARL Forschungs- und Sitzungsberichte. Band 76), S. 45-61.
DAUBERT, K. (1962): Wetter-Klima-Haut. Dermatologie und Venerologie. Band 1. Teil 2. Stuttgart.
FUR (1999): Die Reiseanalyse RA 99. Informationsblatt mit den ersten Ergebnissen, vorgestellt auf der ITB 99 in Berlin. Hamburg.
JENDRITZKY, G. u.a. (1990): Methodik zur räumlichen Bewertung der thermischen Komponente im Bioklima des Menschen. Fortgeschriebenes Klima-Michel-Modell. Hannover (= ARL Beiträge. Band 114).
JENDRITZKY, G. (1993): Das Bioklima als Gesundheitsfaktor. In: Geographische Rundschau. Heft 2, S. 107-114.
JENDRITZKY, G. (1997): Das Bioklima in Deutschland. Textbeilage zur Bioklimakarte. Gütersloh.
StBA (1998): Tourismus in Zahlen. Wiesbaden.
Quellen von Karten und Abbildungen
Abb. 1: Bioklima und Fremdenverkehr 1997: Diercke Weltatlas (1996): Bioklima. 4. Aufl., S. 47,1. © Westermann Schulbuchverlag Braunschweig. StBA (1998).
Abb. 2: Anteile der jährlichen Übernachtungen in den Bioklimastufen: StBA (1998). Eigene Auswertung.
Abb. 3: Grenzwerte für Bioklimastufen: nach BECKER, F. (1972).
Abb. 4: Flächenanteile der Bioklimastufen: StBA (1998). Eigene Auswertung.
Abb. 5: Aufenthaltsdauer von Besuchern 1997: StBA (1998). Eigene Auswertung.

S. 32-33: Kurverkehr
Autorin: Dipl.-Geogr. Anja Brittner, FB VI – Geographie/Geowissenschaften der Universität Trier, Universitätsring 15, 54286 Trier
Kartographische Bearbeiter
Abb. 1, 2: Red.: E. Losang; Bearb.: S. Dutzmann
Abb. 3: Konstr.: U. Hein, E. Losang; Red.: C. Lambrecht, E. Losang; Bearb.: E. Losang, M. Zimmermann

Literatur
BRITTNER, A. u.a. (1999): Kurorte der Zukunft. Neue Ansätze durch Gesundheitstourismus, Interkommunale Kooperation, Gütesiegel Gesunde Region und Inszenierung im Tourismus. Trier (= Materialien zur Fremdenverkehrsgeographie 49).
BRITTNER, A. u. T. STEHLE (2000): Kurverkehr. 2. aktual. u. überarb. Aufl. Trier (= Trierer Tourismus Bibliographien 9).
DEUTSCHER BÄDERVERBAND E.V. (Hrsg.) (1998): Deutscher Bäderkalender. Bonn.
DEUTSCHER BÄDERVERBAND E.V. (Hrsg.) (1998): Jahresbericht des Deutschen Bäderverbandes e.V. Bonn.
DEUTSCHER BÄDERVERBAND E.V. u. DEUTSCHER FREMDENVERKEHRSVERBAND E.V. (Hrsg.) (1991): Begriffsbestimmungen für Kurorte, Erholungsorte und Heilbrunnen. 10. Aufl. Bonn.
DEUTSCHER HEILBÄDERVERBAND E.V. (1999): Auszug aus der Statistik 1998. Informationsschreiben. Bonn.
STÄDL (versch. Jahrgänge): Statistische Berichte Beherbergung. Versch. Orte.
StBA (versch. Jahrgänge): Fachserie 6. Reihe 7.1. Wiesbaden.
Quellen von Karten und Abbildungen
Abb. 1: Kurbetriebe, Betten und Bettenbelegung in den Kurorten der alten Länder 1977-1997: Eigene Darstellung nach DEUTSCHER BÄDERVERBAND E.V. (1998).
Abb. 2: Übernachtungen und Kurmittelabgabe 1977-1999: Eigene Darstellung nach DEUTSCHER BÄDERVERBAND E.V. (1998). DEUTSCHER HEILBÄDERVERBAND e.V. (1999). StBA (versch. Jahrgänge).
Abb. 3: Kurorte 1998: DEUTSCHER BÄDERVERBAND E.V. (Hrsg.) (1998). StBA (1999).
Bildnachweis
S. 32: Bad Elster, Moritzquelle: copyright S. Tzschaschel

S. 34-37: Naturparke – Erholungsvorsorge und Naturschutz
Autor: Prof. Dr. Hubert Job, Institut für Wirtschaftsgeographie der Ludwig-Maximilians-Universität München, Ludwigstr. 28, 80539 München
Kartographische Bearbeiter
Abb. 2, 4, 6: Konstr.: A. Liebisch; Red.: K. Großer; Bearb.: R. Richter
Abb. 3: Konstr.: A. Liebisch; Red.: K. Großer; Bearb.: R. Bräuer
Abb. 5, 7: Red.: K. Großer; Bearb.: R. Richter
Literatur
BfN (Hrsg.) (1999): Daten zur Natur 1999. Bonn.
FRITZ, G. (1987): Naturschutz und Erholung in Naturparks – eine Zwischenbilanz. In: Der Landkreis. Heft 7, S. 294-298.
HANSTEIN, U. (1972): Entwicklung, Stand und Möglichkeiten des Naturparkprogramms in der Bundesrepublik Deutschland – ein Beitrag zur Raumordnungspolitik. In: Beiheft 7 zu Landschaft + Stadt. Stuttgart.
ISBARY, G. (1959): Gutachten über geeignete Landschaften für die Auswahl von Naturparken vom Standpunkt der Raumordnung. Bad Godesberg.
JOB, H. (1991): Freizeit und Erholung mit oder ohne Naturschutz? In: Pollichia-Buch 22. Bad Dürkheim.
JOB, H. (1993): Braucht Deutschland die Naturparke noch? Eine Stellungnahme mit Diskussion um Großschutzgebiete. In: Naturschutz und Landschaftsplanung 4, S. 126-132.
JOB, H. u. M. KOCH (1990): Ressourcenschützende Raumordnungskonzepte als Möglichkeit für eine umweltschonendere Freizeit- und Erholungsnutzung? In: Raumforschung und Raumordnung. Heft 6, S. 309-318.
JOB, H. u. C. LAMBRECHT (1997): Großschutzgebiete – Strukturen, Aufgaben und Probleme. In: IfL LEIPZIG (Hrsg.): Atlas

Bundesrepublik Deutschland – Pilotband, S. 36-39.
MERIAN, C. (Bearb.) (1991): Naturparke in der Bundesrepublik Deutschland – Grunddaten, Stand 31.01.1991. In: Natur und Landschaft. Heft 4, S. 205-209.
STEER, U. (1997): Errichtung und Sicherung schutzwürdiger Teile von Natur und Landschaft mit gesamtstaatliche repräsentativer Bedeutung – Naturschutzgroßprojekte des Bundes in Naturparken. In: VDN (Hrsg.): Naturparke – Hemmnis oder Chance für eine nachhaltige Entwicklung. Fachtagung in Nebra, 21./22.05.1997. Niederhaverbeck.
TOEPFER, A. (1956): Naturparke – eine Forderung unserer Zeit. In: Naturschutzparke 7, S. 172-174.
Quellen von Karten und Abbildungen
Abb. 1: Synoptischer Überblick: Kategorien von Großschutzgebieten: BfN (Hrsg.) (1999).
Abb. 2: Fluglärm in Naturparken: BfN (Hrsg.) (1999).
Abb. 3: Naturparke und andere Großschutzgebiete: BfN (Hrsg.) (1999).
Abb. 4: Naturparke und strukturschwache Gebiete: BfN (Hrsg.) (1999).
Abb. 5: Anteil der Naturparkfläche an der Landesfläche und Naturparkfläche je Einwohner 1999: BfN (Hrsg.) (1999).
Abb. 6: Naturschutz und Landschaftspflege in Naturparken: BfN (Hrsg.) (1999).
Abb. 7: Entwicklung der Großschutzgebiete 1950-1999: BfN (Hrsg.) (1999).
Bildnachweis
S. 34: Vom Biber gefällte Weide im Naturpark Altmühltal: copyright H. Job
S. 36: Teufelstisch im Buntsandstein des Naturpark Pfälzerwald: copyright H. Job

S. 38-39: Freilichtmuseen – Besuchermagneten im Kulturtourismus
Autor: Prof. Dr. Winfried Schenk, Geographisches Institut der Universität Tübingen, Hölderlinstr. 12, 72074 Tübingen
Kartographische Bearbeiter
Abb. 1, 2: Red.: K. Großer; Bearb.: R. Richter
Abb. 3: Konstr.: U. Hein, Red.: K. Großer; Bearb.: R. Bräuer
Literatur
BEDAL, K. (1993): Historische Hausforschung. Eine Einführung in Arbeitsweise, Begriffe und Literatur. Bad Windsheim.
EDELER, I. (1988): Zur Typologie des kulturhistorischen Museums. Freilichtmuseen und kulturhistorische Räume. Frankfurt a. M.
ELLENBERG, H. (1990): Bauernhaus und Landschaft in ökologischer und historischer Sicht. Stuttgart.
FREI, H. (1997): Kulturlandschaftserhaltung und Heimatpflege am Beispiel des Schwäbischen Volkskundemuseums Oberschönenfeld. In: SCHENK, W., K. FEHN u. D. DENECKE (Hrsg.), S. 254-259.
SCHENK, W., K. FEHN u. D. DENECKE (Hrsg.)(1997): Kulturlandschaftspflege. Stuttgart.
ZIPPELIUS, A. (1974): Handbuch der europäischen Freilichtmuseen. Köln (= Führer und Schriften des Rheinischen Freilichtmuseums und Landesmuseums für Volkskunde in Kommern. Nr. 7).
ZIPPELIUS, A. (Hrsg.) (1978): Edukative Aufgaben und Dokumentation. Verband Europäischer Freilichtmuseen. Tagungsbericht Stockholm 1976. Köln, Bonn.
Quellen von Karten und Abbildungen
Abb. 1: Besucher in Freilichtmuseen 1995-1998: Auskünfte dargestellter Museen. Institut für Museumskunde, Berlin.
Abb. 2: Ausgewählte Einflußfaktoren auf die Gestaltung von Bauernhäusern und -höfen in vorindustrieller Zeit: Grimm, A. u. W. Schenk nach ELLENBERG, H. (1990).
Abb. 3: Besucher in Freilichtmuseen 1995-1998: Auskünfte dargestellter Museen.

Institut für Museumskunde, Berlin.

Bildnachweis

S. 38: Volkskundemuseum Konvent Oberschönenfeld: copyright Volkskundemuseum Konvent Oberschönenfeld

S. 40-43: Inszenierte Natur

Autoren: Julia Siebert und Prof. Dr. Wilhelm Steingrube, Geographisches Institut der Ernst-Moritz-Arndt-Universität Greifswald, Ludwig-Jahn-Str. 16, 17487 Greifswald

Kartographische Bearbeiter

Abb. 1: Konstr.: U. Hein; Red.: U. Hein, K. Großer; Bearb.: R. Bräuer

Abb. 2: Red.: K. Großer; Bearb.: M. Zimmermann

Abb. 3: Red.: K. Großer; Bearb.: R. Bräuer

Literatur

Ehlers, H. (1994): Gärten und Parks in Norddeutschland: ein Führer durch Kunst und Kultur. Hamburg.

Hobhouse, P. u. P. Tayler (Hrsg.) (1992): Gärten in Europa. Führer zu 727 Gärten und Parkanlagen. Stuttgart.

Huth, S. u. C. Rinsche (1996): Schlösser, Parks und Gärten in Berlin und Brandenburg. 2. aktual. Aufl. Berlin.

Krumbholz, H. (1984): Burgen, Schlösser, Parks und Gärten. Berlin, Leipzig (= Tourist-Führer).

Melzig, A. (1997): Parks in Frankfurt a. M. Wirkungszusammenhänge von Umfeld, Grünraum und Nutzung anhand einer gesamtstädtischen Betrachtung. Unveröff. Diplomarbeit. Geographisches Institut, Universität Frankfurt a. M. Frankfurt a. M.

Nohbauer, H. F. (1983): Die Parks und Gärten in Bayern. Ein Reiseführer durch viel Natur und Kunst. München.

Panten, H. (1987): Die Bundesgartenschauen – eine blühende Bilanz seit 1951. Stuttgart.

Rast, C. (1998): Die Bundesgartenschau 1997 in Gelsenkirchen. Unveröff. Diplomarbeit. Universität Trier. Trier.

Römer, R. (2000): Freiraumsicherung. Regionalparke rund um Berlin. Grünstift 3-4, S. 28-30.

Thierfelder, S., W. Thierfelder. u. E.-O. Luthhardt (1992): Gärten und Parks in Thüringen. Würzburg.

Wähner, B. (1997): Gärten und Parks in Sachsen. Ein Reiseführer. Hamburg.

Quellen von Karten und Abbildungen

Abb 1: Ausgewählte Parkanlagen 1999: Botanicus-Brief. Informationen für Pflanzenfreunde in aller Welt (1999). Landau in der Pfalz. Ehlers, H. (1994). Hobhouse, P. u. P. Tayler (Hrsg.) (1992). Huth, S. u. C. Rinsche (1996). Krumbholz, H. (1984). Melzig, A. (1997). Auskunft Verband Deutscher Zoodirektoren (2000).

Abb. 2: Gebiet der IBA Emscher Park und ausgewählte Projektstandorte: Faust, H. (1999): Das Ruhrgebiet – Erneuerung einer europäischen Industrieregion. Impulse für den Strukturwandel durch die Internationale Bauausstellung Emscher Park. In: Europa Regional. Heft 2, S. 14.

Abb. 3: Regionalpark Rhein-Main: Umlandverband Frankfurt (Hrsg.) (1998): Der Regionalpark Rhein-Main. Der Landschaft einen Sinn. Den Sinnen eine Landschaft. Frankfurt a. M.

Bildnachweis

S. 40: Wörlitzer Park: Sichtachsen von der Goldenen Urne aus: copyright G. Mayr

S. 42: Grabpyramide des Fürsten August Heinrich von Pückler-Muskau im Park von Schloß Branitz, Cottbus: copyright S. Tzschaschel

S. 43: Park an der Ilm, Weimar 1999: copyright Stefan Renno, Eberhard Renno

S. 43: Park an der Ilm, Weimar 1808: Güssefeld, F.L. (1808): Plan des Herzoglichen Parks bey Weimar. Ca. 1:3.500. Weimar: copyright Kartenabteilung der Staatsbibliothek zu Berlin – Preußischer Kulturbesitz, Kart. X 35920

S. 44-45: Kleingärten – Freizeiträume und grüne Lungen der Städte

Autorin: Dr. Meike Wollkopf, Institut für Länderkunde, Schongauerstr. 9, 04329 Leipzig

Kartographische Bearbeiter

Abb. 1, 2: Red.: K. Großer; Bearb.: M. Zimmermann

Abb. 3: Konstr.: K. Großer; Red.: K. Großer; Bearb.: S. Dutzmann, M. Zimmermann,

Literatur

BMRBS (1998) (Hrsg.): Städtebauliche, ökologische und soziale Bedeutung des Kleingartenwesens. Bonn.

Engelhardt, B. (1990): Stand und Aufgaben des Kleingartenwesens im Verband der Garten- und Siedlerfreunde e.V. In: Bundesverband Deutscher Gartenfreunde e. V. (Hrsg.): Schriftenreihe. Heft 65. Bonn, S. 35-49.

Hentschel, K.-D. (1990): Rolle und Bedeutung des Gartens in der ehemaligen DDR für Jugend und Familie in einer sich wandelnden Gesellschaft. In: Bundesverband Deutscher Gartenfreunde e.V. (Hrsg.): Schriftenreihe. Heft 65. Bonn, S. 50-64.

Katsch, G. u. L. Katsch (1999): Das Kleingartenwesen in der sowjetischen Besatzungszone und in der DDR. Leipzig (= Wissenschaftliche Schriften des Fördervereins „Deutsches Kleingärtnermuseum in Leipzig e.V.". Heft 1).

Katsch, G. u. J. B. Walz (1996): Kleingärten und Kleingärtner im 19. und 20. Jahrhundert. Leipzig.

Mainczyk, L. (1996): Das Bundeskleingartengesetz in seiner sozialpolitischen und städtebaulichen Bedeutung – verfassungsrechtliche Grundlagen, gesetzliche Bestimmungen, Chancen und Grenzen. In: Bundesverband Deutscher Gartenfreunde e.V. (Hrsg.): Schriftenreihe. Heft 115 A. Bonn, S. 1-17.

Spanier, H. (1995): Ökologie und Umweltschutz in Kleingärten nach der Novellierung des Bundeskleingartengesetzes vom 1. Mai 1994. In: Bundesverband Deutscher Gartenfreunde e.V. (Hrsg.): Schriftenreihe. Heft 114. Bonn, S. 9-24.

Stremmle, C. (1993): Die Bedeutung der Kleingärten im Stadtgrün und für den Menschen und die Situation des Kleingartenwesens am Beispiel des Landes Sachsen. Berlin.

Theobald, T. (1996): Aktuelle Probleme des Kleingartenrechts. In: Bundesverband Deutscher Gartenfreunde e.V. (Hrsg.): Schriftenreihe. Heft 121. Bonn, S. 9-28.

Wollkopf, M. (1996): Grünflächen in Leipzigs Stadtlandschaft. In: Grundmann, L., S. Tzschaschel u. M. Wollkopf (Hrsg.): Leipzig. Ein geographischer Führer durch Stadt und Umland. Leipzig, S. 190-205.

Quellen von Karten und Abbildungen

Abb. 1: Mitglieder in Kleingartenverbänden 1978-2000: Bundesverband Deutscher Gartenfreunde e.V. (2000): Umfrage bei den Landesverbänden im Februar/März 2000 und Gesamtstatistik. Bonn. Handbuch deutscher Gemeinden (1982).

Abb. 2: Kleingartenfläche und Einwohnerzahl 1870-1998: Wollkopf, M. (1996), S. 197.

Abb. 3: Kleingärten 1981 und 2000: Bundesverband Deutscher Gartenfreunde e.V. (2000). Handbuch deutscher Gemeinden (1982).

Bildnachweis

S. 44: Kleingarten: copyright V. Bode

S. 46-47: Naherholung

Autoren: Kim E. Potthoff und Dr. Peter Schnell, Institut für Geographie der westfälischen Wilhelms-Universität, Robert-Koch-Str. 26, 48149 Münster

Kartographische Bearbeiter

Abb. 1: Red.: K. Großer; Bearb.: R. Bräuer

Abb. 2, 3, 4: Red.: A. Müller; Bearb.: A. Müller

Literatur

BTE/FUB (BTE–Tourismusmanagement und Regionalentwicklung/FU Berlin – Institut für Tourismus) (1997): Bestimmung von Gebieten mit besonderer Bedeutung für Freizeit und Erholung – Naherholung unter besonderer Berücksichtigung der stadtnahen Erholungsanforderungen der Bewohner Berlins sowie der Bewohner der Ober- und Mittelzentren des Landes Brandenburg. In: Gemeinsame Landesplanungsabteilung der Länder Berlin und Brandenburg (Hrsg.): Endbericht. Potsdam.

Harrer, B. u.a. (1995): Tagesreisen der Deutschen. Struktur und wirtschaftliche Bedeutung des Tagesausflugs- und Tagesgeschäftsreiseverkehrs in der Bundesrepublik Deutschland. München (= Schriftenreihe des DWIF. Heft 48).

Kommunalverband Ruhrgebiet (Hrsg.) (1999): Städte- und Kreisstatistik 1998. Essen.

Kommunalverband Ruhrgebiet (Hrsg.) (1999): Freizeitverhalten im Ruhrgebiet. Freizeitbarometer Ruhr. Essen.

Landgrebe, S. (1998): Zur Ökonomie des Tourismus im Münsterland. In: Regionales Tourismus Marketing. Daten und Fakten zur wirtschaftlichen Bedeutung des Tourismus im Münsterland, Steinfurt, S. 9-18.

Ruppert, K. u. J. Maier (1970): Der Naherholungsverkehr der Münchner – ein Beitrag zur Geographie des Freizeitverhaltens. In: Mitteilungen der Geographischen Gesellschaft München, S. 31-44.

Schnell, P. (1999): Imageanalyse Münsterland. Münster, unveröff. Befragungsergebnisse.

Schnell, P. u. K. E. Potthoff (1999): Wirtschaftsfaktor Tagestourismus: Das Beispiel Münsterland. In: Schnell, P. u. K. E. Potthoff (Hrsg.): Wirtschaftsfaktor Tourismus. Münster (= Münstersche Geographische Arbeiten. Heft 42), S. 39-50.

Quellen von Karten und Abbildungen

Abb. 1: Bruttonaherholungsflächen großer Städte und hochverdichteter Kreise: Bundeszentrale für politische Bildung (Hrsg.) (1995): Bundesrepublik Deutschland – physisch. BBR (Hrsg.) (1999): Laufende Raumbeobachtung.

Abb. 2: Ausgewählte Naherholungsgebiete – Wald und Wasser: BTE/FUB (BTE – Tourismusmanagement und Regionalentwicklung/FU Berlin – Institut für Tourismus) (1997). Institut für Tourismus der FU Berlin (1999).

Abb. 3: Ausgewählte Naherholungsgebiete – Radfahren und Schlösserträume: Schnell, P. (1999). Schnell, P. u. K. E. Potthoff (1999).

Abb. 4: Ausgewählte Naherholungsgebiete – Zwischen Natur und Industrie(kultur)landschaft: Kommunalverband Ruhrgebiet (Hrsg.) (1999).

Bildnachweis

S. 46: Auf der 100-Schlösser-Route im Münsterland: copyright Münsterland Touristik, Chr. Berndt

S. 46: Landschaftspark Duisburg-Nord: copyright M. Vollmer

S. 48-49: Kulturtourismus und historische Baudenkmäler

Autor: Dr. Ludger Brenner, Instituto de Geografia, Universidad Nacional Autónoma de México, Circuito Exterior, Ciudad Universitaria, C.P. 01000 México, D.F. Mexico

Kartographische Bearbeiter

Abb. 1: Red.: K. Großer; Bearb.: M. Zimmermann

Abb. 2: Konstr.: U. Hein; Red.: K. Großer; Bearb.: R. Richter

Literatur

Eisenschmid, R. u.a. (1998): Baedekers Reiseführer Deutschland 1998. Ostfildern.

Jätzold, R. (1994): Unsere Kulturumwelt. Trier.

Knaurs Kulturführer in Farbe Deutschland (1993). Gütersloh.

Koch, W. (1993): Baustilkunde (Band 1: Sakralbau; Band 2: Burg und Palast, Bürger- und Kommunalbauten, Stadtentwicklung). Gütersloh.

UNESCO: online im Internet unter: http://www.unesco.org

Quellen von Karten und Abbildungen

Abb. 1: Herkunft der Besucher des Klosters Maulbronn 1998: Klein, H.-J. (1998): Die staatlichen Schlösser, Klöster und Gärten Baden-Württembergs als Besichtigungsobjekte. Eine Markterkundung als Grundlage für ein Marketingkonzept. Karlsruhe.

Abb. 2: Kulturtourismus: Eisenschmid, R. u.a. (1998). Knaurs Kulturführer in Farbe Deutschland (1993).

Bildnachweis

S. 48: Gothisches Rathaus in Brandenburg: copyright S. Tzschaschel

S. 50-53: Wallfahrtsorte und Pilgertourismus

Autor: Prof. Dr. Gisbert Rinschede, Institut für Geographie der Universität Regensburg, Universitätsstr. 31, 93053 Regensburg

Kartographische Bearbeiter

Abb. 1, 3: Red.: K. Großer, B. Hantzsch; Bearb.: M. Zimmermann

Abb. 2: Red.: K. Großer, B. Hantzsch; Bearb.: R. Bräuer

Abb. 4, 6: Red.: K. Großer, B. Hantzsch; Bearb.: R. Richter

Abb. 5: Konstr.: U. Hein; Red.: K. Großer, B. Hantzsch; Bearb.: R. Richter

Literatur

Annuario Ponteficio (1999). Città del Vaticano.

Hahn, M. A. (1969): Siedlungs- und wirtschaftsgeographische Untersuchung der Wallfahrtsstätten in den Bistümern Aachen, Essen, Köln, Limburg, Münster, Paderborn, Trier. Eine geographische Studie. Düsseldorf.

Hansen, S. (Hrsg.) (1991): Die deutschen Wallfahrtsorte. Augsburg.

Haringer, C. (1997): Altötting – Stadtentwicklung im Zeichen der Wallfahrt. Zulassungsarbeit LA Realschule. Universität Passau. Passau.

Hemmer, M. (1988): Der Wallfahrtsort Kevelaer – die Prägung der Raumstrukturen durch die Gruppe der Wallfahrer. Zulassungsarbeit LA Gymnasium. Universität Münster. Münster.

Nolan, M. L. u. S. Nolan (1989): Christian Pilgrimage in Modern Western Europe. University of North Carolina Press. Chapel Hill, London.

Plötz, R. (1988): Unsere Wallfahrtsstätten. Frankfurt a. M. (= Deutschland – das unbekannte Land 7).

Rinschede, G. (1990): Religionstourismus. In: Geographische Rundschau. Heft 1, S. 14-20.

Rinschede, G. (1999): Religionsgeographie. Das Geographische Seminar. Braunschweig.

Ruppel, M. (1997): Die Bedeutung der Wallfahrten für den Tourismus untersucht am Beispiel der Trierer-Heilig-Rock-Wallfahrt 1996. Diplomarbeit. Universität Trier. Trier.

Termolen, R. (1985): Wallfahrten in Europa. Pilger auf den Straßen Gottes. Aschaffenburg.

Wolpert, S. E. (1996): Altötting und Einsiedeln im kulturgeographischen Vergleich. Dissertation. Katholische Universität Eichstätt. Eichstätt.

Quellen von Karten und Abbildungen

Abb. 1: Katholiken 1999: Annuario Ponteficio (1999).

Abb. 2: Funktionale Gliederung des Wallfahrtsortes Altötting 1999: Eigene Erhebungen.

Abb. 3: Bedeutende Pilgerzentren in Europa 1999: Eigene Erhebungen.

Abb. 4: Anzahl der Wallfahrtsstätten: Eigene Erhebungen.
Abb. 5: Wallfahrtsstätten 1999: Hansen, S. (Hrsg.) (1991). Plötz, R. (1988). Eigene Erhebungen.
Abb. 6: Wallfahrtsstätten der Katholiken 1999: Hansen, S. (Hrsg.) (1991). Plötz, R. (1988). Eigene Erhebungen.
Bildnachweis
S. 50: Altötting: copyright Foto-Studio Strauß, Altötting
S. 52: Fátima, Portugal: copyright S. Tzschaschel

S. 54-55: Freilichtbühnen
Autoren: cand. geogr. Aline Albers und Dipl.-Geogr. Heinz-Dieter Quack, FB 1 – Geographie der Universität-Gesamthochschule Paderborn, Warburger Str. 100, 33095 Paderborn
Kartographische Bearbeiter
Abb. 1, 2: Konstr.: W. Kraus; Red.: W. Kraus; Bearb.: P. Blank, W. Kraus
Literatur
VDF: online im Internet unter: http://www.freilichtbuehnen.de.
Quellen von Karten und Abbildungen
Abb 1, 2: Freilichtbühnen 1999: Staatliche Museen zu Berlin – Preussischer Kulturbesitz, Institut für Museumskunde (Hrsg.) (1998): Statistische Gesamterhebung an den Museen der Bundesrepublik Deutschland für das Jahr 1997. Berlin (= Heft 50). VDF – Region Nord e.V. (Hrsg.) (1993): Freilichttheater. Hamm. VDF (Hrsg.) (1999): Spielzeit 99. Hamm. Wessel, G. (1997): Musicals, Freilichttheater, Festivals. Ostfildern (= Fink-Freizeitführer). Kultur- bzw. Tourismusreferate der Ministerien der Länder. Ostfildern.
StÄdBL. Tourismusverbände der Länder. Trägervereine der einzelnen erfassten Bühnen.
Bildnachweis
S. 54: Karl-May-Feststpiele in Bad Segeberg: copyright Kalberg GmbH Bad Segeberg

S. 56-59: Musikfestivals und Musicals
Autorin: Dipl.-Geogr. Anja Brittner, FB VI – Geographie/Geowissenschaften der Universität Trier, Universitätsring 15, 54286 Trier
Kartographische Bearbeiter
Abb. 1, 4: Red.: K. Großer; Bearb.: M. Zimmermann
Abb. 2: Red.: K. Großer, E. Losang; Bearb.: E. Losang, M. Zimmermann
Abb. 3: Konstr.: E. Losang; Red.: B. Hantzsch; E. Losang; Bearb.: E. Losang, R. Bräuer
Abb. 5: Red.: K. Großer; Bearb.: R. Richter
Literatur
Behnke, M. u. C. Maisenhälder (1998): Kommerzielle Musikaltheater in Deutschland. In: Hennings, G. u. S. Müller (Hrsg.): Kunstwelten. Künstliche Erlebniswelten und Planung. Dortmund (= Dortmunder Beiträge zur Raumplanung 85), S. 134-160.
Deutscher Musikrat (Hrsg.) (1999): Musik-Almanach 1999/2000. Daten und Fakten zum Musikleben in Deutschland. Kassel.
Dreyer, A. (Hrsg.) (1996): Kulturtourismus. München, Wien.
Freyer, W. (1996): Event-Management im Tourismus – Kulturveranstaltungen und Festivals als touristische Leistungsangebote. In: Dreyer, A. (Hrsg.), S. 211-242.
Klink, U. (1998): Musikfestivals als Segment des Event-Tourismus, dargestellt am Beispiel des klassischen Musikfestivals Mosel Festwochen. Unveröff. Diplomarbeit. Universität Trier. Trier.
Lindlar, H. (Hrsg) (1979): rororo Musikhandbuch. Band 2. Hamburg.
Lloyd, N. (1978): Großes Lexikon der Musik. 2. überarb. u. erweit. Aufl. New York.
Luketa, A. (1998): Musical-Jahrbuch 1999. Bottrop, Essen.
Noltensmeier, R. u. G. Rothmund-Gaul (1996): Das neue Lexikon der Musik. 4 Bände. Stuttgart, Weimar.
Rougement, D. de (1957): Europa im Sommer. In: Vereinigung der Musikfestspiele (Hrsg.): Europäische Musikfestspiele. Zürich, S. 7-12.
Quellen von Karten und Abbildungen
Abb. 1: Gründungshäufigkeit von Musikfestivals 1845-1999: Literatur (s.o.). Eigene Erhebungen.
Abb. 2: Musikfestivals in Berlin 1998: Literatur (s.o.). Eigene Erhebungen.
Abb. 3: Musikfestivals 1998: Literatur (s.o.). Eigene Erhebungen.
Abb. 4: Herkunft der Besucher der Mosel Festwochen 1998: Klink, U. (1998).
Abb. 5: Kommerzielle Musicaltheater 1986-2001: Eigene Erhebungen nach Statistisches Jahrbuch Deutscher Gemeinden 1989. StBA.
Bildnachweis
S. 56: Sommerfestival Schloss Rheinsberg: copyright S. Tzschaschel
S. 58: Das Phantom der Oper: copyright Stella AG, Hamburg
S. 58: Plakat Operettenhaus Hamburg Cats: copyright Stella AG, Hamburg
S. 59: „Maskenball" im Phantom der Oper: copyright Stella AG, Hamburg

S. 60-61: Fasnet – Fasching – Karneval
Autor: Dipl.-Geogr. Torsten Widmann, Im Treff 13, 54296 Trier
Kartographische Bearbeiter
Abb. 2: Konstr.: G. Kloth, K. Witt; Red.: K. Großer, A. Müller; Bearb.: A. Müller
Literatur
Jecken machen ihre eigene Expo. Kölner Stadtanzeiger. Nr. 263 vom 10. 11 1999.
Küster, J. (1987): Die Fastnachtsfeier. Über Sinn und Herkunft der Narrenbräuche. Freiburg i. Br.
Mezger, W. (1991): Narrenidee und Fastnachtsbrauch. Studien zum Fortleben des Mittelalters in der europäischen Festkultur. Konstanz.
Widmann, T. (1999): Brauchtum und Tourismus. Die schwäbisch-alemannische Fastnacht in Villingen-Schwenningen. Trier (= Materialien zur Fremdenverkehrsgeographie. Heft 48).
Quellen von Karten und Abbildungen
Abb. 1: Die bekanntesten Rosenmontagsumzüge: Eigene Erhebungen.
Abb. 2: Fastnacht und Karneval 1999: Eigene Erhebungen.
Bildnachweis
S. 60: Dienstagsumzug in Villingen-Schwenningen: copyright T. Widmann

S. 62-63: Volksfeste
Autor: Sigurd Agricola, Deutsche Gesellschaft für Freizeit, Bahnstr. 4, 40699 Erkrath
Kartographische Bearbeiter
Abb. 3: Konstr.: A. Liebisch; Red.: A. Müller; Bearb.: A. Müller, R. Richter
Literatur
Lehari, E. u. K. Endres (Red.) (1983): Volksfeste und Märkte. Pirmasens.
Museum für Thüringer Volkskunde (Hrsg.) (1996): Der „verordnete" Frohsinn. Volksfeste in der DDR: Begleitheft zur gleichnamigen Ausstellung im Museum für Thüringer Volkskunde Erfurt, 21.2. bis 7.4.1996. Erfurt (= Schriften des Museums für Thüringer Volkskunde. Band 5).
Poser, C. v. (1996): Die schönsten deutschen Volksfeste. Bergisch Gladbach.
Quellen von Karten und Abbildungen
Abb. 1: Die ältesten Volksfeste in Deutschland: Lehari, E. u. K. Endres (Red.) (1983).
Abb. 2: Die größten Volksfeste in Deutschland: Lehari, E. u. K. Endres (Red.) (1983).
Abb. 3: Volksfeste 1999: Deutscher Schaustellerbund e.V. (1999): Deutsche Volksfestkarte. Bonn.
Bildnachweis
S. 62: Volksfest: copyright W. Sperling, Trier
S. 62: Oktoberfest in München: copyright S. Agricola

S. 64-67: Verkehrslinien als touristische Attraktionen
Autor: Dr. Imre Josef Demhardt, Geographisches Institut der TU Darmstadt, Schnittspahnstr. 9, 64287 Darmstadt
Kartographische Bearbeiter
Abb. 1, 2, 3, 4, 5: Red.: O. Schnabel; Bearb.: O. Schnabel
Literatur
ADAC u. Deutscher Fremdenverkehrsverband (Hrsg.) (1996): Touristische Routen in Deutschland. München, Bonn.
Bruin, W. de (1996): Museumsbahnen und deren Auswirkungen auf den Fremdenverkehr unter besonderer Beachtung der geschichtlichen Entwicklung, der Organisation und des marktgerechten Handelns. Unveröff. Diplomarbeit. Trier.
Deutscher Fremdenverkehrsverband (Hrsg.) (1981): Die deutschen Ferienstraßen (= Fachreihe Fremdenverkehrspraxis. Heft 13). Frankfurt a. M.
Kühner, J. (1998): Weinstraßen in Deutschland als Kategorie Touristischer Straßen. Erfolgreiche Marketinginstrumente für regionalen Tourismus und für ein regionsspezifisches Konsumgut? Dargestellt am Beispiel der Schwäbischen Weinstraße. Unveröff. Diplomarbeit. Universität Trier. Trier.
Müller, G. (1994): Touristische Routen als Marketing-Instrument. Grundlage, Analyse und Empfehlungen. Heilbronn.
Weiterführende Literatur
Freymann, K. (1993): Eisenbahn – Sammlungen, Museumsbahnen, Straßenbahnen. München.
Maier, J. (Hrsg.) (1994): Touristische Straßen – Beispiele und Bewertung. Bayreuth (= Arbeitsmaterialen zur Raumordnung und Raumplanung. Heft 137).
Quellen von Karten und Abbildungen
Abb. 1: Anzahl der touristischen Straßen in den Ländern: ADAC u. Deutscher Fremdenverkehrsverband (Hrsg.) (1996), S. 23-101. Kühner, J. (1998), S. 29-30. Müller, G. (1994), Anlagen A und C. Änderungen und Ergänzungen des Verfassers.
Abb. 2: Bedeutende touristische Straßen: ADAC u. Deutscher Fremdenverkehrsverband (Hrsg.) (1996), S. 23-101. Kühner, J. (1998), S. 29-30. Müller, G. (1994), Anlagen A und C. Änderungen und Ergänzungen des Verfassers.
Abb. 3: Anzahl und Streckenlängen schienengebundener Touristikbahnen 1997/98: Arndt, G. u. U. Arndt (1998): Liliputbahnen in Parks und Gärten. Stuttgart. Deutsche Bahn AG (Hrsg.) (1998): Kursbuch 1998/99. Frankfurt a. M. Uhle, B. (1997): Kursbuch der deutschen Museums-Eisenbahnen 1998. Lübbecke. Ergänzungen des Verfassers.
Abb. 4: Erschließung von Attraktionsräumen durch touristische Verkehrslinien beiderseits von Mittel- und Oberrhein: Vergleiche Quellen Abb. 2 und Abb. 5.
Abb. 5: Bedeutende touristische Schienen- und Schiffswege: Arndt, G. u. U. Arndt (1998): Liliputbahnen in Parks und Gärten. Stuttgart. Benja, G. (1975): Personenschiffahrt in deutschen Gewässern. Vollständiges Verzeichnis aller Fahrgastschiffe und -dienste. Oldenburg, Hamburg. Bundesverband der Deutschen Binnenschiffahrt (Hrsg.) (1998): Binnenschiffahrt 1997/98. Geschäftsbericht 1997/1998 des Bundesverbands der Deutschen Binnenschiffahrt e.V. Duisburg. Bundesverband der Deutschen Binnenschiffahrt/ Bundesverband der Selbständigen, Abt. Binnenschiffahrt (Hrsg.): Binnenschiffahrt in Zahlen 1998. Deutsche Bahn AG (Hrsg.) (1998): Kursbuch 1998/99. Frankfurt a. M. Köln-Düsseldorfer Deutsche Rheinschiffahrt AG (1998): Fahrplan. Köln-Düsseldorfer Deutsche Rheinschiffahrt AG (1998): Pressemitteilung Firmenportrait (3/1998). Köln-Düsseldorfer Deutsche Rheinschiffahrt AG (1999): Katalog Flußkreuzfahrten. Mitteilung der Sächsischen Dampfschiffahrt GmbH vom 5.2.1999. Uhle, B. (1997): Kursbuch der deutschen Museums-Eisenbahnen 1998. Lübbecke. Ergänzungen des Verfassers.
Bildnachweis
S. 64: Ausflugsdampfer, Potsdam: copyright S. Tzschaschel

S. 68-71: Freizeitwohnen mobil und stationär
Autor: Prof. Dr. Jürgen Newig, Institut für Kulturwissenschaften und ihre Didaktik, Olshausenstr. 75, 24118 Kiel
Kartographische Bearbeiter
Abb. 1, 2: Konstr.: J. Newig; Red.: W. Kraus; Bearb.: W. Kraus
Abb. 3, 8: Red.: K. Großer; Bearb.: M. Zimmermann
Abb. 4: Konstr.: U. Hein; Red.: W. Kraus; Bearb.: R. Bräuer, W. Kraus
Abb. 5, 10: Red.: K. Großer; Bearb.: R. Bräuer
Abb. 6: Red.: W. Kraus; Bearb.: W. Kraus
Abb. 7: Red.: K. Großer; Bearb.: R. Bräuer
Abb. 9: Konstr.: C. Lambrecht; Red.: W. Kraus; Bearb.: W. Kraus
Literatur
Albrecht, W. u.a. (1991): Erholungswesen und Tourismus in der DDR. In: Geographische Rundschau. Heft 10, S. 606-613.
Becker, C. (1980): Die räumliche Koinzidenz der Eigentümer- und Gästeherkunft in neuen Fremdenverkehrsgroßprojekten. In: Münstersche Geographische Arbeiten. Heft 7, S. 141-148.
Deutscher Fremdenverkehrsverband e.V. (1997): Campingtourismus in Deutschland, Aktualisierung der Grundlagenuntersuchung von 1990 – unter besonderer Berücksichtigung der neuen Bundesländer. Bonn (= Fachreihe des Deutschen Fremdenverkehrsverbandes. Heft 11).
DWIF (Hrsg.) (1990): Campingurlaub in der Bundesrepublik Deutschland. München (= Schriftenreihe des DWIF. Heft 40).
Diekmann, S. (1963): Die Ferienhaussiedlungen Schleswig-Holsteins. Kiel (= Schriften des Geographischen Instituts der Universität Kiel. Band 21. Heft 3).
Fischer, E. (1975): Zur Problematik der Freizeitwohnsitze. In: Neues Archiv für Niedersachsen. Band 24. Heft 1, S. 5-14.
Görgmaier, D. (1973): Zweitwohnungen – Krebszellen der Kulturlandschaft? In: Politische Studien. Nr. 209, S. 275-290.
Gröning, G. (1979): Dauercamping, Analyse und planerische Einschätzung einer modernen Freizeitform. Habilitationsschrift. Hannover.
Hofmann, G. v. (1994): Über den Zaun geguckt, Freizeit auf dem Dauercampingplatz und in der Kleingartenanlage. Frankfurt.
Hofmann, M. (1972): Freizeitwohnsitze in Nordrhein-Westfalen. In: Informationen des Instituts für Raumordnung. Nr. 2, S. 35-45.
Neuhaus, F. (1979): Freizeitwohnen in der Bundesrepublik Deutschland. Eine Problemanalyse. Inaugural-Dissertation. Köln.
Newig, J. (1974): Fremdenverkehr und Freizeitwohnwesen in ihren Auswirkungen auf Bad und Stadt Westerland auf Sylt. Kiel.
Ruppert, K. u. J. Maier (1971): Der Zweitwohnsitz im Freizeitraum – raumrelevanter Teilaspekt einer Geographie des Freizeitverhaltens. In: Informationen des Instituts für Raumordnung. Heft 6, S. 135-157.
Statistisches Landesamt Schleswig-Holstein (1997): Statistische Berichte. Reihe G IV 1-

j/96, der Fremdenverkehr in den Gemeinden Schleswig-Holsteins 1996. Kiel.
Steinhardt, J. (1993): Camping im vereinten Deutschland – historische Betrachtungen, Auffassungen, Begriffe und Definitionen. In: Greifswalder Beiträge zur Rekreationsgeographie/Freizeit- und Tourismusforschung. Band 3: Mecklenburg-Vorpommern: Tourismus im Umbruch. Greifswald, S. 105-109.

Quellen von Karten und Abbildungen

Abb. 1: Camping-Übernachtungen 1997/99: Dauercamping – DCC (Hrsg.): DCC-Camping-Führer Europa 1999. München. StÄdL. Touristik-Camping – StBA (1998): Statistisches Jahrbuch für die Bundesrepublik Deutschland 1998. Wiesbaden, Werte für 1997. Wenn keine zuverlässigen Werte vorlagen, wurden im Dauercamping 189 Übernachtungen pro Stellplatz angenommen. Insgesamt ergeben sich rund 65 Mio. Übernachtungen. Zum Vergleich: Der DCC (Hrsg.) und der Deutsche Fremdenverkehrsverband e.V. (1997) kommen auf insgesamt 80 Mio. Übernachtungen.

Abb. 2: Campingplätze und Stellplätze 1997/99: Dauercamping – DCC (Hrsg.). StÄdL (1999): vorläufige unveröffentlichte Daten zur erstmaligen bundesweiten Erhebung der Campingdauerstellplätze, Daten lieferten die Statistischen Landesämter von Brandenburg, Mecklenburg-Vorpommern, Niedersachen, Nordrhein-Westfalen, Rheinland-Pfalz, Schleswig-Holstein. Die Stellplatzzahl des Dauercamping für die restlichen Bundesländer wurden – mit Ausnahme von Berlin (Auskunft DCC) – aus der Gesamtzahl der Plätze geschätzt. Touristik-Camping sowie Anzahl und Nutzung der Plätze – StBA (1998), Werte für 1997.

Abb. 3: Freizeitwohnsitze: Entwurf J. Newig.

Abb. 4: Stellplätze für Touristik- und Dauercamping 1999: DCC (Hrsg.). Eigene Auswertung. Die ausgezählten Campingplätze entsprechen einem Anteil von 54% am Gesamtbestand. Insbesondere muss beachtet werden, dass Nordrhein-Westfalen mit nur 111 von 418 Campingplätze in der Hauptkarte stark unterrepräsentiert ist.

Abb. 5: Übernachtungen im Freizeitwohnen 1995/99: StÄdBL.

Abb. 6: Bauphasen der Freizeitwohnsitze 1987/1995: StBA (o. J.): Gebäude- und Wohnungszählung vom 30.9.1995 in den neuen Ländern und Berlin-Ost. Wiesbaden, Diskettenpaket o. J. StBA: Volkszählung 1987, Tabellenprogramm der Gebäude- und Wohnungszählung. Wiesbaden.

Abb. 7: Freizeitwohnsitze 1987/95: StBA (o. J.): Gebäude- und Wohnungszählung vom 30.9.1995 in den neuen Ländern und Berlin-Ost. Wiesbaden, Diskettenpaket o. J. StBA: Volkszählung 1987, Tabellenprogramm der Gebäude- und Wohnungszählung. Wiesbaden.

Abb. 8: Baustile stationärer Freizeitwohnsitze: Entwurf J. Newig.

Abb. 9: Freizeitwohnsitze 1987/1995: StBA (o. J.): Gebäude- und Wohnungszählung vom 30.9.1995 in den neuen Ländern und Berlin-Ost. Wiesbaden, Diskettenpaket o. J. StBA: Volkszählung 1987, Tabellenprogramm der Gebäude- und Wohnungszählung. Wiesbaden.

Abb. 10: Beheizungsart von Freizeitwohnungen 1995: StBA (o. J.): Gebäude- und Wohnungszählung vom 30.9.1995 in den neuen Ländern und Berlin-Ost. Wiesbaden, Diskettenpaket o. J.

Bildnachweis

S. 68: Dauercamping: copyright J. Newig

S. 70: Appartementhaus am Starnberger See: copyright J. Newig

Danksagung

Bei der teilweise sehr aufwendigen Datenrecherche haben mich die verschiedenen Fachverbände freundlich unterstützt, vor allem der Deutsche Fremdenverkehrsverband (Herr Dunkelberg), der Deutsche Campingclub (Herr Grönert, München), der Bundesverband der Campingplatzbetreiber (Herr Heß), der Bundesverband Wassersportwirtschaft in Köln (Herr Tracht) sowie die Statistischen Landesämter der Bundesländer. Insbesondere danke ich Herrn Beschmann vom Statistischen Bundesamt in Wiesbaden für die aufwendige Datenrecherche und eingehende Gespräche zur Datenaufbereitsproblematik und Herrn Bruschwitz für die Hilfe bei der Datenzusammenstellung.

S. 72-73: Feriengroßprojekte

Autor: Prof. Dr. Christoph Becker, Fachbereich VI – Geographie/Geowissenschaften der Universität Trier, Universitätsring 15, 54286 Trier

Kartographische Bearbeiter

Abb. 1: Red.: K. Großer; Bearb.: R. Bräuer

Abb. 2: Konstr.: C. Becker, M. Lutz; Red.: W. Kraus; Bearb.: W. Kraus

Literatur

Becker, C. (1984): Neue Entwicklungen bei den Feriengroßprojekten in der Bundesrepublik Deutschland – Diffusion und Probleme einer noch wachsenden Betriebsform. In: Zeitschrift für Wirtschaftsgeographie. Heft 3/4, S. 164-185.
Faché, W. (1995): Transformations in the Concept of Holiday Villages in Northern Europe. In: Ashworth, G. J. u. A. G. J. Dietvorst (Ed.): Tourism and Spatial Transformations, S. 109-128.
Huber, A. (1999): Feriengroßprojekte. Trier (= Trierer Tourismus Bibliographien. Band 11).
Kurz, R. (1977): Ferienzentren an der Ostsee. Geographische Untersuchungen zu einer neuen Angebotsform im Fremdenverkehrsraum. Frankfurt, Zürich.
Lüthje, K. u. B. Lindstätt (1994): Freizeit- und Ferienzentren – Umfang und regionale Verteilung. Bonn (= Materialien zur Raumentwicklung. Band 66).
Strasdas, W. (1992): Ferienzentren der zweiten Generation – Ökologische, soziale und ökonomische Auswirkungen. Bonn.
Raben, H. u. D. Uthoff (1975): Die Raumrelevanz touristischer Großprojekte. Ein Beitrag zur regionalökonomischen Erfolgskontrolle staatlicher Fremdenverkehrsförderung. In: Raumforschung und Raumordnung 33, S. 18-29.
Vossebürger, P. u. A. Weber (1998): Planerischer Umgang mit Freizeitgroßprojekten. Bausteine zum Konfliktmanagement am Beispiel eines ‚Center Parcs'-Projektes. Dortmund (= Dortmunder Beiträge zur Raumplanung. Band 86).
Wagner, F. A. (1984): Ferienarchitektur. Die gebaute Urlaubswelt. Modelle + Erfahrungen + Thesen. Starnberg.

Quellen von Karten und Abbildungen

Abb. 1: Innovationen bei Feriengroßprojekten 1935-2000: Entwurf C. Becker.

Abb. 2: Feriengroßprojekte bis 1999: Literatur (s.o.). Eigene Erhebungen.

Bildnachweis

S. 72: Ferienpark Damp (Ostsee): copyright Damp Touristik GmbH

S. 74-75: Entwicklung des Beherbergungsangebots (1985-1998)

Autor: Ulrich Spörel, Sachgebiet Gastgewerbe, Tourismus, Statistisches Bundesamt, Gustav-Stresemann-Ring 11, 65189 Wiesbaden

Kartographische Bearbeiter

Abb. 1: Red.: B. Hantzsch; Bearb.: S. Dutzmann

Quellen von Karten und Abbildungen

Abb. 1: Bettenkapazität 1985-1998: StBA.

Bildnachweis

S. 74: Skihütte am Brauneck: copyright Verkehrsamt Lenggries, G. Knirk

S. 76-77: Freizeit- und Erlebnisbäder

Autor: Roman E. Schramm, EWA – European Waterpark Association, Sauerbornstr. 26, 61184 Karben

Kartographische Bearbeiter

Abb. 1: Red.: K. Großer, A. Müller ; Bearb.: A. Müller

Abb. 2: Konstr.: U. Hein; Red.: K. Großer, A. Müller; Bearb.: A. Müller

Literatur

Active Brain Consulting: Die BADPRO Homepage: online im Internet unter: http://www.badpro.de
European Waterpark Association: online im Internet unter: http://www.freizeitbad.de
Grimm, M. u.a. (1994): Erlebnisbad Salztherme. Eine Besucherstrukturanalyse. Lüneburg (= Schriftenreihe „Kulturarbeit und Kulturmanagement". Nr. 5).

Quellen von Karten und Abbildungen

Abb. 1: Freizeit- und Erlebnisbäder 1999: Eigene Auswertung.

Abb. 2: Freizeit- und Erlebnisbäder 1999: European Waterpark Association. Active Brain Consulting.

Bildnachweis

S. 76: Center-Parc Bispinger Heide: copyright baduragrafik, Münster

S. 78-79: Multiplexkinos – moderne Freizeitgroßeinrichtungen

Autor: Dr. Hans-Jürgen Ulbert, Institut für Landes- und Stadtentwicklungsforschung des Landes Nordrhein-Westfalen, Königswall 38-40, 44269 Dortmund

Kartographische Bearbeiter

Abb. 1, 2, 3, 4: Red.: K. Großer; Bearb.: M. Zimmermann

Abb. 5: Red.: K. Großer; Bearb.: H.-J. Ulbert, M. Zimmermann

Literatur

Arbeitsgemeinschaft Junker und Kruse, Stadtforschung – Stadtplanung u. RMC medien consult GmbH (1998): Untersuchung zur stadtverträglichen und tragfähigen Dimensionierung von Multiplex-Kinoansiedlungen in Deutschland am Beispiel ausgewählter Städte/Regionen. Endfassung vom 28. Oktober 1998. Dortmund und Wuppertal.
Bähr, R. (1997): 7 Jahre Multiplexe – Die unendliche Geschichte? Großkinosituation in Deutschland. Berlin.
Blatt, L. u. G. V. Raczeck (1998): Multiplex-Kinos – Standortkonkurrenz Innenstadt und „Grüne Wiese". Vergleich deutscher, französischer und englischer Steuerungsinstrumente. Berlin.
Deutscher Städtetag (Hrsg.) (1998): Empfehlung des DST „Multiplexkinos in der Stadt" (556/98). In: Mitteilungen Deutscher Städtetag. Folge 14, Nr. 543-581, S. 306-309.
„Erlebnisort Kino" – vom Filmpalast zum Multiplex (1999). In: Ruhr-Nachrichten vom 28.01.1999.
Geinitz, C. (1998): Breite Sessel und einladende Foyers – Die Rückkehr des Filmpalasts. In: Frankfurter Allgemeine Zeitung vom 19.08.1998, S. 13.
Giersch, N. (1998): Wachstumsmotor Multiplex. In: Demokratische Gemeinde. Heft 7, S. 6-7.
Goedecke, O. (1998): Multiplexkinos – Große Risiken aus raumplanerischer Sicht. In: Städte- und Gemeinderat 8, S. 199-201.
Institut für Landes- und Stadtentwicklungsforschung des Landes Nordrhein-Westfalen (Hrsg.) (1994): Kommerzielle Freizeit-Großeinrichtungen. (= Bausteine für die Planungspraxis in Nordrhein-Westfalen. Band 17). Dortmund.
Klee, A. (1997): Stadt und Multiplex-Kinos. In: Standort – Zeitschrift für Angewandte Geographie. Heft 1, S. 48-50.
Kühling, D. (1998): Verkehrsauswirkungsprüfung von Multiplex-Kinos. In: RaumPlanung 82, S. 157-164.
Meyer, B. (1998): Multiplexkinos in der Stadt. In: Meyer, B. (Bearb.): Kultur in der Stadt : Empfehlungen, Hinweise und Arbeitshilfen des Deutschen Städtetages, 1987-1998. Stuttgart u.a. (= Deutscher Städtetag: Neue Schriften des Deutschen Städtetages 75), S. 107-113.
Neckermann, G. (1998): Der Kinobesuch 1991 bis 1997 nach Besuchergruppen und Filmtitel. Auswertung der GfK-Panel-Ergebnisse. Berlin.
Neckermann, G. u. L. Trotz (1998): Kinosäle in der Bundesrepublik Deutschland 1993 bis 1997: Analyse zu Größe, Lage, Programm, technischer Ausstattung, Service und Investitionen. Berlin.
Nordrhein-Westfälischer Städte- und Gemeindebund (Hrsg.) (1998): Multiplex-Kinos. In: „Mitteilungen" NWStGBH. Heft 24, Az.: IV/2 485, S. 410-411.
Ulbert, H.-J. (1998): Großeinrichtungen der Freizeitinfrastruktur in Nordrhein-Westfalen. Unveröff. Bestandsaufnahme im Rahmen des Forschungsprojekts „Ziele und Strategien im Freizeitsektor", Fassung 7/98 (Entwurf). Dortmund.
Wolff, J. u. R. A. Herrmann (1998): High Noon der Kinos. In: AKP, Fachzeitschrift für Alternative Kommunal Politik. Heft 5/97, S. 38-39.

Quellen von Karten und Abbildungen

Abb. 1: Kinobesucher 1997,

Abb. 2: Multiplexkinos,

Abb. 3: Anteile der Multiplexkinos an allen Kinos 1992-1998,

Abb. 4: Kinosäle und Anteil der Multiplexleinwände 1998 nach Ländern,

Abb. 5: Multiplexkinos 1998: Literatur (s.o.). Bundesforschungsanstalt für Landeskunde und Raumordnung (Hrsg.) (1995): Laufende Raumbeobachtung. In: Materialien zur Raumentwicklung. Heft 67. Filmförderungsanstalt: online im Internet unter: http://www.ffa.de Hauptverband Deutscher Filmtheater e.V. (Hrsg.) (1998): Geschäftsbericht 1997/98. Wiesbaden. Reitz, M. (2000): Multiplex-Kinos in Deutschland: online im Internet unter: http://www.online-club.de/m4/multiplex/ UFA-Theater AG (1998): Pressemappe - Geschichte und Entwicklung, Zukunft Multiplex-Kinos. Düsseldorf.

S. 80-83: Freizeit- und Erlebnisparks

Autor: Prof. Dr. Uwe Fichtner, Fachbereich Landespflege, Fachhochschule Anhalt, Strenzfelder Allee 28, 06406 Bernburg

Kartographische Bearbeiter

Abb. 1: Red.: K. Großer; Bearb.: R. Bräuer

Abb. 2, 3, 7: Konstr.: U. Fichtner; Red.: W. Kraus; Bearb.: W. Kraus

Abb. 4, 5, 6: Red.: K. Großer; Bearb.: R. Bräuer

Literatur

Bachleitner, R., H. J. Kagelmann u. A. G. Keul (1998) (Hrsg.): Der durchschaute Tourist, Arbeiten zur Tourismusforschung. München (= Tourismuswissenschaftliche Manuskripte. Band 3).
Erdmann, C. u. B. Jansen-Merx (1996): Studienprojekt: „Freizeitparks und ihre regionale Bedeutung. Das Beispiel PHANTASIALAND und die Stadt Brühl". Aachen, Geographisches Institut der RWTH, Vervielfältigung. Aachen.
Fichtner, U. (1981): Geographische Mobilität städtischer Bevölkerung in der kurzfristigen Freizeit. Bayreuth (= Forschungsmaterialien. Heft 3. Lehrstühle Geowissenschaften).
Fichtner, U. (1997): Freizeitparks – traditionell inszenierte Freizeitwelten vor neuen Herausforderungen? In: Steinecke, A. u. M. Treinen (Hrsg.): Inszenierung im Tourismus. Trends – Modelle – Prognosen, 5. Tourismus-Forum Luxemburg Trier Europäisches Tourismus Institut, S. 78-97 (= ETI-Studien. Band 3).
Fichtner, U. u. R. Michna (1987): Freizeitparks. Allgemeine Züge eines modernen Freizeitan-

gebotes, vertieft am Beispiel des EUROPA-PARK in Rust/Baden. Freiburg i. Br.

Hess, U. (1998): Die Debatte um die Völkerverständigung durch Tourismus. Entwicklung einer Idee und empirische Befunde. In: Bachleitner, R., H. J. Kagelmann u. A. G. Keul (1998) (Hrsg.), S. 106-115.

Kagelmann, H. J. (1993): Themenparks. In: Hahn, H. u. H. J. Kagelmann (Hrsg.): Tourismuspsychologie und Tourismussoziologie. Ein Handbuch zur Tourismuswissenschaft. München, S. 407-415.

Kagelmann, H. J. (1998): Erlebniswelten. Grundlegende Bemerkungen zum organisierten Vergnügen. In: Rieder, M., R. Bachleitner u. H. J. Kagelmann, S. 58-94.

Lanquar, R. (1991): Les parcs de loisirs. Paris (= que sais-je? Nr. 2577).

Michna, R. (1985): Freizeitparks in Europa – „ein Geschenk Amerikas an die alte Welt"? In: Organ Show Bussiness No. 6, S. 1-2.

Müllenmeister, H. M. (1997): Spiegelungen und Vorspiegelungen – Infotainement oder kulturelle Animation. In: Steinecke, A. u. M. Treinen (Hrsg.): Inszenierung im Tourismus. Trends – Modelle – Prognosen. Trier (= ETI-Studien. Band 3), S. 106-117.

Opaschowski, H. W. (1995a): Freizeitökonomie. Marketing von Erlebniswelten. Opladen (= Freizeit- und Tourismusstudien. Band 5).

Opaschowski, H. W. (1995b): Die Freizeitaktivitäten der Deutschen im Zeitvergleich 1986-1995. In: BAT Freizeit-Forschungsinstitut (Hrsg.): Daten zur Freizeitforschung. Freizeitaktivitäten 1995. Hamburg, S. 1-12.

Opaschowski, H. W. (1996): Tourismus. Eine systematische Einführung; Opladen (= Freizeit- und Tourismusstudien. Band 3).

Rieder, M., R. Bachleitner u. H. J. Kagelmann (1998) (Hrsg.): ErlebnisWelten. Zur Kommerzialisierung der Emotionen in touristischen Räumen und Landschaften. München (= Tourismuswissenschaftliche Manuskripte. Band 4).

Steinecke, A. u.a. (1996): Tourismusstandort Deutschland – Hemmnisse, Chancen, Herausforderungen. In: Steinecke, A. (Hrsg.) (1997): Der Tourismusmarkt von morgen – zwischen Preispolitik und Kultkonsum – 5. Europäisches Wissenschaftsforum auf der Internationalen Tourismus-Börse Berlin '96. Trier (= ETI-Texte. Heft 10), S. 90-102.

Stiftung Warentest (1996): Freizeit- und Erlebnisparks. Es muß nicht immer Disney sein. In: test 1996. Heft 4, S. 76-81.

Wackermann, G. (1985): L'Europapark de Rust (RFA). In: Espaces Nr. 76. Paris, S. 26-28.

Quellen von Karten und Abbildungen

Abb. 1: Evaluation des EUROPA-PARKs durch seine Besucher,

Abb. 2: Hansa-Park 1998,

Abb. 3: Legoland Deutschland,

Abb. 4: Erlebniswert von Freizeitzielen in den Augen des Publikums,

Abb. 5: Zeitraum der Besuchswiederholung im EUROPA-PARK,

Abb. 6: Aufenthaltsdauer im EUROPA-PARK,

Abb. 7: Freizeit- und Erlebnisparks 2000: Literatur (s.o.). Eigene Erhebungen.

Bildnachweis

S. 80: Prospekte: Allgäu Skyline Park, Fränkisches Wunderland, Plech

S. 80: Musicalnacht in der spanischen Arena des EUROPA-PARK, Rust: copyright Europa-Park, Rust

S. 81: HANSA-PARK, Sierksdorf, Ostsee: copyright Hansa-Park, Sierksdorf

S. 84-85: Sportstätten im Trendsport-Zeitalter

Autor: Dr. Thomas Schnitzler, Institut für Sportgeschichte, Deutsche Sporthochschule Köln, Carl-Diem Weg 6, 50933 Köln

Kartographische Bearbeiter

Abb. 1, 2: Red.: B. Hantzsch; Bearb.: M. Zimmermann

Abb. 3: Konstr.: A. Liebisch; Red.: B. Hantzsch; Bearb.: R. Bräuer

Abb. 4: Konstr.: U. Hein, A. Liebisch; Red.: B. Hantzsch; Bearb.: M. Zimmermann

Literatur

Bach, L. (1990): Sportgelegenheiten – Anmerkungen zu Inhalt, Chancen und Grenzen im Rahmen der kommunalen Sportentwicklungsplanung. In: Der Kultusminister des Landes Nordrhein-Westfalen (Hrsg.): Sportgelegenheiten – Bedeutungsinhalte, Chancen und Grenzen. Frechen (= Materialien zum Sport in Nordrhein-Westfalen. Heft 30), S. 20-26.

Bach, L. (1991): Planungen für den Sport und Sportstätten – Ziele und Aufgaben in Städten und Gemeinden. In: Das Gartenamt. Heft 4 u. 5, S. 233-237, 315-324.

Bach, L. u. W. Köhl (1988): Brauchen wir einen 2. Goldenen Plan? – Anmerkungen zu einer aktuellen Diskussion. In: Sportstättenbau und Bäderanlagen 22, S. 427-431.

Bach, L. u. W. Köhl (1995): Sportstättenentwicklungsplan Weimar. Karlsruhe.

BISp (Hrsg.) (2000): Leitfaden für die Sportstättenentwicklungsplanung. Schorndorf. Im Druck.

Die Arena wird im Herzen des Ruhrgebiets bis 2001 errichtet. In: Zeitung auf Schalke. Nr. 1. November 1998.

Eichberg, H. (1995): Neue Raumstrukturen des Sports. In: Pawelke, R. (Hrsg.): Neue Sportkultur. Neue Wege in Sport, Spiel, Tanz und Theater. Von der Alternativen Bewegungskultur zur Neuen Sportkultur. Ein Handbuch. Lichtenau, S. 458-467.

Eulering, J. (1995): Die sportgerechte Stadt. Zur Zukunftsfähigkeit des Sportstättenbaus. In: Wopp, C.: Entwicklungen und Perspektiven des Freizeitsports. Aachen, S. 198-203.

Hahn, P. (1989): Analyse des Konfliktes Umwelt/Sport – aus landschaftsplanerischer Sicht (= Schriftenreihe des Fachbereichs Landschaftsentwicklung der TU Berlin. Nr. 65).

Koch, J. (1999): Zukunftsorientierte Sportstättentwicklung. Landessportbund Hessen (Hrsg.): Ein Orientierungshandbuch für Kommunen und Vereine. Band 2: Projektbeispiele. Aachen.

Kölnarena Management GmbH (Hrsg.) (1999): Viel Vergnügen. Köln.

Opaschowski, H. (1997): Deutschland 2010. Wie wir morgen leben – Voraussagen der Wissenschaft zur Zukunft unserer Gesellschaft. Hamburg.

Schemel, H. J. u. W. Erbguth (1992): Handbuch Sport und Umwelt. Der Bundesumweltminister unter fachlicher Begleitung des Umweltbundesamtes (Hrsg.): Deutscher Sportbund, Deutscher Naturschutzring. Aachen.

Wilken, T. (1996): Nicht immer, aber immer öfter – Die Zukunft von Sport und Bewegung in der Stadt. In: Wopp, C. (Hrsg.), S. 190-197.

Wopp, C. (Hrsg.) (1996): Sport der Zukunft – Zukunft des Sports. Aachen.

Quellen von Karten und Abbildungen

Abb. 1: Anzahl der Fitnessstudios und Mitgliederentwicklung 1990-1997,

Abb. 2: Gesamtumsatz der Fitnessstudios 1990-1997: Deutscher Sportstudio verband e.V. (1996): Eckdaten der deutschen Fitness-Wirtschaft. Hamburg: online im Internet unter: http://www.dssv.de

Abb. 3: Kernsportstättendichte,

Abb. 4: Sportstadien und Sporthallen 1997: Bayerisches Landesamt für Statistik und Datenverarbeitung (Hrsg.): Statistische Berichte Februar 1988: Anlagen für Sport, Freizeit und Erholung in Bayern. München. Deutsche Olympische Gesellschaft u. Deutscher Sportbund (Hrsg.) (1996): Sportmanagement 96. Das Adressbuch des Sports. Münster. DFB (Hrsg.) (1997): Fußball-Weltmeisterschaft 2006. Wir stellen uns vor. Frankfurt. Deutscher Sportbund (Hrsg.)(1992): Goldener Plan Ost. Memorandum. Richtlinien für die Schaffung von Erholungs-, Spiel- und Sportanlagen. Anleitung zur Sportstättenentwicklungsplanung. Frankfurt a. M. Ministerium des Inneren und für Sport Rheinland-Pfalz (1988): Länderübergreifende Sportstättenstatistik in den alten Bundesländern. Zusammengestellt von Schauer, P. u. K. Schmidt. Stichtag 01.07.1988. Senator für Bildung und Wissenschaft, Kunst und Sport in Bremen, Abt. Sport und Freizeit: Zwischenergebnis zur laufenden Sportanlagenerhebung 1999 (= Mitteilung an der Autor vom 15.1.1999). Senatsverwaltung für Schule, Jugend und Sport, Berlin (Hrsg.) (1997): Sportanlagenstatistik Berlin 1997. Band 1 (Statistische Daten) u. Band 2 (Liste der Standorte). Berlin. Sozialministerium Mecklenburg-Vorpommern (1993): Sportstättenstatistik (Landeserhebung) von 1993, unveröff. Mitteilung an den Autor vom Dezember 1998. Statistisches Landesamt Baden-Württemberg (Hrsg.) (1993): Statistiken von Baden-Württemberg. Band 451: Sportstätten. Stuttgart. Statistisches Landesamt Hamburg: Situation des Sportstättenbaus 1994, unveröff. Mitteilung der Erhebungsergebnisse mit Schreiben vom 27.01.1999.

S. 86-87: Fußball – Volkssport und Zuschauermagnet

Autor: Dipl.-Geogr. Christian Lambrecht, Institut für Länderkunde, Schongauerstr. 9, 04329 Leipzig

Kartographische Bearbeiter

Abb. 1, 2, 3: Red.: O. Schnabel; Bearb.: O. Schnabel

Abb. 4: Konstr.: C. Lambrecht, U. Hein; Red.: C. Lambrecht; Bearb.: S. Dutzmann, C. Lambrecht

Literatur

DFB: online im Internet unter: http://www.dfb.de

FIFA: online im Internet unter: http://www.fifa2.com

Reitz, O. (1999): Wirtschaftsfaktor Sport. In: Standort – Zeitschrift für Angewandte Geographie. Heft 4, S. 28-29.

Sport-Bild und ran SAT1 Bundesliga: Sonderheft Bundesliga 1999/2000.

Quellen von Karten und Abbildungen

Abb. 1: Mitgliederentwicklung des Deutschen Fußball-Bundes (DFB) 1950 bis 1999: Informationsmaterialien des DFB.

Abb. 2: Fußballverbände im Amateurbereich 1999: Informationsmaterialien des DFB.

Abb. 3: Potenzielle Spielklassengebiete eines Fußballvereins am Beispiel von Eime: Informationsmaterialien des Niedersächsischen Fussballverbandes.

Abb. 4: Zuschauerresonanz der 1. und 2. Fußballbundesliga: FC Hansa Rostock: Postleitzahlen und Wohnorte der Dauerkartenbesitzer. Informationsmaterialien der Bundesligavereine. Kicker Almanach 2000. Sport1 GmbH & Co. KG.: online im Internet unter: http://www.sport1.de

Bildnachweis

S. 86: Olympiastadion München (Spiel des FC Bayern München): copyright Pressefoto Frinke

S. 88-91: Unterwegs in der Landschaft – Wandern, Radfahren und Reiten

Autorin: Dipl.-Geogr. Petra Becker, Harbigstr. 14, 14055 Berlin

Kartographische Bearbeiter

Abb. 1, 2: Red.: K. Großer; Bearb.: S. Dutzmann

Abb. 3, 5, 7: Red.: A. Müller; Bearb.: A. Müller

Abb. 6: Red.: B. Hantzsch; Bearb.: R. Richter

Literatur

ADFC (Hrsg.) (1998): Handreichung zur Förderung des Fahrradtourismus. 2. Aufl. Bremen.

Biermann, A., F. Hofmann u. A. Steinecke (Hrsg.) (1996): Fahrradtourismus – Baustein eines marktgerechten und umweltverträglichen Tourismus. Europäisches Tourismus Institut GmbH an der Universität Trier. Trier (= ETI-Texte. Heft 8).

Brämer, R. (1998): Unsere Wanderwege sind in die Jahre gekommen. Eine kritische Bestandsaufnahme und Vorschläge zur Modernisierung. Marburg (= Wandern Spezial. Nr. 12. Studien zum sanften Natursport).

Brämer, R. (1998): Profilstudie Wandern – Gewohnheiten und Vorlieben von Wandertouristen. Marburg (= Wandern Spezial. Nr. 62. Studien aus Wissenschaft und Praxis).

Claus, R. u. S. Schmitt (1997): Mit Pferden unterwegs. Vorbereitung, Ausrüstung und Orientierung für Wanderreiter. Stuttgart.

Deutsche Reiterliche Vereinigung e.V. (Hrsg.) (1998): Fernreitwege – Reitstationen. Möglichkeiten einer landesweiten Umsetzung. Dokumentation einer Tagung am 23. September 1998 in Hannover. Warendorf.

Gorges, H. J. (1999): Auf Tour in Europa. Das Handbuch für die Europäischen Fernwanderwege. Stuttgart.

Hofmann, F. u. T. Froitzheim (1996): Radfernwege in Deutschland. 2. Aufl. Bielefeld.

Schemel, H.-J. u. W. Erbguth (1992): Handbuch Sport und Umwelt. Ziele, Analysen, Bewertungen, Lösungsansätze, Rechtsfragen. Aachen.

Quellen von Karten und Abbildungen

Abb.1: Beliebtheit von Freizeittätigkeiten 1997: DGF (Hrsg.) (1998): Freizeit in Deutschland 1998. Aktuelle Daten und Grundinformation. Erkrath.

Abb. 2: Urlaubsaktivitäten 1996-1998: FUR (1999): Die Reiseanalyse RA 99. Hamburg.

Abb. 3: Fern- und Hauptwanderwege 1999: Auskünfte Gebirgs- und Wandervereine. Europäische Fernwanderwege, Internationale Wanderwege, Hauptwanderwege (Auswahl). Große Wanderwege-Übersichtskarte 1:500.000 Bundesrepublik Deutschland mit Bundespräsidenten-Wanderweg (1982). Stuttgart.

Abb. 4: Ausschnitt aus Wanderkarte „Freiburg und Umgebung": Freiburg und Umgebung. Kompass-Wanderkarte im Maßstab 1:30.000. Starnberg.

Abb. 5: „Eifel zu Pferd" – ein Reitstationennetz für Wanderreiter: Deutsche Reiterliche Vereinigung e.V. (Hrsg.) (1999): Fernreitwege und Reitstationen in Deutschland. Verein „Eifel zu Pferd" (Hrsg.) (1999): Eifel zu Pferd 2000. Eure Gastgeber stellen sich vor.

Abb. 6: Mittlere Besucherverteilung auf der Feldbergkuppe Mai-Oktober 1995: Ebel, K.-G. u. R. Kruchten (1995): Besucheraufkommen, -verteilung und -verhalten im Bereich des Feldberggipfels. Teilgutachten der Umweltverträglichkeitsstudie zum Neubau des SWF-Sendeturmes auf dem Feldberg. Bühl/Feldberg. Landesvermessungsamt Baden-Württemberg (Hrsg.) (1998): Topographische Karte 1:25.000. Blatt 8114. Feldberg (Schwarzwald). Stuttgart.

Abb. 7: Radfernwege in Deutschland 1999: ADFC u.a.: Projekt „Deutschland per Rad entdecken". ADFC (1999): Die Radreiseanalyse 1999. Pressemitteilung vom 7. März 1999.

Bildnachweis

S. 88: copyright H. Job

S. 91: Fahrradtouristen: copyright ADFC e.V., Frank Hofmann

S. 92-93: Naturorientierter Freizeitsport – Klettern und Kanufahren

Autoren: Prof. Dr. Hubert Job, Institut für Wirtschaftsgeographie der Ludwig-Maximilians-Universität München, Ludwigstr. 28, 80539 München
Dipl.-Geogr. Daniel Metzler, Fachbereich VI – Geographie/Geowissenschaften der Universität Trier, Universitätsring 15, 54286 Trier

Kartographische Bearbeiter
Abb. 1: Konstr.: A. Liebisch; Red.: B. Hantzsch; Bearb.: B. Hantzsch
Abb. 2: Red.: B. Hantzsch; Bearb.: B. Hantzsch
Abb. 3: Konstr.: A. Liebisch; Red.: B. Hantzsch; Bearb.: S. Dutzmann

Literatur
Cluesserath, B. (1998): Freizeit- und Tourismuspotential von Natursportarten – dargestellt am Beispiel des Kanuwanderns auf deutsche Fließgewässern. Diplomarbeit. Universität Trier. Trier.
Fricke, A. (1998): Abenteuer- und Risikosportarten im Tourismus – dargestellt am Beispiel des Klettersports. Diplomarbeit. Universität Trier. Trier.
Goedeke, R. (1992): Der deutsche Kletteratlas. München.
Hanemann, B. (2000): Klettertourismus zwischen Aktivurlaub und Naturschutz. In: Geographische Rundschau. Heft 2, S. 21-27.
Schäfer, C. (1992): Information und Lenkung von Besuchern in Freizeitgebieten – dargestellt am Beispiel der Lahn. Diplomarbeit. Justus-Liebig-Universität Gießen. Gießen.

Quellen von Karten und Abbildungen
Abb. 1: Klettern 1998: Deutscher Alpenverein e.V. Fricke, A. (1998). Goedeke, R. (1992).
Abb. 2: Schleusungen muskelbetriebener Sportboote 1989-1999: Deutscher Kanuverband e.V.
Abb. 3: Kanuwandern 1998: Cluesserath, B. (1998). Deutscher Kanuverband e.V.

Bildnachweis
S. 92: copyright A. Liebisch

S. 94-95: Golfsport

Autor: Dipl.-Geogr. Kai-Oliver Mursch, Kronberger Str. 4, 65719 Hofheim/Taunus

Kartographische Bearbeiter
Abb. 1: Red.: B. Hantzsch; Bearb.: S. Dutzmann
Abb. 2: Red.: B. Hantzsch; Bearb.: M. Zimmermann
Abb. 3: Konstr.: U. Hein, A. Liebisch; Red.: B. Hantzsch; Bearb.: S. Dutzmann

Literatur
Baer-Schremmer, A. (1995): Verbreitung des Golfsports. In: Hain, H. (Hrsg.): Golf-Info Service: Golf-Planer. Band I. 3. Aufl. Bad Kissingen, S. 1-7.
Bocklet, F. (1996): Projekttage mit Gymnasiasten. In: golf manager. Heft 6, S.13f.
BTE (1994): Golfplatzprojekte. Eine Planungshilfe für Gemeinden. Berlin.
Deutscher Golf Verband e.V. (Hrsg.) (1999): Golf Timer '99. Wiesbaden.
Dreyer, A. u. A. Krüger (1995): Sporttourismus. München.
Grüger, C. (1994): Golfen steht für Lebensstil – oder – das Freizeitoutfit der Landschaft. In: Geographie und Schule. Heft 2, S. 39-45.
Mursch, K.-O. (1997): Golf in Deutschland. Strukturwandel auf den deutschen Golfanlagen! Eine Chance als Breitensport? Diplomarbeit. Universität Trier. Trier.
Raithel, H. (1996): Golf mit persönlicher Note. Thermal & Golf Resort Bad Griesbach. In: Touristik R.E.P.O.R.T. Heft 15, S. 36-38.
Schemel, H.-J. (1992): Golfsport. In: Handbuch Sport und Umwelt. Aachen, S.190-211.
Waaninger, C. (1995): Golf Resort Bad Griesbach. Passau.

Quellen von Karten und Abbildungen
Abb. 1: Golfsport in Deutschland 1907-1998: Literatur (s.o.).
Abb. 2: Elemente einer Golfbahn: Schemel, H.-J. (1992), S. 193.
Abb. 3: Golfplätze 1893-1999: Literatur (s.o.).

Bildnachweis
S. 94: Golf-Club Brodauer Mühle, Schleswig-Holstein: copyright Golfclub Brodauer Mühle e.V.

S. 96-97: Wintersport

Autorin: Dr. Tanja Bader-Nia, Voßstr. 43, 30161 Hannover

Kartographische Bearbeiter
Abb. 1, 2, 3: Red.: W. Kraus; Bearb.: S. Dutzmann
Abb. 4: Konstr.: A. Liebisch; Red.: W. Kraus; Bearb.: W. Kraus

Literatur
Abegg, B. (1996): Klimaänderung und Tourismus – Klimafolgenforschung am Beispiel des Wintertourismus in den Schweizer Alpen. Zürich.
Abegg, B., U. König u. H. Elsasser (1997): Climate Impact Assessment im Tourismus. In: Die Erde 128, S. 105-116.
Ammer, U. u. U. Pröbstl (1991): Freizeit und Natur. Probleme und Lösungsmöglichkeiten einer ökologisch verträglichen Freizeitnutzung. Hamburg, Berlin.
Bader-Nia, T. (1998): Umweltbewußtsein und Tourismus. Der Einfluß eines veränderten Umweltbewußtseins auf die Angebots- und Nachfrageentwicklung, dargestellt am Beispiel Südtirols. Trier (= Materialien zur Fremdenverkehrsgeographie. Heft 42).
Bartaletti, F. (1998): Tourismus im Alpenraum. In: Praxis Geographie. Heft 2, S. 22-25.
Gräf, P. (1982): Wintertourismus und seine spezifischen Infrastrukturen im deutschen Alpenraum. In: Berichte zur deutschen Landeskunde 56, S. 239-274.
Cernusca, A. (1986): Probleme von Wintersportkonzentrationen für den Naturschutz. In: Jahrbuch für Naturschutz und Landschaftspflege 38, S. 33-48.
Dörmer, U. (1999): Wirtschaftsfaktor Schnee. In: Geographie heute 169, S. 8-11.
Erz, W. (1985): Wieviel Sport verträgt die Natur? In: GEO. Heft 7, S. 140-156.
Jülg, F. (1983): Die österreichischen Winterspielorte. Versuch einer Analyse. In: Wirtschaftsgeographische Studien 6, S. 38-61.
Lauterwasser, E. (1991): Skisport und Umwelt. Ein Leitfaden zu den Auswirkungen des Skisports auf Natur und Umwelt. Weilheim.
Opaschowski, H. W. (1985): Freizeit und Umwelt. Hamburg (= Schriftenreihe zur Freizeitforschung. Band 6).
Reck, E. (1991): Wintertourismus in den bayerischen Alpen. Unveröff. Diplomarbeit. Universität Trier. Trier.
Ruppert, K. (1987): Bayern, eine Landeskunde aus sozialgeographischer Sicht. München (= Wissenschaftliche Länderkunden. Band 8).
Schweitzer, F. J. (1991): Chancen und Möglichkeiten ostdeutscher Mittelgebirge als Wintersportgebiete. Unveröff. Diplomarbeit. Universität Trier. Trier.

Quellen von Karten und Abbildungen
Abb. 1: Anteil der Tage pro Monat mit einer Schneedecke: Deutscher Wetterdienst (Hrsg.) (1999): Deutsches Meteorologisches Jahrbuch 1996. Offenbach a. M.
Abb. 2: Wintersportaktivitäten: Eigene Recherche.
Abb. 3: Mittlere jährliche Anzahl der Tage mit einer Schneedecke: Deutscher Wetterdienst (Hrsg.) (1999)
Abb. 4: Skigebiete überregionaler Bedeutung 1999: Ski&More: online im Internet unter: http://www.skiatlas.de. StÄdBL.

Bildnachweis
S. 97: copyright Claudio Frey/OKAPIA

S. 98-99: Inländische Reiseziele

Autorin: Dipl.-Geogr. Susanne Flohr, Mitford Hall 1, The Carriage House Mitford, NE61 3PZ Northumberland, GB

Kartographische Bearbeiter
Abb. 1: Red.: B. Hantzsch; Bearb.: R. Bräuer
Abb. 2: Konstr.: U. Hein; Red.: B. Hantzsch; Bearb.: B. Hantzsch
Abb. 3: Konstr.: U. Hein; Red.: B. Hantzsch; Bearb.: M. Zimmermann

Literatur
Deutscher Fremdenverkehrsverband e.V. (1997): Der Tourismus in Deutschland – Zahlen, Daten, Fakten. Bonn.
F.U.R. (1998): Die Reiseanalyse '97. Hamburg.
Höcklin, S. (1999): Explorative Datenanalyse innerdeutscher Fremdenverkehrsstruktur und Entwicklung – Grundlage für nachhaltige Tourismusplanung auf der Ebene der Reisegebiete. Dissertation. Universität Trier. Trier.
IPK (1995): Europäischer Reisemonitor. München.
StBA (Hrsg.) (1953-1997): Fachserie F. Reihe 8. Reiseverkehr: Ankünfte und Übernachtungen in Beherbergungsstätten der BRD und Berlin West; ab 1981: Fachserie 6. Reihe 7.1. Beherbergung im Reiseverkehr. Wiesbaden.
Uthoff, D. (1980): Geographische Aspekte im touristischen Wettbewerb des Harzes. Goslar (= Schriftenreihe des Harzer Verkehrverbandes. Heft 10).

Quellen von Karten und Abbildungen
Abb. 1: Übernachtungsvolumen und Fremdenverkehrsintensität 1998: Höcklin, S. (1999). StÄdBL.
Abb. 2: Aufenthaltsdauer 1998: Höcklin, S. (1999). StÄdBL.
Abb. 3: Gästeübernachtungen 1988-1998: Höcklin, S. (1999). StÄdBL.

S. 100-103: Auslandsreisen der Deutschen

Autor: Prof. Dr. Karl Vorlaufer, Geographisches Institut der Universität Düsseldorf, Universitätsstr. 1, 40225 Düsseldorf

Kartographische Bearbeiter
Abb. 1, 2, 3, 4, 6, 9, 10: Red.: K. Großer; Bearb.: M. Zimmermann
Abb. 5, 7, 8: Red.: W. Kraus; Bearb.: W. Kraus

Literatur
Becker, C. (1997): Der Energieverbrauch für die Urlaubsreisen der Deutschen. In: Becker, C. (Hrsg.): Beiträge zur nachhaltigen Regionalentwicklung mit Tourismus. Berlin (= Institut für Tourismus der Freien Universität Berlin. Berichte und Materialien 16, S. 87-91).
Deutsche Lufthansa (Hrsg.) (1998): Umweltbericht 1997/98. Frankfurt a. M.
FUR (Hrsg.): Die Reiseanalyse 1998. Hamburg.
IPK International (1998): Europäischer Reisemonitor 1997. München (unveröff.).
IPK International (1999): Deutscher Reisemonitor 1998. München (unveröff.).
Knisch, H. u. M. Reichmuth (1996): Verkehrsleistung und Schadstoffemission des Personenflugverkehrs in Deutschland von 1980 bis 2010 unter besonderer Berücksichtigung des tourismusbedingten Flugverkehrs. Berlin.
Schallaböck, K. O. (1995): Luftverkehr und Klima – ein Problemfall. Wuppertal.
Vorlaufer, K. (1996): Tourismus in Entwicklungsländern. Möglichkeiten und Grenzen einer nachhaltigen Entwicklung durch Fremdenverkehr. Darmstadt.
Vorlaufer, K. (1993): Transnationale Reisekonzerne und die Globalisierung der Fremdenverkehrswirtschaft: Konzentrationsprozesse, Struktur und Raummuster. In: Erdkunde 47, S. 267-281.

Quellen von Karten und Abbildungen
Abb. 1: Auslandsreiseintensität ausgewählter europäischer Länder 1994 und 1997: IPK International (1995, 1998): Europäischer Reisemonitor. München. StBA (versch. Jahrgänge): Statistische Jahrbücher. Wiesbaden.
Abb. 2: In- und Auslandsreiseanteile der Haupturlaubsreisen der Deutschen 1954-1998: FUR-Reiseanalyse (1999). Hamburg.
Abb. 3: Anteil ausgewählter Auslandsreiseziele der Haupturlaubsreisen der Westdeutschen 1970-1998: FUR-Reiseanalyse (1997, 1998). Hamburg.
Abb. 4: Schema der raumzeitlichen Entfaltung des von Deutschland ausgehenden Tourismus seit ca. 1800: Entwurf K. Vorlaufer.
Abb. 5: Auslandsreiseziele der Deutschen in Europa 1998: IPK International (1999).
Abb. 6: Soziodemographische Struktur der In- und Auslandsreisenden 1997: FUR-Reiseanalyse (1999).
Abb. 7: Reiseintensität der Deutschen ins Ausland 1998: IPK International (1999). StBA (1998): Statistisches Jahrbuch. Wiesbaden.
Abb. 8: Außereuropäische Reiseziele der Deutschen 1998: IPK International (1999).
Abb. 9: Auslandsreise-Anteile der Urlaubsreisen 1990-1998: FUR-Reiseanalyse (1991, 1999). Hamburg.
Abb. 10: Einnahmen und Ausgaben Deutschlands im Reiseverkehr 1990 und 1998: Deutsche Bundesbank (1992, 1999): Zahlungsbilanzstatistik. Frankfurt a. M.

Bildnachweis
S. 100: Praia da Rocha, Algarve, Portugal: copyright S. Tzschaschel
S. 102: New York: copyright S. Tzschaschel

S. 104-107: Herkunft und Verteilung ausländischer Gäste

Autoren: Michael Horn und Dipl.-Geogr. Rainer Lukhaup, Geographisches Institut der Universität Mannheim, Postfach, 68131 Mannheim

Kartographische Bearbeiter
Abb. 2, 4, 5, 6, 7: Red.: K. Großer; Bearb.: M. Zimmermann
Abb. 3: Konstr.: K. Großer; Red.: K. Großer; Bearb.: R. Bräuer
Abb. 9: Konstr.: M. Horn, R. Lukhaup; Red.: K. Großer; Bearb.: R. Bräuer

Literatur
Becker, C. (1984): Der Ausländerreiseverkehr und seine Verteilung in der Bundesrepublik Deutschland. In: Zeitschrift für Wirtschaftsgeographie. Heft 1, S. 1-10.
Dettmer, H. (Hrsg.) (1998): Tourismuswirtschaft. Köln.
DZT (Hrsg.) (1998): Jahresbericht 1997. Frankfurt a. M.
Freyer, W. (1995): Tourismus. Einführung in die Fremdenverkehrsökonomie. 5. Aufl. München, Wien.
Haedrich, G. u.a. (Hrsg.) (1993): Tourismus-Management. 2. Aufl. Berlin, New York.
Kulinat, K. u. A. Steinecke (1984): Geographie des Freizeit- und Fremdenverkehrs. Darmstadt.
Ringer, G. (Hrsg.) (1998): Destinations. Cultural landscapes of Tourism. New York.
Roth, P. (1984): Der Ausländerreiseverkehr in der Bundesrepublik Deutschland. In: Zeitschrift für Wirtschaftsgeographie. Heft 3 u. 4, S. 157-163.
StBA (Hrsg.) (1998): Tourismus in Zahlen 1998. Wiesbaden.
StBA (Hrsg.): Statistisches Jahrbuch der Bundesrepublik Deutschland. Jahrgänge 1991-1999. Wiesbaden.
European Travel Monitor S. A. (1998): Europa. Auslands- und Deutschlandreisen. Luxemburg, München.

Quellen von Karten und Abbildungen
Abb. 1: Extreme Veränderungen der Übernachtungen von 1997 zu 1998: StBA (Hrsg.).
Abb. 2: Beliebteste Ziele von Urlaubsreisen innerhalb der EU 1997: Statistisches Amt der EG (Eurostat). Luxemburg.

Abb. 3: Herkunftsregionen ausländischer Gäste 1998: StÄdL.
Abb. 4: Übernachtungen ausländischer Touristen in Deutschland 1998: StBA (Hrsg.).
Abb. 5, 6, 7: Reisen der Europäer nach Deutschland: Reisemotiv, Unterkünfte, Urlaubsreisen: European Travel Monitor S. A. (1998).
Abb. 8: Rangliste der Gemeinden nach Gästeübernachtungen in Beherbergungsstätten 1997: StBA (Hrsg.) (1998).
Abb. 9: Übernachtungen und Verweildauer ausländischer Gäste 1998: StBA (Hrsg.).

Bildnachweis
S. 104: Ausländische Touristen: copyright Volkmar Heinz
S. 106: Köln: copyright I. Decker
S. 106: Der Dresdner Zwinger: copyright Eckstein/OKAPIA

S. 108-111: Städtetourismus zwischen Geschäftsreisen und Events

Autoren: Dipl.-Geogr. Evelyn Jagnow und Dr. Helmut Wachowiak, ECON-CONSULT Wirtschafts- und Sozialwissenschaftliche Beratungsgesellschaft GmbH & Co., Gleueler Str. 73, 50935 Köln

Kartographische Vorlage
ECON-CONSULT Wirtschafts- und Sozialwissenschaftliche Beratungsgesellschaft GmbH & Co., Gleueler Str. 73, 50935 Köln

Kartographische Bearbeiter
Abb. 1, 2, 5: Red.: B. Hantzsch; Bearb.: R. Richter
Abb. 3: Konstr.: U. Hein; Red.: B. Hantzsch; Bearb.: R. Bräuer
Abb. 4: Red.: B. Hantzsch; Bearb.: M. Zimmermann
Abb. 6: Red.: B. Hantzsch; Bearb.: B. Hantzsch

Literatur
AUMA (1998): Handbuch Messeplatz Deutschland ´99. Internationale und überregionale Messen und Ausstellungen 1999 und Vorschau auf die folgenden Jahre. Köln.
Axel Springer Verlag AG (1998): Tourismus 97/98. Hamburg.
Becker, C. u. A. Steinecke (Hrsg.) (1993): Megatrend Kultur? Chancen und Risiken der touristischen Vermarktung des kulturellen Erbes. 2. Europäisches Wissenschaftsforum auf der Internationalen Tourismus-Börse Berlin 93. Trier (= ETI-Texte. Heft 1).
Becker, C. u. A. Steinecke (1997): Kulturtourismus: Strukturen und Entwicklungsperspektiven. Hagen.
Bundesministerium für Wirtschaft (Hrsg.) (1998): Tourismusbericht der Bundesregierung. Bonn.
DeGefest e.V.: Allgemeine Definitionen zu den verschiedenen Tagungs- und Veranstaltungsformen. Berlin.
DGF (Hrsg.) (1998): Freizeit in Deutschland 1998. Aktuelle Daten und Grundinformationen. Erkrath.
DZT (1998): Deutsche Städte erleben 1998/99 (Sales Guide). Frankfurt a. M.
DZT (1997): Jahresbericht 1997. Frankfurt a. M.
Deutscher Fremdenverkehrsverband e.V. (Hrsg.) (1995): Städtetourismus in Deutschland. Grundlagenuntersuchung. Bonn.
Deutscher Fremdenverkehrsverband e.V. (1998): Jahresbericht 1998. Bonn.
Deutsches Fremdenverkehrspräsidium (Hrsg.) (1994): Deutscher Tourismusbericht. Bonn.
DIW (1999): Zur gesamtwirtschaftlichen Bedeutung des Tourismus in Deutschland. In: Wochenbericht 9/99 vom 4. März 1999.
Dr. Eberhard Gugg & Partner (1995): Die wirtschaftliche Bedeutung des Tagungs- und Kongreßreiseverkehrs in Deutschland. Frankfurt a. M.
Eicken, J. u. H. Mägerle (1998): Tourismus in Stuttgart weiter im Aufwind. In: Landeshauptstadt Stuttgart, Statistisches Amt (Hrsg.): Statistik und Informationsmanagement Monatshefte. Heft 5.
EXPO 2000: online im Internet unter: http://www.expo2000.de
Freyer, W. (1995): Tourismus. Einführung in die Fremdenverkehrsökonomie. 5. Aufl. München.
fvw International. diverse Artikel. Jahrgänge 1996-1999.
Haedrich, G. (Hrsg.) (1993): Tourismus-Management: Tourismusmarketing und Fremdenverkehrsplanung. 2. Aufl. Berlin.
Hank-Haase, G. (1992): Der Tagungs- und Kongreßreiseverkehr als wirtschaftlicher Faktor in Großstädten der Bundesrepublik Deutschland unter besonderer Berücksichtigung von Wiesbaden. Trier (= Materialien zur Fremdenverkehrsgeographie. Heft 27).
Harrer, B. u.a. (1995): Tagesreisen der Deutschen – Struktur und wirtschaftliche Bedeutung des Tagesausflugs- und Tagesgeschäftsreiseverkehrs in der Bundesrepublik Deutschland. München (= Schriftenreihe des Deutschen Wirtschaftswissenschaftlichen Instituts für Fremdenverkehr. Heft 46).
Langrock, R. (1999): Geschäftsreisen in Deutschland 1998 – Leistungsträger bauen den Direktvertrieb aus. Berlin (= Presse-Information der ITB 1999).
StBA (1998): Tourismus in Zahlen 1998. Wiesbaden.
Steinecke, A. u. H. Wachowiak (1996): Städte als touristische Ziele – Analyse des Nachfragepotentials im deutschen Städtetourismus. In: Berliner Geographische Studien. Band 44, S. 67-80.
Weissenborn, B. (1997): Kulturtourismus. Trier (= Trierer Tourismus Bibliographien. Band 10).

Quellen von Karten und Abbildungen
Abb. 1: Wie vermarkten sich Großstädte?: Entwurf ECON-CONSULT.
Abb. 2: Entwicklung des Städtetourismus 1992-1998: StBA (1998).
Abb. 3: Städtetourismus 1997: Zahlen zur Verfügung gestellt vom StBA.
Abb. 4: Messebesucher in den 90er Jahren: AUMA (1997).
Abb. 5: Auswirkungen kultureller Großveranstaltungen auf die Stadt: Eigene Zusammenstellung nach Internet und telefonischen Recherchen ECON-CONSULT.
Abb. 6: Ausgewählte kulturelle Großveranstaltungen 1994-1998: Eigene Zusammenstellung nach Internet und telefonischen Recherchen ECON-CONSULT.

Bildnachweis
S. 108: Heidelberg, Neckarbrücke und Schloß: copyright Björn Svensson/OKAPIA
S. 108: Hildesheim, Marktplatz und Rathaus: copyright Rainer Waldkirch/OKAPIA
S. 111: Rüdesheim a. Rh. – Kleinstadt mit hohem Besucheraufkommen: copyright Verkehrsamt Rüdesheim a. Rh.

S. 112-115: Urlaub auf dem Land – das Beispiel der Weinanbaugebiete

Autoren: Michael Horn, Dipl.-Geogr. Rainer Lukhaup und Dr. Christophe Neff, Geographisches Institut der Universität Mannheim, Postfach, 68131 Mannheim

Kartographische Bearbeiter
Abb. 1, 2, 3, 5: Red.: B. Hantzsch; Bearb.: S. Dutzmann
Abb. 4: Konstr.: M. Horn; Red.: B. Hantzsch; Bearb.: W. Kraus
Abb. 7: Konstr.: M. Horn; Red.: B. Hantzsch; Bearb.: M. Zimmermann
Abb. 8: Konstr.: M. Horn; Red.: B. Hantzsch; Bearb.: S. Dutzmann

Literatur
Ammer, U. u. Pröbstl (1991): Freizeit und Natur – Probleme und Lösungsmöglichkeiten einer ökologisch verträglichen Freizeitnutzung. Hamburg, Berlin.
Becker, C. (1984): Der Weintourismus an der Mosel. In: Berichte zur deutschen Landeskunde. Heft 2, S. 381-405.
BAG (1999): Geschäftsbericht ´98. Bonn.
BMELF (Hrsg.) (1998): Ertragslage Garten- und Weinbau 1998. Bonn.
Der deutsche Weinbauverband e.V. (Hrsg.) (1998): Zahlen, Daten, Fakten ´98. o. O. (= Der Deutsche Weinbau. Heft 10), Beilage.
Deutsches Weininstitut (Hrsg.) (1999): Deutscher Weinmarkt. Heft 1. o. O.
Eisenstein, B. (1996): Verflechtungen zwischen Fremdenverkehr und Weinbau an der Deutschen Weinstraße. Trier (= Materialien zur Fremdenverkehrsgeographie. Heft 35).
FINEIS Institut GmbH in Kooperation mit dem Fremdenverkehrs- und Heilbäderverband Rheinland-Pfalz (1997): Permanente Gästebefragung. Koblenz.
Gans, P. (1992): Weinbau und Weinberge. In: IfL (Hrsg.): Das vereinte Deutschland. Leipzig, S. 75-78.
Hahne, U. (1985): Regionalentwicklung durch Aktivierung intraregionaler Potentiale – zu den Chancen „endogener" Entwicklungsstrategien. München (= Schriften des Instituts für Regionalforschung der Universität Kiel 8).
Jentsch, C. u. R. Scheffel (1991): Fremdenverkehrsanalyse Neustadt a. d. Weinstraße. Mannheim.
Landesverband für Urlaub auf Bauern- und Winzerhöfen in Rheinland-Pfalz und dem Saarland e.V. (Hrsg.) (1999): Urlaub auf Bauern- und Winzerhöfen 1999/2000. Simmern.
LUBB (Landesverband Urlaub auf dem Bauernhof in Bayern, Hrsg.) (1999): Urlaub auf dem Bauernhof. Statistik für Bayern 1998. München.
Lukhaup, R. u. J. Schultze-Rhonhof (1994): Fallstudien zum Freizeit- und Fremdenverkehr im Naturpark und Biosphärenreservat Pfälzerwald. Mannheim (= Arbeitsberiche zur Geographie 8).
Rothe, P. (1998): Gesteine und Weine – Geologie und Geschmack. In: Hoffmann, B. M. u. G. Winterling: Zur Lage der Region. Wachenheim.
Statistisches Landesamt Baden-Württemberg (1999): Länderübergreifende Sonderauswertungen Weinbau in Deutschland.

Quellen von Karten und Abbildungen
Abb. 1: Attraktivitätsfaktoren von Weinanbauregionen: FHV Rheinland-Pfalz e.V. (1997).
Abb. 2: Die wichtigsten Weinanbauländer der Erde: Deutscher Weinbauernverband e.V. (10/98): Der deutsche Weinbau.
Abb. 3: Einkaufsstätten der privaten Haushalte für Wein 1994-1998: Deutsches Weininstitut (1/99).
Abb. 4: Weinanbaugebiete 1998: Deutscher Weinbauernverband (1998). StÄdL (1999).
Abb. 5: Mitglieder der Verbände für Urlaub auf dem Bauernhof und Landtourismus 1996: BAG e.V. (6/99). DLG Frankfurt (1999). Zentrale für Landurlaub (1999/2000).
Abb. 6: Die deutschen Qualitätsweinanbaugebiete im Überblick: Die deutschen Weine im Internet: online unter: http://www.weine.de
Abb. 7: Weinanbaugebiete und Urlaubsangebote auf Bauern- und Winzerhöfen 1998: BAG e.V. (6/99).
Abb. 8: Weinfeste und Tourismus 1998: Statistisches Landesamt Rheinland-Pfalz (1999).

Bildnachweis
S. 112: Rüdesheim/Rhein: copyright Verkehrsamt Rüdesheim a. Rh.
S. 115: Weinberge in der Pfalz: copyright Pfalzwein e.V./Schmeckenbecher

S. 116-117: Regionalwirtschaftliche Bedeutung des Tourismus

Autoren: Dr. Mathias Feige und Thomas Feil, DWIF-Büro Berlin, Werderstr. 14, 12105 Berlin
Dr. Bernhard Harrer, DWIF e.V. an der Universität München, Hermann-Sack-Str. 2, 80331 München

Kartographische Bearbeiter
Abb. 2, 3: Red.: S. Dutzmann; Bearb.: S. Dutzmann
Abb. 4: Red.: B. Hantzsch; Bearb.: B. Hantzsch
Abb. 5: Red.: B. Hantzsch; Bearb.: M. Zimmermann
Abb. 6: Red.: B. Hantzsch; Bearb.: S. Dutzmann

Quellen von Karten und Abbildungen
Abb. 1: Beitrag des Tourismus zum Volkseinkommen 1993: StÄdBL. Eigene Auswertung. Anmerkung: Bundesweit aktuellste Daten zum Ausflugsverkehr stammen von 1993. Im Interesse der Vergleichbarkeit daher auch beim Übernachtungstourismus 1993 Referenzjahr.
Abb. 2: Herkunft und Verteilung tourismusbedingter Umsätze: StÄdBL. Eigene Auswertung.
Abb. 3: Umsatz nach Wirtschaftszweigen am Beispiel Lenggries: DWIF (1997): Der Lenggrieser und seine Touristen. Broschüre im Auftrag der Gemeinde Lenggries in Kooperation mit tourbay im Rahmen der Erstellung des Tourismuskonzeptes für Lenggries. München.
Abb. 4: Lenggries: IfL-Kartographie.
Abb. 5: Tourismus als lokaler Wirtschaftsfaktor: DWIF Erhebungsergebnisse 1998 (verändert). Landesamt für den Nationalpark Schleswig-Holsteinisches Wattenmeer.
Abb. 6: Beitrag des Tourismus zum Volkseinkommen 1993: DWIF Erhebungsergebnisse 1993.

Bildnachweis
S. 116: Lenggries: copyright Verkehrsamt Lenggries, G. Knirk

S. 118-119: Tourismusförderung als Aufgabe der Raumentwicklung

Autor: Prof. Dr. Hans Hopfinger, Lehrstuhl für Kulturgeographie der Katholischen Universität Eichstätt, Ostenstr. 18, 85072 Eichstätt

Kartographische Bearbeiter
Abb. 1, 2, 3: Konstr.: B. Spachmüller; Red.: W. Kraus; Bearb.: B. Spachmüller

Literatur
Bundesministerium für Wirtschaft (1998): Bilanz der Wirtschaftsförderung des Bundes in Ostdeutschland bis Ende 1997. Bonn (= Dokumentation. Nr. 437).
Deutscher Bundestag (1998): Unterrichtung durch die Bundesregierung. Tourismusbericht der Bundesregierung. Bonn (= Drucksache 13/10824).
Deutscher Bundestag: Diverse Drucksachen mit den Rahmenplänen zur „Gemeinschaftsaufgabe Verbesserung der Regionalen Wirtschaftsstruktur". Bonn.
Flasshoff, W. (1998). Die Entwicklung der Fremdenverkehrsförderung im Rahmen der Gemeinschaftsaufgabe „Verbesserung der Regionalen Wirtschaftsstruktur". Trier (= Materialien zur Fremdenverkehrsgeographie. Heft 47).
Fraaz, K. (1988): Bewertung der Fremdenverkehrsförderung im Rahmen der Gemeinschaftsaufgabe „Verbesserung der Regionalen Wirtschaftsstruktur" aus raumordnungspolitischer Sicht. Hannover (= ARL Forschungs- und Sitzungsberichte. Band 172), S. 131-153.
Tetsch, F., U. Benterbusch u. P. Letixerant (1996): Die Bund-Länder-Gemeinschaftsaufgabe Verbesserung der regionalen Wirtschaftsstruktur. Leitfaden zur regionalen Wirtschaftsförderung in Deutschland. Köln.

Quellen von Karten und Abbildungen
Abb. 1: Tourismusförderung 1980-1998: Bundesamt für Wirtschaft.
Abb. 2: Entwicklung der Fördergebietskulisse im Rahmen der Gemeinschaftsaufgabe „Verbesserung der Regionalen Wirtschaftsstruktur": Bundesamt für Wirtschaft.

Abb. 3: Investitionen im Tourismus und Förderung im Rahmen der Gemeinschaftsaufgabe „Verbesserung der Regionalen Wirtschaftsstruktur" (GRW) 1990-1998: Bundesamt für Wirtschaft.
Bildnachweis
S. 119: Das Kurhaus von Binz, Rügen, mit GRW-Mitteln renoviert: copyright Dia- und Mediensammlung des FB VI – Geographie/Geowissenschaften der Universität Trier

S. 120-123: Organisationsstrukturen im deutschen Tourismus
Autoren: Prof. Dr. Christoph Becker, Fachbereich VI – Geographie/Geowissenschaften der Universität Trier, Universitätsring 15, 54286 Trier
Martin L. Fontanari, Europäisches Tourismus Institut GmbH, Bruchhausenstr. 1, 54290 Trier
Kartographische Bearbeiter
Abb. 1: Red.: S. Dutzmann; Bearb.: S. Dutzmann
Abb. 2: Konstr.: U. Hein, A. Liebisch; Red.: B. Hantzsch; Bearb.: S. Dutzmann
Abb. 4: Red.: B. Hantzsch; Bearb.: S. Dutzmann
Abb. 5: Red.: A. Liebisch; Red.: B. Hantzsch; Bearb.: B. Hantzsch
Literatur
BECKER, C. (1992): Aktionsräumliches Verhalten von Urlaubern und Ausflüglern: Erhebungsmethodik und Zielsetzungen. In: BECKER, C. (Hrsg.) (1992), S. 83-128.
BECKER, C. (Hrsg.) (1992): Erhebungsmethoden und ihre Umsetzung in Tourismus und Freizeit. Trier (= Materialien zur Fremdenverkehrsgeographie. Heft 25).
BIEGER, T. (1997): Management von Destinationen und Tourismusorganisationen. 2. Aufl. München, Wien.
BUSCHE, M. (1998): Messen, Ausstellungen und Kongresse – am Beispiel der Messe Berlin GmbH. In: HAEDRICH, G. u.a. (Hrsg.), S. 763-771.
GUGG, E. (1998): Beherbergungs- und Gaststättengewerbe. In: HAEDRICH, G. u.a. (Hrsg.), S. 671-678.
HAEDRICH, G. u.a. (Hrsg.) (1998): Tourismus-Management: Tourismus-Marketing und Fremdenverkehrsplanung. 3. Aufl. Berlin, New York.
HESSELMANN, G. (1998): Verbände in der Tourismuswirtschaft. In: HAEDRICH, G. u.a. (Hrsg.): Tourismus-Management: Tourismus-Marketing und Fremdenverkehrsplanung. 3. Aufl. Berlin, New York, S. 713-748.
Quellen von Karten und Abbildungen
Abb. 1: Gliederung der Fremdenverkehrs-Organisationen: Autorenvorlage.
Abb. 2: Kettenhotels und Kooperationen 1999: DEHOGA: Verzeichnis der Hotelgesellschaften in Deutschland 1998. Recherchen (2000) Becker, C. u. M. L. Fontanari.
Abb. 3: Die größten Hotelketten und -kooperationen in Deutschland: DEHOGA: Verzeichnis der Hotelgesellschaften in Deutschland 1998. Eigene Recherchen.
Abb. 4: Tourismusverbände: Veröffentlichungen der Landesfremdenverkehrsverbände.
Abb. 5: Touristikmessen 1995: AUMA (1999).
Bildnachweis
S. 120: Die Internationale Tourismusbörse in Berlin: copyright Messe Berlin GmbH, Thomas Machowina
S. 122: Der Tourismusverband Mecklenburg-Vorpommern auf der ITB: copyright Messe Berlin GmbH, Thomas Machowina

S. 124-127: Reiseveranstalter und Reisemittler
Autorin: Dipl.-Geogr. Claudia Kaiser, Martin-Luther-Universität Halle-Wittenberg, Heinrich-und-Thomas-Mann-Str. 26, 06099 Halle
Kartographische Bearbeiter
Abb. 1, 2, 3, 6: Red.: K. Großer; Bearb.: M. Zimmermann
Abb. 4: Red.: K. Großer; Bearb.: R. Richter
Abb. 5: Konstr.: U. Hein; Red.: K. Großer, O. Schnabel; Bearb.: O. Schnabel
Abb. 7: Konstr.: C. Lambrecht; Red.: K. Großer; Bearb.: R. Bräuer
Abb. 8: Red.: K. Großer, O. Schnabel; Bearb.: O. Schnabel
Abb. 9: Red.: K. Großer, O. Schnabel; Bearb.: R. Bräuer
Literatur
HAEDRICH, G. u.a. (Hrsg.) (1998): Tourismus-Management: Tourismus-Marketing und Fremdenverkehrsplanung. 3. Aufl. Berlin, New York.
HEINE, G. (1998): Reiseveranstalter – Funktionen im Touristikmarkt. In: HAEDRICH, G. u.a. (Hrsg.), S. 615-628.
KLEIN, P. (1998): Strukturwandel im Tourismus – eine betriebswirtschaftliche Analyse unter besonderer Berücksichtigung der Einflüsse der neuen Informations- und Kommunikationstechnologien. Siegen.
KREILKAMP, E. (1995): Tourismusmarkt der Zukunft. Die Entwicklung des Reiseveranstalter- und Reisemittlermarktes in der Bundesrepublik Deutschland. Frankfurt a. M.
MUNDT, J. (1998): Einführung in den Tourismus. München.
SCHROEDER, G. (1998): Lexikon der Tourismuswirtschaft. Hamburg.
SÜHLBERG, W. (1998): Reisevermittler. In: HAEDRICH, G. u.a. (Hrsg.), S. 571-613.
TOURCON. (Hrsg.) (1999): TID Touristik-Kontakt. 34. Aufl. Hamburg.
VORLAUFER, K. (1993): Transnationale Reisekonzerne und die Globalisierung der Fremdenverkehrswirtschaft: Konzentrationsprozesse, Struktur- und Raummuster. In: Erdkunde 47, S. 267-281.
Quellen von Karten und Abbildungen
Abb. 1: Urlaubsreisende und Veranstalter-, Auslands- und Flugreisen bei den Haupturlaubsreisen 1976-1998: DUNDLER, F. (1989): Urlaubsreisen 1954-1988. Starnberg. FUR: Kurzfassungen der Reiseanalyse 1996 und 1998. STUDIENKREIS FÜR TOURISMUS: Kurzfassungen der Reiseanalyse 1990, 1991 und 1992. Studienkreis für Tourismus e.V.
Abb. 2: Entwicklung der Anzahl der Reisevertriebsstellen 1970-1995: Das Reisebüro: Ausgabe 12/96-1/97. DUNDLER, F. (1989). FUR. Studienkreis für Tourismus e.V.
Abb. 3: Die größten europäischen Reiseveranstalter mit ihren ausländischen Tochterunternehmen: FVW-International. Nr. 13 vom 28.5.1999. Beilage: „Europäische Veranstalter in Zahlen".
Abb. 4: Wichtigste Zielgebiete der 36 größten deutschen Reiseveranstalter im Touristikjahr 1996/97: FVW-International. Nr. 10/98.
Abb. 5: Die größten deutschen Reiseveranstalter im Touristikjahr 1997/98: FVW-International. Nr. 28 vom 18.12.1998: „Deutsche Veranstalter in Zahlen". TOURCON. (Hrsg.) (1999).
Abb. 6: Touristische Vertretungen des Auslands 1995: TOURCON. (Hrsg.) (1999).
Abb. 7: Reisebürodichte und siedlungsstrukturelle Kreistypen 1998: Deutsche Telekom. StBA.
Abb. 8: Konzernstrukturen der Branchenriesen der Touristik 1999: TOURCON. (Hrsg.) (1999).
Abb. 9: Reisebüroketten, Franchise-Systeme und Kooperationen 1997/98: FVW-International. Nr. 15 vom 26.6.1998, Nr. 14 vom 11.6.1999: „Reisebüroketten und Kooperationen".

S. 128-129: Aus-, Fort- und Weiterbildung im Tourismus
Autorin: Dr. Kristiane Klemm, Willy Scharnow-Institut für Tourismus der FU Berlin, Malteser Str. 74-100, 12249 Berlin
Kartographische Bearbeiter
Abb. 1: Konstr.: U. Hein; Red.: B. Hantzsch; Bearb.: R. Bräuer
Literatur
HAEDRICH, G. u.a. (Hrsg.) (1998): Tourismus-Management: Tourismus-Marketing und Fremdenverkehrsplanung. 3. Aufl. Berlin.
KLEMM, K. (1998): Die akademische Tourismusaus- und weiterbildung in der Bundesrepublik Deutschland. In: HAEDRICH, G. u.a. (Hrsg.), S. 925-936.
STEINECKE, A. u. K. KLEMM (1998): Berufe im Tourismus. In: BUNDESANSTALT FÜR ARBEIT (Hrsg.): Blätter zur Berufskunde. Bielefeld.
TOURCON (Hrsg.) (1999): TID Touristik-Kontakt. 34. Aufl. Hamburg.
Anmerkungen:
Die Blätter zur Berufskunde sind über den Bertelsmann Verlag,
Postfach 10 06 33
33506 Bielefeld
kostenlos zu beziehen.
Die Anschriften der Ausbildungseinrichtungen enthält die Datenbank KURS. Diese steht in den örtlichen Arbeitsämtern (Berufsinformationszentren) und über Internet unter http://www.arbeitsamt.de online zur Verfügung und kann kostenlos genutzt werden.
Quellen von Karten und Abbildungen
Abb. 1: Aus-, Fort- und Weiterbildung im Tourismus 1999: Datenbank KURS (2000). TOURCON (Hrsg.) (1999). Eigene Erhebungen.
Bildnachweis
S. 128: Seminar zur Fremdenverkehrsgeographie, Universität Trier: copyright C. Becker

S. 130-131: Soziokulturelle Belastungen durch den Fremdenverkehr
Autoren: Dr. Heiko Faust und Prof. Dr. Werner Kreisel, Geographisches Institut der Universität Göttingen, Goldschmidtstr. 5, 37077 Göttingen
Kartographische Bearbeiter
Abb.1, 2, 4: Red.: B. Hantzsch; Bearb.: R. Richter
Abb. 3: Red.: B. Hantzsch; Bearb.: B. Hantzsch
Abb. 5: Konstr.: H. Hildenbrand, H. Faust; Red.: B. Hantzsch; Bearb.: R. Richter
Literatur
FREYER, W. (1995): Tourismus – Einführung in die Fremdenverkehrsökonomie. Lehr- und Handbücher zu Tourismus, Verkehr und Freizeit. München.
HOPFENBECK, W. u. P. ZIMMER (1993): Umweltorientiertes Tourismusmanagement. Strategien, Checklisten, Fallstudien. Landsberg/Lech.
KRIPPENDORF, J. (1988): Für einen ganzheitlich orientierten Tourismus. In: KRIPPENDORF, J. u.a.: Für einen anderen Tourismus. Probleme – Perspektiven – Ratschläge. Frankfurt a. M.
ÖSTERREICHISCHER GEMEINDEVERBUND (1992): Tourismus, Landschaft, Umwelt. Ein Leitfaden zur Erhaltung des Erholungs- und Erlebniswertes der touristischen Landschaft. Wien.
SEILER, B. (1989): Kennziffern einer harmonisierten touristischen Entwicklung. Sanfter Tourismus in Zahlen. Bern (= Berner Studien zu Freizeit und Tourismus).
THIEM, M. (1994): Tourismus und kulturelle Identität. Die Bedeutung des Tourismus für die Kultur touristischer Zielgebiete. Bern (= Berner Studien zu Freizeit und Tourismus).
VAN DER BORG, J. (1992): The Management of Cities of Art. In: PILLMANN, W. u. S. PREDL: Strategies for Reducing the Environmental Impact of Tourism. Wien.
Quellen von Karten und Abbildungen
Abb. 1: Entwicklung des KfZ-Transports von und nach Sylt 1960-1994: STATISTISCHES LANDESAMT SCHLESWIG-HOLSTEIN: Der Fremdenverkehr in den Gemeinden Schleswig- Holsteins 1997. Kiel.
Abb. 2: Nebenwohnsitze auf Amrum, Föhr und Sylt 1998: Statistisches Landesamt Schleswig-Holstein 1987, 1998. Kiel.
Abb. 3: Reisende und Übernachtungen im Landkreis Sächsische Schweiz 1997: STATISTISCHES LANDESAMT DES FREISTAATES SACHSEN: Beherbergungswesen im Freistaat Sachsen, Oktober 1998. Dresden. TOURISMUSVERBAND SÄCHSISCHE SCHWEIZ E.V.: Verbandsbericht 1997/1998.
Abb. 4: Übernachtungen im Landkreis Berchtesgadener Land 1996: BAYERISCHES LANDESAMT FÜR STATISTIK UND DATENVERARBEITUNG: Fremdenverkehrsstatistik 1997. München.
Abb. 5: Gästeübernachtungen 1998: STBA: Statistisches Jahrbuch 1998. Wiesbaden. STBA: Statistik regional 1997. Wiesbaden.
Bildnachweis
S. 130: copyright W. Kreisel

S. 132-135: Landschaftszerschneidung durch Infrastrukturtrassen
Autoren: Dipl.-Ing.-oec. Ulrich Schumacher und Dipl.-Geogr. Ulrich Walz, Weberplatz 1, Institut für Ökologische Raumentwicklung, 01217 Dresden
Kartographische Bearbeiter
Abb. 1, 2, 5, 6: Red.: B. Hantzsch; Bearb.: R. Richter
Abb. 3, 4: Red.: B. Hantzsch; Bearb.: R. Bräuer
Abb. 7: Red.: B. Hantzsch; Bearb.: M. Zimmermann
Abb. 8: Red.: B. Hantzsch; Bearb.: B. Hantzsch
Literatur
BLASCHKE, T. (1999): Quantifizierung der Struktur einer Landschaft mit GIS: Potential und Probleme. In: Erfassung und Bewertung der Landschaftsstruktur für Umweltmonotoring und Raumplanung – Auswertung mit GIS und Fernerkundung. Dresden (= IÖR-Schriften. Heft im Druck).
FORMAN, R. T. T. (1998): Road ecology: A solution for the giant embracing us. Landscape Ecology 13: iii - v.
KAPPLER, O. (1996): Ein Verfahren zur Ausgrenzung und Bewertung von unzerschnittenen und störungsarmen Landschaftsräumen für Wirbeltierarten und -populationen mit großen Raumansprüchen. In: Theorie und Quantitative Methodik in der Geographie. Leipzig (= Beiträge zur Regionalen Geographie. Heft 42), S. 117-125.
LANDESAMT FÜR UMWELT UND NATUR MECKLENBURG-VORPOMMERN (1996): Die Bedeutung unzerschnittener, störungsarmer Landschaftsräume für Wirbeltierarten mit großen Raumansprüchen – ein Forschungsprojekt (= Schriftenreihe des Landesamtes. Heft 1).
LASSEN, D. (1987): Unzerschnittene verkehrsarme Räume über 100 km^2 Flächengröße in der Bundesrepublik Deutschland. In: Natur und Landschaft. Heft 12, S. 532-535.
LASSEN, D. (1990): Unzerschnittene verkehrsarme Räume über 100 km^2 – eine Ressource für die ruhige Erholung. In: Natur und Landschaft. Heft 6, S. 326-327.
NETZ, B. (1990): Landschaftsbewertung der unzerschnittenen verkehrsarmen Räume – eine rechnergestützte Methode zur Ermittlung der Erholungsqualität von Landschaftsräumen auf Bundesebene. In: Natur und Landschaft. Heft 6, S. 327-330.
SIEDENTOP, S. (1999): Kumulative Landschaftsbelastungen durch Verstädterung – Methodik und Ergebnisse einer vergleichenden Bestandsaufnahme in sechs deutschen Großstadtregionen. In: Natur und Landschaft. Heft 4, S. 146-155.
WALZ, U. u. U. SCHUMACHER (1998): Das sächsische Vogtland – Ökologische Raumbewertung mit einem GIS. In: Europa Regional. Heft 2, S. 2-9.
WALZ, U. u. U. SCHUMACHER (1999):

Landschaftszerschneidung durch Infrastrukturtrassen in Sachsen. In: Angewandte Geographische Informationsverarbeitung XI. Beiträge zum AGIT-Symposium Salzburg 1999, S. 532-538.

Quellen von Karten und Abbildungen
Abb. 1: Anteil unzerschnittener Freiräume in Großschutzgebieten 1997,
Abb. 2: Unzerschnittene Freiräume 1997,
Abb. 3: Straßennetzdichte 1997,
Abb. 4: Landschaftszerschneidung durch Verkehrstrassen 1997,
Abb. 5: Entwicklung des Autobahnnetzes 1960-1999,
Abb. 6: Anteil der Erholungs- und Schutzgebiete an den Freiräumen in Sachsen 1994, *Abb. 7:* Landschaftszerschneidung in Schutz- und Erholungsgebieten 1994, *Abb. 8:* Eignung für naturnahe Erholung 1997: BBR (1998): Entlastung verkehrlich hoch belasteter Fremdenverkehrsregionen. Bonn (= BBR Forschungsberichte. Heft 86). BFN (1998): Grenzen der Großschutzgebiete in Deutschland. Bonn. DEUTSCHE BAHN (1997): Übersichtskarte für den Personenverkehr. Mainz. SÄCHSISCHES LANDESAMT FÜR UMWELT UND GEOLOGIE (1994): Grenzen der Natur- und Landschaftsschutzgebiete. Radebeul. SÄCHSISCHES STAATSMINISTERIUM FÜR UMWELT UND LANDESENTWICKLUNG (1994): Grenzen der Erholungsgebiete. In: Landesentwicklungsplan Sachsen. Dresden. SÄCHSISCHES STAATSMINISTERIUM FÜR WIRTSCHAFT UND ARBEIT (1997): Verkehrsmengenkarte Sachsen 1995. Dresden. STBA (1997): Bodenbedeckung in Deutschland (CORINE Land Cover). Wiesbaden. UMWELTBUNDESAMT (1997): Daten zur Umwelt – Der Zustand der Umwelt in Deutschland. Berlin.

S. 136-139: Luftschadstoffe und Erholung
Autor: PD Dr. Thomas Littmann, Institut für Geographie der Martin-Luther-Universität Halle-Wittenberg, Domstr. 5, 06108 Halle (Saale)
Kartographische Bearbeiter
Abb. 1, 3, 8: Red.: B. Hantzsch; Bearb.: B. Hantzsch
Abb. 2, 4, 5, 6, 7: Konstr.: A. Schultz; Red.: B. Hantzsch; Bearb.: R. Richter
Literatur
BAUMBACH, G. (1992): Luftreinhaltung. 2. Aufl. Berlin, Heidelberg, New York.
BECKER, K.-H. u. J. LÖBEL (1985): Atmosphärische Spurenstoffe und ihr physikalisch-chemisches Verhalten. Berlin.
Erste Allgemeine Verwaltungsvorschrift zum Bundes-Immissionsschutzgesetz (Technische Anleitung zur Reinhaltung der Luft – TA Luft) vom 27.2.1986. GMBl: 95ff.
GERSTENGARBE, F. W. (1993): Katalog der Großwetterlagen Europas von Paul Hess und Helmut Brezowski 1881-1992 (= Berichte des Deutschen Wetterdienstes 113).
KUTTLER, W. (1979): Einflußgrößen gesundheitsgefährdender Wetterlagen und deren bioklimatische Auswirkung auf potentielle Erholungsgebiete (= Bochumer Geographische Arbeiten 36).
LITTMANN, T. (1994): Immissionsbelastung durch Schwebstaub und Spurenstoffe im ländlichen Raum Nordwestdeutschlands (=

Bochumer Geographische Arbeiten 59).
LITTMANN, T. (1997): Räumliche Strukturen der Schwebstaubbelastung in den alten Bundesländern Deutschlands. In: Petermanns Geographische Mitteilungen 141, S. 131-137.
SCHULTZ, A. (1998): Raum-zeitliche Strukturen der Immissionsbelastung durch Schwefeldioxid und Schwebstaub in der Bundesrepublik Deutschland für den Zeitraum 1993 bis 1996. Unveröff. Diplomarbeit. Martin-Luther-Universität Halle-Wittenberg. Halle (Saale).
VDI-KOMMISSION ZUR REINHALTUNG DER LUFT (Hrsg.) (1993): Lufthygiene und Klima. Düsseldorf.
VEREIN DEUTSCHER INGENIEURE (1986): Richtlinie VDI 2310, Maximale Immissions-Werte. Berlin.

Quellen von Karten und Abbildungen
Abb. 1: Zeitlicher Verlauf der Immissionsbelastung durch Schadstoffe,
Abb. 2: Mittlere Belastung durch Luftschadstoffe 1992-1996,
Abb. 3: Quellen und Grenzwerte von Luftschadstoffen,
Abb. 4: Mittlere Schwefeldioxid-Immission 1992-1996,
Abb. 5: Mittlere Schwebstaub-Immission 1992-1996,
Abb. 6: Mittlere Stickoxid-Immission 1992-1996,
Abb. 7: Mittlere Ozon-Immission 1992-1996,
Abb. 8: Abweichung der Immissionswerte vom jeweiligen Mittel: Bayerisches Landesamt für Umweltschutz. München. Gewerbeaufsichtsamt Itzehoe. Hessische Landesanstalt für Umwelt. Wiesbaden. Landesamt für Umwelt und Natur Mecklenburg-Vorpommern. Gülzow. Landesamt für Umweltschutz Sachsen-Anhalt. Magdeburg. Landesamt für Umweltschutz und Gewerbeaufsicht Rheinland-Pfalz. Oppenheim. Landesanstalt für Umweltschutz Baden-Württemberg. Karlsruhe. Landesumweltamt Brandenburg. Cottbus. Landesumweltamt Nordrhein-Westfalen. Essen. Niedersächsische Landesamt für Ökologie. Hannover. Sächsisches Landesamt für Umwelt und Geologie. Radebeul. Thüringer Landesanstalt für Umwelt. Jena. Umweltbehörde-Amt für Umweltschutz der Freien und Hansestadt Hamburg. Umweltbundesamt-Messnetzzentrale. Offenbach.

Bildnachweis
S. 137: Waldsterben im Erzgebirge 1989: copyright ROBIN WOOD

S. 140-143: Umweltgütesiegel und Produktkennzeichnung im Tourismus
Autor: Dipl.-Geogr. Eric Losang, Institut für Länderkunde, Schongauerstr. 9, 04329 Leipzig
Kartographische Bearbeiter
Abb. 1, 2, 3, 4, 6, 7, 8: Red.: B. Hantzsch; Bearb.: R. Bräuer
Abb. 5: Konstr.: E. Losang; Red.: E. Losang; Bearb.: E. Losang
Abb. 9: Red.: E. Losang, W. Kraus; Bearb.: E. Losang
Literatur
BECKER, C., H. JOB u. A. WITZEL (1996): Tourismus und nachhaltige Entwicklung.

Grundlagen und praktische Ansätze für den mitteleuropäischen Raum. Darmstadt.
DALY, H. E. (1992): Vom Wirtschaften in einer leeren Welt zum Wirtschaften in einer vollen Welt. Wir haben einen historischen Wendepunkt in der Wirtschaftsentwicklung erreicht. In: R. GOODLAND u.a. (Hrsg.): Nach dem Brundtland-Bericht: Umweltverträgliche wirtschaftliche Entwicklung. Bonn, S. 29-39.
HAMELE, H. (1997): Umweltgütesiegel im Tourismus. In: G. MICHELSEN (Hrsg.): Umweltberatung. Grundlagen und Praxis. Bonn, S. 556-567.
HARBORTH, H.-J. (1993): Dauerhaft Entwicklung statt globaler Selbstzerstörung. Eine Einführung in das Konzept des „Sustainable Development". 3. überarb. u. erweit. Aufl. Berlin.
JOB, H. (1996): Modell zur Evaluation von Nachhaltigkeit im Tourismus. In: Erdkunde. Heft 2, S. 112-132.
KIRSTGES, T. (1995): Sanfter Tourismus. Chancen und Probleme der Realisierung eines ökologieorientierten und sozialverträglichen Tourismus durch deutsche Reiseveranstalter. 2. überarbeitete u. erweit. Aufl. München.
LASSBERG, D. V. (1997): Urlaubsreisen und Umwelt. Eine Untersuchung über die Ansprechbarkeit der Bundesbürger auf Natur- und Umweltaspekte in Zusammenhang mit Urlaubsreisen. 2. Aufl. Ammerland.
LOSANG, E. (1999): Produktkennzeichnungen touristischer Dienstleistungsangebote – freiwillige Selbstkontrolle oder verpflichtende Verbraucherinformation. In: FONTANARI, M. L. u. H. JOB (Hrsg.): Tagungsband „Produktkennzeichnung im Tourismus": Chancen und Probleme einer einheitlichen Umwelt- und Produktkennzeichnung im Tourismus. Trier (= ETI-Texte. Heft 15), S. 17-27.
LOSANG, E. (2000): Tourismus und Nachhaltigkeit. Trier (= Trierer Tourismus Bibliographien. Band 12).
LÜBBERT, C. (1999): Qualitätsorientiertes Umweltschutzmanagement im Tourismus. Empirische Untersuchung und Entwurf eines nachfrageorientierten Modells zur Umweltkennzeichnung touristischer Leistungen. München (= Wirtschaft und Raum. Band 4).
MIDDLETON, V. T. C. (1998): Sustainable tourism. A marketing perspective. Oxford, Woburn.
MÜLLER, H. (1998): Qualitätsgütesiegel für den schweizerischen Tourismus. Ein innovatives Programm. In: Jahrbuch der schweizerischen Tourismuswirtschaft, S. 117-128.
OSTERLOH, G. (1997): Der Reisestern: Regionalisierung eines Modells zur Evaluation der Nachhaltigkeit von Reisen am Beispiel der Bundesrepublik Deutschland. Unveröff. Diplomarbeit. Universität Trier. Trier.
PIGRAM, J. J. u. S. WAHAB (1997): The challenge of sustainable tourism growth. In: S. WAHAB u. J. J. PIGRAM (Hrsg.): Tourism, development and growth. The challenge of sustainability. London, New York, S. 3-13.
STOCK, M. (1998): Über den Wolken – unter aller Kritik? In: Jahrbuch Ökologie 1999. München.

THIEL, F. (1997): Touristische Umweltberatung von Reisenden. In: Umweltberatung. Grundlagen und Praxis. Bonn, S. 584-590.
Quellen von Karten und Abbildungen
Abb. 1: Tendenzen im Tourismus: KIRSTGES, T. (1995). LÜBBERT, C. (1999). Eigene Erhebungen.
Abb. 2: Problembewusstsein deutscher Reisender 1986 und 1997: LASSBERG, D. (1997).
Abb. 3: Defizite bisheriger Gütesiegel und Anforderungen an eine umfassende Kennzeichnung touristischer Dienstleistungen: HAMELE, H. (1997). Eigene Erhebungen.
Abb. 4: Das Analysesystem nachhaltiger Tourismusentwicklung: BECKER, C., H. JOB u. A. WITZEL (1996). LOSANG, E. (2000).
Abb. 5: Gütesiegel und potenzielle touristische Belastung 1998: HAMELE, H. (1997). Eigene Erhebungen.
Abb. 6: Gütesiegel in Europa: HAMELE, H. (1997). Eigene Erhebungen.
Abb. 7: Der Reisestern: OSTERLOH, G. (1997). Eigene Erhebungen.
Abb. 8: Schema zur Operationalisierung des Reisesterns: OSTERLOH, G. (1997). Eigene Erhebungen.
Abb. 9: Der Reisestern – ausgewählte Indikatoren: OSTERLOH, G. (1997). Eigene Erhebungen.

S. 148-151: Thematische Karten – ihre Gestaltung und Benutzung
Autoren: Dr. Konrad Großer und Dipl.-Ing. für Kart. Birgit Hantzsch, Institut für Länderkunde, Schongauerstr. 9, 04329 Leipzig
Kartographische Bearbeiter
Abb. 1, 2, 3, 4, 5, 6, 7, 8, 9, 10, 11, 12: Red.: K. Großer, B. Hantzsch; Kart.: K. Großer, B. Hantzsch
Literaturhinweise zur Vertiefung
ARNBERGER, E. (1966): Handbuch der Thematischen Kartographie. Wien.
BERTIN, J. (1974): Graphische Semiologie. Berlin, New York. Übersetzung der Originalausgabe „Sémiologie graphique" (1967). Paris.
BOARD, C. (1967): Maps as models. In: CHORLEY, R. L. u. P. HAGGETT (eds.): Models in Geography. London, S. 671-725.
GROSSER, K. (1982): Zur Konzeption thematischer Grundlagenkarten. In: Geographische Berichte 104. Heft 3, S.171-183.
GROSSER, K. (1997): Topographische Grundlage und kartographische Bearbeitung des Pilotbandes. In: IfL (Hrsg.): Atlas Bundesrepublik Deutschland. Pilotband, S. 19-25.
LOUIS, H. (1960): Die thematische Karte und ihre Beziehungsgrundlage. In: Petermanns Geographische Mitteilungen 104. Heft 1, S. 54-63.
HAKE, G. u. D. GRÜNREICH (1994): Kartographie, Walter de Gruyter. Berlin, New York.
IMHOF, E. (1972): Thematische Kartographie, Walter de Gruyter. Berlin, New York.
OGRISSEK, R. (1983): ABC Kartenkunde. Leipzig.
SALISTSCHEW, K. (1967): Einführung in die Kartographie. Gotha, Leipzig.
SPIESS, E. (1971): Wirksame Basiskarten für thematische Karten. In: Internationales Jahrbuch für Kartographie 11, S. 224-238.

Sachregister